21 世纪全国高职高专计算机系列实用规划教材

网络安全基础教程与实训
(第 3 版)

主　编　尹少平
副主编　李睿仙

北京大学出版社
PEKING UNIVERSITY PRESS

内 容 简 介

本书以《教育部关于全面提高高等职业教育教学质量的若干意见》为指导，以《教育部高等学校高职高专计算机类专业建设参考方案》为重要的参考依据，以传授基本概念和核心技术、训练学生实用技能为主旨编写而成。第3版在2010年出版的第2版基础上，在理论知识方面进行了必要的修改和补充，力求使网络安全中一些基础但很抽象的概念讲解更加准确、精练、严谨、实用和通俗易懂，同时还增加了网络安全新技术、新动态介绍。在实训方面补充了多个新项目，实训教学无需配备特殊设备，在公共计算机机房就能顺利完成。

本书共分11章，主要内容包括网络安全概论、网络监听与TCP/IP协议分析、密码技术、操作系统安全、病毒分析与防御、Internet应用服务安全、防火墙、入侵检测系统、网络攻击与防范、VPN技术和综合实训。

本书既可作为高职高专院校计算机及相关专业的教材，也可作为计算机网络安全类的技术参考书或培训教材。

图书在版编目(CIP)数据

网络安全基础教程与实训/尹少平主编. —3版. —北京：北京大学出版社，2014.1

(21世纪全国高职高专计算机系列实用规划教材)

ISBN 978-7-301-23521-8

Ⅰ. ①网… Ⅱ. ①尹… Ⅲ. ①计算机网络—安全技术—高等职业教育—教材 Ⅳ. ①TP393.08

中国版本图书馆CIP数据核字(2013)第284048号

书　　名：网络安全基础教程与实训(第3版)

著作责任者：尹少平　主编

策 划 编 辑：李彦红

责 任 编 辑：李　辉

标 准 书 号：ISBN 978-7-301-23521-8/TP・1315

出 版 发 行：北京大学出版社

地　　址：北京市海淀区成府路205号　100871

网　　址：http://www.pup.cn　新浪官方微博：@北京大学出版社

电 子 信 箱：pup_6@163.com

电　　话：邮购部62752015　发行部62750672　编辑部62750667　出版部62754962

印 刷 者：**三河市博文印刷有限公司**

经 销 者：新华书店

787毫米×1092毫米　16开本　19.25印张　447千字

2005年9月第1版

2010年2月第2版

2014年1月第3版　2019年7月第5次印刷(总第17次印刷)

定　　价：38.00元

第 3 版　前言

人们正在经历着前所未有的全球性信息化浪潮。信息化就像一把双刃剑，在实现便捷的信息交流与共享的同时，对国家和社会安全以及公民个人合法权益也造成了现实危害和潜在威胁。因此加强对信息网络安全技术和管理的学习与研究，无论是对个人还是组织、机构，甚至政府、国家都其有非同寻常的意义。

本书以《教育部关于全面提高高等职业教育教学质量的若干意见》为指导，以《教育部高等学校高职高专计算机类专业建设参考方案》为重要的参考依据，以传授基本概念和核心技术、训练学生实用技能为主旨编写而成。自出版以来受到了读者欢迎，在高校网络安全教学中被大量使用，编者在此深表感谢。此次修订基本保留了 2010 年第 2 版的大纲，方便老用户延续使用，在理论方面则进行了必要的修改和补充，特别是第 1 章、第 3 章和第 4 章的内容，力求使网络安全中一些基础但很抽象的概念讲解更加准确、精练、严谨、实用和通俗易懂，同时还增加了网络安全新技术、新动态介绍。实训方面补充了多个新项目，删除了相对过时和不容易在教学中实施的实训项目，使实训教学无需配备特殊设备，在公共计算机机房就能顺利完成。

本书第 1 章阐述了网络安全的基础知识，对网络安全进行了概要性描述；第 2 章主要介绍网络协议分析的工具及使用方法；第 3 章介绍了一些密码算法的相关知识，包括基本概念和密码应用技术；第 4 章详细介绍了 Windows 2000 操作系统的安全防护知识；第 5 章着重分析了病毒的特征和防御方法；第 6 章对常用网络应用服务的安全进行了详细的讨论，并提供了一些可行的安全措施；第 7 章全面介绍了防火墙技术；第 8 章分析了入侵检测技术；第 9 章介绍了典型的网络攻击和相应的防范技术；第 10 章介绍了 VPN 技术应用及操作配置方法。本书配套有实训所用软件、电子教案、习题，便于教学和自学。

学完本书，学生应具备网络协议分析、操作系统安全配置、密码技术应用、防病毒软件的应用、防火墙的安装与使用、入侵检测系统和 VPN 系统的配置等方面的能力，能胜任初、中级的网络安全管理和安全系统集成的工作。

本书建议学时安排如下。

章序号	课堂讲授学时	实训学时	章序号	课堂讲授学时	实训学时
第 1 章	2		第 7 章	2	2
第 2 章	2	2	第 8 章	2	2
第 3 章	6	4	第 9 章	4	6
第 4 章	4	2	第 10 章	4	4
第 5 章	2	2	第 11 章		4
第 6 章	2	2	总计	30	30

本书的编写和修订工作由太原电力高等专科学校(山西大学工程学院)尹少平主编，以及唐山工业职业技术学院李睿仙副主编完成。

由于编者水平有限，时间仓促，书中不妥之处在所难免，恳请广大读者批评指正。

编　者
2013年6月

第2版　前言

第2版在第1版基础上做了较大修整，扩充了应用案例和实训项目，删除了较为陈旧的示例，增加了网络安全新技术内容，内容更加全面和系统，表述更为规范和准确，基本能够涵盖高职高专学生对于网络安全技术应当掌握和了解的知识和方法。针对第1版的改动如下。

第1章对网络安全内涵的阐述前后重复的部分做了删减；第2章标题做了修改，原内容做了精简，增加了应用案例；第3章为本书的重点，内容做了较大扩充，增加了成熟的密码学应用案例PGP和SET的讲述，并增加了PGP的实训项目，另外还修改了DSA算法描述中的错误；第4章修改了标题，增加了最新操作系统Windows Server 2008和常用操作系统Linux的安全性阐述；第5章删减了原书中的病毒示例，增加了比较新的梅勒斯病毒分析，增加了2009年最新防杀病毒软件的新技术应用案例，修改和补充了实训项目；第9章删减了较陈旧的内容，如木马示例，增加了Web安全一节；增加了第11章综合实训；第6章、第7章、第8章和第10章内容做了适当的改动，在此不一一赘述。

学完本书，学生将具备网络协议分析、操作系统安全配置、密码技术应用、防病毒软件的应用、防火墙的安装与使用、入侵检测系统和VPN系统的配置等方面的能力，能胜任初、中级的网络安全管理和安全系统集成的工作。

建议学时安排如下。

章序号	课堂讲授学时	实训学时	章序号	课堂讲授学时	实训学时
第1章	2		第7章	2	2
第2章	2	2	第8章	2	2
第3章	6	4	第9章	4	6
第4章	4	2	第10章	4	4
第5章	2	2	第11章		4
第6章	2	2			

本书第1版由常州信息职业技术学院杨诚编写第1章，石家庄计算机职业学院的李磊编写第2章，石家庄职业技术学院的张恒杰编写第3章，石家庄职业技术学院的张军编写第5章，辽东学院信息技术学院的刘华谱编写第4、6章，太原电力高等专科学校的尹少平编写第7、8、9、10章。杨诚、尹少平担任主编，刘华谱、张恒杰担任副主编。

第2版由太原电力高等专科学校的尹少平主编。第2章由万博科技职业学院张平华编写，其他章节由尹少平统一编写和修订。

由于编者水平有限，时间仓促，书中不妥之处在所难免，恳请广大读者批评指正。

编　者

2009年12月

目　录

第1章 网络安全概论

教学目标

通过对本章的学习，读者应能够理解网络安全的基本概念和基本目标，了解网络安全保障体系建设的主要内容和技术标准、法律法规，了解我国正在实施的网络安全等级保护工作，了解网络安全技术新动态。

教学要求

知识要点	能力要求	相关知识
网络安全属性和目标	理解网络安全基本概念和基本目标	
网络安全保障体系	了解网络安全保障体系建设的主要内容	
网络安全标准与法规	了解网络安全技术标准和法律法规	
网络安全技术动态	了解网络安全技术新动态	

引例

所谓“网络安全”，其实质就是计算机网络环境中的信息安全。网络安全与传统纸质方式的信息安全的不同之处简要列举如下。

传统方式下，复制品与原件存在不同；用手写体签名或者图章来表明文件的真实性和有效性，而模仿的签名与原始的签名有差异并且可以鉴别；用铅封来防止文件在传送中被非法阅读或篡改；用保险柜来防止文件在保管中被盗窃、毁坏、非法阅读或篡改；信息安全依赖于物理手段与行政管理。

计算机网络环境中，复制后的文件跟原始文件没有差别；无法像传统方式一样在文件上直接签名或盖章；只能用密码技术和访问控制技术防止文件在传输和存储过程中被盗窃、非法阅读或篡改；信息安全不能完全依赖于物理手段与行政管理。

随着网络技术及其应用的深入和普及，电子商务、电子政务的开展、实施和应用，网络安全已经不再仅仅为科学研究人员和少数黑客所涉足，日益庞大的网络用户群同样需要掌握网络安全知识。只有这样，才有可能构筑属于全社会的信息安全体系。

1.1　网络安全简介

人们正在经历着前所未有的全球性信息化浪潮。移动通信网与互联网正在融合形成移动互联网，大数据云计算时代渐行渐近，物联网技术方兴未艾。这一切都在深刻地影响着国家的政治、经济、文化、科技与教育各个领域以及人们日常生活的行为方式。

然而信息化就像一把双刃剑，在实现便捷的信息交流与共享、促进社会发展、丰富社会生活的同时，也因其本身具有的开放性与自由性，加上人为攻击与破坏，对公民个人合法权益、社会公共利益以及国家安全造成了现实危害和潜在威胁。因此加强对信息网络安全技术和管理的学习与研究，无论是对个人还是组织、机构，甚至政府、国家都有着非同寻常的意义。

信息网络具有与生俱来的开放性和自由性，这为其迅速普及和发展提供了可能，但同时也对安全提出了挑战，主要表现在以下两个方面。

(1) 开放性的网络导致网络的技术是全开放的，任何组织和个人都可能获得，因而网络所面临的破坏和攻击可能是多方面的。例如，任何具有不良企图的黑客可以对物理传输线路实施攻击，也可以对网络通信协议实施攻击；可以对软件实施攻击，也可以对硬件实施攻击。网络的国际化还意味着网络的攻击不仅仅来自本地网络用户，它可以来自 Internet 上的任何一台主机，也就是说，网络安全所面临的是一个国际化的挑战。

(2) 自由意味着网络最初对用户的使用并没有提供任何的技术约束，用户可以自由地访问网络，自由地使用和发布各种类型的信息而不受任何的法律限制。

1.1.1　网络威胁的主要表现

目前网络中存在的威胁主要表现在以下几个方面。

1. 非授权访问

没有预先经过同意就使用网络或计算机资源被看做是非授权访问，如有意避开系统访问控制机制，对网络设备及资源进行非正常使用，或擅自扩大权限，越权访问信息。非授权访问主要包括以下几种形式：假冒、身份攻击、非法用户进入网络系统进行操作、合法用户以未授权方式进行操作等。

2. 泄漏或丢失信息

泄漏或丢失信息指敏感数据被有意泄漏出去或丢失，通常包括，信息在传输中丢失或泄漏(如“黑客”们利用电磁泄漏或搭线窃听等方式可截获机密信息，或通过对信息流向、流量、通信频度和长度等参数的分析，得到用户密码、账号等重要信息)，信息在存储介质中丢失或泄漏等。

3. 破坏数据完整性

破坏数据完整性指以非法手段窃得对数据的使用权，删除、修改、插入或重发某些重要信息，以取得有益于攻击者的响应；恶意添加、修改数据，以干扰用户的正常使用等。

4. 拒绝服务攻击

拒绝服务攻击通过不断对网络服务系统进行干扰，改变其正常的作业流程，执行无关程序来减慢网络服务甚至使其瘫痪，影响正常用户的使用，导致合法用户被排斥而不能进入计算机网络系统或不能得到相应的服务等。

5. 利用网络传播恶意代码

通过网络传播计算机病毒、木马等恶意代码，其破坏性远远高于单机系统，而且用户很难防范。

1.1.2　网络安全的概念

国际标准化组织(ISO)引用 ISO 74982 文献中对安全的定义是“安全就是最大限度地减少数据和资源被攻击的可能性”。

按照全国科学技术名词审定委员会(http://www.cnctst.gov.cn/)给出的定义，网络安全是指网络系统的硬件、软件及其中数据受到保护，不受偶然的或者恶意的破坏、更改、泄露，保证系统连续可靠地运行，网络服务不中断的措施。

网络安全的目标主要包括以下几方面。

1. 可靠性

可靠性是网络信息系统能够在规定条件和规定的时间内完成规定的功能特性。可靠性是系统安全的最基本要求之一，是所有网络信息系统的建设和运行目标。网络信息系统的可靠性测度主要有 3 种：抗毁性、生存性和有效性。

(1) 抗毁性是指系统在人为破坏下的可靠性。比如，部分线路或节点失效后，系统是否仍然能够提供一定程度的服务。增强抗毁性可以有效地避免因各种灾害(战争、地震等)造成的大面积瘫痪事件。

(2) 生存性是在随机破坏下系统的可靠性。生存性主要反映随机性破坏和网络拓扑结构对系统可靠性的影响。这里，随机性破坏是指系统部件因为自然老化等造成的自然失效。

(3) 有效性是一种基于业务性能的可靠性。有效性主要反映在网络信息系统的部件失效的情况下，满足业务性能要求的程度。比如，网络部件失效虽然没有引起连接性故障，但是却造成质量指标下降、平均延时增加、线路阻塞等现象。

可靠性主要表现在硬件可靠性、软件可靠性、人员可靠性、环境可靠性等方面。硬件可靠性最为直观和常见。软件可靠性是指在规定的时间内程序成功运行的概率。人员可靠性是指人员成功地完成工作或任务的概率。人员可靠性在整个系统可靠性中扮演重要角色，因为系统失效的大部分原因是人为差错造成的。人的行为要受到生理和心理的影响，受到其技术熟练程度、责任心和品德等素质方面的影响。因此，人员的教育、培养、训练和管理以及合理的人机界面是提高可靠性的重要方面。环境可靠性是指在规定的环境内保证网络成功运行的概率。这里的环境主要是指自然环境和电磁环境。

2. 可用性

可用性是网络信息可被授权实体访问并按需求使用的特性，即网络信息服务在需要时，允许授权用户或实体使用的特性，或者是网络部分受损或需要降级使用时，仍能为授权用户提供有效服务的特性。可用性是网络信息系统面向用户的安全性能。网络信息系统最基本的功能是向用户提供服务，而用户的需求是随机的、多方面的、有时还有时间要求。可用性一般用系统正常使用时间和整个工作时间之比来度量。

可用性还应该满足以下要求：身份识别与确认、访问控制(对用户的权限进行控制，只能访问相应权限的资源，防止或限制经隐蔽通道的非法访问。包括自主访问控制和强制访问控制)、业务流控制(利用均分负荷方法，防止业务流量过度集中而引起网络阻塞)、路由选择控制(选择那些稳定可靠的子网，中继线或链路等)、审计跟踪(把网络信息系统中发生的所有安全事件情况存储在安全审计跟踪之中，以便分析原因，分清责任，及时采取相应的措施。审计跟踪的信息主要包括事件类型、客体等级、事件时间、事件信息、事件回答以及事件统计等方面的信息)。

3. 保密性

保密性是网络信息不被泄露给非授权的用户、实体或过程，或供其利用的特性，即防止信息泄露给非授权个人或实体，信息只为授权用户使用的特性。保密性是在可靠性和可用性基础之上，保障网络信息安全的重要手段。

常用的保密技术包括防侦听(使对手侦听不到有用的信息)、防辐射(防止有用信息以各种途径辐射出去)、信息加密(在密钥的控制下，用加密算法对信息进行加密处理。即使对手得到了加密后的信息也会因为没有密钥而无法读懂有效信息)、物理保密(利用各种物理方法，如限制、隔离、掩蔽、控制等措施，保护信息不被泄露)。

4. 完整性

完整性是网络信息未经授权不能进行改变的特性，即网络信息在存储或传输过程中保持不被偶然或蓄意地删除、修改、伪造、乱序、重放、插入等破坏和丢失的特性。完整性是一种面向信息的安全性，它要求保持信息的原样，即信息的正确生成、存储和传输。

完整性与保密性不同，保密性要求信息不被泄露给未授权的人，而完整性则要求信息不致受到各种原因的破坏。影响网络信息完整性的主要因素有设备故障、误码(传输、处理和存储过程中产生的误码，时钟的稳定度和精度降低造成的误码，各种干扰源造成的误码)、人为攻击、计算机病毒等。

保障网络信息完整性的主要方法有如下几个。

(1) 协议：通过各种安全协议可以有效地检测出被复制的信息、被删除的字段、失效的字段和被修改的字段。

(2) 纠错编码方法：用此方法完成检错和纠错功能。最简单和常用的纠错编码方法是奇偶校验法。

(3) 密码校验和方法：它是抗篡改和传输失败的重要手段。

(4) 数字签名：保障信息的真实性。

(5) 公证：请求网络管理或中介机构证明信息的真实性。

5. 不可抵赖性

不可抵赖性也称作不可否认性，在网络信息系统的信息交互过程中，确信参与者的真实同一性，即所有参与者都不可能否认或抵赖曾经完成的操作和承诺。利用信息源证据可以防止发信方不真实地否认已发送信息，利用递交接收证据可以防止收信方事后否认已经接收的信息。不可抵赖性包括对自己行为的不可抵赖及对行为发生时间的不可抵赖。通过进行身份认证和数字签名可以避免对交易行为的抵赖，通过数字时间戳可以避免对行为发生时间的抵赖。

6. 可控性

可控性是对网络信息的传播及内容具有控制能力的特性。

概括地说，网络信息安全与保密的核心是通过计算机、网络、密码技术和安全技术，保护在公用网络信息系统中传输、交换和存储的消息的保密性、完整性、真实性、可靠性、可用性、不可抵赖性等。

网络安全的基本目标也可以用“五不”原则来概括。

(1) 使用访问控制机制，阻止非授权用户进入网络，即“进不来”，从而保证网络系统的可用性。

(2) 使用授权机制，实现对用户的权限控制，即不该拿走的“拿不走”，同时结合内容审计机制，实现对网络资源及信息的可控性。

(3) 使用加密机制，确保信息不暴露给未授权的实体或进程，即“看不懂”，从而实现信息的保密性。

(4) 使用数据完整性鉴别机制，保证只有得到允许的人才能修改数据，而其他人“改不了”，从而确保信息的完整性。

(5) 使用审计、监控、防抵赖等安全机制，使得攻击者、破坏者、抵赖者“走不脱”，并进一步对网络出现的安全问题提供调查依据和手段，实现信息安全的可审查性。

1.1.3 网络安全保障体系建设

网络面临的安全风险是多种多样的，网络安全涉及的内容也非常复杂。网络安全保障体系的建设应当包括技术保障和管理保障两个方面。

以计算机网络的体系结构为参照，网络安全技术保障主要包括以下几方面。

1. 物理实体的安全

物理实体安全包含机房安全、设施安全、动力保障等方面。

其中，机房安全涉及场地安全、机房环境(包括温度、湿度、电磁、噪声、防尘、静电、振动、建筑、防火、防雷、门禁)；设施安全涉及设备可靠性、通信线路安全性、辐射控制与防泄露等；动力保障包括电源、空调等。这几方面的检测优化实施过程应按照国家相关标准和公安部颁发的实体安全标准实施。

2. 通信链路的安全

通信链路的安全主要是防止网络窃听所造成的机密信息泄露。为保障系统之间通信的安全采取的措施有：通信线路和网络基础设施安全性测试、有效隔离和优化部署；安装通信加密设备；设置通信加密软件；设置身份鉴别机制；设置并测试安全通道；测试通信协议运行漏洞等方面。

3. 网络互联的安全性

网络互联的安全性问题的核心在于网络是否得到控制，即是不是任何一个IP地址来源的用户都能够进入网络。如果将整个网络比作一幢办公大楼的话，对于网络层的安全考虑就如同为大楼设置守门人一样。守门人会仔细察看每一位来访者，一旦发现危险的来访者，便会将其拒之门外。

通过网络通道对网络系统进行访问的时候，每一个用户都会拥有一个独立的IP地址，这一IP地址表明用户的来源所在地和来源系统。目标网站通过对来源IP进行分析，便能够初步判断来自这一IP的数据是否安全，是否会对本网络系统造成危害，以及来自这一IP的用户是否有权使用本网络的数据。一旦发现某些数据来自不可信任的IP地址，系统便会自动将这些数据阻挡在系统之外。并且大多数系统能够自动记录那些曾经造成危害的IP地址，使得它们的数据无法第二次造成危害。

用于解决网络层安全性问题的产品主要有防火墙产品和VPN(虚拟专用网)。防火墙的主要目的在于判断来源IP，将危险或未经授权的IP的数据拒之于系统之外，而只让安全的IP数据通过。一般来说，公司的内部网络若要与公众Internet相连，则应该在二者之间配置防火墙产品，以防止公司内部数据的外泄。VPN主要解决的是数据传输的安全问题，如果公司各部在地域上跨度较大，使用专网、专线过于昂贵，则可以考虑使用VPN。其目的在于保证公司内部的敏感关键数据能够安全地借助公共网络进行频繁地交换。

4. 操作系统的安全性

操作系统的安全性问题，主要考虑两个方面：一是病毒及各类恶意代码的威胁；二是黑客的破坏和入侵。

病毒及各类恶意代码的主要传播途径已由过去的软盘、光盘等存储介质变成了网络，多数病毒不仅能够直接感染网络上的计算机操作系统，也能够将自身在网络上进行复制。同时，电子邮件、文件传输(FTP)以及网络页面中的恶意 Java 小程序和 ActiveX 控件，甚至文档文件都能够携带对网络和系统有破坏作用的病毒。这些病毒在网络上进行传播和破坏的多种途径和手段，使得网络环境中的防病毒工作变得更加复杂，网络防病毒工具必须能够针对网络中各个可能的病毒入口来进行防护。

对于网络黑客而言，他们的主要目的在于窃取数据和非法修改系统，其手段之一是窃取合法用户的口令，在合法身份的掩护下进行非法操作；其手段之二便是利用网络操作系统的某些合法但不为系统管理员和合法用户所熟知的操作指令。例如在 UNIX 系统的默认安装过程中，会自动安装大多数系统指令。据统计，其中有约 300 个指令是大多数合法用户所根本不会使用的，但这些指令往往会被黑客所利用。

要弥补这些漏洞，就需要使用专门的系统风险评估工具，来帮助系统管理员找出哪些指令是不应该安装的，哪些指令是应该缩小其用户使用权限的。在完成了这些工作之后，操作系统自身的安全性问题将在一定程度上得到保障。

5. 用户的安全性

对于用户的安全性问题，所要考虑的问题是：是否只有那些真正被授权的用户才能够使用系统中的资源和数据？

首先要做的是应该对用户进行分组管理，并且这种分组管理应该是针对安全性问题而考虑的分组。也就是说，应该根据不同的安全级别将用户分为若干等级，每一等级的用户只能访问与其等级相对应的系统资源和数据。

其次应该考虑的是强有力的身份认证，其目的是确保用户的密码不会被他人所猜测到。在大型的应用系统之中，有时会存在多重的登录体系，用户如需进入最高层的应用，往往需要多次输入多个不同的密码，如果管理不严，多重密码的存在也会造成安全问题上的漏洞。所以在某些先进的登录系统中，用户只需要输入一个密码，系统就能够自动识别用户的安全级别，从而使用户进入不同的应用层次。这种单一登录体系要比多重登录体系能够提供更大的系统安全性。

6. 应用程序的安全性

在这一层中需要回答的问题是：是否只有合法的用户才能够对特定的数据进行合法的操作？

这其中涉及两个方面的问题：一是应用程序对数据的合法权限；二是应用程序对用户的合法权限。例如在公司内部，上级部门的应用程序应该能够存取下级部门的数据，而下级部门的应用程序一般不应该允许存取上级部门的数据。同级部门应用程序的存取权限也应有所限制，例如同一部门不同业务的应用程序也不应该互相访问对方的数据，一方面可以避免数据的意外损坏，另一方面也是安全方面的考虑。

7. 数据的安全性

数据的安全性问题所要回答的问题是：机密数据是否还处于机密状态？

在数据的保存过程中，机密的数据即使处于安全的空间，也要对其进行加密处理，以保证万一数据失窃，偷盗者(如网络黑客)也读不懂其中的内容。这是一种比较被动的安全手段，但往往能够收到最好的效果。

上述的网络安全保障体系是有机的整体。如果将网络系统比作一幢办公大楼的话，门卫就相当于网络互连的安全性，他负责判断每一位来访者是否能够被允许进入办公大楼，发现具有危险性的来访者则将其拒之门外，而不是让所有人都能够随意出入。操作系统的安全性相当于内部办公系统，只允许各个职能部门之间协同工作而不能允许来自外部的非法入侵、恶意干扰和破坏。如果对整个大楼的安全性有更高的要求的话，还应该在每一楼层中设置门禁，办公人员只能进入相应的楼层，而如果要进入其他楼层，则需要获得相应的权限，这实际是对用户的分组管理。应用程序的安全性相当于部门与部门间的分工，每一部门只做自己的工作，而不会干扰其他部门的工作。数据的安全性则类似于使用保险柜来存放机密文件，即使窃贼进入了办公室，也很难将保险柜打开，取得其中的文件。

网络安全保障体系的建设三分靠技术七分靠管理。所谓管理就是要以技术保障为支撑，行政手段和技术手段相结合的方法建立健全有效的安全管理制度，如机房管理制度、设备管理制度、网络安全设备的维护管理制度、病毒防范制度、操作系统及应用软件平台权限管理制度、数据存储备份制度、安全事件应急制度等。

1.2 网络安全的标准与法规

针对日益严峻的网络安全形势，许多国家和标准化组织纷纷出台了相关的安全标准，我们国家也制定了相应的安全标准，这些标准既有很多相同的部分，也有各自的特点。其中以美国国防部制定的可信计算机安全标准(TCSEC)应用最为广泛。

1.2.1 网络安全主要国际标准

国际性的标准化组织主要有国际标准化组织(ISO)、国际电器技术委员会(IEC)及国际电信联盟(ITU)所属的电信标准化组织(ITU-TS)。ISO是总体标准化组织，而IEC在电工与电子技术领域里相当于ISO的位置。1987年，ISO的TC97和IEC的TCs47B/83合并成为ISO/IEU联合技术委员会(JTC1)。ITU-TS是联合缔约组织。这些组织在安全需求服务分析指导、安全技术研制开发、安全评估标准等方面制定了一些标准草案，但尚未正式执行。另外还有众多的标准化组织，它们也制定了不少安全标准，如IETF就有9个功能组：认证防火墙测试组(AFT)、公共认证技术组(CAT)、域名安全组(DNSSEC)、IP安全协议组(IPSEC)、一次性密码认证组(OTP)、公开密钥结构组(PKIX)、安全界面组(SECSH)、简单公开密钥结构组(SPKI)、传输层安全组(TLS)和Web安全组(WTS)等，它们都制定了相关的标准。

1. 美国TCSEC(桔皮书)

该标准是美国国防部制定的。它将安全分为4个方面：安全政策、可说明性、安全保障和文档。这4个方面又分为7个安全级别，从低到高依次为D1、C1、C2、B1、B2、B3和A1级。

2. 欧洲 ITSEC

ITSEC 与 TCSEC 不同，它并不把保密措施直接与计算机功能相联系，而是只叙述技术安全的要求，把保密作为安全增强功能。另外，TCSEC 把保密作为安全的重点，而 ITSEC 则把完整性、可用性与保密性作为同等重要的因素。ITSEC 定义了从 E0 级(不满足品质)到 E6 级(形式化验证)的 7 个安全等级，对于每个系统，安全功能可分别定义。ITSEC 预定义了 10 种功能，其中前 5 种与桔皮书中的 C1～B3 级非常相似。

3. 加拿大 CTCPEC

该标准将安全需求分为 4 个层次：机密性、完整性、可靠性和可说明性。

4. 美国联邦准则(FC)

该标准参照了 CTCPEC 及 TCSEC，其目的是提供 TCSEC 的升级版本，同时保护已有投资。FC 是一个过渡标准，后来结合 ITSEC 发展为联合公共准则。

5. 联合通用准则(CC)

CC 的目的是把已有的安全准则结合成一个统一的标准。该项计划从 1993 年开始执行，1996 年推出第一版，但目前仍未付诸实施。CC 结合了 FC 及 ITSEC 的主要特征，它强调将安全的功能与保障分离，并将功能需求分为 9 类 63 族，将保障分为 7 类 29 族。

6. ISO 安全体系结构标准

在安全体系结构方面，ISO 制定了国际标准《信息处理系统・开放系统互连、基本模型第 2 部分安全体系结构》(ISO 7498-2-1989)。该标准为开放系统标准建立了一个框架。其任务是提供安全服务与有关机制的一般描述，确定在参考模型内部可以提供这些服务与机制的位置。

7. BS7799(ISO 17799：2000)标准

ISO 17799 于 2000 年 12 月出版，它适用于所有的组织，目前已成为强制性的安全标准。ISO 17799 是一个详细的安全标准，包括安全内容的所有准则，具体由 10 个独立的部分组成，其中每一部分都覆盖不同的主题和区域。

1.2.2　我国的网络安全相关国家标准

我国发布的网络安全标准主要有以下几项。

公安部制定的《计算机信息系统安全保护等级划分准则》(GB 17895—1999)。该准则将信息系统安全分为 5 个等级，分别是自主保护级、系统审计保护级、安全标记保护级、结构化保护级和访问验证保护级。主要的安全考核指标有身份验证、自主访问控制、数据完整性、审计、隐蔽信道分析、客体重用、强制访问控制、安全标记、可信路径和可信恢复等，这些指标涵盖了不同级别的安全要求。 网络建设必须确定合理的安全指标，才能检验其达到的安全级别。具体实施网络建设时，应根据网络结构和需求，分别参照不同的标准条款制定安全指标。

国务院发布的《中华人民共和国计算机信息系统安全保护条例》。

国防科工委发布的《军用计算机安全评估准则》(GJB 2646—1996)和《军用计算机网络安全等级评估标准》(GJB 3395—1995)。

国家质监局发布的《信息技术、安全技术、信息技术安全性评估准则》(GB/T 18366—2001)。

1.2.3 我国的网络安全法律法规

信息安全立法是建立我国信息安全监督管理长效机制的重要保障。党中央、国务院对我国面临的信息安全问题高度重视，先后发布实施了一系列规范性文件，就新形势下如何开展和加强我国信息安全的防范和处置工作，提出了前瞻要求、进行了具体部署，并指出要建立行业主管和协管部门紧密配合的网络管理机制，完善法律法规，依法加强管理，探索建立互联网管理的长效机制。

目前我国现行法律法规及规章中，与信息安全直接相关的有65部，它们涉及网络与信息系统安全、信息内容安全、信息安全系统与产品、保密及密码管理、计算机病毒与危害性程序防治、金融等特定领域的信息安全、信息安全犯罪制裁等多个领域，在文件形式上，有法律、有关法律问题的决定、司法解释及相关文件、行政法规、法规性文件、部门规章及相关文件、地方性法规与地方政府规章及相关文件多个层次。

其中，全面规范信息安全的法律法规有18部，包括1994年的《中华人民共和国计算机信息系统安全保护条例》等法规，侧重于互联网安全的有7部，包括2000年《全国人民代表大会常务委员会关于维护互联网安全的决定》等法律层面的文件，也包括1997年的《计算机信息网络国际联网安全保护管理办法》等部门规章；侧重于信息安全系统与产品的有3部，包括1997年的《计算机信息系统安全专用产品检测和销售许可证管理办法》等部门规章；侧重于保密的有10部，既包括1989年的《中华人民共和国保守国家秘密法》等法律，也包括1998年的《计算机信息系统保密管理暂行规定》、2000年的《计算机信息系统国际联网保密管理规定》；侧重于密码管理及应用的有5部，包括1999年的《商用密码管理条例》等法规，也包括2005年的《电子认证服务管理办法》、《电子认证服务密码管理办法》、《中华人民共和国电子签名法》等部门规章；侧重于计算机病毒与危害性程序防治的有9部，包括2000年的《计算机病毒防治管理办法》等部门规章；侧重于信息安全犯罪处罚的主要是我国刑法第285条、286条、287条等相关规定。更多和更新的相关法律法规可以在中国信息安全法律网上查阅：http://www.infseclaw.net。

1.2.4 等级保护简介

2007年6月22日，公安部与国家保密局、密码管理局、国务院信息办联合会签并印发了《信息安全等级保护管理办法》(公通字[2007]43号)，明确了信息安全等级保护制度的基本内容、流程及工作要求，明确了信息系统运营使用单位和主管部门、监管部门在信息安全等级保护工作中的职责、任务，为开展信息安全等级保护工作提供了规范保障。同时制定了包括《计算机信息系统安全保护等级划分准则》(GB 17859—1999)、《信息系统安全等级保护定级指南》、《信息系统安全等级保护基本要求》、《信息系统安全等级保护实施指南》、《信息系统安全等级保护测评要求》等50多个国标和行标，初步形成了信息安全等级保护标准体系。

信息安全等级保护是当今发达国家保护关键信息基础设施，保障信息安全的通行做法，也是国家信息安全保障工作的基本制度、基本策略、基本方法，是我国多年来信息安全工作经验的总结。实施信息安全等级保护，有利于在信息化建设过程中同步建设信息安全设施，保障信息安全与信息化建设相协调；有利于为信息系统安全建设和管理提供系统性、针对性、可行性的指导和服务；有利于优化信息安全资源的配置，对信息系统分级实施保护，重点保障基础信息网络和关系国家安全、经济命脉、社会稳定等方面的重要信息系统的安全；有利于明确国家、法人和其他组织、公民的信息安全责任，加强信息安全管理；有利于推动信息安全产业的发展，逐步探索出一条适应社会主义市场经济发展的信息安全模式。

等级保护的主要流程包括6项内容：一是自主定级与审批。信息系统运营使用单位按照等级保护管理办法和定级指南，自主确定信息系统的安全保护等级。有上级主管部门的，应当经上级主管部门审批。跨省或全国统一联网运行的信息系统可以由其主管部门统一确定安全保护等级。二是评审。在信息系统确定安全保护等级过程中，可以组织专家进行评审。对拟确定为第四级以上的信息系统的，运营使用单位或主管部门应当邀请国家信息安全保护等级专家评审委员会评审。三是备案。第二级以上信息系统定级单位到所在地设区的市级以上公安机关办理备案手续。四是系统安全建设。信息系统安全保护等级确定后，运营使用单位按照管理规范和技术标准，选择管理办法要求的信息安全产品，建设符合等级要求的信息安全设施，建立安全组织，制定并落实安全管理制度。五是等级测评。信息系统建设完成后，运营使用单位选择符合管理办法要求的检测机构，对信息系统安全等级状况开展等级测评。六是监督检查。公安机关依据信息安全等级保护管理规范，监督检查运营使用单位开展等级保护工作，定期对第三级以上的信息系统进行安全检查。运营使用单位应当接受公安机关的安全监督、检查、指导，如实向公安机关提供有关材料。

1.3　网络安全技术动态

物联网、移动互联网、云计算和大数据已经成为信息技术发展所迎来的一个全新时代，网络安全无疑将面临新的挑战，新问题随之而来，新技术热点已经形成。

1. 物联网安全

1) 物联网面临的安全威胁

与互联网相比，物联网主要实现人与物、物与物之间的通信，通信的对象扩大到了物品。根据功能的不同，物联网网络体系结构大致分为3个层次，底层是用来信息采集的感知层，中间层是数据传输的网络层，顶层则是应用/中间件层。

(1) 物联网的感知层主要采用射频识别技术(RFID)，嵌入了RFID芯片的物品不仅能方便地被物品主人所感知，也能被其他人感知。但是这种被感知的信息通过无线网络平台进行传输时，容易引起个人隐私泄露。窜扰问题也在传感网络和无线网络领域显得非常棘手。

由于物联网中节点数量巨大，并且是以集群的形式存在，因此在数据传输时，大量节点数据的传输请求会导致网络堵塞，产生拒绝服务的情况。

(2) 物联网网络层由移动通信网、互联网和其他专网组成，主要实现信息的转发和传送，它将感知层获取的信息传送到远端，为数据在远端进行智能处理和分析决策提供强有力的支持。考虑到物联网本身具有专业性的特征，其基础网络可以是互联网，也可以是具体的某个行业网络。因此物联网的网络环境的具有不确定性。广泛分布的感知节点，其实质作用就是监测和控制网络上的各种设备，通过对不同对象的监测而提供不同格式的反馈数据来表征网络系统的当前状态。从这个角度来看，物联网感知层的数据非常复杂，数据间存在着频繁的冲突与合作，具有很强的冗余性和互补性。所以，对于物联网的数据而言，除了传统 IP 网络的所有安全问题之外，还由于来自各种类型感知节点的数据是海量的并且是多源异构数据所带来的网络安全问题更加复杂。

(3) 物联网应用层是一个集成应用和解析服务的，并具有强大信息处理和融合功能的服务系统，如物流监控、职能检索、远程医疗、智能交通、智能家居等。应用层涉及业务控制和管理、中间件、数据挖掘等技术。由于未来物联网的应用将是多领域多行业的，因此如何处理广域范围的海量数据、解决数据交换过程的机密性、完整性，制定正确的业务控制策略将使物联网在安全性和可靠性方面也面临着重大挑战。

2) 物联网安全措施

感知层安全可以分为设备物理安全和信息安全两方面。传感器节点之间的信息需要保护，传感器网络需要安全通信机制，确保节点之间传输的信息不被未授权的第三方获得。安全通信机制需要使用密码技术。传感器网络中通信加密的难点在于轻量级的对称密码体制和轻量级加密算法。

网络层安全主要包括网络安全防护、核心网安全、移动通信接入安全和无线接入安全等。网络层安全要实现端到端加密和节点间信息加密。对于端到端加密，需要采用端到端认证、端到端密钥协商、密钥分发技术，并且要选用合适的加密算法，还需要进行数据完整性保护。对于节点间数据加密，需要完成节点间的认证和密钥协商，加密算法和数据完整性保护则可以根据实际需求选取或省略。

应用层安全的核心是需要一个强大而统一的安全管理平台，否则每个应用系统都建立自身的应用安全平台，将会影响安全互操作性，导致新一轮安全问题的产生。除了传统的访问控制、授权管理等安全防护手段，物联网应用层还需要新的安全机制，比如对个人隐私保护的安全需求等。

2. 智能手机安全

根据 CNNIC 数据，截至 2012 年底，中国移动网民规模已达 4.2 亿，占整体网民的 75%，移动互联网时代的蓬勃发展也使得移动安全问题引起人们关注。移动互联网的快速发展伴随着安全隐患的激增，未来移动安全将呈现以下趋势：手机病毒呈现多样化发展，而且将更加隐蔽；手机病毒危害依然以窃取隐私、恶意扣费、盗取流量为主；移动端广告推广软件将变多，恶意推广广告也将更加猖獗；二维码的扫描下载软件有可能存在病毒。

智能手机安全防护需要一套完善的立体的防范体系。为达到“防泄密”和“防骚扰”

的目的，从设备控制、数据管理、网络管理和进程管理对智能手机进行了全方位、立体化的安全防护。

1) 设备控制

可以从以下 3 个方面来对智能手机设备进行控制。

(1) 登录管理：当前大部分系统的登录控制比较简单，容易被绕过或者破解，因此应该采用强制的系统登录措施，通过用户名及增强型密码的验证方式加强系统登录的控制，同时设置销毁触发机制，阻止非法用户登录，保护数据安全。

(2) 接口控制：智能手机的接口比较丰富，功能更是强大，例如蓝牙、Wi-Fi 和摄像头等。这些接口提供便利的同时也带来了很多的威胁，例如通过蓝牙与 Wi-Fi 进入系统等。因此，需要提供一种针对接口的控制机制，对智能手机设备常见的接口如红外、蓝牙、Wi-Fi、电话和摄像头等进行控制，在提供易用性的同时防止通过这些接口泄露敏感数据。存储卡一般是为了解决当前普遍存在的智能手机内存不足的问题，而大部分人都习惯将文件等放置到存储卡中，另外，通过存储卡也可能造成病毒的传播，其可插拔的特性也导致其上的内容容易泄漏，因此存储卡也被列入控制范围之内。

(3) 远程锁定：该功能项可以作为补救措施。在手机丢失的情况下，可以远程发送锁定策略，当智能手机接收到锁定策略时，将系统锁定，此时手机除拨打特殊号码外的任何操作都将被禁止。当接收到解除锁定规则时，可进行正常的系统操作。该功能的目的是确保设备丢失或者被盗后设备内的数据不会泄露。

2) 数据管理

智能手机上存储的文件越来越多，有私人的文件，也可能存在办公的业务文件，还有通讯录、短信等数据，因此数据的管理越来越重要。可从以下 3 个方面加强对智能手机数据的管理。

(1) 数据加密：通过数据加密的方式保护智能手机的关键数据，目前实现方式较多，包括虚拟磁盘和加密文件夹等。其中虚拟磁盘技术借鉴了 PC 平台上 TrueCrypt 等著名加密工具的做法，在智能手机上虚拟出加密磁盘，加载虚拟磁盘后，所有虚拟磁盘上的信息对于应用程序和用户都是明文，但卸载虚拟磁盘后则是密文，在保证易用性的同时也保证了数据的安全。同时，应强制将存储卡上的数据加密或者将其上的数据通过虚拟磁盘技术保护。

(2) 数据备份：将智能手机的关键数据与服务器同步，达到数据的备份和恢复的目的，即使在数据丢失情况下仍能保证业务的可持续性。

(3) 数据擦除：当手机丢失时，可以通过远程擦除的方式确保数据不会泄露。可以将系统内所有的敏感数据(包括联系人信息、来往短信、电话记录及用户自己定义需要删除的数据)使用高强度算法彻底擦除，从而确保手机内的数据和个人隐私不受侵犯。

3) 网络管理

通过对网络底层的管理，就可以对智能手机的网络访问进行过滤及控制，避免网络的误用和滥用，确保智能手机网络的安全使用。控制的策略可以包括禁止使用、自由使用及条件使用等。同时还可以实时监控有联网行为的程序，从而识别出恶意软件，避免网络被盗用。通过设置电话、短信联系人以及短信内容的过滤等手段来防止受到骚扰。

4) 进程管理

结合智能手机的特点，采用黑白名单的形式，对系统的进程进行控制。用户可以采取通过识别进程名称或者进程文件的特征等方法来决定是否允许该进程运行，进而防止非法进程接触敏感信息，保护设备数据安全；通过实时监测智能手机的运行情况，监控智能手机各模块的运行状况，保证各种策略的有效实施。

3. 数据防泄密

数据防泄密(Dafa Leakage Prevention，DLP)近几年已经成为国内非常热门的关键词。首先源于频发的数据泄密事件，其次企业信息化建设后，对电子信息知识产权的保护意识不断增强。经过多年安全行业的发展和用户的检验，目前市场上 DLP 产品主要可以分为三大类，各类产品都来源于不同的技术体系，防护效果也各有优缺点。

第一类，以监控审计为主，对进出的数据进行过滤，并设置一定的响应措施，包括阻断、警告、审计等。这类产品技术通常基于业界对 DLP 的定义："能够通过深度内容分析对动态数据、静态数据和使用中的数据进行鉴定、检测和保护的产品。"产品支持建立关键字库，在通过代理、Web 监控、Mail 监控等在各个环节扫描、过滤关键字，用以达到加强防范、及时发现、合理处理的目的。这类产品的特点是部署简单、界面漂亮，但国内用户的数据保护需求却并不仅仅止步于监控与审计，还希望对数据有更深层次的保护和授权使用，例如控制必须外发或者已经外发的数据。企业的敏感信息在很多应用场景下是需要交换的，特别针对设计院所或者研究机构，含有敏感信息的图纸就是产品，产品必须外发并在特定范围内使用才可以产生收益。这时候的监控类产品往往起到审计的作用。

第二类，以文档加密为主，对企业认为有价值的文档进行加密，并授予一定的认证体系及权限控制。这类产品主要关注文档级别的加密技术。可以通过对主机终端、服务器、存储介质等不同区域内特定格式文档进行加密并授予使用权限，甚至可以实现自动发现、自动加密的功能，并且支持文档的透明加解密，使用者可以直接打开、编辑、保存文档。这类产品的特点是可以对文档进行细粒度的管理，但是其技术特点过分依赖文件的格式或者使用文件的程序软件，兼容性上往往需要投入大量的工作，具体使用过程中只能选择特定的文件格式。同时由于加密文件在内部的频繁使用，加密解密过程需要占用计算机资源过多。

第三类，以边界防护为主，在企业认为存在风险的边界点设置防护措施，经过边界的数据采用策略对应的手段或是加密或是授权，以达到信息在安全区域内外都受控的目的。这类产品通过精准定位敏感数据的使用边界，通过在边界赋予控制手段实现数据防泄密。对安全需求旺盛的企业一般可以分为两种类型，一种是敏感信息密集型，例如制造、设计及研发性企业。敏感信息往往在主机终端产生、存储、使用。可以说主机的边界就是信息防护的边界，那么通过主机的泄密途径风险分析，网络、存储介质、外设、打印和硬盘所存的风险点，辅以控制、加密和审计的手段，即可实现严密的防泄密。另一种是敏感信息分散型，通常是信息程度高，敏感信息来源单一的企业，例如运营商、大型央企。已经在企业内部建立大型的业务系统，业务系统分布广阔、使用人员众多。这时候需要以业务系统为防护边界，加强访问控制、实现业务系统信息落地加密并赋予使用权限即可达到有效的防泄密，并且大大减少管理成本。这类型的产品特点是防范手段丰富、有效，但对安全建设前期调研、明确防范边界投入较多。

4. 统一威胁管理

统一威胁管理(Unified Threat Management，UTM)，即将防病毒、入侵检测和防火墙安全设备划归统一威胁管理新类别。UTM 是指由硬件、软件和网络技术组成的具有专门用途的设备，它主要提供一项或多项安全功能，将多种安全特性集成于一个硬设备里，构成一个标准的统一管理平台。UTM 设备应该具备的基本功能包括网络防火墙、网络入侵检测/防御和网关防病毒功能。

UTM 的架构中包含了很多具有创新价值的技术内容，UTM 产品相比传统安全产品主要有以下特点。

(1) 完全性内容保护(Complete Content Protection)。对 OSI 模型中描述的所有层次的内容进行处理。这种内容处理方法比目前主流的状态检测技术以及深度包检测技术更加先进，目前使用该技术的产品已经可以在千兆网络环境中对数据负载进行全面的检测。这意味着应用了完全性内容保护的安全设备不但可以识别预先定义的各种非法连接和非法行为，而且可以识别各种组合式的攻击行为以及相当隐秘的欺骗行为。

(2) ASIC 的应用。ASIC 是被广泛应用于性能敏感平台的一种处理器技术，在 UTM 安全产品中 ASIC 的应用是满足处理效能的关键。由于应用了完全性内容保护，需要处理的内容量相比于传统的安全设备大大增加，而且这些内容需要被防病毒、防火墙等多种引擎所处理，UTM 产品具有非常高的性能要求。将各种常用的加密、解密、规则匹配、数据分析等功能集成于 ASIC 处理器之内，才能够提供足够的处理能力使 UTM 设备正常运作。Fortinet 不但成功地在自己的产品内应用了 ASIC 这一具有高度尖端性的芯片技术，而且还进行了很多开创性的工作，推出了 FortiASIC 技术，令老牌的 ASIC 厂商也不得不刮目相看。

(3) 操作系统。除了硬件方面有独特的设计之外，UTM 产品在软件平台上也专门针对安全功能进行了定制。专用的操作系统软件提供了精简而高效的底层支持，可以最大限度地发挥硬件平台的能力。UTM 产品的操作系统及周边软件模块可以对目标数据进行智能化的管理，并具有专门的实时性设计，提供实时内容重组和分析能力，可以有效地发挥防病毒、防火墙、VPN 等子系统功能。

(4) 紧凑型模式识别语言(Compact Pattern Recognition Language)。这是为了快速执行完全内容检测而设计的。这种语言可以在同样的软硬件平台下提供高得多的执行效能，并且可以使防病毒、防火墙、入侵检测等多种安全功能的安全威胁辨识工作获得更好的协同能力。另外，这种实现方式还有利于集成更先进的启发式算法以应对未知的安全威胁。

(5) 动态威胁防护系统(Dynamic Threat Prevention System)。这是在传统的模式检测技术上结合了未知威胁处理的防御体系。动态威胁防护系统可以将信息在防病毒、防火墙和入侵检测等子模块之间共享使用，以达到检测准确率和有效性的提升。这种技术是业界领先的一种处理技术，也是对传统安全威胁检测技术的一种颠覆。

5. 云计算安全性

云计算是一个虚拟的计算资源池，它通过互联网提供给用户使用资源池内的计算资源。完整的云计算是一整个动态的计算体系，提供托管的应用程序环境，能够动态部署、动态分配/重分配计算资源、实时监控资源使用情况。云计算通常具有一个分布式的基础设施，并能够对这个分布式系统进行实时监控，以达到高效使用的目的。

美国高德纳咨询公司 Gartner 在《云计算安全风险评估》中称，虽然云计算产业具有巨大市场增长前景，但对于使用这项服务的企业用户来说，云计算服务存在着潜在安全风险。

1) 优先访问权风险

一般来说，企业数据都有其机密性。这些企业把数据交给云计算服务商后，具有数据优先访问权的并不是相应企业，而是云计算服务商。这就不能排除企业数据被泄露出去的可能性。Gartner 为此向企业用户提出建议，在选择使用云计算服务之前，应要求服务商提供其 IT 管理员及其他员工的相关信息，从而把数据泄露的风险降至最低。

2) 管理权限风险

虽然企业用户把数据交给云计算服务商托管，但数据安全及整合等事宜，最终仍将由企业自身负责。传统服务提供商一般会由外部机构来进行审计或进行安全认证。但如果云计算服务商拒绝这样做，则意味着企业用户无法对被托管数据加以有效利用。

3) 数据处所风险

当企业用户使用云计算服务时，他们并不清楚自己数据被放置在哪台服务器上，甚至根本不了解这台服务器放置在哪个国家。出于数据安全考虑，企业用户在选择使用云计算服务之前，应事先向云计算服务商了解，这些服务商是否从属于服务器放置地所在国的司法管辖；在这些国家展开调查时，云计算服务商是否有权拒绝提交所托管数据。

4) 数据隔离风险

在云计算服务平台中，大量企业用户的数据处于共享环境下，即使采用数据加密方式，也不能保证做到万无一失。Gartner 认为，解决该问题的最佳方案是将自己数据与其他企业用户的数据进行隔离。Gartner 报告称：“数据加密在很多情况下并不有效，而且数据加密后，又将降低数据使用的效率。”

5) 数据恢复风险

即使企业用户了解自己数据被放置到哪台服务器上，也得要求服务商作出承诺，必须对所托管数据进行备份，以防止出现重大事故时，企业用户的数据无法得到恢复。Gartner 建议，企业用户不但需了解服务商是否具有数据恢复的能力，而且还必须知道服务商能在多长时间内完成数据恢复。

6) 调查支持风险

通常情况下，如果企业用户试图展开违法活动调查，云计算服务商肯定不会配合，这当然合情合理。但如果企业用户只是想通过合法方式收集一些数据，云计算服务商也未必愿意提供，原因是云计算平台涉及多家用户的数据，在一些数据查询过程中，可能会牵涉到云计算服务商的数据中心。如果企业用户本身也是服务企业，当自己需要向其他用户提供数据收集服务时，则无法求助于云计算服务商。

7) 长期发展风险

如果企业用户选定了某家云计算服务商，最理想的状态是：这家服务商能够一直平稳发展，而不会出现破产或被大型公司收购现象。其理由很简单：如果云计算服务商破产或被他人收购，企业用户既有服务将被中断或变得不稳定。Gartner 建议，在选择云计算服务商之前，应把长期发展风险因素考虑在内。

解决云计算安全问题的根本办法是国家要对云计算厂商的安全性进行规范和监督。依法强制要求云计算公司采用必要的措施，保证服务的安全性。这就要求国家政府部门制定相应的法规，对云计算企业强制进行合规性检查，检查包括厂商对客户承诺的不合理性、厂商信守承诺的程度、厂商在对待客户的数据的审计和监管力度。

云计算厂商需要采用必要的安全措施。云计算厂商内部的网络和大多数企业的网络没什么不一样的地方，其要实施的安全措施也是传统的安全措施，包括访问控制、入侵防御、反病毒部署、防止内部数据泄密和网络内容与行为监控审计等。

云计算厂商要采用分权分级管理。为了防止云计算服务平台供应商"偷窥"客户的数据和程序，可以采取分级控制和流程化管理的方法。例如，将云计算的运维体系分为两级，一级是普通的运维人员，他们负责日常的运维工作，但是无法登录物理主机，也无法进入受控的机房，接触不到用户数据。二级是具备核心权限的人员，他们虽然可以进入机房也可以登录物理主机，但受到运维流程的严格控制。

与研究云计算技术存在的安全问题不同，信息安全领域也引入了云计算概念，应对层出不穷的未知攻击行为，这被称为"云安全"。"云安全(Cloud Security)"通过网状的大量客户端对网络中软件行为的异常进行监测，获取互联网中病毒和各种恶意程序的最新特征信息，传送到服务器端进行自动分析和处理，再把清除病毒和恶意程序的解决方案分发到每一个客户端。云安全技术应用后，识别和查杀病毒不再仅仅依靠本地硬盘中的病毒库，而是依靠庞大的网络服务，实时进行采集、分析以及处理。整个互联网就是一个巨大的"杀毒软件"，参与者越多，每个参与者就越安全，整个互联网就会更安全。

1.4　本 章 小 结

本章讲述了网络安全的定义和基本属性、基本目标，分析了网络安全保障体系建设的主要内容；简要介绍了网络威胁的几种类型；概括总结了网络安全国际标准和规范的要点；介绍了网络安全等级保护建设的有关情况。

1.5　本 章 习 题

1. 填空题

(1) 网络安全基本目标分别是________、________、________、________、________、________。

(2) 保密性指确保信息不泄露给________的实体或进程。

(3) ________是网络信息未经授权不能进行改变的特性。

(4) 通过进行________和________可以避免对交易行为的抵赖。

(5) 通信链路的安全主要是防止________。

(6) TCSEC(橘皮书)分为________个等级，它们是________。

2. 选择题

(1) (　　)是网络信息可被授权实体访问并按需求使用的特性，即网络信息服务在需要时，允许授权用户或实体使用的特性。

A. 保密性　　B. 完整性　　C. 可用性　　D. 可控性

(2) 有意避开系统访问控制机制，对网络设备及资源进行非正常使用属于(　　)。

A. 破坏数据完整性　　B. 非授权访问
C. 信息泄露　　D. 拒绝服务攻击

(3) 可靠性不包括(　　)。

A. 抗毁性　　B. 保密性　　C. 有效性　　D. 生存性

(4) 防火墙产品和 VPN 虚拟专用网能够解决(　　)问题。

A. 操作系统安全　　B. 用户安全
C. 应用程序安全　　D. 网络互联

(5) 保障信息完整性的主要方法不包括(　　)。

A. 密码校验和方法　　B. 纠错编码方法
C. 数字签名　　D. 安装防火墙

3. 简答题

(1) 什么是网络安全？网络中存在哪些安全威胁？
(2) 网络安全的基本目标是什么？
(3) 我国的信息安全标准主要有哪几种？
(4) 网络安全保障体系有哪些主要内容？
(5) 什么是网络安全等级保护？

第2章 网络监听与TCP/IP协议分析

教学目标

通过对本章的学习，读者应了解网络监听和协议分析的概念，掌握网络层协议和传输层协议的报头结构，熟悉网络监听软件的安装和基本操作方法，熟练掌握使用网络监听软件进行数据报分析的方法。

教学要求

知识要点	能力要求	相关知识
网络监听	了解网络监听的基本原理，熟悉网络监听在网络管理中的应用	嗅探
TCP/IP 数据报	了解 IP 数据报结构、ARP、ICMP 协议、TCP、UDP	IPv4、IPv6
监听工具	学会安装和使用网络监听工具 Sniffer Pro、Wireshark	数据报分析

引例

计算机网络带给人们的便捷不言而喻，然而每一位网络用户一定都有这样的体验：上网速度时快时慢、时通时断，蠕虫泛滥、病毒干扰、黑客攻击屡见不鲜，安装了杀毒软件和防火墙还是不能一劳永逸，令人无所适从。还有些用户工作时间用 P2P 软件下载文件或播放视频，严重占用带宽、影响正常工作却很难被发现。

采用有效的技术手段检测和分析当前的网络流量，及时发现干扰网络运行、消耗网络带宽的害群之马，十分必要。所采用的技术就是“网络监听”。要从事网络管理工作，就必须了解网络监听的基本原理，熟悉网络通信协议，特别是 TCP/IP 协议数据报结构，理解其中关键字段或标志的含义，熟练掌握网络监听工具的使用方法和技巧，从而学会捕获并分析网络数据。

本章的内容就是介绍网络监听的基本原理、概括网络层和传输层协议的数据报结构，讲解网络监听工具 Sniffer Pro 的安装和使用方法。

2.1　网络监听与数据分析

以太网的通信是基于广播方式的，这意味着在同一个网段的所有网络接口都可以访问到物理媒体上传输的数据，而每一个网络接口都有一个唯一的硬件地址，即 MAC 地址，长度为 48 字节，一般来说每一块网卡上的 MAC 地址都是不同的。在 MAC 地址和 IP 地址间使用 ARP 和 RARP 协议进行相互转换。

2.1.1　网络监听的基本原理

通常一个网络接口只接收两种数据帧。

(1) 与自己硬件地址相匹配的数据帧。

(2) 发向所有机器的广播数据帧。

网卡负责数据的收发，它接收传输来的数据帧，然后网卡内的单片机程序查看数据帧中的目的 MAC 地址，根据计算机上的网卡驱动程序设置的接收模式判断该不该接收。如果接收则接收后通知 CPU，否则就丢弃该数据帧，所以丢弃的数据帧直接被网卡截断，计算机根本不知道。CPU 得到中断信号产生中断，操作系统根据网卡的驱动程序设置的网卡中断程序地址调用驱动程序接收数据，驱动程序接收数据后放入信号堆栈让操作系统处理。网卡通常有 4 种接收方式。

(1) 广播方式：接收网络中的广播信息。

(2) 组播方式：接收组播数据。

(3) 直接方式：只有目的网卡才能接收该数据。

(4) 混杂模式：接收一切通过它的数据，而不管该数据是否是传给它的。

早期的集线器是共享介质的工作方式，只要把主机网卡设置为混杂模式，网络监听就可以在任何接口上实现，现在的网络基本都用交换机，必须把执行网络监听的主机接在镜像端口上，才能监听到整个交换机上的网络信息。这就是网络监听的基本原理。

大多数交换机都支持镜像技术，称之为“mirroring ”或“Spanning ”。镜像是将交换机某个端口的流量复制到另一端口(镜像端口)，进行监测。

网络监听常常要保存大量的信息，并对其进行大量整理，这会大大降低处于监听的主机对其他主机的响应速度。同时监听程序在运行的时候需要消耗大量的处理器时间，如果在此时分析数据包，许多数据包就会因为来不及接收而被遗漏，因此监听程序一般会将监听到的包存放在文件中，等待以后分析。

2.1.2　网络嗅探攻击与防范

网络监听技术也可以用于窃听网络通信数据，类似于电话窃听，如图 2.1 所示，通常被称为网络嗅探，属于一种攻击手段。

图 2.1　窃听

1. 嗅探器的危害

嗅探器能够捕获密码，可以记录下明文传送的 userid 和 password，如图 2.2 所示。这是嗅探器用于网络攻击的主要目的。

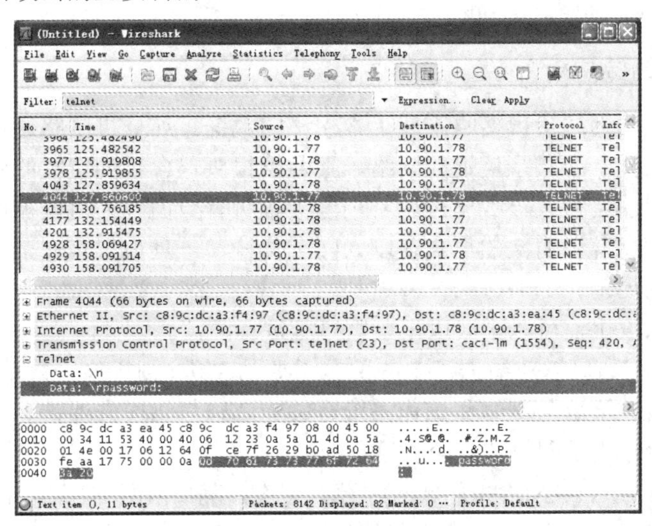

图 2.2　用网络嗅探器捕获密码

嗅探器还能够捕获专用的或者机密的信息。比如金融账号，许多用户很放心地在网上使用自己的信用卡或现金账号，而嗅探器却可以很轻松地截获在网上传送的用户姓名、密码、信用卡号码、截止日期、账号和 PIN。比如通过拦截数据包，入侵者可以很方便记录别人之间敏感的信息传送，甚至可以拦截整个的 E-mail 会话过程。

嗅探器还可以用来窥探底层的协议信息。

2. 嗅探器攻击的检测

在理论上，其他主机上的嗅探程序是不可能被检测出来的，因为嗅探程序是一种被动地接受程序，属于被动触发的，它只会收集数据包，而不发送任何数据，尽管如此，嗅探程序有时候还是能够被检测出来。

1) 一种简单检测方法的步骤

(1) 怀疑 IP 地址为 192.168.13.16 的机器上装有嗅探程序，它的 MAC 地址确定为 00:40:63:18:0E:78。

(2) 确保机器是在这个局域网中间。

(3) 修改 ARP 表中 IP 地址 192.138.13.16 对应的 MAC 地址。

(4) 用 ping 命令 ping 这个 IP 地址。

(5) 没有任何人能够看到发送的数据包，因为每台计算机的 MAC 地址无法与这个数据包中的目的 MAC 相符，所以，这个包应该会被丢弃。但是嗅探器有可能接收这个数据。

(6) 如果看到了应答，说明这个 MAC 包没有被丢弃，也就是说，很有可能有嗅探器存在。

2) 其他检测网络嗅探的方法

(1) 对于怀疑运行监听程序的机器，用正确的 IP 地址和错误的物理地址封装包，然后运行 ping 命令，运行监听程序的机器会有响应。这是因为正常的机器不接收错误的物理地址，但处于监听状态的机器能接收，如果它不反向检查地址的话，就会响应。

(2) 向网上发大量不存在的物理地址的包，由于监听程序分析和处理大量的数据包时要占用很多的 CPU 资源，这将导致性能下降。这种方法的难度比较大。

(3) 使用反监听工具进行检测。

3. 网络嗅探的防范对策

网络嗅探就是使网络接口接收不属于本主机的数据。计算机网络通常建立在共享信道上，以太网就是这样一个共享信道的网络，其数据报头包含目的主机的硬件地址，只有硬件地址匹配的机器才会接收该数据包。一个能接收所有数据包的机器被称为杂错节点。通常账户和密码等信息都以明文的形式在以太网上传输，一旦被黑客在杂错节点上嗅探到，用户就可能会遭到损害。

对于网络嗅探攻击，可以采取以下一些措施进行防范。

(1) 加密：一方面可以对数据流中的部分重要信息进行加密，另一方面也可只对应用层加密，后者将使大部分与网络和操作系统有关的敏感信息失去保护。选择何种加密方式取决于信息的安全级别及网络的安全程度。

(2) 划分 VLAN：VLAN(虚拟局域网)技术可以有效隔离内网不同部门间的主机，如图 2.3 所示。通过划分 VLAN 能防止大部分基于网络嗅探的入侵。

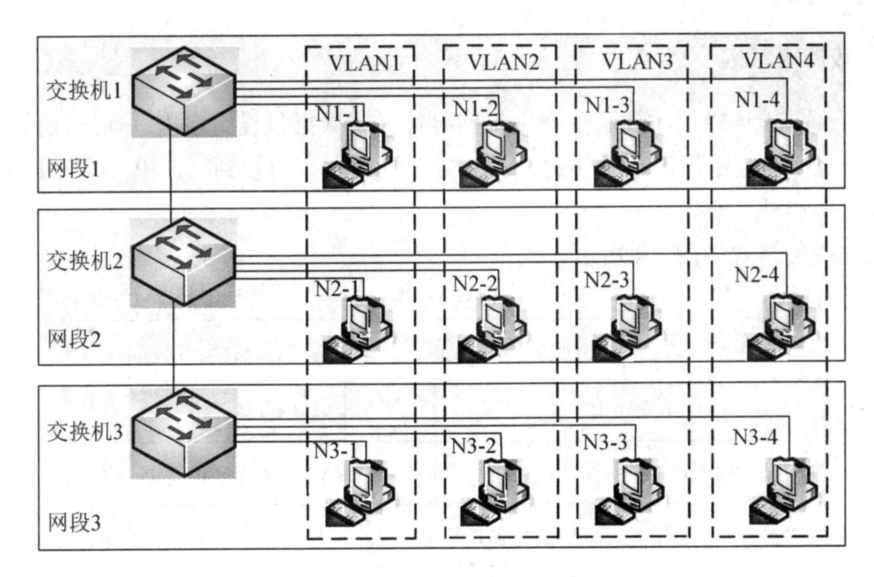

图 2.3　创建 VLAN 防止网络嗅探

2.1.3　网络监听工具

Sniffer 软件是 NAI 公司推出的一款功能强大的协议分析软件。Sniffer 软件支持的协议丰富，解码分析速度快。其中 Sniffer Pro 版可以运行在各种 Windows 平台上。

Sniffer 软件的主要功能如下。

(1) 捕获网络流量进行详细分析。

(2) 利用专家分析系统诊断问题。

(3) 实时监控网络活动。

(4) 收集网络利用率和错误等。

Sniffer 可以运行在路由器或有路由器功能的主机上，这样就能对大量的数据进行监控。Sniffer 几乎能得到任何以太网上传送的数据包。

在以太网中 Sniffer 将系统的网络接口设定为混杂模式。这样，它就可以监听到所有流经同一以太网网段的数据包，而不管它的接受者或发送者是不是运行 Sniffer 的主机。

除 Sniffer Pro 外，Wireshark 也是非常优秀的一款网络监听软件，它是著名的软件 Ethereal 的升级版。读者可以下载 wireshark-win32-1.1.3.zip。值得推荐的是 Wireshark 的安装无需重启系统，十分便于实验教学。

2.2　网络层协议报头结构

网络层协议将数据包封装成 IP 数据报，并运行必要的路由算法，它有 4 个互联协议。

(1) 网际协议(IP)：在主机和网络之间进行数据包的路由转发。

(2) 地址解析协议(ARP)：获得同一物理网络中的硬件主机地址。

(3) 网际控制报文协议(ICMP)：发送消息，并报告有关数据包的传送错误。

(4) 互联组管理协议(IGMP)：IP 主机向本地多路广播路由器报告主机组成员。

2.2.1 IP 数据报结构

IP 协议面向无连接，主要负责在主机间寻址并为数据包设定路由。在交换数据前它并不建立会话，因为它不保证正确传递；另一方面，数据在被收到时，IP 不需要回复确认信息，所以它是不可靠的。

IP 数据报的格式如图 2.4 所示。

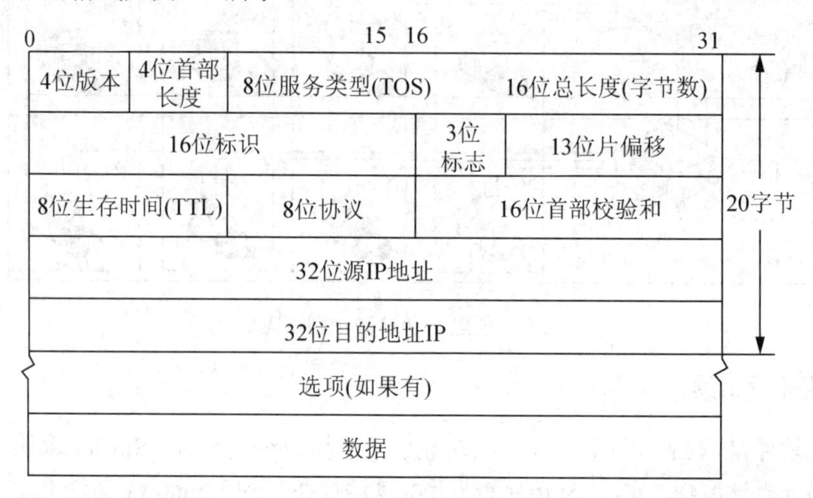

图 2.4 IP 数据报格式

2.2.2 ARP

ARP(地址解析协议)用于获得在同一物理网络中的主机的硬件地址。要在网络上通信必须知道对方主机的硬件地址，地址解析就是将主机 IP 地址映射为硬件地址的过程。

本地 IP 地址解析为硬件地址的过程描述如下。

(1) 当一台主机要与别的主机通信时，初始化 ARP 请求。当源主机制定目的主机的 IP 地址是本地 IP 时，源主机就在 ARP 缓存中查找目标主机的硬件地址。

(2) 如果找不到映射，ARP 建立一个请求，源主机 IP 地址和硬件地址会被包括在请求中，该请求通过广播，使所有本地主机均能被接收并处理。

(3) 该网段上的每台主机都收到广播并寻找相符的 IP 地址。

(4) 当目标主机断定请求中的 IP 地址与自己的相符时，直接发送一个 ARP 答复，将自己的硬件地址传给源主机。源主机收到回答后，更新它的 ARP 缓存，建立起了通信。

如果目标主机的 IP 地址是一个远程网络主机 IP，那么 ARP 将广播一个路由器的地址。远程 IP 地址解析为硬件地址的过程描述如下。

(1) 初始化通信请求时，得知目标 IP 地址为远程地址。源主机在本地路由表中查找，若无，源主机则认为是默认网关的 IP 地址。在 ARP 缓存中查找符合该网关记录的 MAC 地址。

(2) 若没找到该网关的记录，ARP 将广播请求网关地址而不是目标主机的地址。路由器用自己的硬件地址响应源主机的 ARP 请求。源主机则将数据包发送到路由器，以便转发到目标主机所在的网络，并最终到达目标主机。

(3) 在路由器上，由 IP 协议决定目标 IP 地址是本地还是远程。如果是本地，路由器用 ARP(缓存或广播)获得硬件地址。如果是远程，路由器在其路由表中查找该网关，然后运用 ARP 获得此网关的硬件地址。数据包被直接发送到下一个目标主机。

(4) 目标主机收到请求后，形成 ICMP 响应。因源主机在远程网上，将在本地路由表中查找源主机网的网关。找到网关后，ARP 即获取它的硬件地址。

(5) 如果此网关的硬件地址不在 ARP 缓存中，则通过 ARP 广播获得。一旦它获得硬件地址，ICMP 响应就送到路由器上，然后传到源主机。

2.2.3　ICMP

ICMP(Internet 控制报文协议)用于报告错误并对消息进行控制。ICMP 是 IP 层的一个组成部分，它负责传递差错报文及其他需要注意的信息。

ICMP 报文通常被 IP 层或更高层协议(TCP 或 UDP)使用，一些 ICMP 报文把差错报文返回给用户进程。

ICMP 报文是在 IP 数据报内部传输，如图 2.5 所示。

图 2.5　IP 数据报

ICMP 数据包结构如图 2.6 所示。

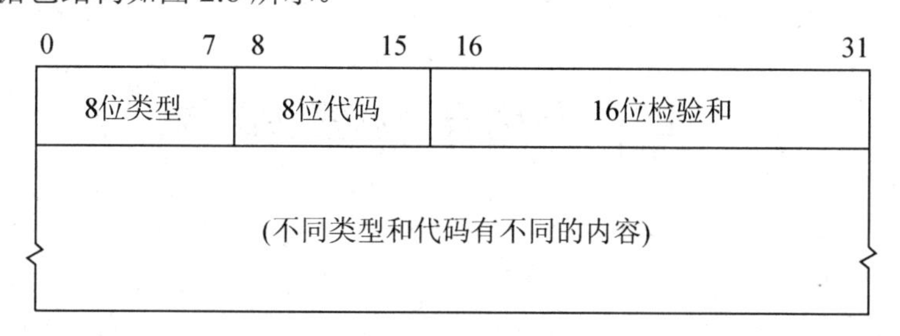

图 2.6　ICMP 数据包结构

类型：8 位类型字段，表示 ICMP 数据包类型。

代码：8 位代码域，表示指定类型中的一个功能。

校验和：数据包中 ICMP 上的一个 16 位校验和。

2.2.4　IGMP

IGMP(互联组管理协议)把信息传给别的路由器，以使每个支持多路广播的路由器获知哪个主机组处于哪个网络中。

正如 ICMP 一样，IGMP 也被当做 IP 层的一部分。IGMP 报文通过 IP 数据报进行传输，有固定的报文长度，没有可选数据项。图 2.7 显示了 IGMP 报文是如何封装在 IP 数据报中的。

图 2.7　IGMP 报文封装在 IP 数据报中

应用网络监听技术检测 ARP 病毒

近年来，ARP 病毒四处传播，很多用户深受其害。局域网上只要有一台计算机感染这种病毒，就影响到整个网络，致使上网主机频繁断线。

如 2.2.2 节所述，正常状态下 ARP 协议是源主机和目的主机相互交换 IP 与 MAC 真实地址映射的协议，但 ARP 是一种无连接协议，主机也可以接收并处理 ARP 无请求应答，并将这种数据包给出的 IP 与 MAC 地址映射缓存下来。

网络上只要有一台主机向其他主机发送伪造的 ARP 无请求应答包，就会使整个网络的 IP 与 MAC 地址的映射关系出错，干扰正常通信。例如中病毒的主机向网络发送伪造的 ARP 无请求应答包，把网关的 MAC 地址修改为自己的 MAC 地址，则上网的主机就找不到真正的网关，所以上不了网。这就是 ARP 病毒的工作机制。

作为应对 ARP 病毒的手段，管理员可以用网络监听技术查找到中病毒的主机。将交换机做好端口镜像设置，然后把安装有网络监听软件的主机接入镜像端口，启动网络监听命令，捕获网络上的所有数据进行分析，就能够查找到发送“ARP 无请求应答”的主机，将其隔离或关机，整个网络就会恢复正常。

2.3　传输层协议报头结构

传输协议在计算机之间提供通信会话。传输协议的选择根据数据传输方式而定。常用的两个传输协议如下。

(1) 传输控制协议(TCP)：提供了面向连接的通信，为应用程序提供可靠传输的通信连接。TCP 适合于一次传输大批数据的情况，并适用于要求得到响应的应用程序。

(2) 用户数据报协议(UDP)：提供了无连接通信，且不对传送包进行可靠的保证，适合于一次传输小量数据的情况，可靠性由应用层负责。

2.3.1　TCP

TCP 提供一种面向连接的、可靠的、字节流服务。面向连接意味着两个使用 TCP 的应用在彼此交换数据之前必须先建立一个 TCP 连接。

TCP 数据被封装在一个 IP 数据报中，如图 2.8 所示。

如果不计任选字段，TCP 通常是 20 个字节。TCP 数据报结构如图 2.9 所示。

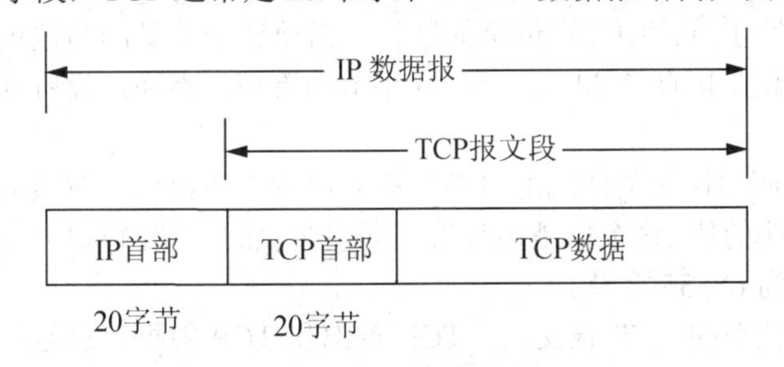

图 2.8　TCP 首部的数据格式

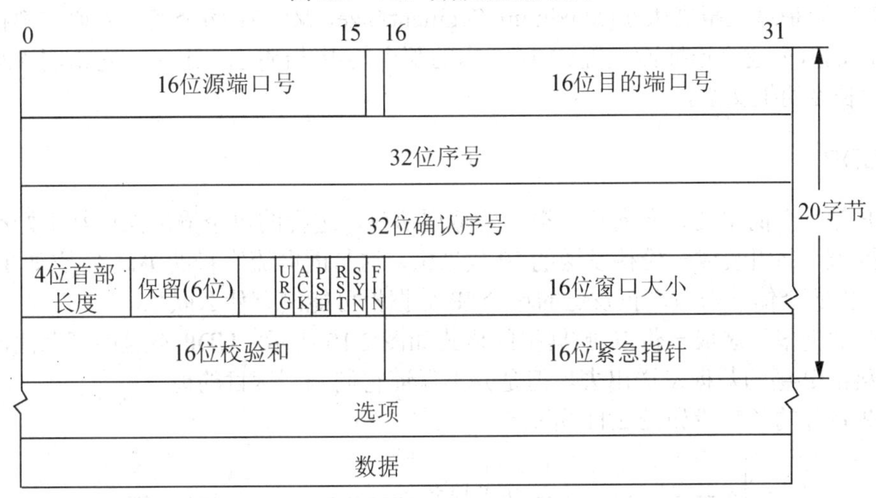

图 2.9　TCP 数据报结构

每个 TCP 段都包含源端和目的端的端口号，用于寻找发送端和接收端应用进程。这两个值加上 IP 首部中的源端 IP 地址和目的端 IP 地址就可以唯一地确定一个 TCP 连接。

序号用来标识从 TCP 发送端向 TCP 接收端发送的数据字节流，它表示在这个报文段中的第一个数据字节。如果将字节流看作在两个应用程序间的单向流动，则 TCP 用序号对每个字节进行计数。

当建立一个新的连接时，SYN 标志变为 1。序号字段包含由这个主机选择的该连接的初始序号(Initial Sequence Number，ISN)。该主机要发送数据的第一个字节序号为这个 ISN 加 1，因为 SYN 标志消耗了一个序号。

既然每个传输的字节都被计数，因此确认序号就是发送确认的一端所期望收到的下一个序号。因此，确认序号应当是上次已成功收到的数据字节序号加 1。只有 ACK 标志为 1 时，确认序号字段才有效。发送 ACK 无需任何代价，因为 32 位的确认序号字段和 ACK 标志一样，总是 TCP 首部的一部分。因此，可以看到一旦一个连接建立起来，这个字段总是被设置，ACK 标志也总是被设置为 1。

TCP 为应用层提供全双工服务，这意味数据能在两个方向上独立地进行传输。因此，连接的每一端必须保持每个方向上的传输数据序号。

首部长度字段给出首部中 32 位字的数目。需要这个值是因为选项字段的长度是可变的。这个字段占 4 位，因此 TCP 最多有 60 字节的首部。然而，没有选项字段，正常的长度是 20 字节。

TCP 的流量控制由连接的两端通过声明的窗口大小来提供。窗口大小为字节数，起始于确认序号字段指明的值，这个值是接收端正期望接收的字节。窗口大小是一个 16 位字段，因而窗口大小最大为 65535 字节。

校验和覆盖了整个的 TCP 报文段：TCP 首部和 TCP 数据。这是一个强制性的字段，必须是由发送端计算和存储，由接收端进行验证。

选项字段是最长报文大小(Maximum Segment Size，MSS)。两个连接方通常都在通信的第一个报文段(为建立连接而设置 SYN 标志的那个段)中指明这个选项。它指明本端所能接收的最大长度的报文段。

2.3.2 UDP

UDP 是一个简单的、面向数据报的传输层协议，进程的每个输出操作都正好产生一个 UDP 数据报，并组装成一份待发送的 IP 数据报。这与面向流字符的协议不同(如 TCP)，应用程序产生的全体数据与真正发送的单个 IP 数据报可能没有什么联系。

UDP 数据报封装成一份 IP 数据报的格式如图 2.10 所示。UDP 不提供可靠性，它把应用程序传给 IP 层的数据发送出去，但是并不保证它们能到达目的地。

UDP 首部的各字段如图 2.11 所示。

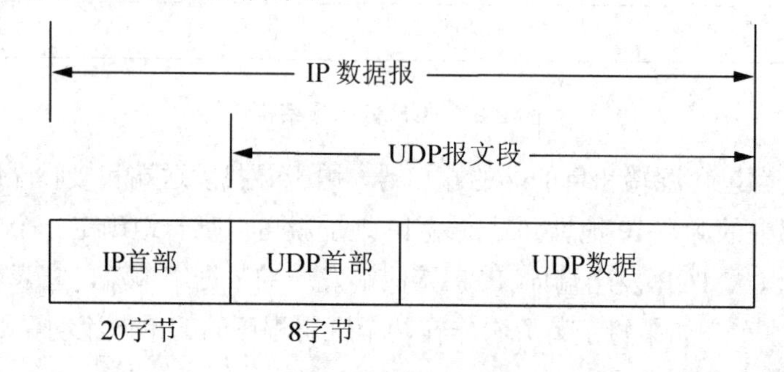

图 2.10　UDP 数据报

16位源端口号	16位目的端口号	8字节
16位UDP长度	16位UDP校验和	
数据(如果有)		

图 2.11　UDP 首部

端口号表示发送进程和接收进程。由于 IP 层已经把 IP 数据报分配给 TCP 或 UDP，因此 TCP 端口号由 TCP 查看，而 UDP 端口号由 UDP 查看。TCP 端口号与 UDP 端口号是相互独立的。

尽管相互独立，但如果 TCP 和 UDP 同时提供某种知名服务，两个协议通常选择相同的端口号。这纯粹是为了使用方便，而不是协议本身的要求。

UDP 长度字段指的是 UDP 首部和 UDP 数据的字节长度，该字段的最小值为 8 字节。IP 数据报长度指的是数据报全长，因此 UDP 数据报长度是全长减去 IP 首部的长度。

UDP 校验和覆盖 UDP 首部和 UDP 数据。而 IP 首部的校验和只覆盖 IP 的首部，并不覆盖 IP 数据报中的任何数据。

UDP 和 TCP 在首部中都有覆盖它们首部和数据的校验和。UDP 的校验和是可选的，而 TCP 的校验和是必需的。

UDP 校验和的基本计算方法与 IP 首部校验和计算方法之间存在许多不同的地方。首先，UDP 数据报的长度可以为奇数字节，但是校验和算法是把若干个 16 位字相加。其次，UDP 数据报和 TCP 段都包含一个 12 字节长的伪首部，它是为了计算校验和而设置的。伪首部包含 IP 首部的一些字段。其目的是可以让 UDP 两次检查数据是否已经正确到达目的地，UDP 数据报中的伪首部格式如图 2.12 所示。

如果数据报的长度为奇数，则在计算校验和时需要加上填充字节。如果校验和的计算结果为 0，则存入的值为全 1(65535)，这在二进制反码计算中是等效的。如果传送的校验和为 0，说明发送端没有计算校验和。

图 2.12　UDP 校验和计算过程中使用的各个字段

如果发送端没有计算校验和而接收端检测到校验和有差错，那么 UDP 数据报就要被丢弃，而且不产生任何差错报文。

UDP 校验和是一个端到端的校验和。它由发送端计算，然后由接收端验证。其目的是发现 UDP 首部和数据在发送端到接收端之间发生的任何改动。

2.4　TCP 会话安全

TCP 协议是面向连接的，收发双方在发送数据之前必须建立一条连接。

TCP 连接包括：连接建立、数据传输和连接终止。TCP 用三次握手建立一个连接。

1. 连接建立(三次握手)

一对终端同时初始化一个它们之间的连接，但通常是由一端打开一个套接字，然后监听来自另一方的连接，这就是通常所指的被动打开。被动打开的一端就是服务器端。而客户端通过向服务器端发送一个SYN来建立一个主动打开，作为三次握手的一部分。服务器端为一个合法的SYN回送一个SYN/ACK。最后，客户端再发送一个ACK。这样就完成了三次握手，并进入了连接建立状态。

2. 数据传输

很多重要的机制在TCP的数据传送状态保证了TCP的可靠性和强壮性。它们包括使用序号对收到的TCP报文段进行排序以及检测重复的数据；使用校验和来检测报文段的错误；使用确认和计时器来检测和纠正丢包或延时。

在三次握手过程中，两个主机的TCP层间要交换初始序号。这些序号用于标识字节流中的数据，并且还是对应用层的数据字节进行记数的整数。通常在每个TCP报文段中都有一对序号和确认号。TCP报文发送者认为自己的字节编号为序号，而认为接收者的字节编号为确认号。TCP报文的接收者为了确保可靠性，在接收到一定数量的连续字节流后才发送确认。这是对TCP的一种扩展，通常称为选择确认(SACK)。选择确认使得TCP接收者可以对乱序到达的数据块进行确认。

3. 连接终止

连接终止使用了四次握手，每个终端的连接在此过程中都能独立地被终止。因此，一个典型的拆接过程需要每个终端都提供一对FIN和ACK。

2.5 TCP/IP报文捕获与分析

报文捕获功能可以在报文捕获面板中进行完成，图2.13是捕获面板的功能图，图中显示的是处于开始状态的面板。

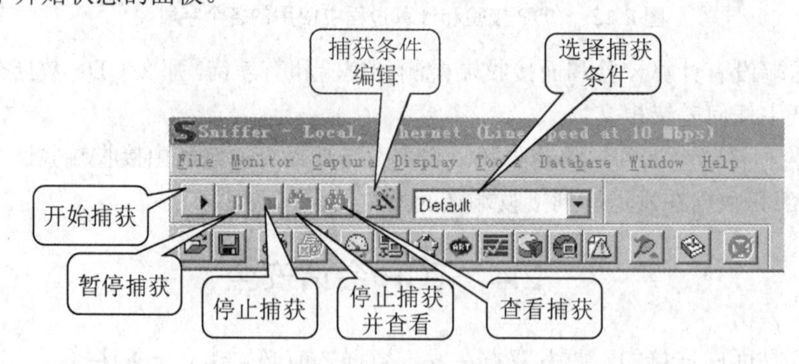

图2.13 捕获面板

2.5.1　捕获过程报文统计

在捕获过程中可以通过面板查看捕获报文的数量和缓冲区的利用率，如图 2.14 所示。

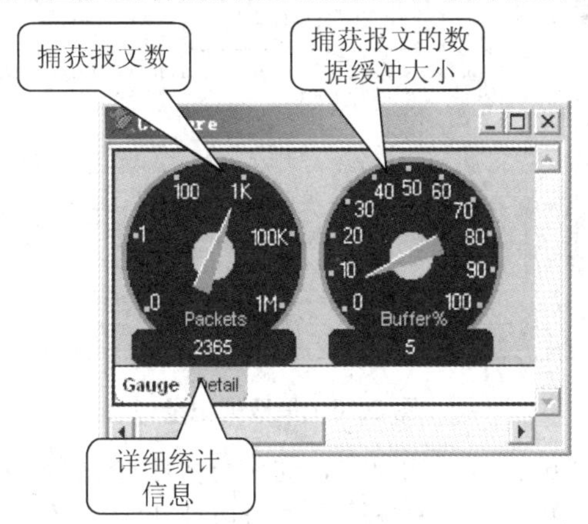

图 2.14　报文统计

2.5.2　捕获报文查看

Sniffer 软件提供了强大的分析能力和解码功能。图 2.15 所示是为捕获的报文提供一个专家分析系统进行分析，图 2.15 中还包括解码选项及图形和表格的统计信息。

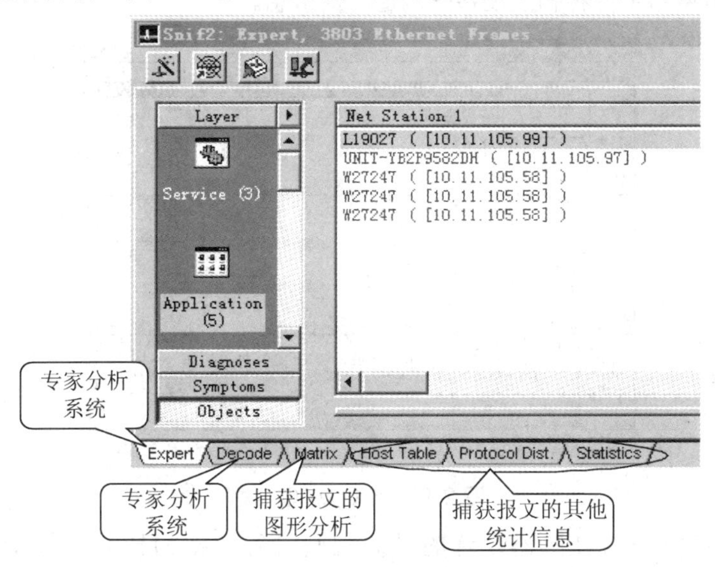

图 2.15　报文查看

专家分析系统提供了一个智能的分析平台，对网络上的流量进行了一些分析，对于分析出的诊断结果则可以通过查看在线帮助获得。

图 2.16 中显示了在网络中 WINS 查询失败的次数及 TCP 重传的次数统计等内容，以便了解网络中高层协议出现故障的可能点。

对于某项统计分析可以通过鼠标双击此条记录来查看详细的统计信息，且对于每一项都可以通过查看帮助来了解其产生的原因。

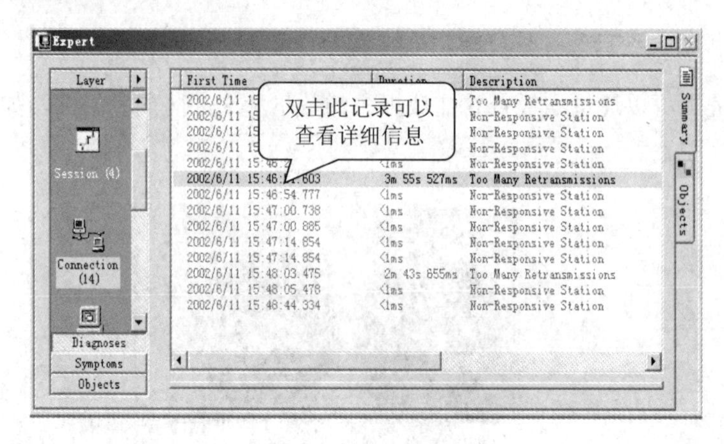

图 2.16 捕获的记录

图 2.17 是对捕获报文进行解码的显示，通常分为 3 个部分，目前大部分此类软件都采用这种结构显示。对于解码主要要求分析人员对协议比较熟悉，这样才能看懂解析出来的报文。使用该软件是很简单的事情，要利用软件解码分析来解决问题，关键是要对各种层次的协议了解得比较透彻。工具软件只是提供一个辅助的手段。因涉及的内容太多，这里不对协议进行过多讲解，请读者参阅其他相关的资料。

对于 MAC 地址，Sniffer 软件进行了首部的替换，如 00e0fc 开头的就替换成 Huawei，这样有利于了解网络上各种相关设备的制造厂商信息。

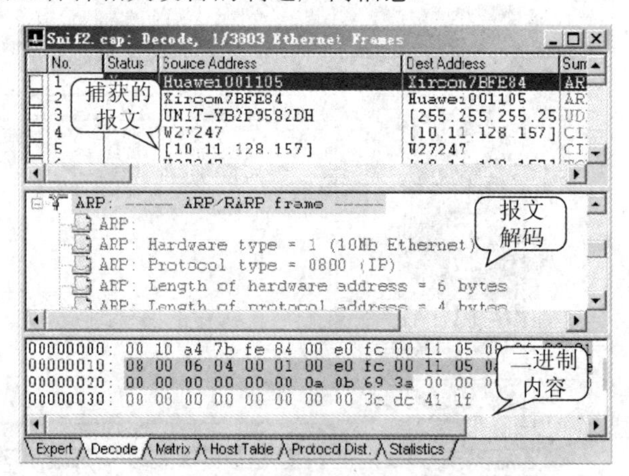

图 2.17 查看 MAC 信息

利用该软件可按照过滤器设置的过滤规则进行数据的捕获或显示，方法是选择 Capture | Define Filter 命令和 Display | Define Filter 命令。

过滤器可以根据物理地址或 IP 地址和协议选择进行组合筛选。

2.5.3 设置捕获条件

基本的捕获条件有以下两种。

(1) 链路层捕获，按源 MAC 和目的 MAC 地址进行捕获，输入方式为十六进制连续输入，如 00E0FC123456。

(2) IP 层捕获，按源 IP 和目的 IP 进行捕获。输入方式为点间隔方式，如 10.107.1.1。如果选择 IP 层捕获条件，则 ARP 等报文将被过滤掉。

设置的对话框如图 2.18 所示。

① 在 Advanced 选项卡中，可以编辑协议的捕获条件，如图 2.19 所示。

② 在协议选择树中可以选择需要捕获的协议，如果什么都不选，则表示忽略该条件，捕获所有协议。

③ 在 Packet Size 选项组中，可以设置捕获等于、小于、大于某个值的报文。

④ 在 Packet Type 选项组中，可以选择网络上有错误时是否捕获。

⑤ 单击 Profiles 按钮，可以保存当前设置的过滤规则，在捕获主面板中，可以选择保存的捕获条件。

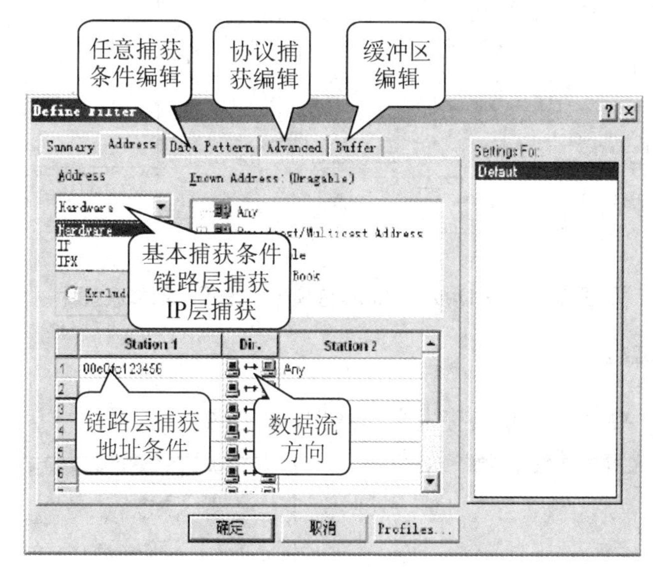

图 2.18　设置基本捕获条件

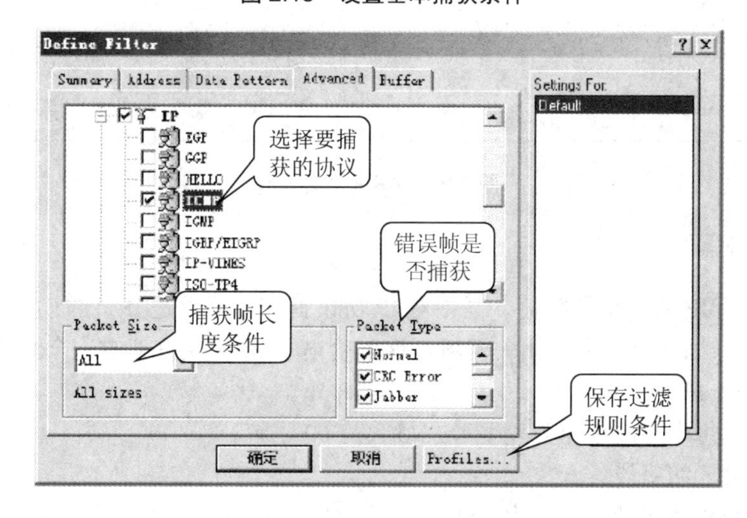

图 2.19　设置高级捕获条件

⑥ 在 Data Pattern 选项卡中，可以编辑任意捕获条件(通过单击相应的按钮进行)，如图 2.20 所示。

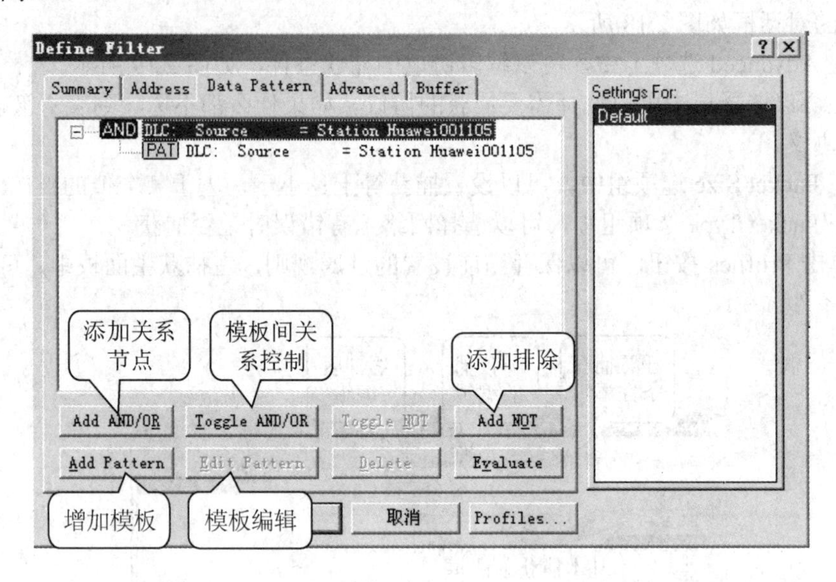

图 2.20　在 Data Pattern 选项卡中编辑任意捕获条件

2.5.4　ARP 报文解码

Sniffer 解码的 ARP 请求和应答报文的结构，如图 2.21 所示。

```
DLC:  Frame 16 arrived at  14:24:09.9803; frame
DLC:  Destination = Station Xircom7BFE84
DLC:  Source      = Station Huawei001105
DLC:  Ethertype   = 0806 (ARP)
DLC:
ARP:  ----- ARP/RARP frame -----
ARP:
ARP:  Hardware type = 1 (10Mb Ethernet)
ARP:  Protocol type = 0800 (IP)
ARP:  Length of hardware address = 6 bytes
ARP:  Length of protocol address = 4 bytes
ARP:  Opcode 1 (ARP request)
ARP:  Sender's hardware address = 00E0FC001105
ARP:  Sender's protocol address = [10.11.107.254]
ARP:  Target hardware address   = 000000000000
ARP:  Target protocol address   = [10.11.104.159]
```

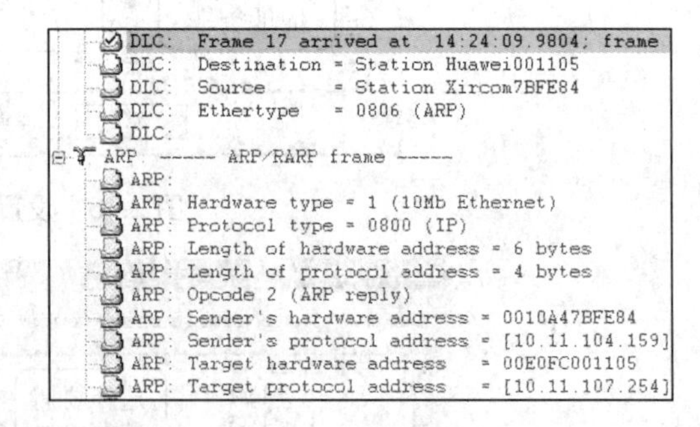

```
DLC:  Frame 17 arrived at  14:24:09.9804; frame
DLC:  Destination = Station Huawei001105
DLC:  Source      = Station Xircom7BFE84
DLC:  Ethertype   = 0806 (ARP)
DLC:
ARP:  ----- ARP/RARP frame -----
ARP:
ARP:  Hardware type = 1 (10Mb Ethernet)
ARP:  Protocol type = 0800 (IP)
ARP:  Length of hardware address = 6 bytes
ARP:  Length of protocol address = 4 bytes
ARP:  Opcode 2 (ARP reply)
ARP:  Sender's hardware address = 0010A47BFE84
ARP:  Sender's protocol address = [10.11.104.159]
ARP:  Target hardware address   = 00E0FC001105
ARP:  Target protocol address   = [10.11.107.254]
```

图 2.21　ARP 报文解码

2.5.5　IP 报文解码

IP 报文包括 IP 协议头和载荷，其中对 IP 协议首部的分析是 IP 报文分析的重要内容。关于 IP 报文的详细信息请参考相关资料。这里给出了 IP 协议首部的一个结构。

版本：4——IPv4。

首部长度：每个长度单位为 4 字节，最大是 60 字节。

TOS：IP 优先级字段。

总长度：单位为字节，最大为 65535 字节。

标识：IP 报文标识字段。

标志：占 3 字节，只用到低位的两个字节。

段偏移：分片后的分组在原分组中的相对位置，共 13 字节，单位为 8 字节。

寿命：TTL(Time To Live)丢弃 TTL=0 的报文。

协议：携带的是何种协议报文。

首部校验和：对 IP 协议首部的校验和。

源 IP 地址：IP 报文的源地址。

目的 IP 地址：IP 报文的目的地址。

图 2.22 为 Sniffer 对 IP 协议首部的解码分析结构，和 IP 首部各个字段相对应。图 2.22 中的报文协议字段的编码为 0x11，通过 Sniffer 解码分析转换为十进制的 17，代表 UDP 协议。其他字段的解码含义可以与此类似。

```
IP: ----- IP Header -----
IP:
IP: Version = 4, header length = 20 bytes
IP: Type of service = 00
IP:       000. ....  = routine
IP:       ...0 ....  = normal delay
IP:       .... 0...  = normal throughput
IP:       .... .0..  = normal reliability
IP:       .... ..0.  = ECT bit - transport protocol
IP:       .... ...0  = CE bit - no congestion
IP: Total length     = 166 bytes
IP: Identification   = 32897
IP: Flags            = 0X
IP:       .0.. ....  = may fragment
IP:       ..0. ....  = last fragment
IP: Fragment offset  = 0 bytes
IP: Time to live     = 64 seconds/hops
IP: Protocol         = 17 (UDP)
IP: Header checksum  = 7A58 (correct)
IP: Source address      = [172.16.19.1]
IP: Destination address = [172.16.20.76]
IP: No options
IP:
```

图 2.22　IP 报文解码

2.6　本章小结

本章介绍了网络监听的基本原理、应用和具有代表性的网络监听工具 Sniffer Pro，还介绍了分析网络数据必须了解的 TCP/IP 协议数据报结构等基础知识。

2.7　本章实训

实训 1：使用 Sniffer 工具进行 ICMP 协议报文捕获与分析

实训目的

练习 Sniffer 工具的基本使用方法，用 Sniffer 捕获报文并进行分析。

实训环境

多台 PC 联网，预装 Windows XP 操作系统。

实训内容

1. 捕获数据包

(1) 选择 Monitor | Matrix 命令，此时可看到网络中的 Traffic Map 视图，如图 2.23 所示。

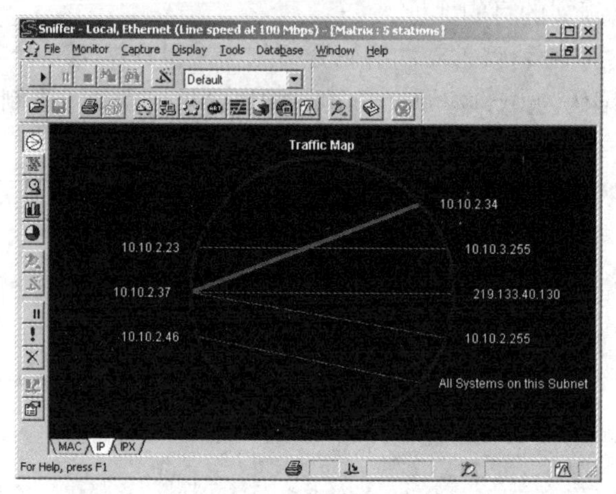

图 2.23　查看 Traffic Map 视图

(2) 选择 Capture | Define Filter 命令，然后在 Advanced 选项卡中选中 IP 复选框，从而定义要捕捉的数据包类型，如图 2.24 和图 2.25 所示。

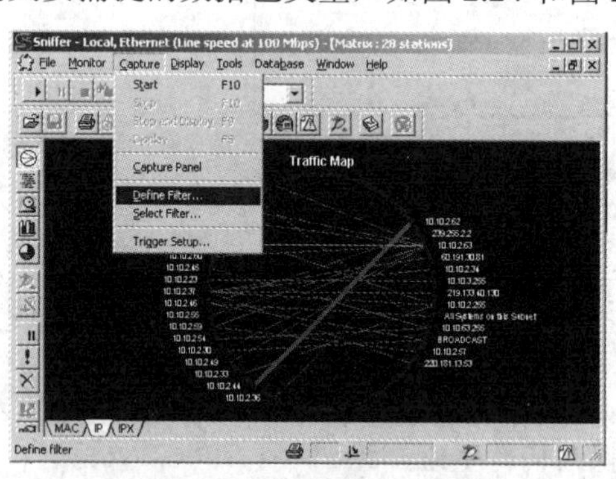

图 2.24　定义捕捉数据的过滤器

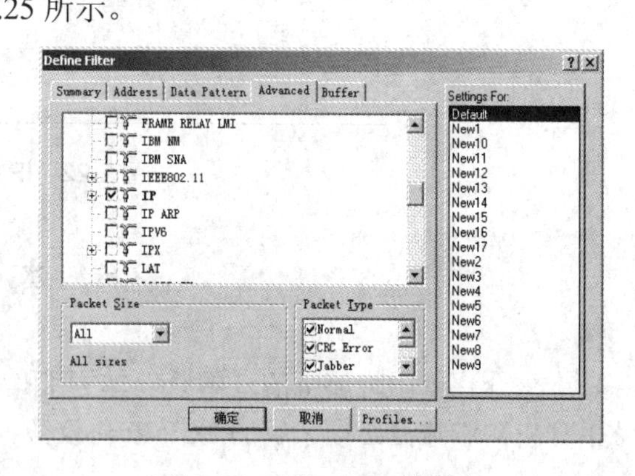

图 2.25　Advanced 选项卡

(3) 回到 Traffic Map 视图中，选中要捕捉的主机的 IP 地址，然后单击鼠标右键，选择 Capture 命令，Sniffer 则开始捕捉指定 IP 地址的主机的数据包，如图 2.26 所示。

2. 分析捕获的数据包

(1) 从 Capture Panel 中看到捕获的数据包达到一定数量后，就停止捕捉。单击 Stop and Display 按钮，就可以停止捕获包，如图 2.27 和图 2.28 所示。

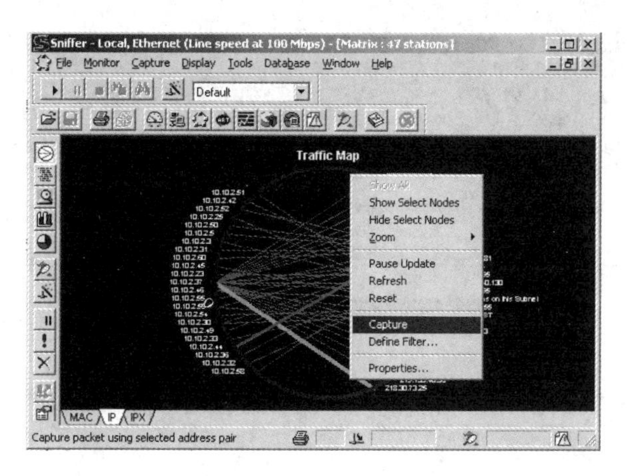

图 2.26　捕捉指定 IP 主机的数据包

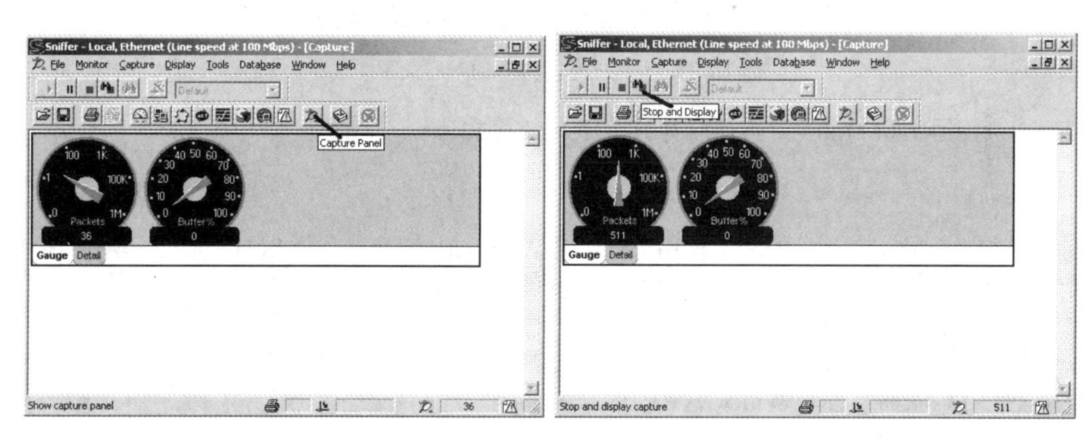

图 2.27　Capture Panel 窗口　　　　图 2.28　停止捕捉并显示数据

(2) 如图 2.29 所示，窗口中列出了捕捉到的数据，选中某一条数据后，下面分别显示出相应的数据分析和原始的数据包。如图 2.30 所示，单击窗口中的某一条数据，可以看到下面相应的地方的背景变成灰色，表明这些数据与之对应。

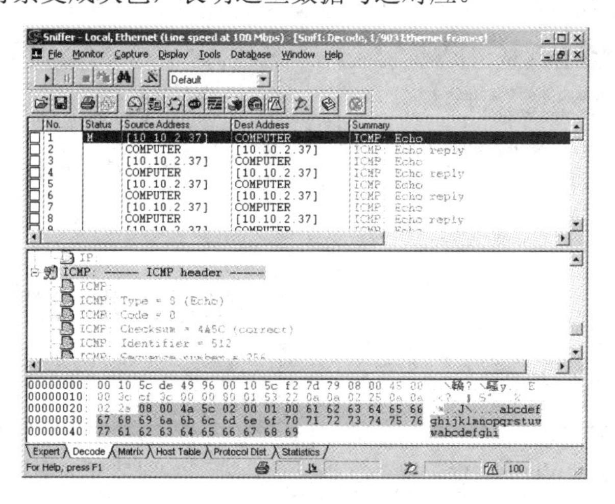

图 2.29　Decode 窗口

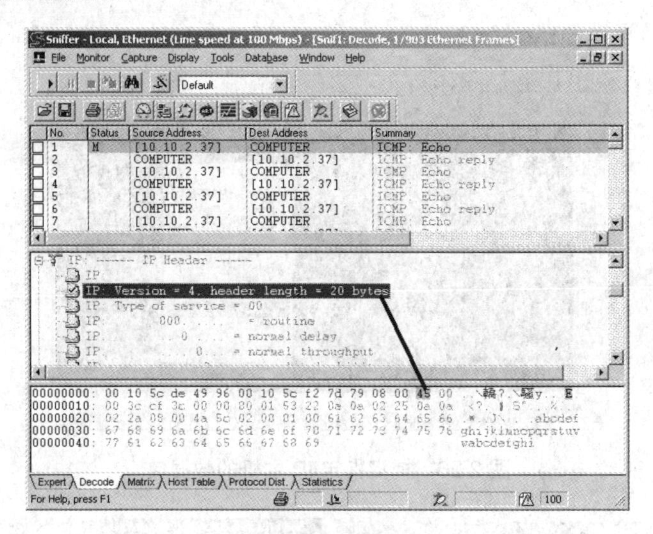

图 2.30　数据包与解释的对应关系

实训 2：使用 Wireshark 工具捕获并分析 Telnet 报文

实训目的

学习 Wireshark 工具的基本使用方法，用 Wireshark 捕获并分析 Telnet 报文，观察 TCP 协议创建连接的三次握手过程，初步认识网络嗅探威胁。

实训环境

两台 PC 联网，预装 Windows XP 操作系统。

实训内容

1. 安装和使用 Wireshark 软件

(1) 安装 Wireshark 软件过程，如图 2.31 和图 2.32 所示，WinPcap 是一个 Win32 平台下用于抓包和分析的系统，是随 Wireshark 自动安装的。

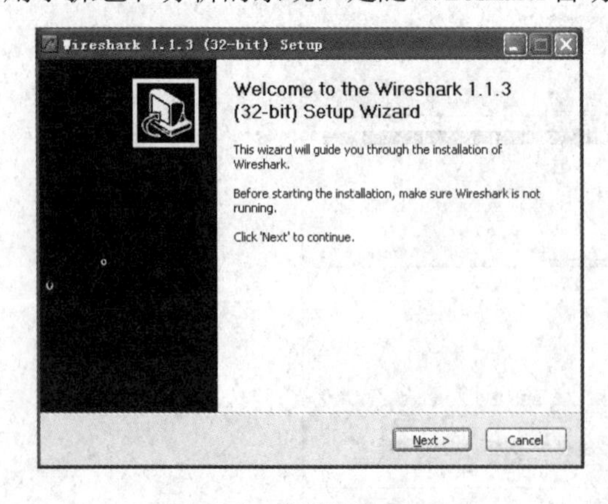

图 2.31　安装 Wireshark

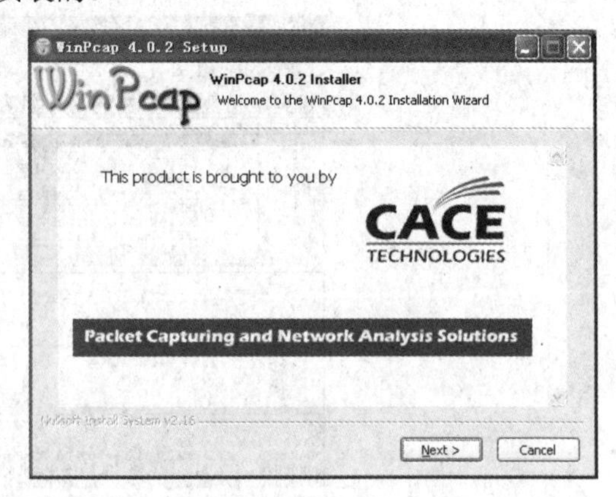

图 2.32　安装 WinPcap

(2) 执行 Wireshark，如图 2.33 所示，选择网卡，如图 2.34 所示。

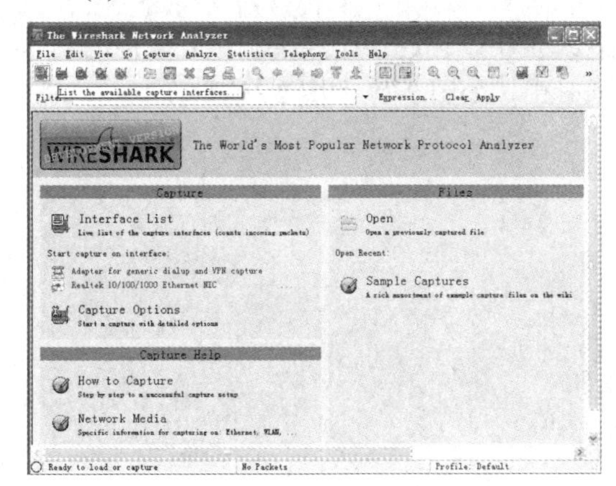

图 2.33　Wireshark 界面

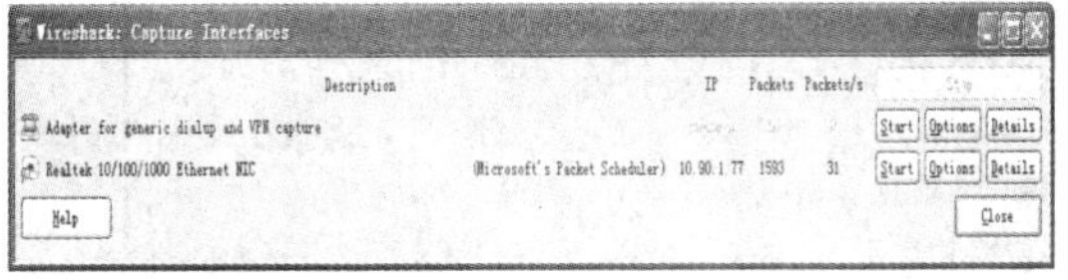

图 2.34　选择网卡

(3) 出现所捕获的数据报文，如图 2.35 所示。

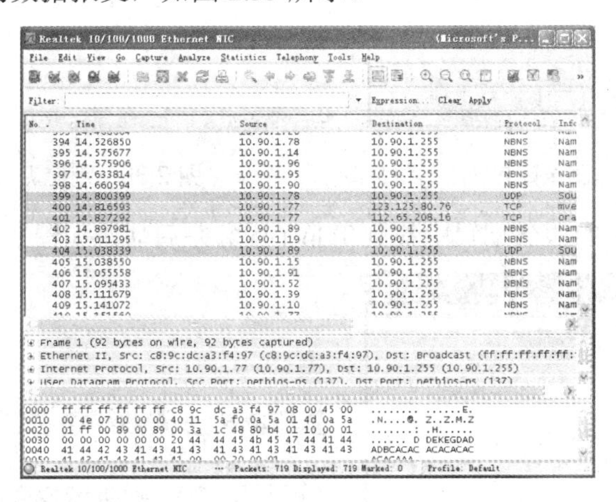

图 2.35　捕获到数据报

(4) 使用过滤器设定捕获条件，如图 2.36 所示。图 2.37 所示的是设定了只捕获 ICMP 数据报后捕获到的 ICMP 数据报。

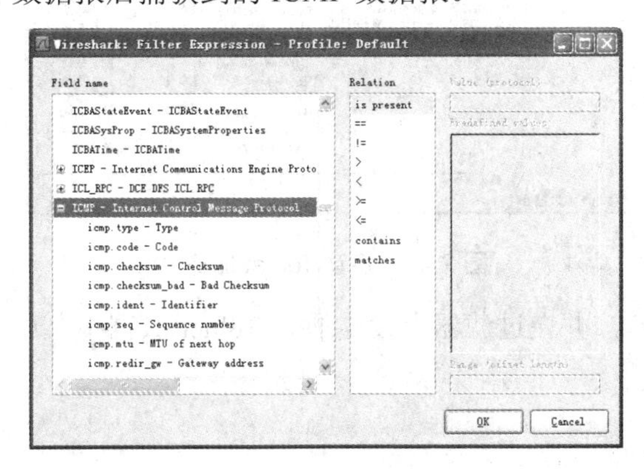

图 2.36　使用过滤器

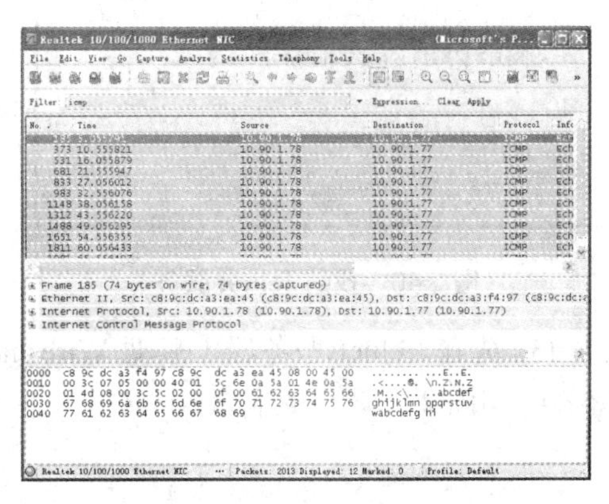

图 2.37　捕获到的 ICMP 数据报

2. 配置和测试 Telnet 远程登录服务

(1) 创建测试用户账户，令其隶属于系统管理员组，创建一个用于测试安全性的文本文件，这里取名 yin@88.txt，内容输入 Hello! world!!，如图 2.38 和图 2.39 所示。

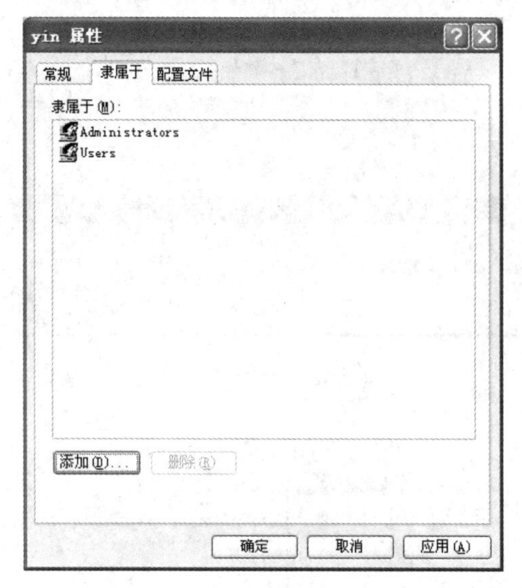

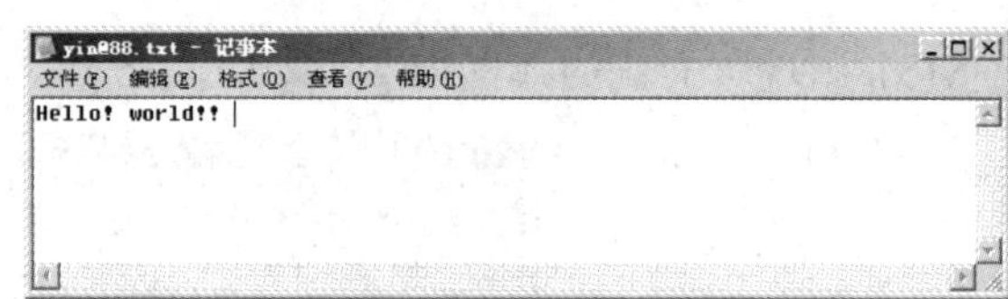

图 2.38 创建测试账户

图 2.39 创建测试用文本文件

(2) 在管理工具中的服务配置中找到 Telnet 服务并启动，如图 2.40 和图 2.41 所示。

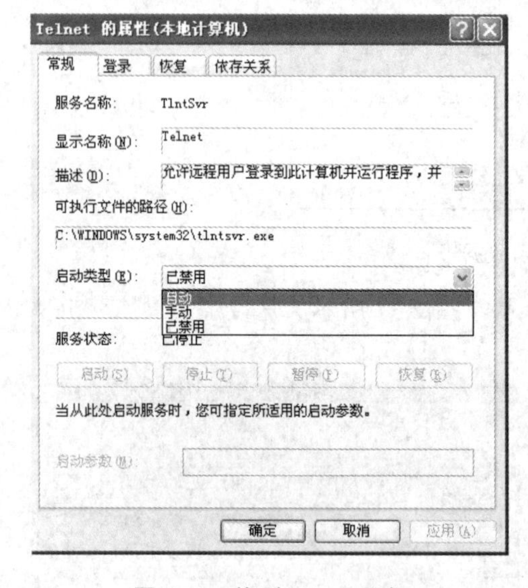

图 2.40 找到 Telnet 服务

图 2.41 启动 Telnet 服务

(3) 先在 Telnet 服务器上启动 Wireshark，并在过滤器上设定捕获 Telnet 数据报，如图 2.42 和图 2.43 所示。

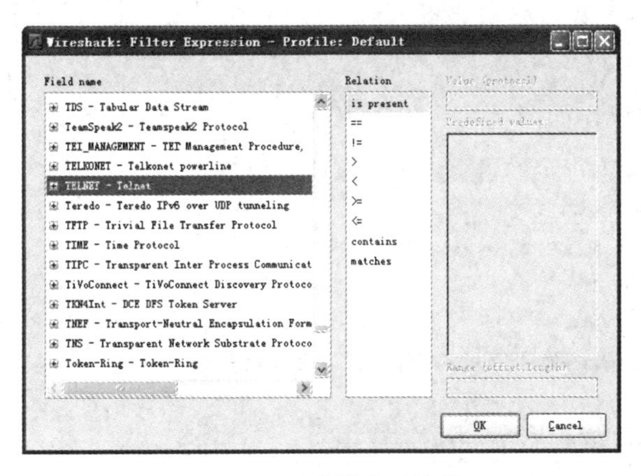

图 2.42　设定捕获过滤器

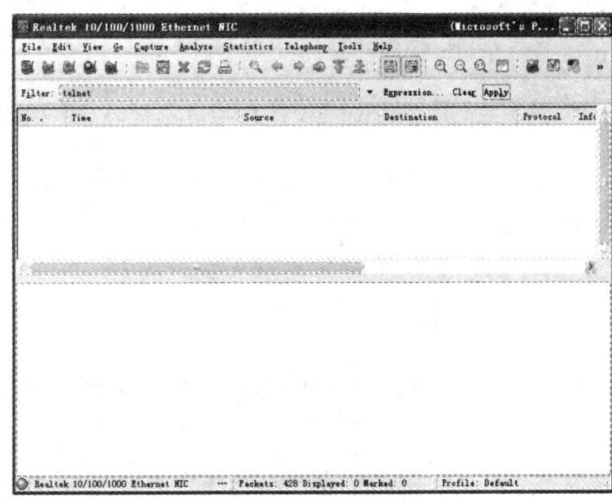

图 2.43　开始捕获

(4) 在另一台电脑上测试 Telnet，如图 2.44～图 2.47 所示。

```
管理员: 命令提示符
Microsoft Windows [版本 6.1.7601]
版权所有 (c) 2009 Microsoft Corporation。保留所有权利。

C:\Users\123>cd\

C:\>telnet 192.168.88.9_
```

图 2.44　测试 Telnet(1)

```
Telnet 192.168.88.9
欢迎使用 Microsoft Telnet Client

Escape 字符是 'CTRL+]'

您将要把您的密码信息送到 Internet 区内的一台远程计算机上。这可能不安全。您还要送
吗(y/n): y
```

图 2.45　测试 Telnet(2)

```
Telnet 192.168.88.9

Telnet server could not log you in using NTLM authentication.
Your password may have expired.
Login using username and password

Welcome to Microsoft Telnet Service

login: yin
password: _
```

图 2.46　测试 Telnet(3)

```
Telnet 192.168.88.9
2013-05-21  19:50    <DIR>          My Documents
2013-05-21  19:52                 0 Sti_Trace.log
2013-05-25  16:58                15 yin@88.txt
2013-05-21  19:50    <DIR>          「开始」菜单
2013-05-21  19:50    <DIR>          桌面
               2 个文件             15 字节
               6 个目录 36,862,185,472 可用字节

C:\Documents and Settings\yin>type yin@88.txt
Hello! world!!
C:\Documents and Settings\yin>
```

图 2.47　测试 Telnet(4)

3. 捕获并分析 Telnet 远程登录数据报

(1) 分析 Telnet 建立连接的三次握手协议，如图 2.48～图 2.50 所示。

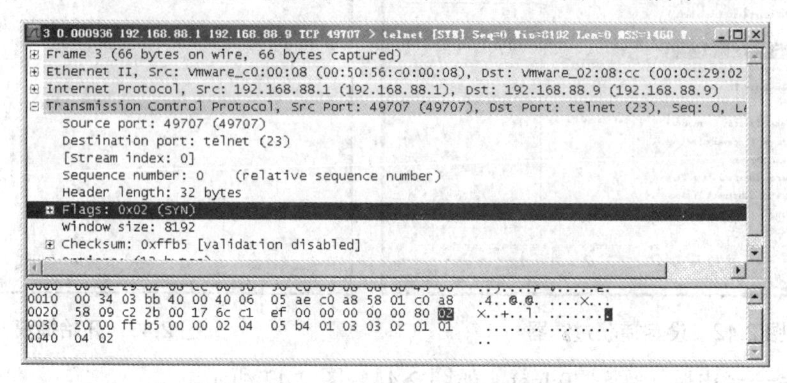

图 2.48 三次握手协议(1)

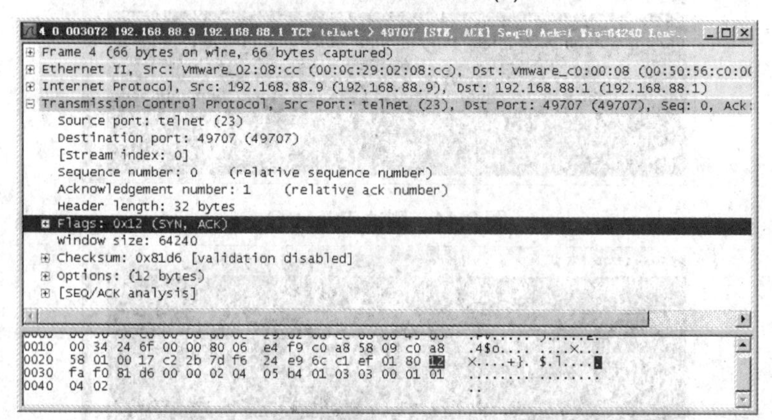

图 2.49 三次握手协议(2)

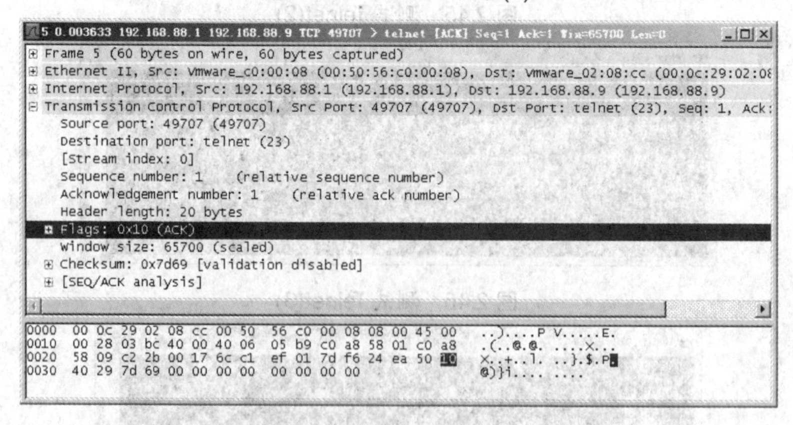

图 2.50 三次握手协议(3)

(2) Telnet 口令及数据嗅探。选择 Analyze | Follow TCP Stream 命令可以清楚地看到 Telnet 使用的明文口令信息和文本文件内容，如图 2.51～图 5.23 所示。

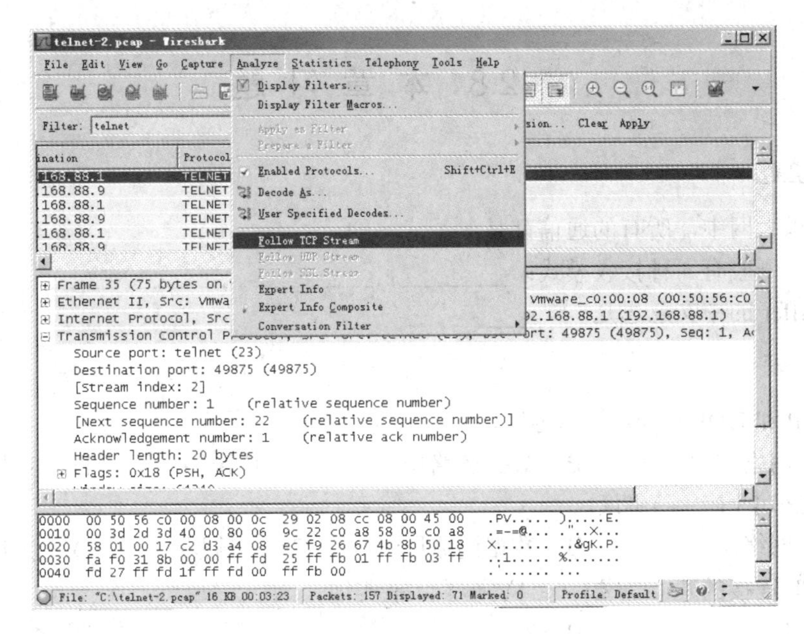

图 2.51　Telnet 口令及数据嗅探(1)

图 2.52　Telnet 口令及数据嗅探(2)

图 2.53　Telnet 口令及数据嗅探(3)

2.8 本章习题

1. 填空题

(1) 在以太网中，所有的通信都是________的。

(2) 网卡一般有4种接收模式：________、________、________、________。

(3) Sniffer的中文意思是________。

2. 选择题

(1) TCP和UDP属于(　　)协议。

A．网络层　　B．数据链路层　　C．传输层　　D．以上都不是

(2) ARP属于(　　)协议。

A．网络层　　B．数据链路层　　C．传输层　　D．以上都不是

(3) TCP连接的建立需要(　　)次握手才能实现。

A．1　　B．2　　C．3　　D．4

3. 简答题

(1) 总结网络监听对网络安全的重要性。

(2) 简述Sniffer的工作原理。

(3) 试画出ARP报文结构图。

(4) 网络层的传输层协议各有哪几个？

(5) 传输层的两个传输协议报头结构各有什么特点？

(6) 使用Sniffer 进行抓包时，有哪几种基本的捕获条件？

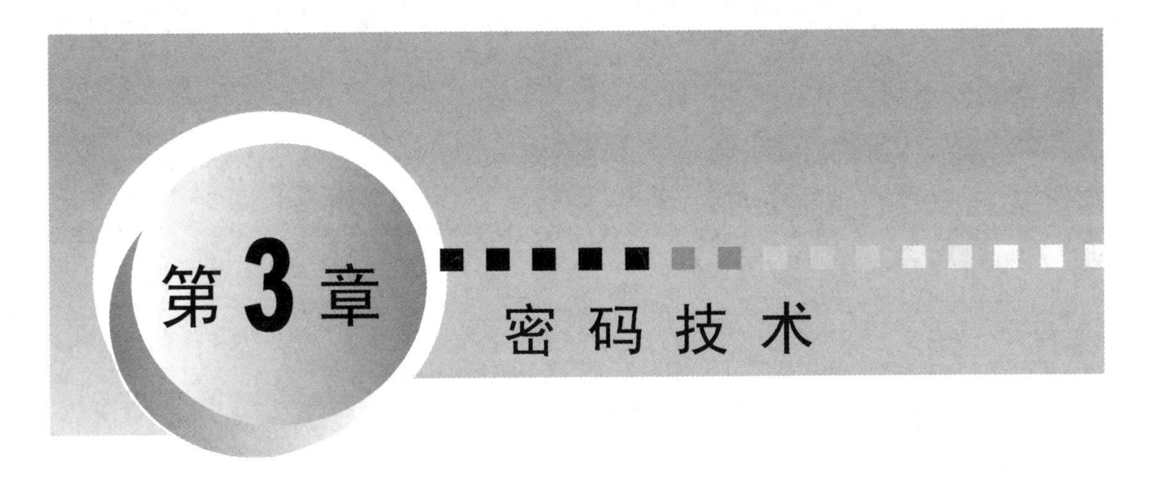

第3章 密码技术

教学目标

本章将介绍与密码算法相关的知识，包括其基本概念和简单的实现方法。通过对本章的学习，读者应能了解几种常用的加密算法和技术：对称密码算法、公钥密码算法、数字签名技术、密钥管理等，掌握涉及密码系统的基本概念和原理，能够运用基本原理对实际问题进行分析。

教学要求

知识要点	能力要求	相关知识
对称密码体制	理解 DES 算法流程，熟悉对称密码体制的优点和不足	IDEA、RC5
公钥密码体制	理解 RSA 算法原理，熟悉公钥密码体制的优点和不足	Deffie Hellman
数字签名	理解 DSA 算法原理，掌握数字签名的实现方法	PKI
密钥管理	理解密钥管理的目的，了解几种密钥管理的方法	IKE
身份认证	了解 Keberos 协议的特点和不足，熟悉 PKI 的概念	SET、SSL

引例

网上银行用户Alice拟通过银行网站向合作伙伴Bob划转资金10000元，如何确保Alice提交的账户信息不被泄露？如何防止黑客假冒Alice向银行发出转账指令？如何使Alice事后不能向银行否认曾经发出过转账指令？并且填写的金额是10000元而不是5000元？这些问题的解决，依赖于现代密码技术的研究成果，包括对称密码体制、单向散列函数算法、公开密码体制、数字签名技术和身份认证技术。

密码技术是信息交换安全的基础，通过数据加密、消息摘要、数字签名及密钥交换等技术实现了数据机密性、数据完整性、不可否认性和用户身份真实性等安全机制，从而保证了网络环境中信息传输和交换的安全。密码技术大致可以分为3类：对称密钥算法、公钥(非对称密钥)算法和单向散列函数。

单向散列函数的特点是加密数据时不需要密钥，并且经加密的数据无法解密还原，只有使用同样的单向加密算法对同样的数据进行加密，才能得到相同的结果。单向散列函数主要用于提供信息交换时的完整性，以验证数据在传输过程中是否被篡改。由于单向散列函数计算量大，通常只适合于加密短数据，如计算机系统中的密码、数据校验和等。现行的单向加密算法有MD5、MD2和SHA等。

3.1 对称密码体制

在对称密码(也称单钥密码)算法中，使用单一密钥来加密和解密数据，典型的对称密钥算法是DES、IDEA和RC等算法。这种密码算法的特点是计算量小、加密效率高，但在分布式系统中应用时则存在着密钥交换和管理问题。

3.1.1 对称加密体制的概念

对称密码算法是指加密和解密数据使用同一个密钥，即加密和解密的密钥是对称的，这种密码系统也称为单密钥密码系统。图3.1所示为对称密码算法的基本原理。

原始数据(即明文)经过对称加密算法处理后，变成了不可读的密文(即乱码)。如果想解读原文，则需要使用同样的密码算法和密钥来解密，即信息的加密和解密使用同样的算法和密钥。对称密码算法的优点是计算量小、加密速度快。缺点是加密和解密使用同一个密钥，容易产生发送者或接收者单方面密钥泄露问题，并且在网络环境下应用时必须使用另外的安全信道来传输密钥，否则容易被第三方截获，造成信息失密。

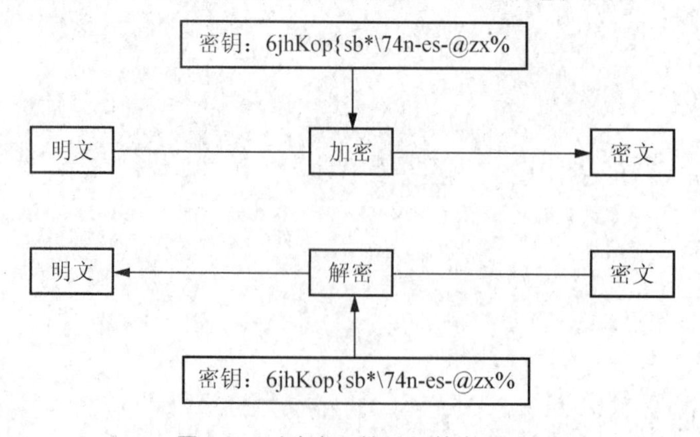

图3.1　对称密码算法的基本原理

在数据加密系统中，使用最多的对称密码算法是 DES 及 3DES。在个别系统中也有使用 IDEA、RC 以及其他算法的，接下来具体介绍 DES 算法。

3.1.2　DES 算法

DES 算法最初是由 IBM 公司在 1970 年左右开发的，1977 年被美国选为国家标准。以前，美国政府每隔几年就对 DES 算法重新作一次证明，但 1988 年，美国政府宣布不再证明 DES 了。对于 DES 一直有许多争论，最大的问题是它可能有一个未知的弱点，或者是只为 NSA(美国国家安全局)所掌握的弱点。原来 DES 建议的密钥长度为 64 位，但在被批准成为标准前减少为 56 位，于是有人认为减少密钥长度使得美国政府可以使用 NSA 功能强大的计算机系统破译密码。现在，56 位密钥空间的 DES 算法已经被认为是经不起攻击的。

图 3.2 描述了 DES 算法的工作原理。基本上，DES 算法所做的就是 16 次的迭代，把各块明文交织起来并与从密钥中获得的值混合。下面以 56 位的 DES 算法为例，简要介绍 DES 算法的整个工作流程。

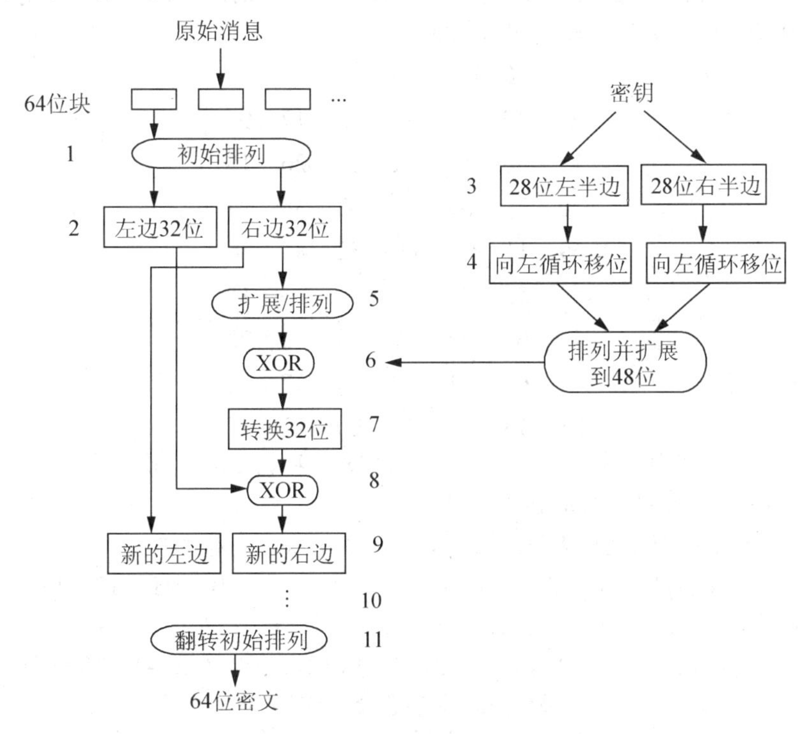

图 3.2　DES 算法的工作流程

(1) 在图 3.2 的左边，64 位的明文被修改(排列)以改变位的次序。

(2) 把明文分成两个 32 位的块。

(3) 在图中的密码一侧，原始密钥被分成两半。

(4) 密钥的每一半向左循环移位，然后重新合并、排列，并扩展到 48 位，分开的密钥仍然保存起来供以后的迭代使用。

(5) 在图中的明文一边，右侧 32 位块被扩展到 48 位，以便与 48 位的密钥进行异或(XOR)操作，在这一步后还要进行另外一次排列。

(6) 把第 3 步和第 5 步的结果(明文与密钥)进行 XOR 操作。

(7) 使用置换函数把第 6 步的结果置换成 32 位。

(8) 把第 2 步创建的 64 位值的左边一半与第 7 步的结果进行 XOR 操作。

(9) 把第 8 步的结果和第 2 步创建的块的右半部分共同组成一个新块，前者在右边，后者在左边。

(10) 从第 4 步开始重复这个过程，迭代 15 次。

(11) 完成最后一次迭代后，对这个 64 位块进行一次翻转，得到一个 64 位的密文。

(12) 对原始明文中的下一个 64 位块重复整个过程，直到把原始消息加密完毕。

3.1.3 DES 算法实现

根据以上对算法的描述，下面给出 DES 算法的具体实现过程。

(1) 变换密钥，取得 64 位的密钥，其中第 8 位作为奇偶校验位。

(2) 舍弃 64 位密钥中的奇偶校验位，根据以下数组 3.1(PC-1)进行密钥变换，得到 56 位的密钥，在变换中，奇偶校验位可以被舍弃。

数组 3.1 变换选择(PC-1)

57	49	41	33	25	17	9
1	58	50	42	34	26	18
10	2	59	51	43	35	27
19	11	3	60	52	44	36
63	55	47	39	31	23	15
7	62	54	46	38	30	22
14	6	61	53	45	37	29
21	13	5	28	20	12	4

(3) 将变换后的密钥分为两个部分，开始的 28 位称为 C[0]，最后的 28 位称为 D[0]。

(4) 生成 16 个子密钥，初始 I=1。

(5) 同时将 C[I]、D[I]左移 1 位或 2 位，根据 I 值决定左移的位数。

I：	1	2	3	4	5	6	7	8	9	10	11	12	13	14	15	16
左移位数：	1	1	2	2	2	2	2	2	1	2	2	2	2	2	2	1

(6) 将 C[I]D[I]作为一个整体按以下数组 3.2(PC-2)变换，得到 48 位的 K[I]。

数组 3.2 变换选择 2 (PC-2)

14	17	11	24	1	5
3	28	15	6	21	10
23	19	12	4	26	8
16	7	27	20	13	2
41	52	31	37	47	55
30	40	51	45	33	48
44	49	39	56	34	53
46	42	50	36	29	32

(7) 从5处循环执行，直到K[16]被计算完成。

(8) 处理64位的数据。

① 取得64位的数据，如果数据长度不足64位，应该将其扩展为64位(例如补零)。

② 将64位数据按以下数组3.3变换(IP)。

数组3.3 初始变换 (IP)

58	50	42	34	26	18	10	2
60	52	44	36	28	20	12	4
62	54	46	38	30	22	14	6
64	56	48	40	32	24	16	8
57	49	41	33	25	17	9	1
59	51	43	35	27	19	11	3
61	53	45	37	29	21	13	5
63	55	47	39	31	23	15	7

(9) 将变换后的数据分为两部分，开始的32位称为L[0]，最后的32位称为R[0]。

(10) 用16个子密钥加密数据，初始I=1。

① 将32位的R[I-1]按数组3.4扩展为48位的E[I-1]。

数组3.4 扩展 (E)

32	1	2	3	4	5
4	5	6	7	8	9
8	9	10	11	12	13
12	13	14	15	16	17
16	17	18	19	20	21
20	21	22	23	24	25
24	25	26	27	28	29
28	29	30	31	32	1

② 异或E[I-1]和K[I]，即E[I-1] XOR K[I]。

③ 将异或后的结果分为8个6位长的部分，第1～6位称为B[1]，第7位到第12位称为B[2]，以此类推，第43～48位称为B[8]。

④ 按S表变换所有的B[J]，初始J=1。所有在S表的值都被当作4位长度处理。

a. 将B[J]的第1位和第6位组合为一个2位长度的变量M，M作为在S[J]中的行号。

b. 将B[J]的第2～5位组合，作为一个4位长度的变量N，N作为在S[J]中的列号。

c. 用S[J][M][N]来取代B[J]。

数组3.5 替换盒1 (S[1])

14	4	13	1	2	15	11	8	3	10	6	12	5	9	0	7
0	15	7	4	14	2	13	1	10	6	12	11	9	5	3	8
4	1	14	8	13	6	2	11	15	12	9	7	3	10	5	0
15	12	8	2	4	9	1	7	5	11	3	14	10	0	6	13

S[2]

15	1	8	14	6	11	3	4	9	7	2	13	12	0	5	10
3	13	4	7	15	2	8	14	12	0	1	10	6	9	11	5
0	14	7	11	10	4	13	1	5	8	12	6	9	3	2	15
13	8	10	1	3	15	4	2	11	6	7	12	0	5	14	9

S[3]

10	0	9	14	6	3	15	5	1	13	12	7	11	4	2	8
13	7	0	9	3	4	6	10	2	8	5	14	12	11	15	1
13	6	4	9	8	15	3	0	11	1	2	12	5	10	14	7
1	10	13	0	6	9	8	7	4	15	14	3	11	5	2	12

S[4]

7	13	14	3	0	6	9	10	1	2	8	5	11	12	4	15
13	8	11	5	6	15	0	3	4	7	2	12	1	10	14	9
10	6	9	0	12	11	7	13	15	1	3	14	5	2	8	4
3	15	0	6	10	1	13	8	9	4	5	11	12	7	2	14

S[5]

2	12	4	1	7	10	11	6	8	5	3	15	13	0	14	9
14	11	2	12	4	7	13	1	5	0	15	10	3	9	8	6
4	2	1	11	10	13	7	8	15	9	12	5	6	3	0	14
11	8	12	7	1	14	2	13	6	15	0	9	10	4	5	3

S[6]

12	1	10	15	9	2	6	8	0	13	3	4	14	7	5	11
10	15	4	2	7	12	9	5	6	1	13	14	0	11	3	8
9	14	15	5	2	8	12	3	7	0	4	10	1	13	11	6
4	3	2	12	9	5	15	10	11	14	1	7	6	0	8	13

S[7]

4	11	2	14	15	0	8	13	3	12	9	7	5	10	6	1
13	0	11	7	4	9	1	10	14	3	5	12	2	15	8	6
1	4	11	13	12	3	7	14	10	15	6	8	0	5	9	2
6	11	13	8	1	4	10	7	9	5	0	15	14	2	3	12

S[8]

13	2	8	4	6	15	11	1	10	9	3	14	5	0	12	7
1	15	13	8	10	3	7	4	12	5	6	11	0	14	9	2
7	11	4	1	9	12	14	2	0	6	10	13	15	3	5	8
2	1	14	7	4	10	8	13	15	12	9	0	3	5	6	11

d．从 a 处循环执行，直到 B[8]被替代完成。

e．将 B[1]～B[8]组合，按以下数组 3.6(P)变换，得到 P。

数组 3.6 变换 P

16	7	20	21
29	12	28	17
1	15	23	26
5	18	31	10
2	8	24	14
32	27	3	9
19	13	30	6
22	11	4	25

⑤ 异或 P 和 L[I−1]，并把结果放在 R[I]，即 R[I]=P XOR L[I−1]。

⑥ L[I]=R[I−1]。

⑦ 从 a 处开始循环执行，直到 K[16]被变换完成。

(11) 组合变换后的 R[16]L[16](注意：R 作为开始的 32 位)，按以下数组 3.7(IP−1)变换得到最后的结果。

数组 3.7 最后变换 (IP-1)

40	8	48	16	56	24	64	32
39	7	47	15	55	23	63	31
38	6	46	14	54	22	62	30
37	5	45	13	53	21	61	29
36	4	44	12	52	20	60	28
35	3	43	11	51	19	59	27
34	2	42	10	50	18	58	26
33	1	41	9	49	17	57	25

以上就是对 DES 算法的描述。

3.2　公钥密码体制

正如上一节的描述，对称密码体制的运算主要是较为容易在计算机程序中执行的移位和替换运算，因此运算速度可以很快。但如果网络环境中各方两两之间的通信都需要加密，可以产生的密钥量就很大，如 100 个用户两两间都要产生唯一密钥，则需要(100×99)/2，约 5000 个密钥。为克服这种缺陷就产生了公钥密码算法。

在公钥密码算法中，使用两个密钥(公钥和私钥)分别加密和解密数据。这种算法特别适合在分布式系统中应用。当两个用户进行加密通信时，发送方使用接收方的公钥加密所发送的数据；接收方则使用自己的私钥解密所接收的数据。由于私钥不在网上传送，比较容易解决密钥管理问题，消除了在网上交换密钥所带来的安全隐患。

公钥密码算法不能靠简单的移位和替换来实现，而是依赖于数学计算中的所谓的难解问题。因此公钥密码算法的缺点就是计算量大、速度慢，不适合加密长数据。典型的公钥密码算法是 RSA 算法。

3.2.1 公钥密码体制的概念

公钥密码算法是指加密和解密数据使用两个不同的密钥，即加密和解密的密钥是不对称的，这种密码系统也称为公钥密码系统(Pubilic Key Cryptosystem，PKC)。公钥密码学的概念首先是由 Diffie 和 Hellman 两个人在 1976 年发表的一篇名为《密码学的新方向》的著名论文中提出的，并引起了很大的轰动。该论文曾获得 IEEE 信息论学会的最佳论文奖。

与对称密码算法不同的是，公钥密码算法将随机产生两个密钥：一个用于加密明文，其密钥是公开的，称为公钥；另外一个用来解密密文，其密钥是秘密的，称为私钥。图 3.3 所示为公钥密码算法的基本原理。

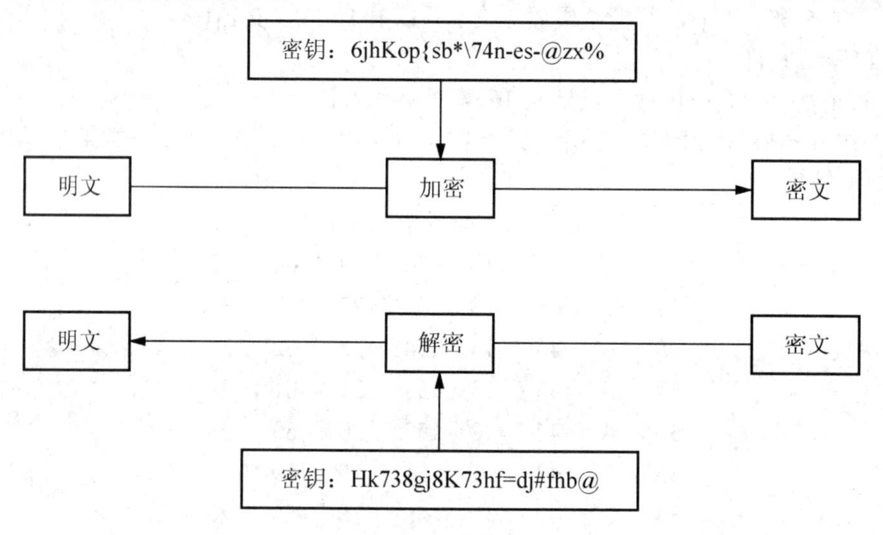

图 3.3 公钥密码算法基本原理

如果两个人使用公钥密码算法传输机密信息，则发送者首先要获得接收者的公钥，并使用接收者的公钥加密原文，然后将密文传输给接收者。接收者使用自己的私钥才能解密密文。由于加密密钥是公开的，不需要建立额外的安全信道来分发密钥，而解密密钥是由用户自己保管的，与对方无关，从而避免了在对称密码系统中容易产生的任何一方单方面密钥泄露问题，以及分发密钥时的不安全因素和额外的开销。公钥密码算法的特点是安全性高、密钥易于管理，缺点是计算量大、加密和解密速度慢。因此，公钥密码算法比较适合于加密短信息。在实际应用中，通常采用由公钥密码算法和对称密码算法构成混合密码系统，发挥各自的优势。使用对称密码算法来加密数据，加密速度快；使用公钥密码算法来加密对称密码算法的密钥，形成高安全性的密钥分发信道，同时还可以用来实现数字签名和身份验证机制。

公钥密码算法除了用于加密数据外，还可以用于数字签名。数字签名主要提供信息交换时的不可否认性，公钥和私钥的使用方式与数据加密恰好相反。当两个用户进行通信时，发送方首先使用自己的私钥来加密某些特征信息(数字签名)，表明对发送的数据的认可，然后将数据和签名信息一起发送给对方。届时接收方使用发送方的公钥来解密签名信息，并验证签名信息。典型的数字签名算法是 DSA 算法，RSA 算法也可用于数字签名。

在公钥密码算法中，最常用的是 RSA 算法。在密钥交换协议中，经常使用 Diffie-Hellman 算法。接下来具体介绍 RSA 算法。

3.2.2　RSA 算法

当前最著名、应用最广泛的公钥系统 RSA 是在 1978 年，由美国麻省理工学院(MIT)的 Rivest、Shamir 和 Adleman 在题为《获得数字签名和公开钥密码系统的方法》的论文中提出的。它是一个基于数论的公钥密码体制，是一种分组密码体制。其名称来自于 3 个发明者的姓名首字母。它的安全性是基于大整数素因子分解的困难性，而大整数素因子分解问题是数学上的著名难题，至今仍没有有效的解决方法，因此可以确保 RSA 算法的安全性。RSA 系统是公钥系统的最具有典型意义的方法，大多数使用公钥密码进行加密和数字签名的产品和标准使用的都是 RSA 算法。

RSA 算法是第一个既能用于数据加密也能用于数字签名的算法，因此它为公用网络上信息的加密和鉴别提供了一种基本的方法。它通常是先生成一对 RSA 密钥，其中一个是保密密钥，由用户保存；另一个为公开密钥，可对外公开，甚至可在网络服务器中注册，人们用公钥加密文件发送给个人，个人就可以用私钥解密接收。为提高保密强度，RSA 密钥长度至少为 500 位，一般推荐使用 1024 位。

该算法基于下面的两个事实，这些事实保证了 RSA 算法的安全有效性。

(1) 已有确定一个数是不是质数的快速算法。

(2) 尚未找到确定一个合数的质因子的快速算法。

RSA 算法的工作原理简要介绍如下。

(1) 任意选取两个不同的大质数 p 和 q，计算乘积 $r=p\times q$。

(2) 任意选取一个大整数 e，e 与$(p-1)\times(q-1)$互质，整数 e 用作加密密钥，注意，e 的选取是很容易的，例如，所有大于 p 和 q 的质数都可用。

(3) 确定解密密钥 d：$d\times e=1 \bmod (p-1)\times(q-1)$：根据 e、p 和 q 可以容易地计算出 d。

(4) 公开整数 r 和 e，但是不公开 d。

(5) 将明文 P (假设 P 是一个小于 r 的整数)加密为密文 C，计算方法为：$C=P^e \bmod r$。

(6) 将密文 C 解密为明文 P，计算方法为：$P=C^d \bmod r$。

然而只根据 r 和 e (不是 p 和 q)要计算出 d 是不可能的。因此，任何人都可对明文进行加密，但只有授权用户(知道 d)才可对密文解密。

3.2.3　RSA 算法实现

为了说明该算法的工作过程，下面给出一个简单例子，显然在这只能取很小的数字，但是如上所述，为了保证安全，在实际应用中所用的数字则要很大。

例：取 $p=3, q=5$，则 $r=15$，$(p-1)\times(q-1)=8$。选取 $e=11$(大于 p 和 q 的质数)，通过 $d\times 11 = 1 \bmod 8$，计算出 $d=3$。

假定明文为整数 13。则密文 C 为：

$$\begin{aligned} C &= P^e \bmod r \\ &= 13^{11} \bmod 15 \\ &= 1792160394037 \bmod 15 \\ &= 7 \end{aligned}$$

复原明文 P 为：

$$\begin{aligned} P &= C^d \bmod r \\ &= 7^3 \bmod 15 \\ &= 343 \bmod 15 \\ &= 13 \end{aligned}$$

因为 e 和 d 互逆，加密和解密运算的算法是一致的。如果加密时对明文信息 P 用公钥 e 代入 RSA 算法，则解密时就不能再用参数 e，那样计算结果不可能是原始明文。正确解密运算是将密文和与 e 唯一匹配的 d 代入相同的运算过程，方可得到原始明文 P。

3.3 数字签名技术

目前，为了保证信息传输的保密性、数据交换的完整性、发送信息的不可否认性、交易者身份的确定性，所以采用数字签名、签名认证的方式。

3.3.1 数字签名技术的概念

在日常生活和经济往来中，签名盖章是非常重要的。在签订经济合同、契约、协议及银行业务等很多场合都离不开签名或盖章，它是个人或组织针对其行为的认可，并具有法律效力。长期以来，手体签字被当作一种合法的凭证而被广泛使用，这主要是由于手体签字可满足以下几个原则。

(1) 签字是可以被确认的，即当文件上有某人的签字时，别人确信这个文件是经该人发出的。

(2) 签字是无法伪造的，即签字是签字者的凭证。

(3) 签字是无法被重复使用的，即任何人无法将别人在别处的签字挪到该文件上。

(4) 文件被签字后是无法篡改的。

(5) 签字具有不可否认性，即签字者无法否认自己签字文件上的签字行为。

在计算机网络应用中，尤其是电子商务中，电子交易的不可否认性是必要的。它一方面要防止发送方否认曾发送过消息；另一方面还要防止接收方否认接收过消息，以避免产生经济纠纷。提供这种不可否认性的安全技术就是数字签名。

数字签名包括消息签名和签名认证两个部分。一个数字签名系统必须满足下列条件。

(1) 一个用户能够对一个消息进行签名。

(2) 其他用户能够对被签名的消息进行认证，以证实该消息签名的真伪。

(3) 任何人都不能伪造一个用户的签名。

(4) 如果一个用户否认对消息的签名，则可以通过第三种仲裁来解决争议和纠纷。

RSA 公开密钥加密方法也能对发送信息进行确认，即所谓的“数字签名”，以便接收方能确定所接收的信息不是伪造的。如果发送信息的一方用私钥 d 代入 RSA 算法，则解密时就不能再用参数 d，因为包括接收方在内的所有人都不可能也没有必要知道 d，但接收方可以用与 d 唯一匹配而且被公布于众的密钥 e 来代入 RSA 进行运算，如果得到正确结果，则证明消息的确来自于唯一拥有 d 的发送方，这样就可以确认所接收消息的真实性。

以下给出一种基于 RSA 公钥密码体制实现信息加密并且具有数字签名的安全通信解决方案。为了要同时实现保密性和确证性，可以采用双重加、解密，这里设定使用私钥的运算为 D，使用公钥的运算为 E，对于 RSA 算法来说 D 和 E 算法是一致的。发送方先用自己的私钥执行 RSA 运算，目的是进行数字签名，再用接收方的公钥执行 RSA 运算，目的是加密信息，接收方先用自己的私钥解密，再用发送方的公钥验证签名，如图 3.4 所示。

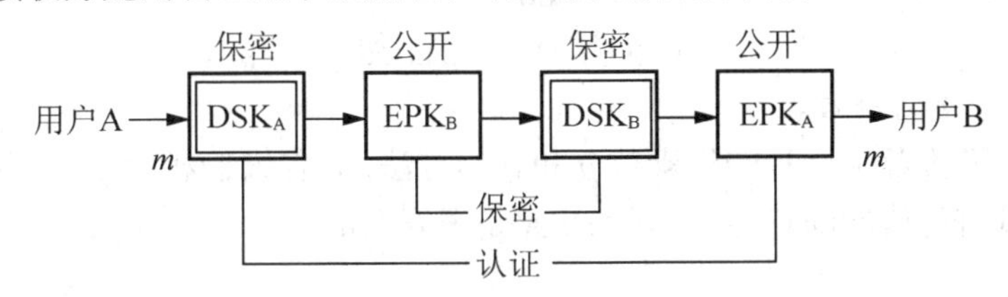

图 3.4　加密和数字签名相结合

3.3.2　DSA 数字签名算法

DSA(Digital Signature Algorithm)是美国国家标准技术协会(NIST)在其制定的数字签名标准(DSS)中提出的一个数字签名算法。DSA 基于公钥体系，用于接收者验证数据的完整性和数据发送者的身份，也可用于第三方验证签名和所签名数据的真实性。

不同于 RSA 既可以用于加密也可以用于数字签名，DSA 不具有数据加密和密钥分配能力。

在 DSS 标准中规定，数字签名算法应当无专利权保护问题，以便推动该技术的广泛应用，给用户带来经济利益。由于 DSA 无专利权保护，而 RSA 受专利权保护，因此，DSS 选择了 DSA 而没有采纳 RSA，结果在美国引起很大争论。一些购买 RSA 专利许可权的大公司从自身利益出发强烈反对 DSA，给 DSA 的推广应用带来一定的影响。

DSA 是一种基于公开密钥体系的数字签名算法，它不能用作加密，只能用作数字签名。DSA 使用公开密钥，为接收者验证数据的完整性和数据发送者的身份。它也可用于由第三方确定签名和所签数据的真实性。DSA 算法的安全性基于解离散对数的困难性，这类签字标准具有较大的兼容性和适用性，成为网络安全体系的基本构件之一。

在 DSA 签名算法中，用到了以下参数。

(1) p 是 L 位长的素数，其中 L 为 512～1024，且是 64 的倍数。

(2) q 是 160 位长且与 p−1 互素的因子。

(3) $g=h^{(p-1)/q} \bmod p$ ，其中 h 是小于 p−1 并且满足 $h^{(p-1)/q} \bmod p$ 大于 1 的任意数。

(4) x 是小于 q 的数。

(5) $y=g^x \bmod p$。

在上述参数中，p、q 和 g 是公开的，可以在网络中被所有用户公用，私人密钥是 x，公开密钥是 y。

对消息 m 签名时的具体步骤如下。

(1) 发送者产生一个小于 q 的随机数 k。

(2) 发送者产生：

$$r=(g^k \bmod p) \bmod q$$
$$s=(k^{-1}(\mathrm{H}(m)+xr)) \bmod q$$

r 和 s 就是发送者的签名，发送者将它们发送给接收者。

(3) 接收者通过计算来验证签名。

$$w=s^{-1}\text{mod } q$$
$$i=(\text{H}(m)\ w)\text{mod } q$$
$$j=(rw)\text{mod } q$$
$$v=((g^{i}\times y^{j})\text{mod } p)\text{mod } q$$

如果 $v=r$，则签名有效。

在DSS中，还推荐了一种产生素数 p 和 q 的方法，它使人们相信尽管 p 和 q 是公开的，但其产生方法具有可信的随机性，因此DSA是很安全的。

3.3.3 数字签名的其他问题

目前，日益激增的电子商务和其他因特网应用需求使公钥体系得以普及，这些需求量主要包括对服务器资源的访问控制和对电子商务交易的保护，以及权利保护、个人隐私、无线交易和内容完整性(如保证新闻报道或股票行情的真实性)等方面。公钥技术发展到今天，在市场上明显的发展趋势就是PKI (Public Key Infrastructure，公钥基础设施)与操作系统的集成，公钥体制广泛地用于CA认证、数字签名和密钥交换等领域。

公钥加密算法中使用最广的是RSA。RSA算法研制的最初理念与目标是努力使互联网安全可靠，旨在解决DES算法密钥利用公开信道传输分发的难题。而实际结果不但很好地解决了这个难题，还可利用RSA完成对电文的数字签名，以防止电文的否认与抵赖；同时还可以利用数字签名较容易地发现攻击者对电文的非法篡改，以保护数据信息的完整性。目前为止，很多种加密技术采用了RSA算法，该算法也已经在互联网的许多方面得以广泛应用，包括在安全接口层(SSL)标准(该标准是网络浏览器建立安全的互联网连接时必须用到的)方面的应用。此外，RSA加密系统还可应用于智能IC卡和网络安全产品。

但目前 RSA 算法的专利期限即将结束，取而代之的是基于椭圆曲线的密码方案(ECC算法)。与RSA算法相比，ECC有其相对优点，这使得ECC的特性更适合当今电子商务需要快速反应的发展潮流。此外，一种全新的量子密码也正在发展中。

至于在实际应用中应该采用何种加密算法则要结合具体应用环境和系统，不能简单地根据其加密强度来作出判断。因为除了加密算法本身之外，密钥合理分配、加密效率与现有系统的结合性以及投入产出分析都应在实际环境中具体考虑。加密技术随着网络的发展更新，将有更安全、更易于实现的算法不断产生，为信息安全提供更有力的保障。

3.4 密 钥 管 理

密码系统的两个基本要素是加密算法和密钥管理。加密算法是一些公式和法则，它规定了明文和密文之间的变换方法。由于密码系统的反复使用，仅靠加密算法已难以保证信息的安全了。事实上，加密信息的安全可靠依赖于密钥系统，密钥是控制加密算法和解密算法的关键信息，它的产生、传输、存储等工作十分重要。

3.4.1 私钥分配

两个用户在用单钥加密(私钥)体制进行保密通信时，必须有一个共享的秘密密钥。为防止攻击者得到密钥，还必须时常更新密钥。因此，密码系统的强度也依赖于密钥分配技术。用户A和B获得共享密钥的方法基本上有以下几种。

(1) 密钥由A选取并通过物理手段发送给B。

(2) 密钥由第三方选取并通过物理手段发送给A和B。

(3) 如果A、B事先已有一密钥，则其中一方选取新密钥后，用已有的密钥加密新密钥并发送给另一方。

(4) 如果A和B与第三方C分别有一保密信道，则C为A、B选取密钥后，分别通过两个保密信道上发送给A、B。

前两种方法称为人工发送，密钥的人工发送在网络的链路加密时还是可行的，因只有该链路上的两端交换数据。密钥的人工发送在网络的端到端加密方式中将不再可行，因为若是在网络层加密，则网络中任一对主机都必须有一共享密钥。如果有N台主机，则密钥数目为$N(N-1)/2$个。当N很大时，密钥分配的代价将非常大。

第三种方法对链路加密和端到端加密方式都是可行的，但是攻击者一旦获得一个密钥就可获取以后的所有密钥。其初始密钥的分配代价仍然很大。

第四种方法广泛用于端到端加密方式时的密钥分配，其中的第三方通常是一个负责为用户分配密钥的密钥中心(Key Distribution Center，KDC)。每个用户必须和KDC有一个共享密钥，称为主密钥。通过主密钥分配给一对用户的密钥称为会话密钥，用于这一对用户之间的保密通信。通信完成后，会话密钥即刻被销毁。若用户数为N个，则会话密钥为$N(N-1)/2$个。但主密钥数却只需N个，即可通过物理手段发送主密钥。

3.4.2 公钥分配

公钥加密的一个主要用途是分配单钥加密体制使用的密钥。公钥加密体制大致有以下几种公开密钥的分配方式。

1. 公开发布

用户将自己的公钥发给每一个其他用户或向某一团体广播。这种方法虽然简单但是任何人都可以伪造这种方法公开发布。假冒者可解读发向被伪造方的加密消息，还可用伪造的密钥获得认证。

2. 公用目录表

公用目录表是指建立一个公用的公钥动态目录表，由某个可信的实体或组织承担目录表的建立、维护以及公钥的分布。这种方法比前一种安全性更高，但仍然容易受到攻击。

3. 公钥管理机构

公钥管理机构是在公钥目录表中对公钥的分配施加更严密的控制，使其安全性更强。公钥管理机构在为各用户建立、维护动态的公钥目录的同时，还提供给每个用户管理机构的公钥，但是只有管理机构自己知道相应的密钥。公钥的分配如图3.5所示。

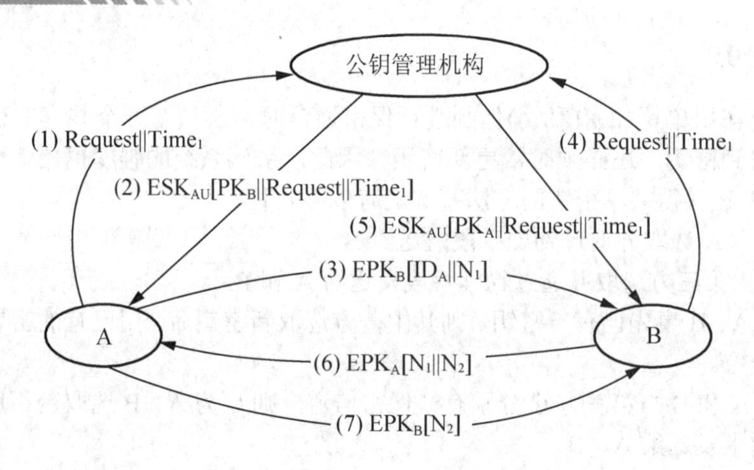

图 3.5　公钥管理机构分配公钥

图 3.5 中所示各消息含义如下。

(1) 用户 A 向公钥管理机构发送一带有时间戳的消息，其请求获取用户 B 当前的公钥。

(2) 管理机构用自己的密钥 SK_{AU} 加密对 A 的请求作出应答。A 可以用管理机构的公钥解密，并使 A 相信这个消息的确是来源于管理机构。其应答的消息有以下作用。

① A 可用 B 的公钥 PK_B 对将要发往 B 的消息加密。

② A 验证自己最初发出的请求在被管理机构收到以前未被篡改。

③ 时间戳使 A 相信管理机构发来的消息是 B 当前的公钥。

(3) A 用 B 的公钥对一个消息加密后发送给 B，其中一项是 A 的身份 ID_A，另一项是一个一次性随机数 N_1，用于唯一地标识本次业务。

(4) 用户 B 向公钥管理机构发送一带有时间戳的消息，请求获取用户 A 当前的公钥。

(5) 管理机构用自己的密钥 SK_{AU} 加密对 B 的请求作出的应答。此时，A 和 B 都已安全地得到了对方的公钥，但仍需要有进一步的相互认证。

(6) B 用 PK_A 对一个消息加密后发送给 A，其消息有 A 的一次性随机数 N_1 和 B 产生的一个新的一次性随机数 N_2。因为只有 B 能解密 (3)中的消息，所以 A 收到的消息中的 N_1 可使其相信通信的另一方的确是 B。

(7) A 和 B 的公钥对 N_2 加密后返回给 B，可使 B 相信通信的另一方的确是 A。

以上 7 个消息中的前 4 个消息用于获取对方的公钥。用户得到对方的公钥后保存，使之以后使用时只发送(6)、(7)确认消息即可。但用户还必须定期地通过密钥管理机构中心获取对方的公钥，以免对方的公钥更新后无法保证当前的通信。

4. 公钥证书

公钥分配的另一种方法是公钥证书，用户通过公钥证书相互之间交换自己的公钥而无需与公钥管理机构联系。公钥证书由证书管理机构(Certificate Authority，CA)为用户建立，其证书的数据项有用户的公钥、身份和时间戳等，这些数据项经 CA 用自己的密钥签字后就形成了证书，其形式为 $CA = ESK_{CA}[T \| ID_A \| PK_A]$，其中 ID_A 为用户 A 的身份，PK_A 是 A 的公钥，T 是当前时间戳，SK_{CA} 是 CA 的密钥，C_A 即为用户 A 产生的证书，如图 3.6 所示。

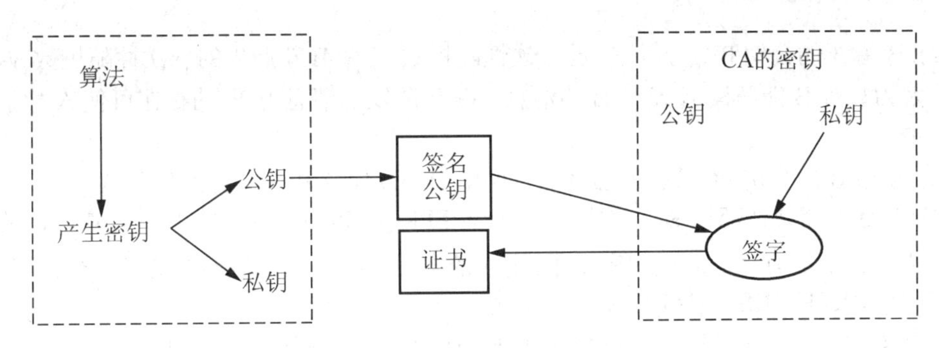

图 3.6　证书的产生过程

用户可将自己的公钥通过公钥证书发给另一用户，接收方可用 CA 的公钥 PK_{CA} 对证书加以验证，因为只有用 CA 的公钥才能解读证书，同时获得发送方的 ID_A 和公钥 PK_A。时间戳用于鉴定收到的证书是否是当前或有效的。

3.4.3　用公钥加密分配私钥密码体制的密钥

由于公钥加密过程复杂又速度慢，所以不太适合进行保密通信，但却适合于分配单钥密码体制的密钥。

1. 简单分配

简单地使用公钥加密算法建立用户 A 和用户 B 会话密钥的过程可有以下几个步骤。

(1) 用户 A 产生自己的一对密钥{PK_A，SK_A}，并向 B 发送 $PK_A \| ID_A$。

(2) B 产生会话密钥 K_S，并用 A 的公钥 PK_A 对 K_S 加密后发给 A。

(3) A 由 $DSK_A[EPK_A[K_S]]$ 恢复会话密钥。因为只有 A 能解读 K_S，所以仅 A 和 B 知道该共享密钥。

(4) A 销毁{PK_A，SK_A}，B 销毁 PK_A。

此时用户 A、B 用私钥加密算法以 K_S 作为会话密钥进行保密通信。通信完成后，又都将 K_S 销毁。这种分配方法尽管简单却易受到主动攻击。攻击方 E 可通过以下方式截获用户 A 和 B 的通信。

(1) 用户 A 产生自己的一对密钥{PK_A，SK_A}，并向 B 发送 $PK_A \| ID_A$。

(2) E 截获 A 发给 B 的消息后，建立自己的一对密钥{PK_E，SK_E}，并将 $PK_E \| ID_E$ 发送给 B。

(3) B 产生会话密钥 K_S 后将 $EPK_E[K_S]$ 发送出去。

(4) E 截获 B 发送的消息后，由 $DSK_E[EPK_E[K_S]]$ 解读 K_S。

(5) E 再将 $EPK_A[K_S]$ 发给 A。

此时，A 和 B 将用 K_S 进行通信，但并不知 E 的存在，E 可以对 A 和 B 实施监听。

2. 具有保密性和认证性的密钥分配

若用户 A 和 B 双方已完成公钥交换，可按以下步骤建立会话密钥，如图 3.7 所示。

(1) A 用 B 的公钥加密 A 的身份 ID_A 和一个一次性随机数 N_1 后发给 B，其中 N_1 用于唯一地标识此次业务。

(2) B用A的公钥PK_A加密A 的一次性随机数N_1和B新产生的一次性随机数N_2后发给A。因为只有B能解读A发给B的消息，而B所发的消息中N_1的存在可使A相信对方的确是B。

(3) A用B的公钥PK_B对N_2加密后返回给B，以使B相信对方的确是A。

(4) A选一个会话密钥K_S，然后将其$M = EPK_B[ESK_A[K_S]]$发给B，其中用B的公钥加密是为了保证只有B能解读加密结果，用A的密钥加密是保证该加密结果只有A能发送。

(5) B以$DPK_A[DSK_B[M]]$恢复会话密钥。

这种密钥分配过程具有保密性和认证性，既可防止被动攻击，也可防止主动攻击。

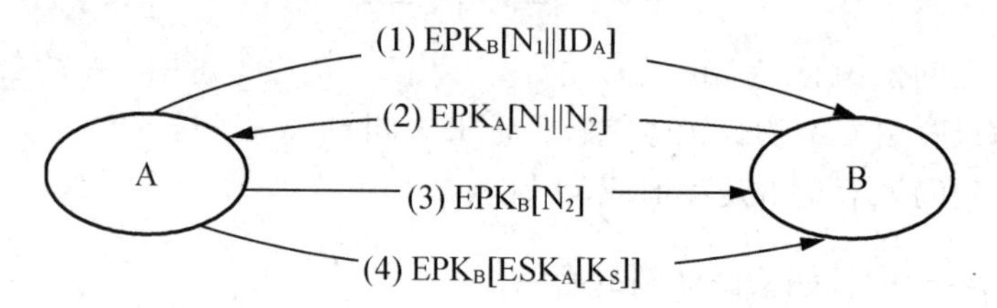

图 3.7　具有保密性和认证性的密钥分配

应用案例 1

SSH密码学应用案例

1．什么是SSH

传统的网络服务程序，如FTP、POP和TELNET等，在本质上都是不安全的，因为它们在网络上用明文传送用户名、密码和数据，别有用心的人非常容易截获这些用户名、密码和数据。而且，这些服务程序的安全验证方式也有其弱点，就是很容易受到“中间人(man-in-the-middle)”这种方式的攻击。所谓“中间人”的攻击方式，就是“中间人”冒充真正的服务器接收发送者传给服务器的数据，然后再冒充发送者把数据传给真正的服务器。服务器和发送者之间的数据传送被“中间人”转手做了手脚之后，就会出现很严重的问题。

芬兰一位程序员开发了一种网络协议和服务软件，称为SSH(Secure Shell)。通过使用SSH，发送者可以对所有传输的数据进行加密，这样“中间人”这种攻击方式就不可能实现了，而且也能够防止DNS和IP欺骗。还有一个额外的好处就是传输的数据是经过压缩的，所以可以加快传输的速度。SSH有很多功能，虽然许多人把Secure Shell仅当作TELNET的替代物，但发送者可以使用它来保护网络连接的安全。使用者可以通过本地或远程系统上的Secure Shell转发其他网络通信，如POP、X、PPP和FTP。使用者还可以转发其他类型的网络通信，包括CVS和任意其他的TCP通信。另外，还可以使用带TCP包装的Secure Shell以加强连接的安全性。除此之外，Secure Shell还有一些其他的方便功能，可用于诸如Oracle之类的应用，也可以将它用于远程备份和Secure ID卡一类的附加认证。

SSH是由客户端和服务端的软件组成的，有两个不兼容的版本分别是1.x和2.x。使用SSH 2.x的客户程序是不能连接到SSH 1.x的服务程序上去的。OpenSSH 2.x同时支持SSH 1.x和SSH 2.x。

2．SSH的工作机制

SSH分为两部分：客户端部分和服务端部分。

服务端是一个守护进程(demon)，它在后台运行并响应来自客户端的连接请求。服务端一般是sshd进程，提供了对远程连接的处理，一般包括公共密钥认证、密钥交换、对称密钥加密和非安全连接。

客户端包含ssh程序以及scp(远程复制)、slogin(远程登录)、sftp(安全文件传输)等其他应用程序。

它们的工作机制大致是本地的客户端发送一个连接请求到远程的服务端，服务端检查申请的包和IP地址，再发送密钥给SSH的客户端，本地再将密钥发回给服务端，自此连接建立。以上只是SSH连接的大致过程，SSH 1.x和SSH 2.x在连接协议上还有一些差异。

SSH被设计成工作在自己的基础之上，而不利用超级服务器(inetd)，虽然可以通过inetd上的tcpd运行SSH进程，但是这完全没有必要。启动SSH服务器后，sshd开始运行并在默认的22端口进行监听(可以用# ps -waux | grep sshd 来查看sshd是否已经被正确运行)，如果不是通过inetd启动的SSH，那么SSH就将一直等待连接请求。当请求到来的时候，SSH守护进程会产生一个子进程，该子进程进行这次的连接处理。

但是因为受版权和加密算法的限制，现在很多人都转而使用OpenSSH。OpenSSH是SSH的替代软件，而且是免费的。

应用案例 2

PGP密码学应用案例

1．什么是PGP

PGP(Pretty Good Privacy)是Internet上一个著名的共享加密软件，可独立提供数据加密、数字签名、密钥管理等功能，适用于电子邮件内容的加密和文件内容的加密，也可作为安全工具嵌入到应用系统之中。目前使用PGP进行电子信息加密已经是事实上的应用标准，IETF在安全领域有一个专门的工作组负责进行PGP的标准化工作，许多大的公司、机构，包括很多安全部门在内，都拥有自己的PGP密码。PGP的传播和使用完全由使用者自行控制掌握，它通过数字签名所形成的信任链将彼此信任的用户关联起来。

PGP使用了以下一些算法：RSA、AES、CAST、IDEA、TripleDES、Twofish、MD5、ZIP、PEM等。PGP使用RSA算法对IDEA密钥进行加密，然后使用IDEA算法对信息本身进行加密。在PGP中使用的信息摘要算法是MD5。

PGP至少为每个用户定义两个密钥文件，称为Keyring，分别存放自己的私钥(可以不止一个)和自己及其他用户的公钥。

2．PGP的主要功能

1) 密钥管理(PGPkeys)

可新建、导入、导出密钥，建立相互间信任链。

2) 剪切板信息加解密(Clipboard)

可实现剪切板信息的加密、认证、加密并认证、解密等操作。

3) 当前窗口信息加解密(Current Window)

可实现当前窗口信息的加密、认证、加密并认证、解密等操作。

4) 文件的加解密与安全删除

可对文件独立进行基于对称密钥或公钥体制的加/解密。

5) PGP加密磁盘(PGPdisk)

可在物理硬盘中划出一块区域，由PGP虚拟作为一个磁盘管理。使用时打开(Mount disk)，使用完毕加密关闭(Unmount disk)。

6) 基于公钥密码体制的签名方法

在PGP中使用的是这种加密算法。

(1) 对签名信息生成摘要(MD5)。

(2) 使用秘密密钥对要摘进行加密，得到签名。

(3) 对被签名的信息生成摘要。

(4) 使用签名者的公开密钥对签名进行解密，得到的摘要如果和刚才生成的摘要相同，则说明信息是签名者所签的。

使用这样的签名方式，使得每一个签名和具体的信息以及签名者的秘密信息(秘密密钥)相关联，于是冒充者无法利用已有的签名附加在其他信息上，签名者也无法否认其对信息的证实。

3.5 认　证

认证(Authentication)是证实某人或某个对象是否有效合法或名副其实的过程。它与身份识别(Identification)不同，也与授权(Authorization)不同。在非保密的计算机网络中，验证远程用户(或过程实体)是合法授权用户还是恶意的入侵者就属于认证问题。认证是对通信对象的验证；授权是验证用户在系统中的权限；识别则是判别通信对象是哪种身份。

有两种形式的认证，一种是在初始化登录的过程中，用户和机器之间的认证，另一种是在操作过程中机器和机器之间的认证。

在登录过程中，应当验证用户“知道什么”，其次应当验证“他拥有什么”，如智能卡、通行证等，最后，应当验证他拥有什么生物特征，如指纹、声音等。

机器和机器之间的认证一般分为密码方法和秘密(非公开的协议)方法。

3.5.1 身份认证

身份认证，也称为身份甄别。身份认证是对网络中通信双方的主体进行验证的过程。用户必须提供他是谁的证明。例如，系统中存储用户的指纹，或者用户的视网膜血管分布图，或者用户的声音波纹图等。当用户登录系统时，系统将对其辨认，比较、验证该用户的真实性。

通常有以下3种方法验证主体身份。

(1) 拥有该主体知道的秘密，如密码、密钥。

(2) 主体携带的物品，如智能卡、令牌卡。

(3) 主体具有的唯一特征，如指纹、声音、视网膜或签名等。

密码有时由用户选择，有时由系统分配。密码的优点是简单可行，无需特殊硬件设备。但密码是无形的，可能告知别人或被别人猜测、窃听，因此密码不是强有力的认证手段。除非使用一次性密码，才能增强安全性。一次性密码的配置可以因时因地因不同信息而异。系统要用户回答的密码约每分钟变化一次，绝不会重复。合法用户要使用手持式认证器或解密器(donglc)，或令牌(Token)。认证器通常包含一个内部时钟、某种类别的一个密钥以及一个显示屏，显示屏显示现在的时间和密钥的某种函数。

主机通过使用其秘密密钥的副本及其时钟计算出的所希望的输出值，对用户进行证实。如果用户的回答与输出值匹配，则登录被接收。考虑到双方的时间偏差，通常会有几个候选密码，如果用户密码及输出密码与该组密码匹配，也能通过验证。

另一种一次性密码系统使用来自主机而不是时钟的非重复性质询。用户拥有的是一台利用秘密密钥编程的设备。主机的质询输入该设备，然后由秘密密钥计算出该次的密码。由于不存在时钟偏差，唯一要求的是用户要每次输入主机的质询。

在这两种方式中，如果手持式认证器或用户的编程设备被窃取，将给网络安全带来隐患。因此，每个设备使用前，还要输入用户的 PIN(Personal Identification Number)。

智能卡(Smart Card)具有自己的 CPU、输入/输出端口和只能通过卡上 CPU 进行访问的小容量、非易失性存储器，它可集成到用户终端上，便于携带，方便验证。

生物技术，如采取指纹、声音或签字的认证方法，除了需要特殊的阅读器外，有些生物特征具有模糊性，同一个人不同时刻的签字会受多种因素干扰，绝对不可能相同。

3.5.2　主机之间的认证

如果要认证的对象是主机或站点。例如，银行之间，银行与商家之间的通信，需要确认的是对方主机的身份。判别通信是否在指定的主机(或站点)之间进行，这样的过程被称为站点认证或主机认证。

认证可以有多种形式。如果双方通过电话、直接见面的方式事先确定了一个共享秘密密钥 K_{AB}。那么，一种可行的协议是查询-应答协议。一方发送一个随机数给另一方，即查问，后者将它用秘密密钥加密后作为应答，通过检查应答来确定对方是否拥有该秘密密钥。

在所有的通信实体间预先分配一个密钥是不现实的，特别是在因特网通信当中。因此，在通信开始前，密钥分发中心(Key Distribution Center，KDC)可以在通信双方之间充当一个中间人的角色。每一个通信主体，例如 A 方和 B 方各自与 KDC 共享一个密钥。这就说明 A 方和 KDC、B 方和 KDC，它们之间是相互信任的。通过共享的密钥，可以确认对方是谁。因此，认证协议就成了 3 个主体之间的通信。在协议执行中，除了要为 A 方和 B 方建立一个秘密会话密钥(Session Key)外，还要使 A 方和 B 方相互信任，同时要防止黑客可能的攻击。

黑客的攻击手段一般采用重发攻击。例如，A 方要通过银行(B 方)发送一笔钱给 C 方。A 方选择一个会话密钥 K_S，传送消息 $A=K_A(B，K_S)$给 KDC，KDC 收到这个消息后，知道是 A 方传送的，就用 K_A 将 $K_A(B，K_S)$解密，得到$(B，K_S)$。现在 KDC 知道 A 方要和 B 方通信，就用 K_B 把$(A，K_S)$加密后发给 B。B 用 K_B 解密后，知道是 A 方的连接请求，并且得到密钥 K_S。这样，A 方和 B 方就可以通过 K_S 直接会话了。

假定 A 方要 B 方发送支付报文，也就是说 A 方想让 B 方支付一笔钱给 C 方。B 方将照此办理，支付了一笔钱。但是，过了一会儿，有人顶替 A 方将支付报文又重发给 B 方，在 B 看来，它是正常的报文，于是又从 B 方的账户中支付一笔钱给 C 方。这样，同一笔钱支付两次或更多次，认证协议失败。

解决的办法是在每一条消息上加上时间戳，如果发现信息中包含的时间戳是重复的，则将它丢弃。因此，当 A 方或别人重发这条消息时，B 方(银行)查看消息中的时间戳后，就知道该消息是过时的，不是有效的消息。这种方法的难度在于要求网络系统中所有主机的时间保持一致，在时间误差范围内，重发的消息不容易被识别。

第二种方法是在每条消息中赋予一个一次性的唯一的序列号，随消息发送。如果收到的消息序列号重复，则丢弃。为此，主机应记住所有收到的序列号，且序列号应足够大，保证在正常使用的情况下，不至于重复。

基于密钥分发中心的认证方法还有多种。例如，使用多次查询-应答方式的 Needham-Schroeder 协议及 Otway_Rees 协议，这些协议都是一些更加成熟的协议。

3.5.3 Kerberos 认证

Kerberos 是为 TCP/IP 网络系统设计的可信的第三方认证协议。网络上的 Kerberos 服务基于 DES 对称加密算法，但也可用其他算法替代。因此，Kerberos 是一个在许多系统中获得广泛应用的认证协议，Windows 2000 就支持该协议。

Kerberos 最初是美国麻省理工学院为 Athena 项目开发的。其中第 1～3 版为内部开发版，第 4 版提供扩散密码分组链接(DCBC，Diffusion Cipher Block Chaining)模式。该模式存在一个问题：交换两个密文分组，将使两个对应的明文分组不能被正确解密，但根据明文和密文异或的性质，错误将被抵消。所以，如果完整性检查只检查最后几个解密的明文分组，它可能欺骗接收者，让接收者接收部分错误的消息。因此，Kerberos 第 5 版使用密码分组链接模式(Cipher Block Chaining，CBC)模式。下面讨论 Kerberos 第 5 版。

1. Kerberos 工作原理

当客户从 Kerberos 请求一张票据许可服务(TGS，Ticket Granting Service)后，该票据被用户的秘密密钥加密后发送给用户。为了使用特定的服务器，客户需要从 TGS 中请求一张票据。假定所有事情均按序进行，TGS 将票据发回给客户，客户将此票据显示给服务器和认证器，如果客户身份没有问题，服务器便让客户访问。Kerberos 的认证步骤如图 3.8 所示，具体步骤如下。

(1) 请求许可票据。
(2) 返回许可票据。
(3) 请求服务器票据。
(4) 返回服务器票据。
(5) 请求服务。

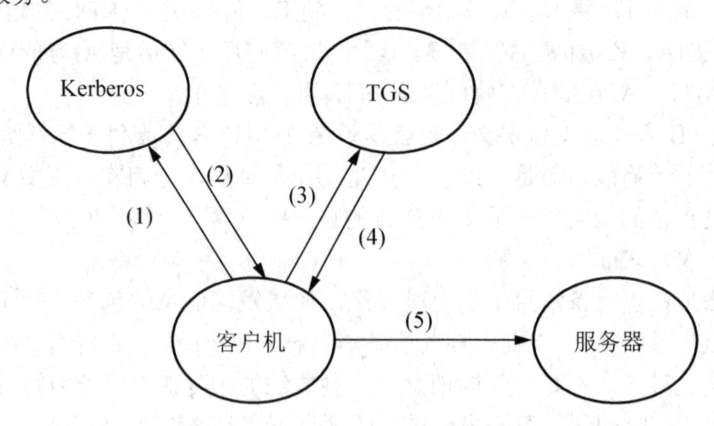

图 3.8 Kerberos 鉴别协议工作原理

2. Kerberos 的凭证

Kerberos 使用两类凭证：票据(Ticket)和认证码(Authenticator)。

Kerberos 票据的格式为：

$$T_{c,s}=s,\{c,a,v,k_{c,s}\}K_s$$

式中：$T_{c,s}$ 表示使用服务器的客户机票据；s 表示服务器；c 表示客户机；a 表示客户机的网络地址；v 表示票据的有效起止时间；$k_{c,s}$ 表示客户机与服务器的会话密钥；K_s 表示服务器的秘密密钥；$\{m\}K_s$ 表示以 K_s 加密的信息 m。

对单个服务器和客户而言，票据有较大的用处。它包括用户名、服务器名、网络地址、时间标记和会话密钥等。这些信息用服务器的秘密密钥加密，客户一旦获得该票据，可多次使用它访问服务器，直到票据过期。客户无法解密票据，这是因为客户不知道服务器的秘密密钥，但客户可以以其加密的形式呈递服务器。票据以密码形式传送，使网上窃听者无法阅读或修改。

Kerberos 认证码的格式为：

$$A_{c,s}=\{c,t,Key\}$$

式中：$A_{c,s}$ 表示从客户机 c 到服务器 s 的认证码；c 为客户机，t 为时间标记；Key 为可选的附加会话密钥；$\{c,t,Key\}K_{c,s}$ 表示利用服务器和客户机共享的会话密钥 $K_{c,s}$ 对 c、t、Key 加密。与票据不一样，认证码只用一次。如果用户需要，可再产生一个认证码。

这样，认证码可以达到两个目的：首先，它表明认证码的发送者也知道密钥，这是身份认证的目的；其次，封装的明文包括了时间标记，可以防止窃听者重发攻击。

3. Kerberos 的消息

Kerberos 第 5 版有 5 个消息，如图 3.8 所示。

(1) 第一个消息，客户到 Kerberos：c,tgs。

客户注册程序发送客户名及其 TGS 服务器名的请求给 Kerberos 服务器。服务器在数据库中查找客户，如有该客户，则 Kerberos 产生一个会话密钥，在客户和 TGS 之间使用，这叫票据许可票据(TGT)。

(2) 第二个消息，Kerberos 到客户：$\{K_{c,tgs}\}K_c,\{T_{c,tgs}\}K_{tgs}$。

Kerberos 利用客户的秘密密钥加密会话密钥。然后为客户产生一个 TGT 向 TGS 证实自己的身份，并用 TGS 的秘密密钥对其加密：$\{T_{c,tgs}\}K_{tgs}$。Kerberos 将这两个消息发送给客户。

(3) 第三个消息，客户到 TGS：$\{A_{c,s}\}K_{c,tgs},\{T_{c,tgs}\}K_{tgs}$。

客户收到认证服务器的响应消息，如果客户是一个合法用户，将可以方便地解密。如果客户是一个非法用户或骗子，他不知道密码，因而无法解答。系统拒绝访问，他无法获得票据或会话密钥。

客户将 TGT 和会话密钥保存起来，并销毁密码和单向散列函数，防止泄密。该信息只在 TGT 的有效期内才有用。一旦 TGT 过期，这些消息便一文不值。

客户可在 TGT 的有效期内向 TGS 证实自己的身份。$\{A_{c,s}\}K_{c,tgs}$ 表示利用客户和 TGS 共享的会话密钥，$K_{c,tgs}$ 对客户机到服务器的认证码 $A_{c,s}$ 进行加密。

(4) 第四个消息，TGS到客户：$\{K_{c,s}\}K_{c,tgs}$，$\{T_{c,s}\}K_s$。

TGS接收到客户的请求后，用自己的密钥解密此TGT，然后再用TGT中的会话密钥解密认证码。最后，TGS比较认证码中的信息与票据中的信息，客户的网络地址与发送的请求地址，以及时间标记与当前时间。如果每一项都吻合，便允许处理该请求。

如果请求时间相差太远(假设所有机器都有同步时钟，至少在几分钟内应同步)，则TGS可把该请求当作以前请求的重发，与已收到的请求具有相同票据和时间标记的请求则被忽略。

TGS通过将客户有效的票据返回给服务器的方式响应一个有效请求。TGS还为客户服务器产生一个新的会话密钥，此密钥由客户和TGS共享的会话密钥加密。然后将这两种消息返回给客户。客户解密消息，同时获得会话密钥。

(5) 第五个消息，客户到服务器：$\{A_{c,s}\}k_{c,s},\{T_{c,s}\}k_s$。

现在，客户向服务器产生一个认证码，认证码由用户名、客户网络地址和时间标记组成，用TGS为客户和服务器产生的会话密钥加密得到。向服务器的请求由从Kerberos接收到的票据和加密的认证码组成。

服务器检查解密后的票据和认证码，以及客户地址和时间标记。当一切无误后，根据Kerberos，服务器可判断该客户的身份。在需要相互认证的应用中，服务器给客户返回一个包含时间标记的消息，该消息由会话密钥加密。这证明服务器知道客户的秘密密钥而且能解密票据和认证码。这样，客户和服务器可以用共享的密钥加密消息，并能确认消息是否来自对方。

4. Kerberos的安全性

由于认证码基于网络中的所有时钟基本上是同步的事实，如果能欺骗主机，使它的正确时间发生错误，那么旧的认证码毫无疑问能被重发。

Kerberos对猜测密码攻击也很脆弱，攻击者收集票据并试图破译它们。只要票据足够多，就有很多机会找出密码。

Kerberos依赖于Kerberos软件。因此，黑客可以自己编写该软件代替所有客户的Kerberos软件。在不安全的计算机网络环境中，它很容易成为攻击的目标。

为了加强Kerberos的安全性，建议采用基于公开密钥的算法和智能卡接口进行密钥的管理。

3.5.4 数字证书和基于PKI的身份认证

1. 数字证书

数字证书就是网络通信中标志通信各方身份信息的一系列数据，其作用类似于现实生活中的身份证。它是由一个权威机构发行的，人们可以在交往中用它来识别对方的身份。最简单的证书包含一个公开密钥、名称以及证书授权中心的数字签名。一般情况下证书中还包括密钥的有效时间、发证机关(证书授权中心)的名称、该证书的序列号等信息，证书的格式遵循ITUT X.509国际标准。

使用数字证书，通过运用对称和非对称密码体制等密码技术建立起一套严密的身份认证系统，从而保证信息除发送方和接收方外不被其他人窃取，信息在传输过程中不被篡改，发送方能够通过数字证书来确认接收方的身份，发送方对于自己的信息不能抵赖。

数字证书采用公钥体制，即利用一对互相匹配的密钥进行加密、解密。每个用户自己设定一把特定的仅为本人所知的私有密钥(私钥)，用它进行解密和签名；同时设定一把公共密钥(公钥)并由本人公开，为一组用户所共享，用于加密和验证签名。当发送一份保密文件时，发送方使用接收方的公钥对数据加密，而接收方则使用自己的私钥解密，这样信息就可以安全无误地到达目的地了。通过数字的手段保证加密过程是一个不可逆过程，即只有用私有密钥才能解密。

数字证书是由认证中心颁发的。根证书是认证中心与用户建立信任关系的基础。在用户使用数字证书之前必须首先下载和安装。认证中心是一家能向用户签发数字证书以确认用户身份的管理机构。为了防止数字凭证的伪造，认证中心的公共密钥必须是可靠的，认证中心必须公布其公共密钥或由更高级别的认证中心提供一个电子凭证来证明其公共密钥的有效性，后一种方法导致了多级别认证中心的出现。

数字证书颁发过程如下：用户产生了自己的密钥对，并将公共密钥及部分个人身份信息传送给一家认证中心。认证中心在核实身份后，将执行一些必要的步骤，以确信请求确实由用户发送而来，然后，认证中心将发给用户一个数字证书，该证书内附了用户和他的密钥等信息，同时还附有对认证中心公共密钥加以确认的数字证书。当用户想证明其公开密钥的合法性时，就可以提供这一数字证书。

2. 基于 PKI 的身份认证

公开密钥基础设施 PKI(Public Key Infrastructure)是一个用公钥密码学技术来实施和提供安全服务的、具有广泛应用的安全基础设施。整个 PKI 的基础框架由 ITU-T X.509 建议标准定义。互联网工程任务组(IETF)的公钥基础设施 X.509 小组以它为基础开发了适合于互联网环境下的、基于数字证书的形式化模型(PKIX)。

PKI 提供的服务包括身份认证、数据的完整性验证、密钥管理、数据加密和抗否认性。

身份认证是 PKI 提供的最基本的服务，这种服务可以在未曾见面的实体之间进行，特别适用于大规模网络和用户群。其安全性远远超过基于密码(也就是口令)的认证方式。

认证机构 CA (Certification Authority)是 PKIX 的核心，是信任的发源地。CA 负责产生数字证书和发布证书撤销列表，以及管理各种证书的相关事宜。通常为了减轻 CA 的处理负担，专门用另外一个单独机构，即注册机构(Registration Authority，RA)来实现用户的注册、申请以及部分其他管理功能。

完整的 PKI 应由以下服务器和客户端软件构成：CA 服务器，提供产生、分发、发布、撤销、认证等服务；证书库服务器，保存证书和撤销消息；备份和恢复服务器，管理密钥历史档案；时间戳服务器，为文档提供权威时间信息。

当用户向某一服务器提出访问请求时，服务器要求用户提交数字证书。收到用户的证书后，服务器利用 CA 的公开密钥对 CA 的签名进行解密，获得信息的散列码。然后服务器用与 CA 相同的散列算法对证书的信息部分进行处理，得到一个散列码，将此散列码与对签名解密所得到的散列码进行比较，若相等则表明此证书确实是 CA 签发的，而且是完整性未被篡改的证书。这样，用户便通过了身份认证。服务器从证书的信息部分取出用户的公钥，以后向用户传送数据时，便以此公钥加密，对该信息只有用户可以进行解密。

应用案例 3

安全电子交易

安全电子交易(SET，Secure Electronic Transaction)协议，是由 VISA 和 Master Card 两大信用卡公司于 1997 年 5 月联合推出的规范。SET 主要是为了解决用户、商家和银行之间通过信用卡支付的交易而设计的，以保证支付信息的机密、支付过程的完整、商户及卡用户的合法身份，以及可操作性。SET 中的核心技术主要有公开密钥加密、数字签名、电子信封、数字证书等。SET 能在电子交易环节上提供更大的信任度、更完整的交易信息、更高的安全性和更少受欺诈的可能性。

由 SET 规定的参与者以及他们在交易中的角色如下。

(1) 发卡机构。

(2) 卡用户。

(3) 商家。

(4) 获得者。

(5) 支付网关。

SET 定义了如下一些特征。

(1) 信息的保密性。

(2) 数据的完整性。

(3) 卡用户账户认证。

(4) 商家认证。

(5) 互操作性。

SET 协议的基础是 PKI。通过使用 X．509v3 来为参与者提供认证服务，并且通过使用 CRLv2(X．509v3 和 CRLv2)而具有了吊销措施。这些证书是特定于应用的，SET 定义了它自己特定的专有扩展项，这些扩展项仅对于与 SET 兼容的系统才有意义。对于每一种类型的证书，SET 都包含有如下预先定义的协议子集。

(1) 卡用户证书。

(2) 商家证书。

(3) 支付网关证书。

(4) 让受方证书。

(5) 发卡机构证书。

为了提供通过 Internet 的安全支付处理，SET 规范定义了多交易类型。

1) 购买请求

(1) 发起请求。当选购了一件商品并决定了使用何种支付卡时，卡用户就发起请求。为了向商家发送一个 SET 消息，卡用户必须拥有商家和支付网关的密钥交换密钥的一个副本。当卡用户软件(与用户的浏览器一起运行的软件)请求网关证书的一个副本时，SET 订单处理就开始了。来自卡用户的消息会表明该交易中将使用何种品牌的支付卡。

(2) 发起响应。当商家接收到一个发起请求消息时，它将赋予该消息一个唯一的交易标识符。此后商家生成一个包含有它的证书以及支付网关的证书的发起响应消息。然后用商家的私钥对该信息进行数字签名后发送给卡用户。

(3) 购买请求。收到发起响应消息之后，卡用户软件验证商家和支付网关的证书。然后卡用户软件使用 OI 和 PI 来产生一个双重签名。最后，卡用户软件生成一个购买请求消息，它包含有一个双重签名的 OI 和一个双重签名的 PI，并将其以数字信封的形式发送给网关。然后，整个购买请求被发送给商家。

(4) 购买响应。当商家软件接收到购买请求消息时，它验证包含在消息内的卡用户的证书以及双重签名的 OI。此后，商家软件开始处理 OI 并通过转发 PI 来获得来自支付网关的授权。最后，商家生成一个购买响应消息，它表明商家已经收到卡用户的请求。

2) 支付授权

在处理一个来自卡用户的订单的过程中，商家试图通过在商家和支付网关之间发起一个双向的消息交换来对交易授权。

(1) 商家软件生成并数字签发一个授权请求，其中包括待授权的数量、来自 OI 的交易标识符以及其他的关于交易的信息。然后，使用支付网关的公钥对这一信息生成一个数字信封。授权请求和卡用户的PI(它也以数字信封的形式传给支付网关)被传送给支付网关。

(2) 授权响应。当收到授权请求时，支付网关解密并验证消息(证书和 PI)的内容。如果一切都是合法的，那么支付网关会生成一个授权响应消息，然后用商家的公钥对之生成一个数字信封并将它传送回商家。

3) 支付回复

当完成了与卡用户的订单处理部分之后，商家将向支付网关请求支付。支付回复通过两个消息的交换来完成，回复请求和回复响应。这一过程如下。

(1) 回复请求。商家软件生成回复请求，它包括交易的最终数量、交易标识符以及其他的关于交易的信息。然后使用支付网关的公钥对这一消息生成数字信封并传送给支付网关。

(2) 回复响应。接收到回复请求并验证了它的内容之后，支付网关将生成一个回复响应。回复响应包括与该请求交易的支付有关的信息。然后使用商家的公钥对这一响应生成数字信封并将之传送回商家。

3.6 本章小结

本章先简要介绍了密码技术在网络安全体系中的作用，然后以 DES 算法为例讲述了对称密码体制，以 RSA 算法为例讲述了公开密码体制，以 DSA 算法为例描述了数字签名原理，以 Keberos 协议和 PKI 体系为重点讲述了身份认证的主要技术。另外也简要介绍了密钥管理的几种方法。本章还给出了 3 个密码学应用案例，以加深对密码学抽象概念的理解。

3.7 本章实训

实训 1：SSH 安装与使用

实训目的

SSH 是一个用来替代 Telnet、FTP 及 R 命令的工具包，主要用来解决数据在网络上明文传输的问题。

实训环境

(1) 硬件：两台安装任意 Windows 操作系统的 PC。

(2) 软件：Windows 系统平台下的 SSH 服务器与客户端软件 SSHWinServer 和 SSHWinClient-3.1.0-build235。

实验内容

1. 安装和启动 SSH 服务器端软件

(1) 启动 SSHWinServer 的安装，如图 3.9 所示。在安装过程中会提示随意移动鼠标生成随机加密密钥，如图 3.10 所示。

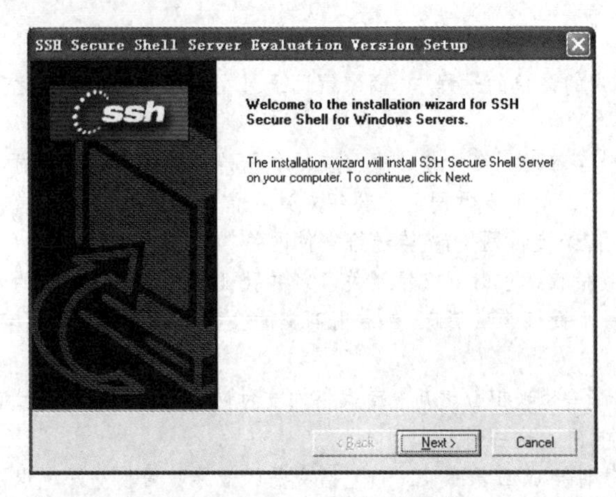

图 3.9　SSH 服务器端软件

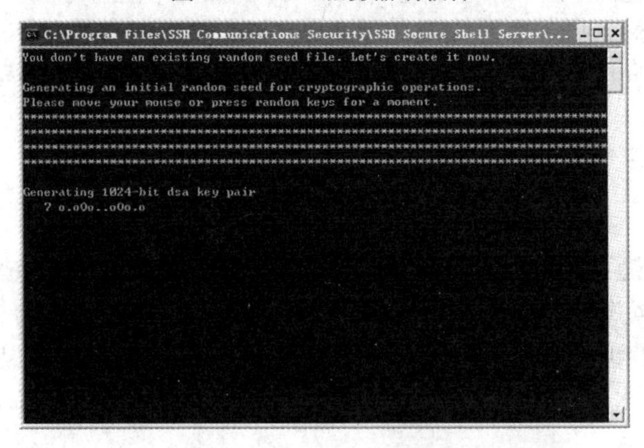

图 3.10　移动鼠标生成随机密钥

(2) 在服务器端创建 Windows 用户账户，并设置其隶属于系统管理员组，用于对客户端进行身份认证，如图 3.11 所示。

(3) 启动 SSH 服务，如图 3.12 所示。

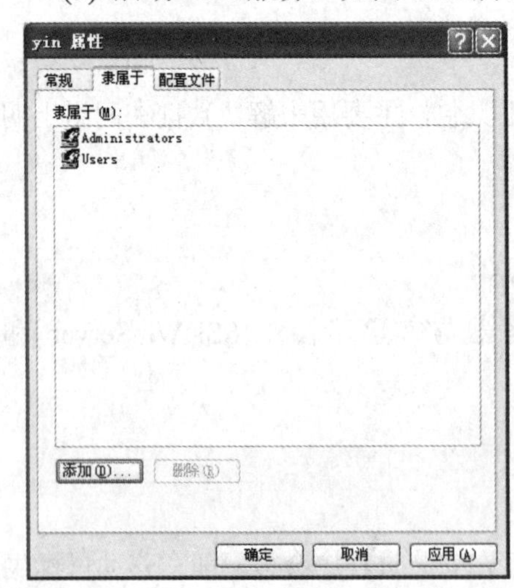

图 3.11　创建 Windows 用户账户

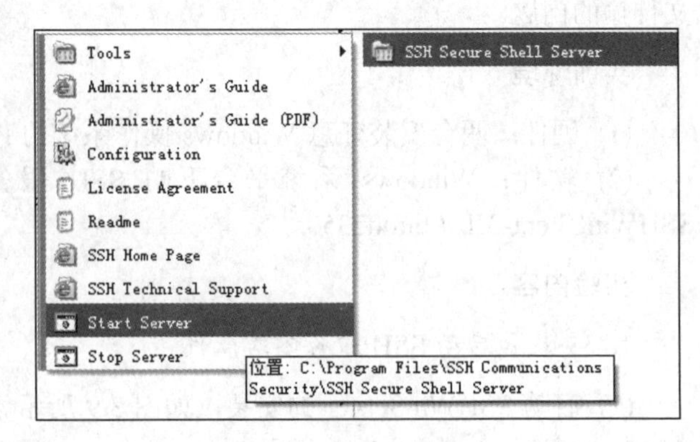

图 3.12　启动 SSH 服务

2. 安装使用客户端软件

(1) 在另一台 PC 上安装并运行 SSH 客户端软件，如图 3.13 所示。新建连接配置，输入服务器端 IP 地址、用户名和认证方式，这里选用口令认证方式，22 是 SSH 默认目标端口，如图 3.14 所示。

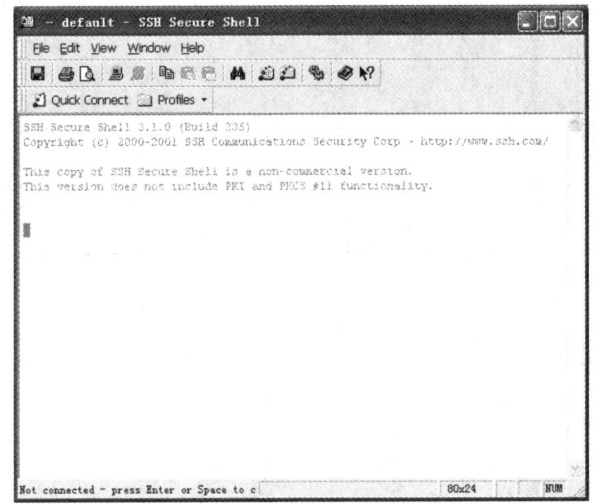

图 3.13　运行 SSH 客户端

图 3.14　新建连接

(2) 输入口令后将成功连接到服务器端，可以远程执行操作系统命令，如图 3.15 所示。

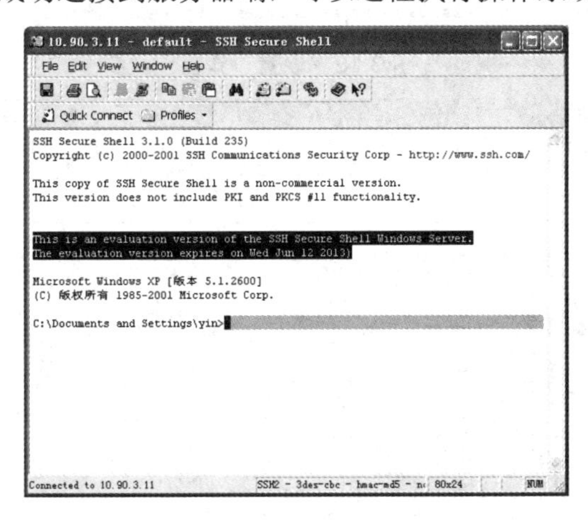

图 3.15　连接成功

(3) 单击工具栏中的 New File Transfer Window 按钮，可以进行文件传输，如图 3.16 和图 3.17 所示。

(4) 可以用 Wireshark 监听软件进行数据报文捕获与分析，在步骤(1)之前先在 SSH 服务器端安装并启动 Wireshark，设置过滤器条件，如图 3.18 所示，启动捕获报文，然后按照步骤(1)～(3)进行操作。

(5) 从所捕获的数据报文中可以看到 SSH 的连接过程和数据交换过程，不同于 Telnet 服务，客户与服务器之间是以加密方式通信的，如图 3.19 所示。

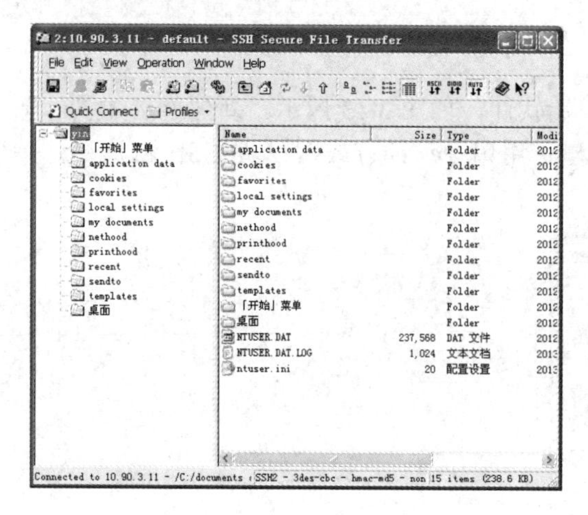

图 3.16　打开文件传输窗口

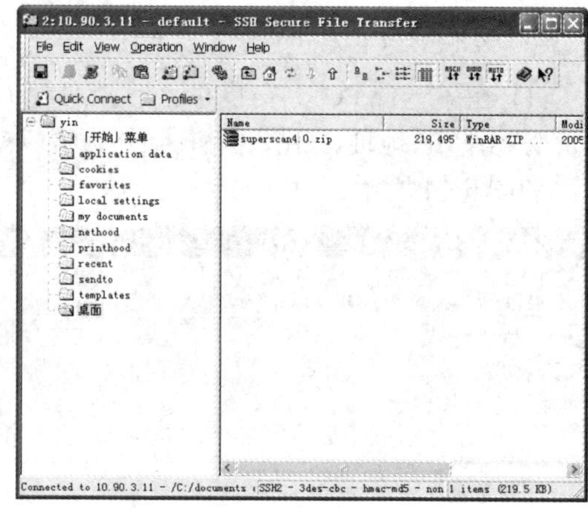

图 3.17　成功进行文件传输

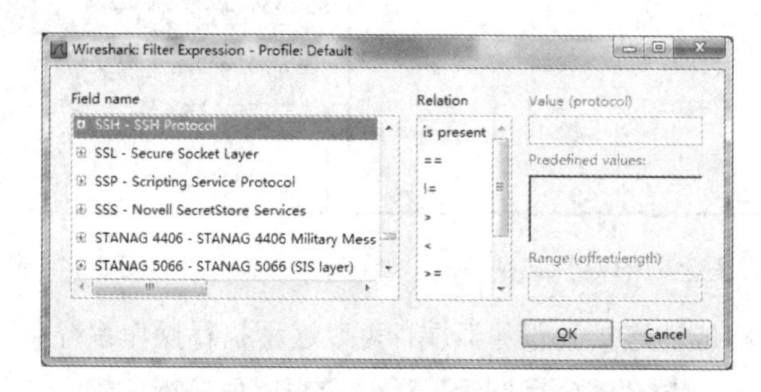

图 3.18　设置过滤器

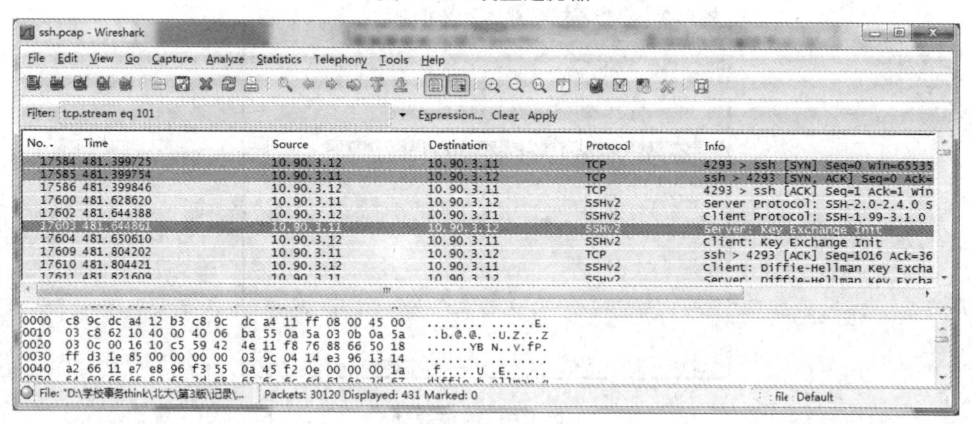

图 3.19　进行报文分析

实训 2：PGP 安装与使用

实训目的

PGP 作为一款密码学应用工具，应用十分普及，但还不是共享软件，且安装后要重新启动计算机，对于在装有还原卡的机房做实验很不方便。本实验采用 PGPfreeware_6.5.3，具有简单和易用的特点，安装后无须重启计算机。

通过实验可以掌握 PGP 软件的安装、密钥的生成与交换、文件的加密与签名等基本操作，理解密码学的抽象概念和功能。

实训环境

(1) 硬件：两台 PC 分别由两位用户 Alice 和 Bob 操作(以下标为 PC_Alice 和 PC_Bob)。

(2) 软件：Windows 2000/2003/XP 系统平台、PGPfreeware_6.5.3 软件。

实验内容

1. 安装 PGP

(1) PGPfreeware_6.5.3 安装比较简单，双击 PGP 图标，然后按照默认设置继续即可，如图 3.20 和图 3.21 所示。

图 3.20　PGP 安装 1

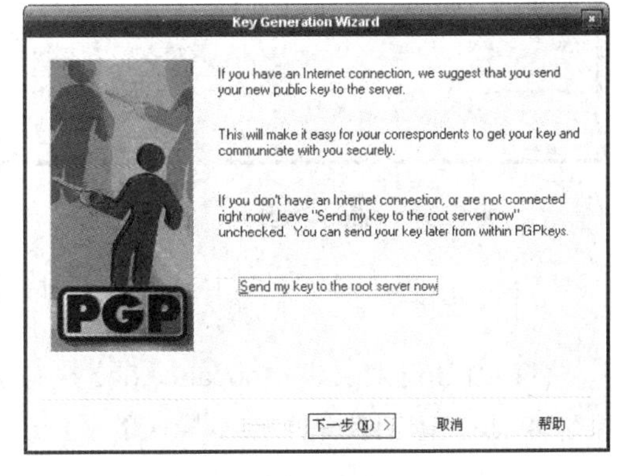

图 3.21　PGP 安装 2

(2) PGP 用密钥环文件(Keyrings)创建和管理密钥，安装过程出现是否已经有密钥环的提示时，单击【否】按钮。随后提示创建密钥对(Key Pair)时，单击【下一步】按钮，在对话框中输入用户名和邮箱地址(做实验时可以随意输入)，单击【下一步】按钮再输入密钥的保护密码，至少 8 位。图 3.22 所示是用户 Alice 在 PC_Alice 上的输入，用户 Bob 在 PC_Bob 上应输入 Bob 的用户名和邮箱地址。随后就能在密钥环中看到已创建的密钥对，如图 3.23 所示。

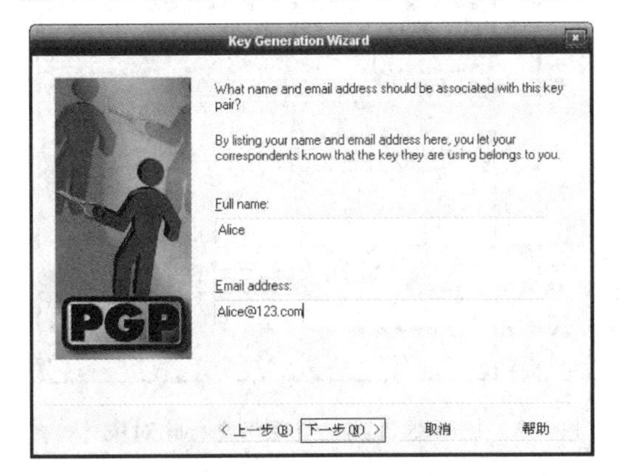

图 3.22　创建密钥对

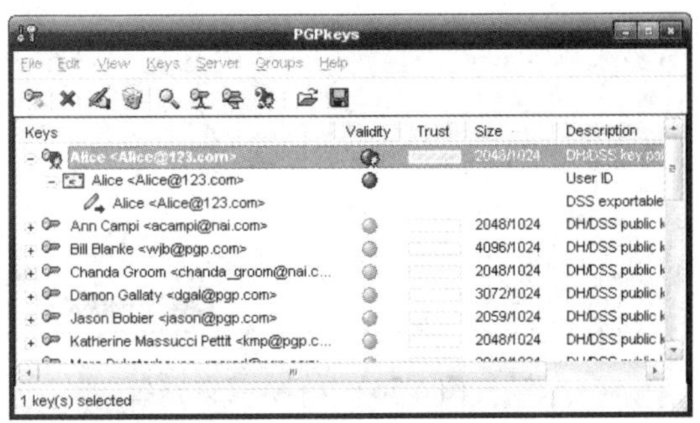

图 3.23　显示密钥对

2. 密钥交换

Alice 在 PC_Alice 上用托盘中 PGPtray 的快捷菜单选项 PGPkeys 打开密钥环文件，把自己的密钥导出到一个文件 Alice.asc 中，注意默认 Alice.asc 只是 Alice 的公钥，可以用于其他用户给 Alice 发送加密文件，如图 3.24 所示。Alice 把文件 Alice.asc 复制或发送给 Bob，由 Bob 将其导入自己的密钥环中。Bob 也执行同样操作，把自己的密钥导出到 Bob.asc 交给 Alice，由 Alice 将其导入到自己的密钥环中，如图 3.25 所示。至此 Alice 和 Bob 完成密钥交换，注意密钥环文件在关闭时会提示保存，按照默认提示保存即可。

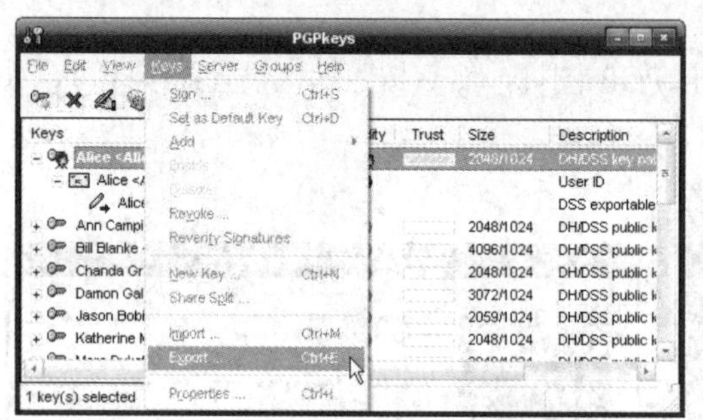

图 3.24 Alice 导出自己的密钥对

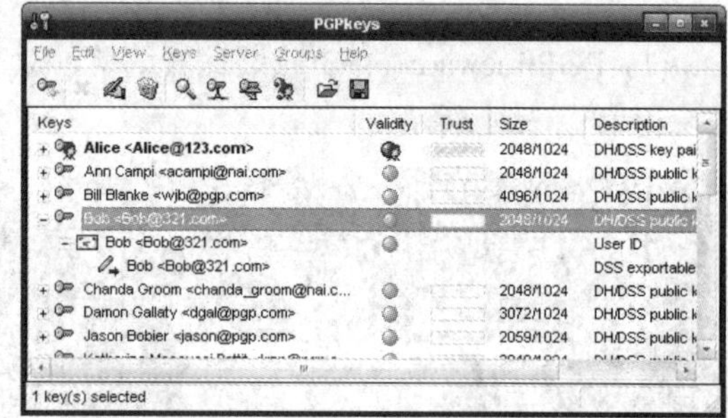

图 3.25 Alice 成功导入 Bob 的密钥对

3. 加密并签名文件

(1) 由 Bob 对文件 Bob2alice.doc 执行加密，如图 3.26 所示。选择的接收密文的用户对象是 Alice，密钥就是上一步导入的 Alice 的密钥对，如图 3.27 所示。

(2) Bob 要对 Bob2alice.doc 进行签名，就需要用到自己的私钥，因此提示输入保护 Bob 私钥的密码，如图 3.28 所示。操作完成后就产生了加密并签名的文件 Bob2Alice.doc.pgp，随后 Bob 将其复制或发送给 Alic。

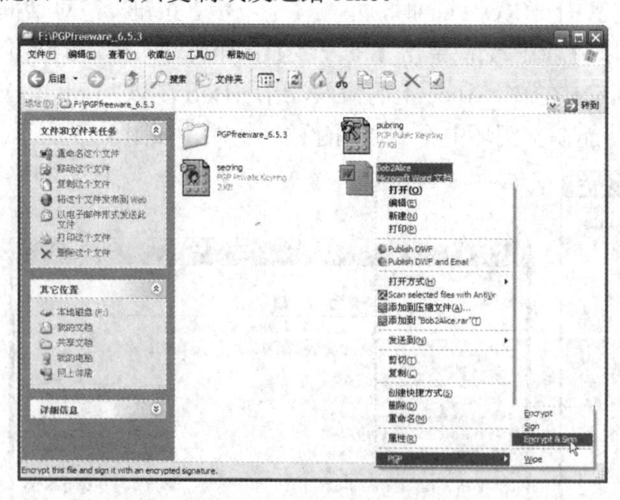

图 3.26 文件加密并签名

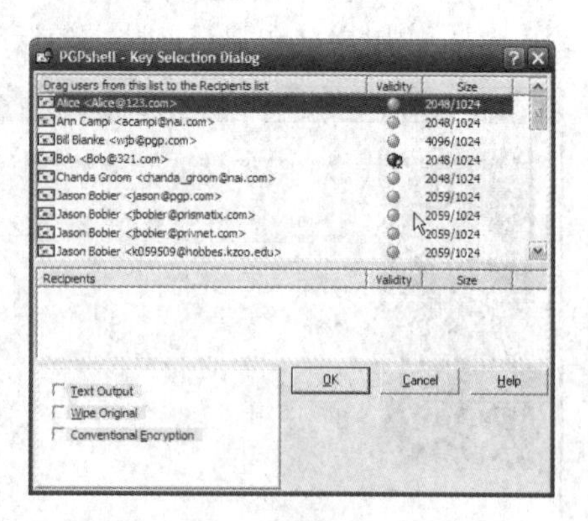

图 3.27 选择密文接收对象

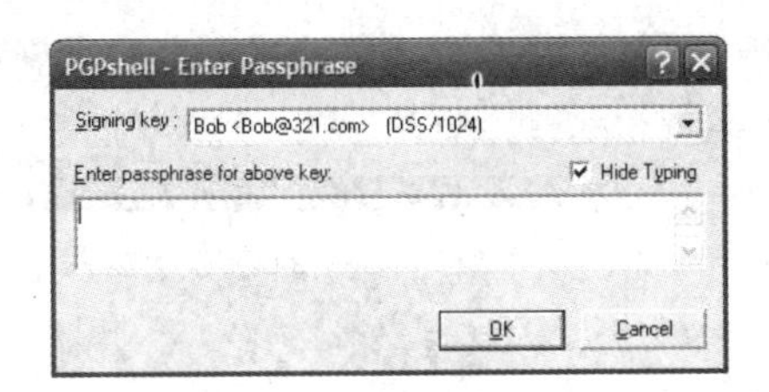

图 3.28　输入私钥的密码

4. 解密和验证签名

(1) Alice 收到 Bob2Alice.doc.pgp 后右击选择 PGP|Decrpt & Verify 命令即可。

(2) 解密时用的是 Alice 的私钥，所以 Alice 须输入自己的密钥保护密码，验证签名用的是先前导入的 Bob 的公钥，如图 3.29 和图 3.30 所示。

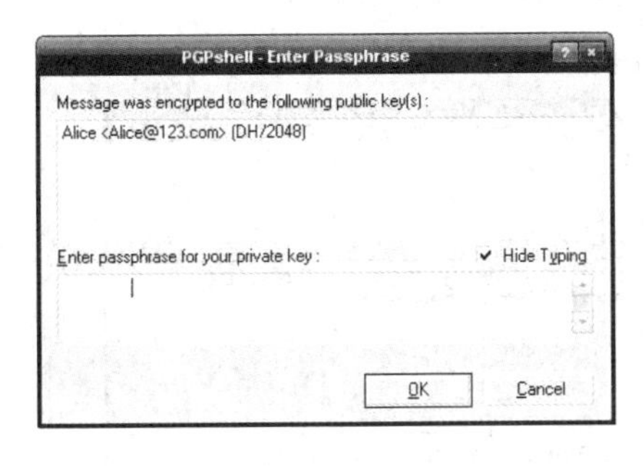

图 3.29　解密文件

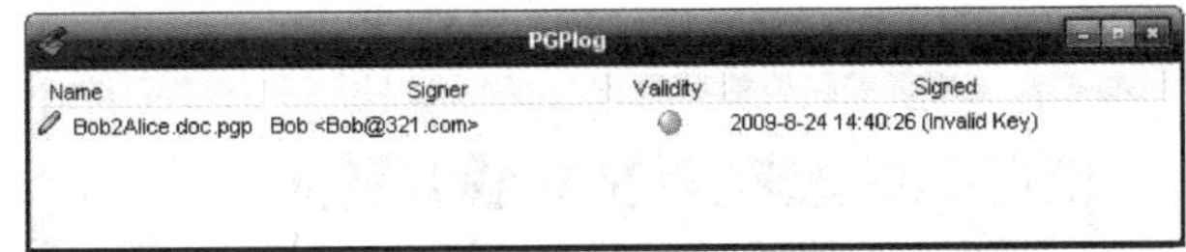

图 3.30　验证签名

实训 3：数字证书的申请与安装

实训目的

了解数字证书的基本概念、申请和颁发和安装过程。

实训环境

一台能够连接到 Internet 的 PC。

实验内容

访问 www.ca365.com，或其他数字认证服务机构的网站，申请并安装个人测试证书。

(1) 认真阅读网站提供的用户手册和技术论坛，如图 3.31 所示。

(2) 下载并安装根 CA 证书，单击【保存】按钮，并打开安装所下载的证书文件，如图 3.32 和图 3.33 所示。

(3) 打开浏览器，在工具菜单下单击 Internet 选项，进入内容栏下的证书对话框查看受信任的根证书颁发机构，可以看到刚刚安装好的 CA365 根证书，如图 3.34 所示。

(4) 填写表格申请并安装个人测试证书，如图 3.35～图 3.38 所示。

图 3.31　登录数字认证网

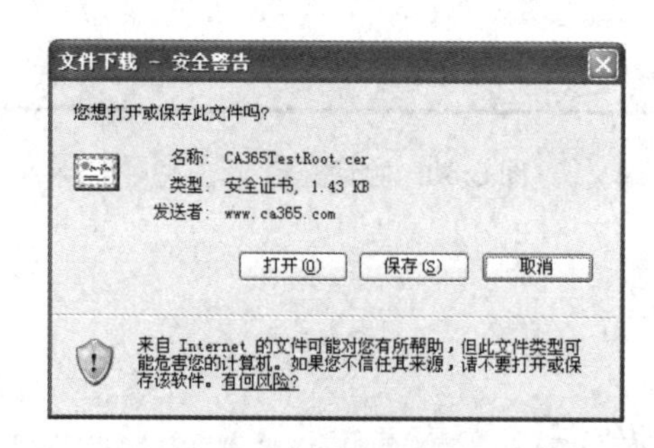

图 3.32　下载根 CA 证书

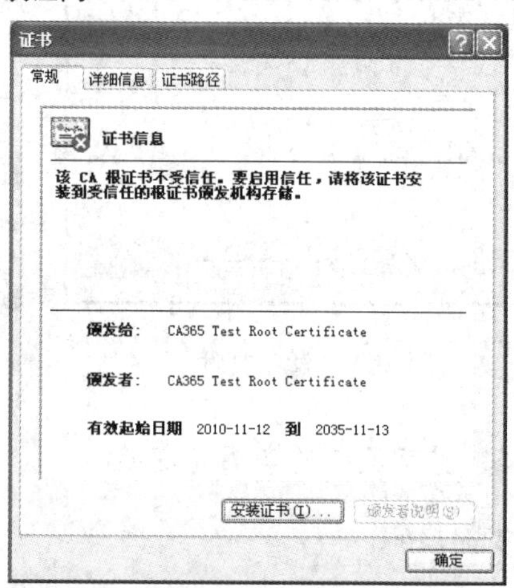

图 3.33　安装根 CA 证书

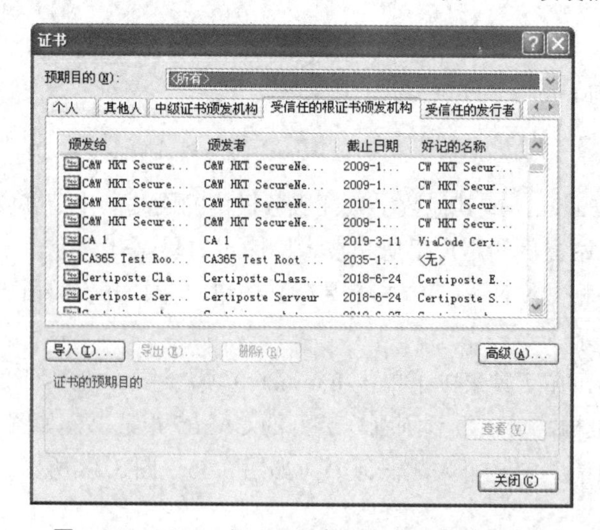

图 3.34　CA365 根 CA 证书已安装到本地计算机

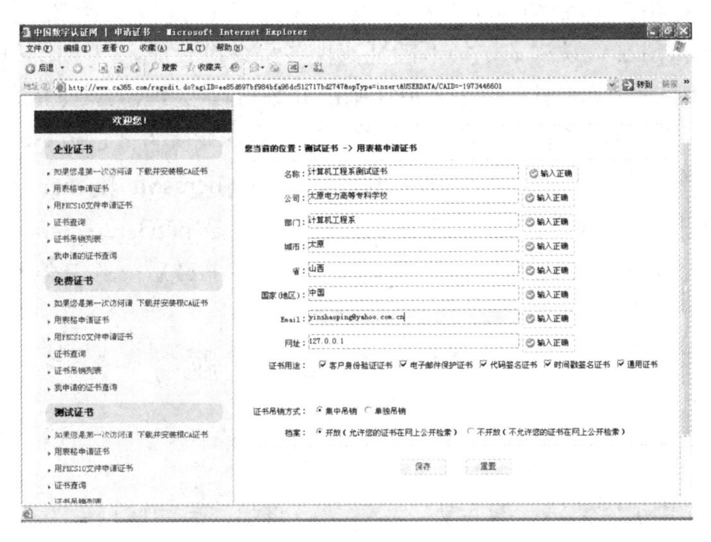

图 3.35　填表申请个人测试证书(1)

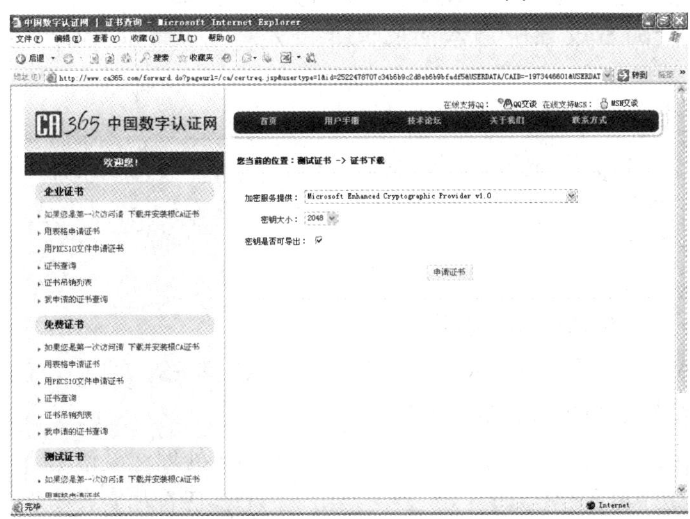

图 3.36　填表申请个人测试证书(2)

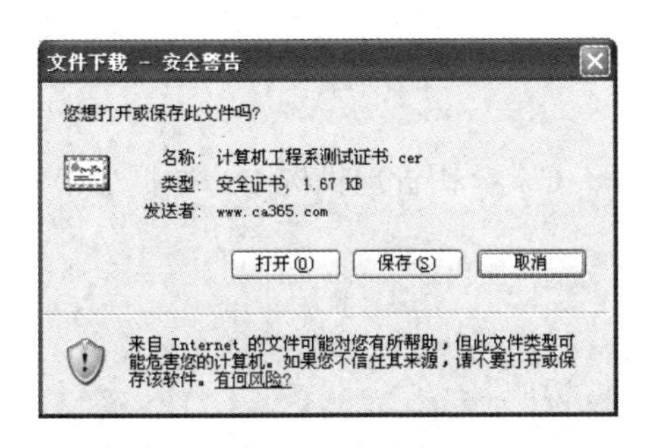

图 3.37　填表申请个人测试证书(3)

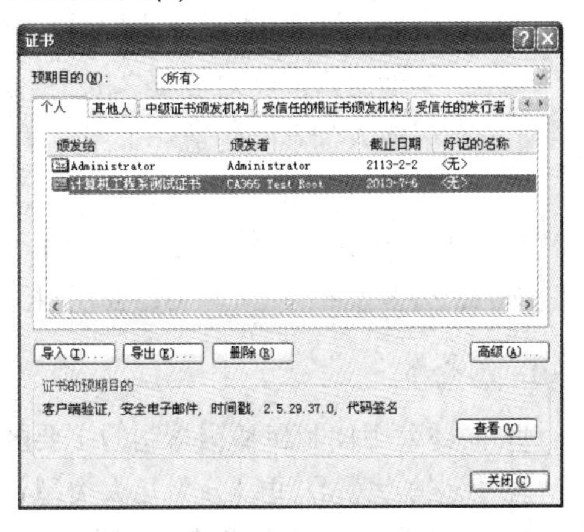

图 3.38　填表申请个人测试证书(4)

(5) 如图 3.35 所示，使用数字证书能够实现客户身份验证、电子邮件的加密和数字签名等功能。电子邮件的加密和数字签名更详细的介绍可以参考 www.ca365.com 提供的用户手册“6．如何发送签名、加密邮件？”和本书第 6 章应用案例“Outlook Express 安全”，邮件服务器可以在 Windows Server 2003/2008 上安装 Microsoft Exchange Server 或 IMail Server 软件来创建，也可以使用 126 邮件服务器，地址是 pop3.126.com/smtp.126.com。数字证书也能用于建立 SSL Web 服务，详细的步骤参考本书最后一章综合实训。

3.8 本章习题

1．填空题

(1) 在密码学中通常将源信息称为________，将加密后的信息称为________。这个变换处理过程称为________过程，它的逆过程称为________过程。

(2) DES 算法加密过程中输入的明文长度是________位，整个加密过程需经过________轮的子变换。

(3) 常见的密码技术有________、________和________。

(4) 认证是对________的验证；授权是验证________在系统中的权限，识别则是判断通信对象是哪种身份。

2．选择题

(1) 以下不属于对称密码算法的是(　　)。

A．IDEA　　B．RC　　C．DES　　D．RSA

(2) 以下不属于公钥密码算法特点的是(　　)。

A．计算量大　　B．处理速度慢

C．使用两个密码　　D．适合加密长数据

(3) 对于一个数字签名系统的非必要条件有(　　)。

A．一个用户能够对一个消息进行签名

B．其他用户能够对被签名的消息进行认证，以证实该消息签名的真伪

C．任何人都不能伪造一个用户的签名

D．数字签名依赖于诚信

(4) 不属于公钥管理的方法有(　　)。

A．公开发布　　B．公用目录表　　C．公钥管理机构　D．数据加密

3．简答题

(1) 简述公钥体制和私钥体制的主要区别。

(2) 数据加密算法可以分为几大类型？各举一例说明。

(3) 简要说明 DES 加密算法的关键步骤。

(4) RSA 算法的基本原理和主要步骤是什么？

(5) 什么情况下需要数字签名？简述数字签名的算法。

(6) 简要说明密钥管理的主要方法。

(7) 什么是身份认证？用哪些方法可以实现？

(8) Kerberos 是什么协议？简要描述 Kerberos 的鉴别原理。

(9) PKI 提供的安全服务有哪些？

第4章 操作系统安全

教学目标

通过对本章的学习，读者应了解操作系统安全的意义，掌握 Windows Server 2003 系统账户安全、文件系统安全、主机安全知识和操作方法，了解 Windows Server 2008 安全创新特性的功能，了解 Linux 操作系统的安全特性基础。

教学要求

知识要点	能力要求	相关知识
Windows 账户安全	理解并熟练掌握账户安全设置	密码策略
Windows 文件系统安全	理解并熟练掌握 NTFS 文件安全设置	共享文件安全性
Windows 安全策略配置	了解 Windows 安全策略配置方法	组策略
Windows Server 2008 安全创新特性	了解 Windows Server 2008 安全创新特性实现的功能要点	SCW、NAP、高级安全 Windows 防火墙
Linux 安全基础	了解 Linux 账户、文件的安全操作方法	

第 4 章　操作系统安全

引例

操作系统的安全性可以用美国国防部发布的可信计算机系统评估标准(TCSEC)来评估，TCSEC 依次从高到低定义了操作系统的 7 个安全等级，分别是 A1、B3、B2、B1、C2、C1、D1。目前应用最为普及的 Windows 和 Linux 操作系统可以达到 C1 或 C2 级。

OSF/1 是开放软件基金会于 1990 年推出的一个安全操作系统，被美国国家计算机安全中心(NCSC)认可为符合 TCSEC 的 B1 级。

UNIX SVR4.1ES 是 UI(UNIX 国际组织)于 1991 年推出的一个安全操作系统，被美国国家计算机安全中心(NCSC)认可为符合 TCSEC 的 B2 级。

1993 年，国防科技大学对基于 TCSEC 标准和 UNIX System V 3.2 版的安全操作系统 SUNIX 的研究与开发进行了探讨，提出了一个面向最小特权原则的改进的 BLP 模型和一个病毒防御模型。

以 Linux 为代表的自由软件在我国的广泛流行对我国安全操作系统的研究与开发具有积极的推动作用。1999 年，中国科学院软件研究所推出了红旗 Linux 中文操作系统发行版本，同时，开展了基于 Linux 的安全操作系统的研究与开发工作。

如同坚固的建筑物地基可以保障建筑物的牢固一样，安全的操作系统是网络安全的基础。对操作系统的安全配置与管理是强化操作系统安全性的必要措施。

4.1　操作系统安全基础

操作系统是用来管理计算机软硬件资源、控制整个计算机系统运行的系统软件，计算机的一切应用都以操作系统为支撑平台。接入网络的操作系统还要同时响应多用户多任务的资源或服务请求，所以操作系统的安全性就是要在开放和共享的环境中认证用户的身份、对系统资源执行访问控制和保护，保障整个计算机应用系统乃至网络系统的安全。

4.1.1　操作系统安全管理目标

操作系统安全管理包括多个要素，如普通用户的安全、超级用户的安全、文件系统的安全、进程安全以及网络安全等，只有以上各个要素协调配合才能真正保证系统的安全。

1. 防止非法操作

操作系统安全最重要的目标就是防止未被允许使用系统的用户进入系统或者没有合法权限的人员进行越权操作。用户和网络活动的周期检查是防止未授权存取的关键。

2. 数据保护

数据保护是系统安全的一个重要方面，可防止已授权或未授权的用户相互存取重要的信息。文件系统完整性检查、用户意识和数据加密都是防止泄露的关键。

3. 管理用户

这方面的安全应由操作系统来完成。一个系统不应该被一个有意试图使用过多资源的用户损害。系统管理员可使用系统提供的工具或第三方工具周期性地检查系统，查出过多占用 CPU 的进程和大量占用磁盘的文件，必要时进行清除。

4. 保证系统的完整性

在日常管理中，系统管理员应周期性地备份文件系统，以便系统崩溃后能及时修复文件系统。当有新用户时，应检测该用户的操作或使用的软件是否会造成系统崩溃。

5. 系统保护

阻止任何用户冻结系统资源。如果某个用户过长时间占用某个系统资源，必须有相应的措施剥夺他的使用权，否则将会影响其他用户的使用，甚至导致系统的崩溃。

4.1.2 操作系统安全管理措施

操作系统的安全管理措施主要由安装系统补丁、登录安全控制、用户账户及密码安全、文件系统安全、主机安全管理等组成。操作系统的安全管理核心是普通用户安全管理和特权级用户安全管理。

1. 普通用户安全管理

系统管理员的职责之一是保证用户安全，这其中的部分工作是由用户的管理部门来完成的。但是作为系统管理员，有责任发现和报告系统的安全问题，因为系统管理员负责系统的运行，要提前向普通用户报告可能的风险，避免系统安全事故的发生。

增强管理意识是提高安全性的一个重要因素，如果用户的管理部门对安全要求不强烈，系统管理员可能也忘记强化安全规则。因此最好让管理部门建立一套每个人都必须遵守的安全标准，系统管理员在此基础上再建立自己的安全规划。管理有助于加强用户意识，让用户明确信息是有价值的资产。系统管理员应当使安全保护方法对用户尽可能简单，提供一些提高安全性的工具，多培训用户一些关于系统安全的知识，确保用户知道自己的许可权限。如果发现用户有破坏系统安全的行为而本人没有意识到，就及时给他们一些提示或警告。用户掌握的安全知识越多，系统管理员在保护用户利益方面要做的工作就越少。

2. 特权用户安全管理

特权用户(在 Windows Server 2003 系统中称管理员，默认账户为 Administrator)拥有对系统中的任何文件和目录的完全控制权限，它可以控制所有用户的权限，运行所有的操作系统指令。因此超级用户账户的安全几乎等同于系统的安全性，超级用户的密码一旦被丢失，系统维护工作将很难进行。如果该密码被恶意破坏或获得，系统就毫无安全可言。

由于超级用户可以对系统进行任意操作，因此在某种意义上，对系统来说是最危险的。以下是超级用户需要注意的地方。

(1) 在日常使用中最好不要使用该账户，以普通用户的身份登录可以防止对系统进行无意的修改，以超级用户的身份进行系统维护应保证输入的每个命令的正确性。

(2) 尽量不要以超级用户身份运行其他程序。

(3) 经常改变超级用户的密码。

(4) 如果系统管理员认为系统已经泄密，则应当设法查出泄密者。若泄密者是本系统的用户时，要及时与用户的管理部门联系，并检查该用户的文件，查找任何可疑的文件，然后对该用户的登录小心地监督几个星期。如果泄密者不是本系统的用户，可让本公司采取合法的措施，并要求所有的用户改变用户密码，让所有用户知道出了安全事故，通知用户应当检查自己的文件是否有被更改的迹象。如果系统管理员认为系统软件已被更改了，就应当从原版系统盘(或软盘)上重装所有系统软件，及时修补漏洞。

4.2　Windows Server 2003 账户安全

使用 Windows Server 2003 系统，必须具备合法的账户，否则无法登录系统。基于 Internet 的非法入侵也是从寻找账户安全的漏洞开始的，本节将详细介绍账户安全管理内容。

4.2.1　Windows Server 2003 活动目录

Windows Server 2003 活动目录(Active Directory)存储了有关网络对象的信息，例如用户、用户组、计算机、域、组织单位(OU)及安全策略，可以让管理员和用户能够轻松地查找和使用这些信息。Active Directory 使用了一种结构化的数据存储方式，并以此为基础对目录信息进行分层组织。

目录存储在被称为域控制器的服务器上，并且可以被网络应用程序或者服务所访问。一个域可能拥有一台以上的域控制器。每一台域控制器都拥有它所在域的目录的一个可写副本。对目录的任何修改都可以从源域控制器复制到域、域树或者森林中的其他域控制器上。由于目录可以被复制，而且所有的域控制器都拥有目录的一个可写副本，所以用户和管理员便可以在域的任何位置方便地获得所需的目录信息。目录数据存储在域控制器上的 Ntds.dit 文件中。该文件应当存储在一个 NTFS 分区上。

Active Directory 和安全性相关。安全性通过登录身份验证及目录对象的访问控制集成在 Active Directory 之中。通过单点网络登录，管理员可以管理分散在网络各处的目录数据和组织单位，经过授权的网络用户可以访问网络任意位置的资源。基于策略的管理则简化了网络的管理，即便是那些最复杂的网络也是如此。

Active Directory 通过对象访问控制列表及用户凭据保护其存储的用户账户和组信息。因为 Active Directory 不但可以保存用户凭据，而且可以保存访问控制信息，所以登录到网络上的用户既能够获得身份验证，也可以获得访问系统资源所需的权限。例如，在用户登录到网络上的时候，安全系统首先利用存储在 Active Directory 中的信息验证用户的身份。然后，在用户试图访问网络服务的时候，系统会检查在服务的自由访问控制列表(DCAL)中所定义的属性。

因为 Active Directory 允许管理员创建组账户，管理员可以更加有效地管理系统的安全性。例如，通过调整文件的属性，管理员能够允许某个组中的所有用户读取该文件。通过这种办法，系统将根据用户的组成员身份控制其对 Active Directory 中对象的访问操作。

成员计算机是加入到域并且可为域提供资源和使用域资源的计算机。成员计算机可以是服务器，也可以是普通工作站。

可以先在一台计算机上安装 Windows Server 2003 操作系统，然后通过将服务器升级到域控制器的过程来安装活动目录。其他还要求计算机硬盘至少要有一个分区是 NTFS 文件系统；要安装 DNS 服务器；用户应当是系统管理员或要具有相关的权限。

4.2.2 账户种类

账户是 Windows Server 2003 网络中的一个重要组成部分，账户代表着需要访问网络资源的用户，从某种意义上说账户就是网络世界中用户的身份证。Windows Server 2003 网络依靠账户来管理用户，控制用户对资源的访问，每一个需要访问网络的用户都要有一个账户。

在 Windows Server 2003 网络中有两种主要的账户类型：域用户账户和本地用户账户。除此之外，Windows Server 2003 操作系统中还有内置的用户账户。

1. 域用户账户

域用户账户是用户访问域的唯一凭证，因此在域中必须是唯一的。域用户账户在域控制器上建立，作为活动目录的一个对象保存在域的数据库中。用户在从域中的任何一台计算机登录到域中的时候必须提供一个合法的域用户账户，该账户将被域控制器所验证。

保存域用户账户的数据库称为安全账户管理器(Security Accounts Manager，SAM)，SAM 数据库位于域控制器上的\%systemroot%NTDS\NTDS.DIT 文件中。为了保证账户在域中的唯一性，每个账户都被 Windows Server 2003 分配一个唯一的 SID(Security Identifier，安全识别符)，该 SID 是独一无二的，相当于身份证上的号码。SID 成为一个账户的属性，不随账户的修改、更名而被改动，并且一旦账户被删除，则 SID 也将不复存在。即使重新创建一个一模一样的账户，其 SID 也不会和原有的 SID 一样，对于 Windows Server 2003 而言，这就是两个不同的账户。在 Windows Server 2003 系统中，实际上是利用 SID 来对应用户的权限，因此只要 SID 不同，新建的账户就不会继承原有账户的权限与组的隶属关系。

2. 本地用户账户

本地用户账户只能建立在 Windows Server 2003 独立服务器上，以控制用户对该计算机资源的访问。也就是说，如果一个用户需要访问多台计算机上的资源，而这些计算机不属于某个域，则用户要在每一台需要访问的计算机上拥有相应的本地用户账户，并在登录某台计算机时由该计算机验证。这些本地用户账户存放于创建该账户的计算机上的本地 SAM 数据库中。这些账户在存放该账户的计算机上必须是唯一的。

由于本地用户账户的验证是由创建该账户的计算机来进行的，因此对于这种类型账户的管理是分散的。通常不建议在成员服务器和基于 Windows XP 的计算机上建立本地用户账户。这些账户不能在域环境中统一管理、设置和维护，并且使用这种类型账户的用户在访问域的资源时还要再提供一个域用户账户，同时要经过域控制器的验证。这些都使得本地用户账户不适用在域的环境下，并且也容易造成安全隐患。因此应当在域的环境中只使用域用户账户。本地用户账户适用于工作组模式中，该模式中没有集中的网络管理者，必须由每台计算机自己维护账户与资源。

与域用户账户一样，本地用户账户也有一个唯一的 SID 来标识账户，并记录账户的权限和组的隶属关系。

3. 内置的用户账户

内置的用户账户是 Windows Server 2003 操作系统自带的账户，在安装好 Windows Server 2003 之后，这些账户就存在了，并被赋予了相应的权限。Windows Server 2003 利用这些账户来完成某些特定的工作。Windows Server 2003 中常见的内置用户账户包括 Administrator(管理员)和 Guest(来宾)账户。这些内置用户账户不允许被删除，并且 Administrator 账户也不允许被屏蔽，但内置用户账户允许更名。

1) Administrator 账户

Administrator 账户被赋予在域中和在计算机中具有不受限制的权利，该账户被设计用于对本地计算机或域进行管理，可以从事创建其他用户账户、创建组、实施安全策略、管理打印机以及分配用户对资源的访问权限等工作。

由于 Administrator 账户的特殊性，该账户深受黑客及不怀好意的用户的青睐，成为攻击的首选对象。出于安全性的考虑，建议将该账户更名，以降低该账户的安全风险。

2) Guest 账户

Guest 账户一般被用于在域中或计算机中没有固定账户的用户临时访问域或计算机。该账户默认情况下不允许对域或计算机中的设置和资源做永久性的更改。出于安全考虑，Guest 账户在 Windows Server 2003 安装好之后是被屏蔽的。如果需要，可以手动启动，用户应该注意分配给该账户的权限，该账户也是黑客攻击的主要对象。

4.2.3　账户与密码约定

在规划 Windows Server 2003 域时，有两种约定应该注意考虑，即账户的命名约定和账户的密码约定。

1. 账户命名约定

由于账户在域中的重要性和唯一性，因此账户的命名约定十分重要。一个好的账户命名约定将有助于规划一个高效的活动目录。

Windows Server 2003 的账户命名约定包括如下内容。

(1) 域用户账户的用户登录名在 AD 中必须唯一。

(2) 域用户账户的完全名称在创建该用户账户的域中必须唯一。

(3) 本地用户账户在创建该账户的计算机上必须唯一。

(4) 如果用户名称有重复，则应该在账户上区别出来。

(5) 对于临时雇员应该做出特殊的命名，以便标识出来。

用户账户的登录名最多可以包含 20 个大小写字符和数字，不能使用系统保留字符：/、\、[、]、:、;、‘、,、+、*、? 、<、>。

一个良好的账户命名约定将会提高应用程序的运行效率，并且更易使用。

2. 密码约定

密码用来验证账户的使用者的合法性，因此对于在商业环境中的操作系统而言，密码的约定是十分重要的。

通常使用密码有如下原则。

(1) 尽量避免带有明显意义的字符或数字的组合，最好采用大小写和数字的无意义混合。在不同安全要求下，规定最小的密码长度。通常密码越长越不易被猜到(最长可以达到 128 位)。

(2) 对于不同级别的安全要求，确定用户的账户密码是由管理员控制还是由账户的拥有者控制。

(3) 定期更改密码，尽量使用不同的密码。有关密码的策略可以由系统管理员在密码策略管理工具中加以规定，以保护系统的安全性。

4.2.4 账户和密码安全设置

为了控制用户对域的访问，加强域的安全性，可以设置用户登录域的时间及可以从哪台工作站登录到域中等，这些选项都可以在用户的属性中加以确定。另外对于已经不再在企业中工作的员工来说，及时删除或屏蔽该员工的用户账户是很重要的，否则将是一个安全隐患。利用【账户】选项卡中的账户过期可以帮助管理员维护账户的使用期限。

1. 限制新建的账户的登录

例如，打开要设置的用户“liuhuapu”的属性对话框。

在【账户】选项卡中，可以为用户更改登录名，如图 4.1 所示。

2. 限制账户的登录时间

在图 4.1 所示的【账户】选项卡中，单击【登录时间】按钮，打开用户的【登录时段】对话框，在该对话框中可以设置允许或拒绝用户登录到域的时间。图中深色的格子代表允许登录的时间段，默认情况下账户可以在任意的时间内登录到域中，如图 4.2 所示。

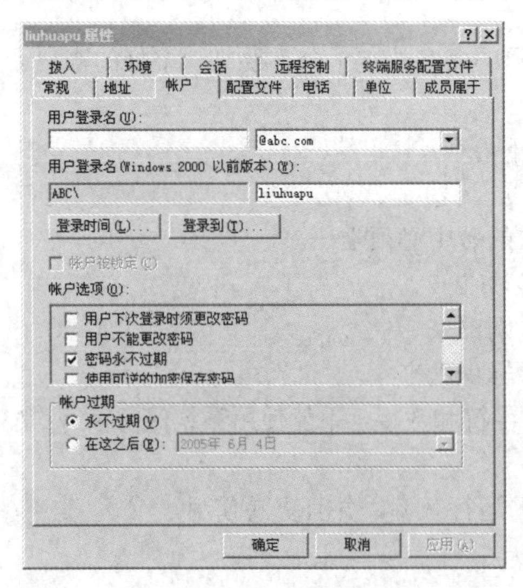

图 4.1 【账户】选项卡

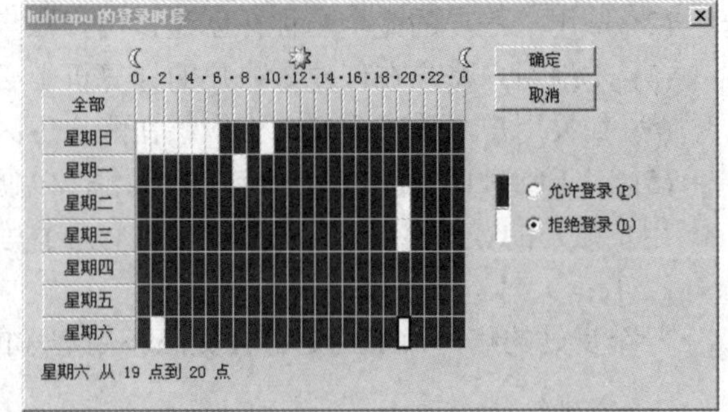

图 4.2 用户的【登录时段】对话框

单击要设置的时间格(一格代表一小时)，也可以拖动鼠标一次选中多个时间格，然后选中【拒绝登录】单选按钮，使这段时间成为禁止登录的时间段，白色格子代表拒绝登录。如果用户在域中工作的时间超过设定的【允许登录】时间，并不会断开与域的连接(登录时间只是限定何时可以登录到域中)。

3. 限制登录到指定的计算机

在图 4.1 所示的【账户】选项卡中，单击【登录到】按钮，打开【登录工作站】对话框，如图 4.3 所示，在该对话框中可以设置允许用户登录到域中的计算机，默认情况下用户可以从任何一台域中的计算机上登录到域。

若只允许登录到指定的计算机，可选中【下列计算机】单选按钮，然后在【计算机名】文本框中输入允许用户登录的计算机名，单击【添加】按钮将计算机加入到计算机列表中。如果要删除某台允许用户登录的计算机，只需在列表中选中相应的计算机并单击【删除】按钮即可。在【计算机名】文本框中只能输入计算机的 NETBIOS 名，不能输入 DNS 名或 IP 地址。

4. 设置账户失效期

在图 4.1 所示的【账户】选项卡中，【账户过期】选项组可以为该账户设置一个过期时间。默认情况下账户是永久有效的，除非被删除。如果企业中有临时员工并且希望在临时员工离开时账户自动失效，则可以选中【在这之后】单选按钮，然后打开下拉列表，在日历中选择一个账户的失效日期，如图 4.4 所示。

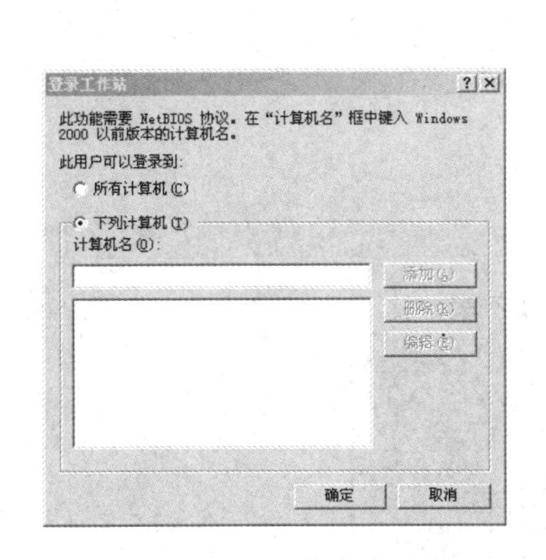

图 4.3　【登录工作站】对话框

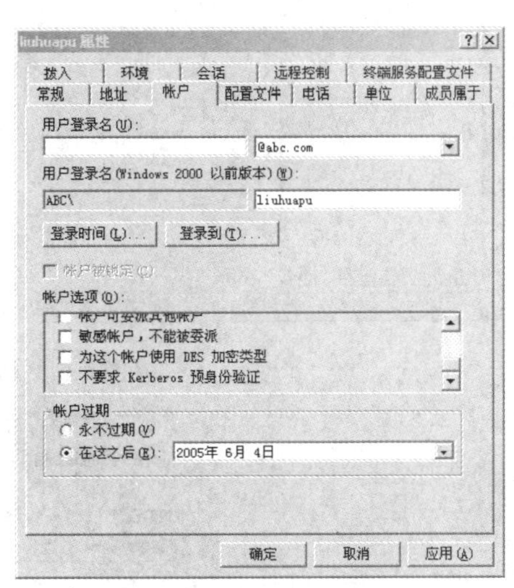

图 4.4　设置账户失效日期

这个功能对于有大量临时员工的企业来讲是十分有效的。当账户使用期超过设定的日期，则使用该账户将不能登录到域中，而不需要管理员手动删除账户。同登录时间一样，该账户将只拒绝在超过到日期之后的登录请求(如果一直登录在域中而没有注销，则该设置将不起作用)。

5. 设置密码策略

在账户策略中包含了【密码策略】和【账户锁定策略】。【密码策略】可以强制用户的密码使用习惯。【账户锁定策略】可以防止不怀好意的人使用穷举法探测本机的密码。利用账户策略的方式可以有效地提高计算机抵御入侵的能力。

假设要求用户使用的密码最小长度必须为 12 位，则在【控制面板】窗口中双击【管理工具】图标，在打开的窗口中双击【本地安全设置】图标，在【本地安全设置】窗口中的右侧窗格中选择【密码策略】选项后在右侧的子窗口中会出现该策略的策略列表，如图 4.5 所示，在其中可以设置密码长度最小值。

双击【密码长度最小值】选项，打开【本地安全策略设置】对话框，如图 4.6 所示。

在【本地策略设置】选项组中设置要求的密码长度，然后单击【确定】按钮，结束操作。

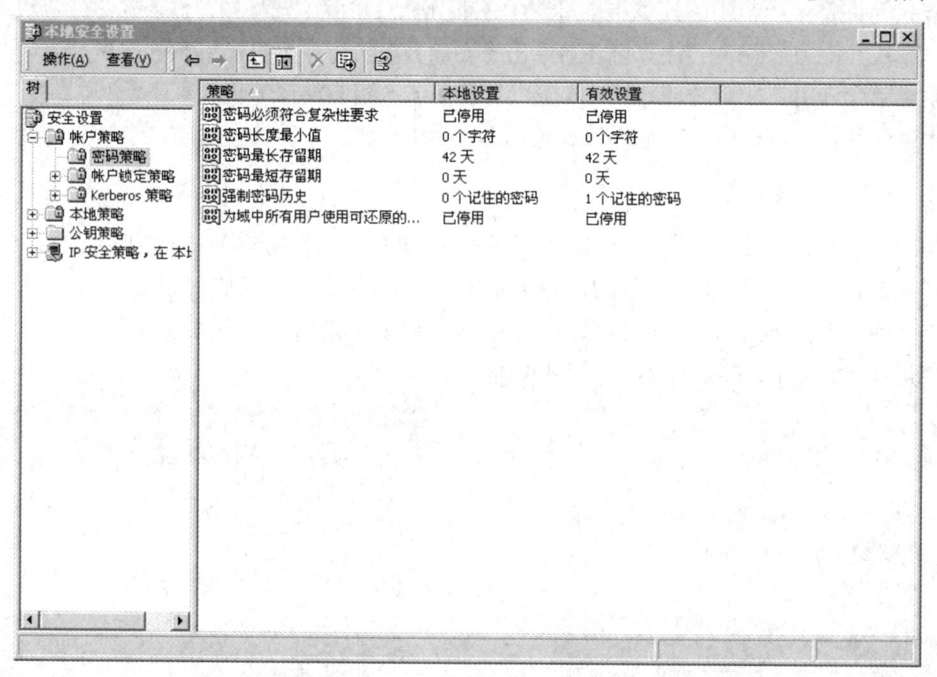

图 4.5　【密码策略】列表

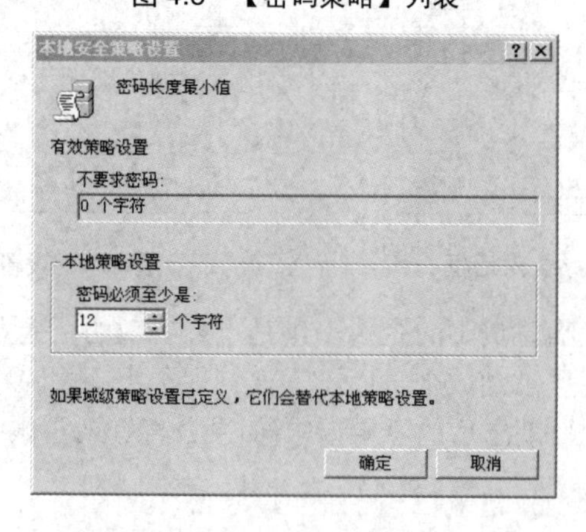

图 4.6　【本地安全策略设置】对话框

4.3　Windows Server 2003 文件系统安全

Windows Server 2003 使用 NTFS 文件系统，该格式是基于 NTFS 分区实现的，支持用户对文件的访问权限，也支持对文件和文件夹的加密，因而具有更高的安全性。本节将介绍 NTFS 权限及实现和文件加密。

4.3.1　NTFS 权限及使用原则

1. NTFS 权限

Windows Server 2003 使用 NTFS 文件系统，该结构提供了对数据文件的访问控制机制。NTFS 权限是基于 NTFS 分区来实现的，NTFS 权限可以实现高度的本地安全性。通过对用户赋予 NTFS 权限可以有效地控制用户对文件和文件夹的访问。在 NTFS 分区上的每一个文件和文件夹都有一个列表，被称为 ACL(Access Control List，访问控制列表)，该列表记录了每一个用户和组对该资源的访问权限。在默认情况下 NTFS 权限具有继承性，即文件和文件夹继承来自其上层文件夹的权限(当然也可以禁止下层的文件和文件夹继承来自上层文件夹的权限分配)。

NTFS 权限分为特殊 NTFS 权限和标准 NTFS 权限两大类。标准 NTFS 权限可以说是由特殊 NTFS 权限的特定组合而成的。特殊 NTFS 权限包含了在各种情况下对资源的访问权限，其规定约束了用户访问资源的所有行为。但通常情况下用户的访问行为都是几个特定的特殊 NTFS 权限的组合或集合。Windows Server 2003 为了简化管理，将一些常用的 NTFS 权限组合起来，并内置到操作系统中形成一个标准 NTFS 权限，当需要分配权限时可以通过分配一个标准 NTFS 权限而达到一次分配多个特殊 NTFS 权限的目的。这样做大大简化了权限分配和管理。如果需要用特殊的 NTFS 权限组成的集合，但又没有标准的 NTFS 权限提供时，可以通过特殊 NTFS 权限组合以满足要求。

权限、资源和账户三者是密不可分的，只能说给某账户对某种资源的某种权限，而不能说赋予某账户某种权限。三者必须合在一起说才有意义。

其中“更改权限”这种权限可以授权给用户，使得用户对资源没有访问的权限，但可以为该资源分配权限。一般情况下将该权限授予 Administrators 组，以便管理员可以控制资源的访问权。

“取得所有权”这种权限可以让用户获得某个资源的所有权，一般情况下文件或文件夹的创建者自动获得“取得所有权”权限。为了获得文件或文件夹的所有权，操作者必须对该资源拥有“完全控制”权限或“取得所有权”权限这一特殊 NTFS 权限。

Administrators 组的成员总是可以获得对任何资源的所有权，而不管该组的成员是否被赋予其他任何权限。

2. NTFS 权限的使用原则

一个用户可能属于多个组，而这些组又有可能对某种资源赋予了不同的访问权限，另外用户或组可能会对某个文件夹和该文件夹下的文件有不同的访问权限。在这种情况下就必须通过 NTFS 权限原则来判断到底用户对资源有何种访问权限。

1) 权限最大原则

当一个用户同时属于多个组，而这些组又有可能被对某种资源赋予了不同的访问权限时，用户对该资源最终有效权限是在这些组中最宽松的权限，即加权限，将所有的权限加在一起即为该用户的权限(“完全控制”权限为所有权限的总和)。

2) 文件权限超越文件夹权限原则

当用户或组对某个文件夹以及该文件夹下的文件有不同的访问权限时，用户对文件的最终权限是用户被赋予访问该文件的权限，即文件权限超越文件的上级文件夹的权限，用户访问该文件夹下的文件不受文件夹权限的限制，而只受被赋予的文件权限的限制。

3) 拒绝权限超越其他权限原则

当用户对某个资源有拒绝权限时，该权限覆盖其他任何权限，即在访问该资源的时候只有拒绝权限是有效的。当有拒绝权限时权限最大原则无效，因此对于拒绝权限的授予应该慎重考虑。

在 Windows Server 2003 没有一种权限叫做“拒绝”权限，实际上在 Windows Server 2003 中的每一种权限都有两个状态——允许和拒绝，如图 4.7 所示。

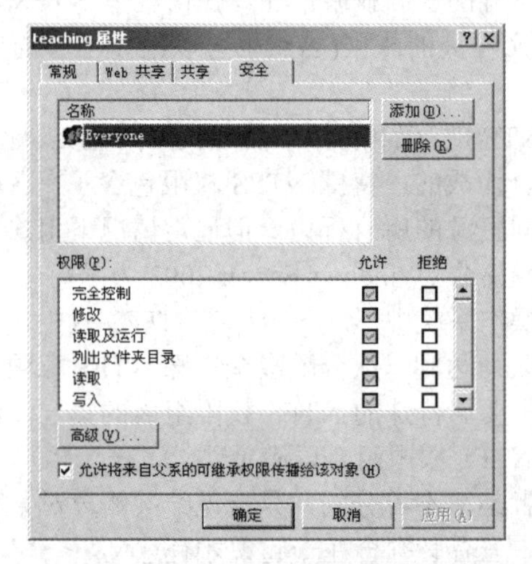

图 4.7　每一种权限都有允许和拒绝两种状态

对“完全控制”权限加以拒绝意味着拒绝一切访问。该设置是 NTFS 权限中最严格的，将超越一切权限。如果用户对某种资源被授予了“拒绝”权限则不能访问该资源，系统将拒绝其对该资源的任何操作，即使是管理员也一样(但是管理员可以有其他的方法来访问该资源)。

当一个分区被格式化为 NTFS 之后，Windows Server 2003 系统会自动将 Everyone 组赋予对该分区的根文件夹(即根目录)的完全控制权限。Everyone 组是 Windows Server 2003 中的一个内置系统组，所有访问资源的用户自动成为 Everyone 组的成员，即任何访问该计算机的用户都会成为该计算机的 Everyone 组的成员，而不管用户是否属于某个组。假如用户 Teacher 同时属于 Groupl、Group2 和 Manager 这 3 个组，对于资源 Data 文件夹分别具有的权限见表 4-1。

表 4-1　组或用户的权限

组或用户	权限
Teacher	完全控制
Group1	读取
Group2	写入
Manager	列出文件夹目录

在这个例子中用户 Teacher 对 Data 文件夹的最终权限为“完全控制”。因为“完全控制”是这些权限中最宽松的权限。假设在本例中 Manager 组对 Data 文件夹的权限为“拒绝”权限，则用户 Teacher 对 Data 文件夹的访问将是被拒绝的，因为“拒绝”权限覆盖一切权限，即使用户本身对 Data 文件夹被赋予了“完全控制”的权限。

还是基于表 4-1，如果用户对 Data 文件夹下的一个文件 File.doc 被赋予“读取”的权限，则最终用户到底对该文件是什么样的权限？综合考虑所有的权限原则，在文件夹一级用户的最终权限为“完全控制”，而对于该文件夹下的文件 File.doc 的权限为“读取”，根据“文件权限超越文件夹权限”原则，因此用户对该文件的最终权限为“读取”而非“完全控制”。

授予用户 NTFS 权限的操作如下。

(1) 打开 Windows 资源管理器，在硬盘上找到要设置权限的文件或文件夹(本例中以 teaching 文件夹为例)。

(2) 在该文件夹上右击，在弹出的快捷菜单中选择【属性】命令，打开【teaching 属性】对话框，如图 4.8 所示。

(3) 打开【安全】选项卡，如图 4.9 所示。在该选项卡中可以看到 Everyone 组对 teaching 文件夹有【完全控制】的权限，这是因为如前所述系统会自动为 Everyone 组对分区的根文件夹赋予完全控制的权限，而这个权限会向下继承，因此 Everyone 组对该分区下的所有文件和文件夹都被赋予完全控制的权限。

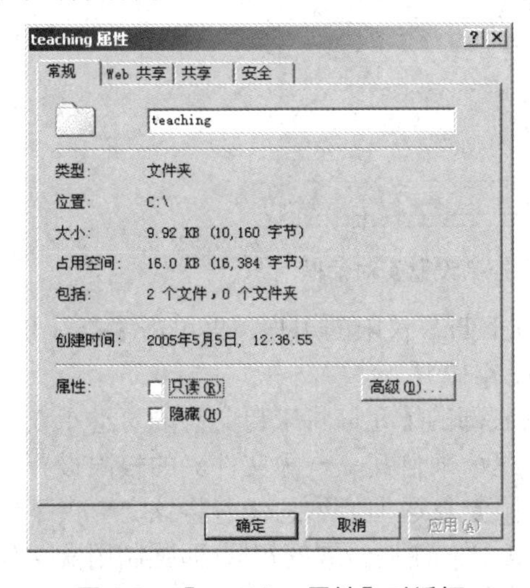

图 4.8　【teaching 属性】对话框

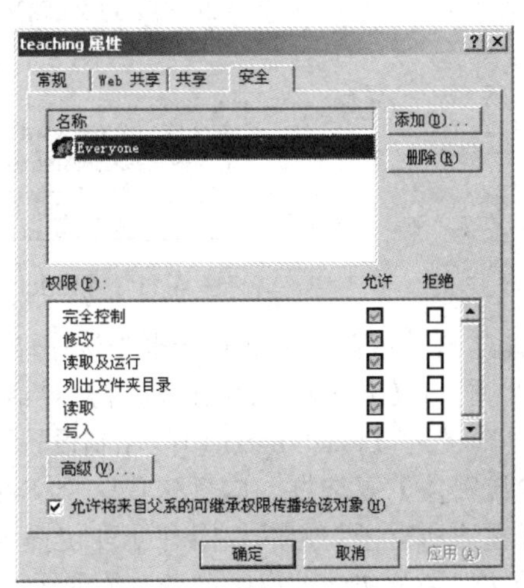

图 4.9　【安全】选项卡

(4) 单击【添加】按钮，打开【选择用户、计算机或组】对话框。在上半部的用户和组列表中选中要赋予权限的用户或组，单击【添加】按钮，将选定的用户或组加到下半部的列表中(本例中是选择 liuhuapu 用户)，如图 4.10 所示。选定后，单击【确定】按钮返回【teaching 属性】对话框。

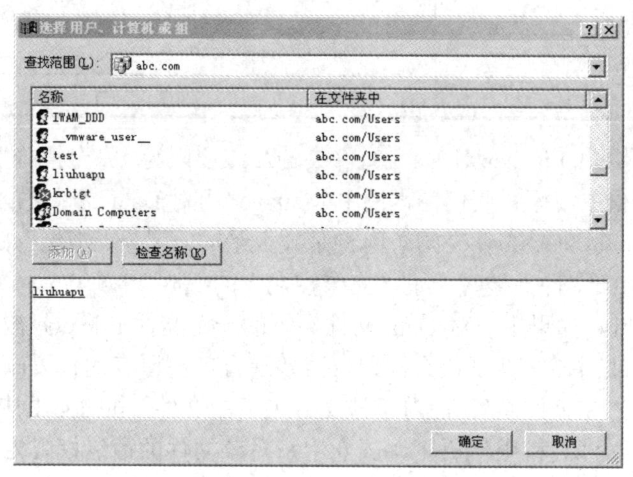

图 4.10　【选择用户、计算机或组】对话框

(5) 在【安全】选项卡中看到的权限都是 NTFS 标准权限。如果想赋予用户 NTFS 特殊权限，可以单击【高级】按钮，打开【teaching 的访问控制设置】对话框，如图 4.11 所示。

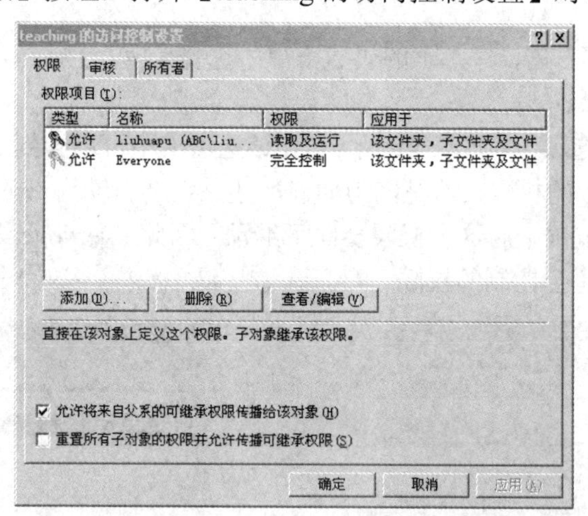

图 4.11　【teaching 的访问控制设置】对话框

(6) 在【权限项目】列表框中选中要赋予特殊 NTFS 权限的用户，再单击【查看/编辑】按钮，打开【teaching 的权限项目】对话框，如图 4.12 所示。

(7) 选中【teaching 的访问控制设置】对话框底部的【允许将来自父系的可继承权限传播给该对象】复选框，这意味着这个文件夹可以继承来自其上一级文件夹的权限设置。选中【重置所有子对象的权限并允许传播可继承权限】复选框，这意味着将该文件夹下的所有子文件夹和文件的权限取消，并重新设置成与其父文件夹一致的权限(即强制用父文件夹的权限替换子文件夹和文件的权限)，如图 4.13 所示。

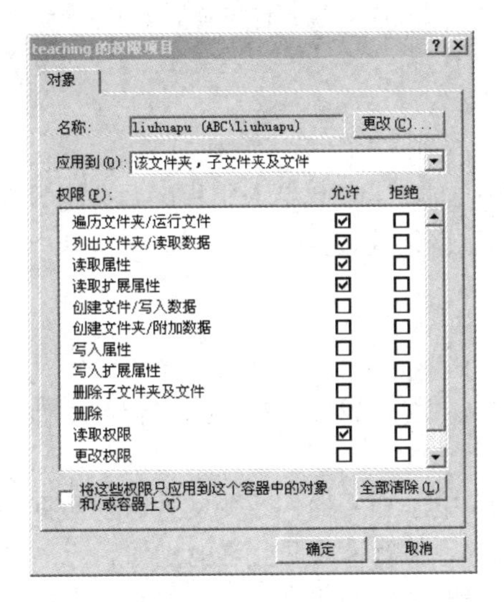

图 4.12　【teaching 的权限项目】对话框

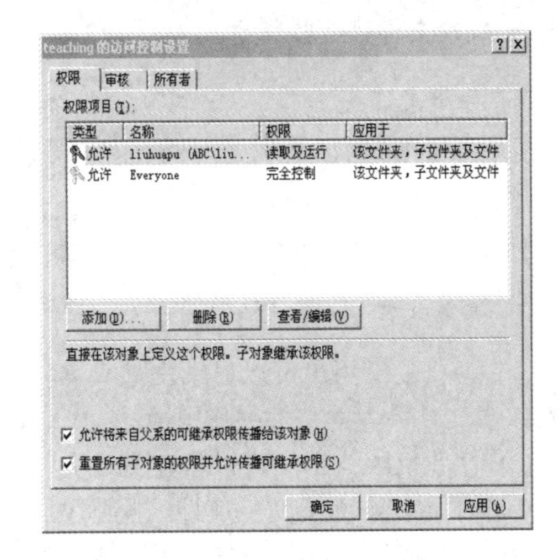

图 4.13　【teaching 的访问控制设置】对话框

(8) 在【权限】列表中可以选择所有的 NTFS 特殊权限，通过相应的组合为用户赋予符合要求的权限。

4.3.2　NTFS 权限的继承性

在同一个 NTFS 分区内或不同的 NTFS 分区之间移动或复制一个文件或文件夹时，该文件或文件夹的 NTFS 权限会发生不同的变化。

1. 在同一个 NTFS 分区内移动文件或文件夹

在同一分区内移动的实质就是在目的位置将原位置上的文件或文件夹“搬”过来，因此文件和文件夹仍然保留有在原位置的一切 NTFS 权限(准确地讲就是该文件或文件夹的权限不变)。

2. 在不同 NTFS 分区之间移动文件或文件夹

在这种情况下文件和文件夹会继承目的分区中文件夹的权限(ACL)，实质就是在原位置删除该文件或文件夹，并在目的位置新建该文件或文件夹。要从 NTFS 分区中移动文件或文件夹，操作者必须具有相应的权限。在原位置上必须有“修改”的权限，在目的位置上必须有“写”权限。

3. 在同一个 NTFS 分区内复制文件或文件夹

在这种情况下复制文件和文件夹将继承目的位置中的文件夹的权限。

4. 在不同 NTFS 分区之间复制文件或文件夹

在这种情况下复制文件和文件夹将继承目的位置中文件夹的权限。当从 NTFS 分区向 FAT 分区中复制或移动文件和文件夹都将导致文件和文件夹的权限丢失，因为 FAT 分区不支持 NTFS 权限。

4.3.3 共享文件夹权限管理

1. 共享文件夹

共享文件夹用来向网络用户提供对文件资源的访问，可以包括应用程序、公用数据或用户个人数据。当一个文件夹被共享时，用户可通过网络连接到该文件夹并访问其中包含的文件，但用户需要拥有访问共享文件夹的权限。

2. 共享文件夹的权限

(1) 读权限：用户可以显示文件夹名称、文件名、文件属性；可以运行程序文件；可以对共享文件夹内的文件夹作出改动。

(2) 修改权限：用户可以创建文件夹、向文件夹中添加文件、改变文件中的数据、向文件中添加数据、改变文件属性、删除文件夹和文件、执行读权限允许的操作。

(3) 完全控制权限：用户可以改变文件权限、获取文件的所有权，并执行修改权限允许的所有任务。

3. 共享文件夹权限特点

共享文件夹权限用于文件夹而不是单独的文件。共享文件夹权限只能用于整个共享文件夹，不能用于共享文件夹中的单个文件或子文件夹。

共享文件夹权限只适用于通过网络连接文件夹的用户，对存储共享文件夹的计算机上的用户访问则不受限制。

默认的共享文件夹权限是完全控制，被设置到 Everyone 组上。

4.3.4 文件的加密与解密

在 Windows Server 2003 的 NTFS 文件系统中内置了 EFS(加密文件系统)，利用 EFS 可对保存在硬盘上的文件进行加密，其加密与解密过程对应用程序和用户而言是完全透明的。文件或文件夹被加密后，未经许可对加密文件或文件夹进行物理访问的入侵者将无法阅读这些文件或文件夹中的内容。

通过将要加密的文件置于一个文件夹中，再对该文件夹加密，可以一次加密大量的文件。在该文件夹下创建的所有文件和子文件夹都会被加密。

1. 加密文件和文件夹

具体操作过程如下。

(1) 在资源管理器中，选中要加密的文件或文件夹，本例为“flash”。

(2) 在选定的文件或文件夹上右击，在弹出的快捷菜单中选择【属性】命令，打开文件或文件夹属性对话框。

(3) 单击【高级】按钮，打开【高级属性】对话框，选中【加密内容以便保护数据】复选框，如图 4.14 所示，单击【确定】按钮。

(4) 在【flash 属性】对话框中单击【应用】按钮，弹出【确认属性更改】对话框。若选中【仅将更改应用于该文件夹】单选按钮，则将只加密选择的文件夹以及添加到这一文件夹下的任何文件和文件夹中的数据；若选中【将更改应用于该文件夹、子文件夹和文件】单选按钮，则将加密所有加入该文件夹下的文件和文件夹及子文件夹下的数据，如图 4.15 所示。

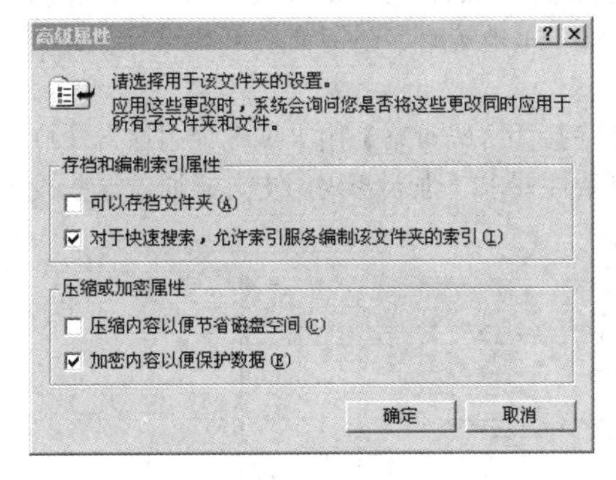

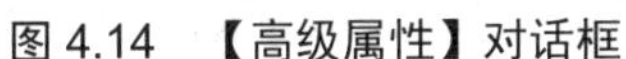
图 4.14　【高级属性】对话框

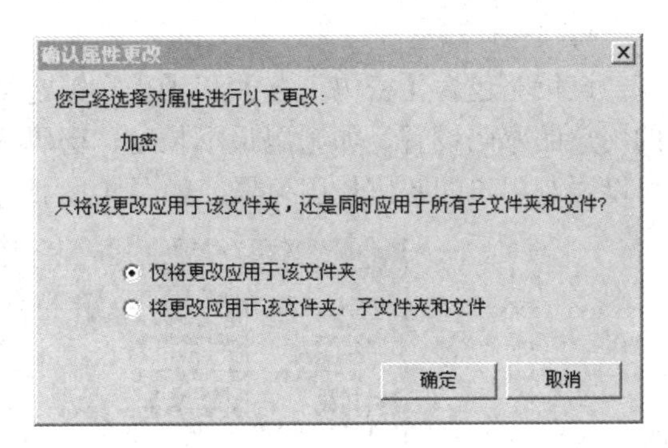

图 4.15　【确认属性更改】对话框

(5) 单击【确定】按钮，结束操作。

2. 解密文件和文件夹

当一个用户对一个文件或文件夹加密时，EFS 会为用户产生一对公钥和私钥。利用这个私钥可以完成对文件解密的操作。该私钥是基于用户的，即该私钥只属于进行加密操作的用户，其他用户的私钥是无法解密该文件的。

即使其他用户改变了文件的权限或属性，或得到了文件的所有权也无法将文件解密，因此加密后的文件不能被共享使用。

若由于某些原因对文件加密的用户不存在了，将导致文件无法解密。EFS 使用经过加密的数据恢复代理(Encrypted Data Recovery Agent)来解密数据。经过加密的数据恢复代理功能可以整合到域的组策略中，因此可以针对整个域来设置数据恢复代理。

4.4　Windows Server 2003 安全策略

Windows Server 2003 主机安全是针对单个主机设置的安全规则，用来保护计算机上的重要数据。本节将详细讨论主机安全管理。

Windows Server 2003 安全策略定义了用户在使用计算机、运行应用程序和访问网络等方面的行为，通过这些约束避免了各种对网络安全的有意或无意伤害。安全策略是一个事先定义好的一系列应用计算机的行为准则，应用这些安全策略将使用户有一致的工作方式，防止用户破坏计算机上的各种重要配置，保护网络上的敏感数据。

在 Windows Server 2003 中安全策略是以本地安全设置和组策略两种形式出现的。本地安全设置是基于单个计算机的安全性而设置的。对于较小的企业或组织，或者在网络中没有应用活动目录的网络(基于工作组模式)，适用本地安全设置。而组策略可以在站点、组织单元或域的范围内实现，通常在较大规模并且实施了活动目录的网络中应用。

1. 实施本地安全设置

本地安全设置只能在不属于某个域的计算机上实现，其中可设定的值较少，对用户的约束也较少。如果要在整个网络中约束用户使用计算机的行为，则必须在每一个计算机上实施本地安全设置。本地安全设置包括账户策略、本地策略、公钥策略和 IP 安全策略。

1) 账户策略

该策略包含【密码策略】和【账户锁定策略】。【密码策略】用来规范使用这台计算机的用户的密码设置，如密码最小长度、密码复杂性要求、强制密码历史等，通过这些设置可以强制用户的密码使用习惯，如图 4.16 所示。

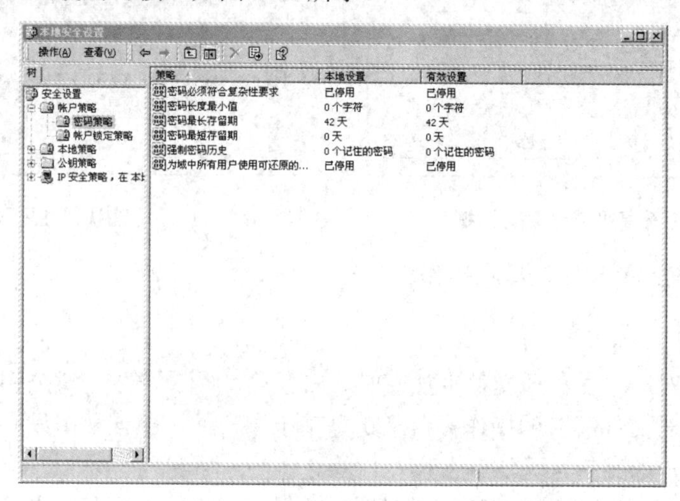

图 4.16 【密码策略】设置

【账户锁定策略】用来防止恶意攻击者，当多次输入不正确的密码时系统会自动锁定该账户，并维持一段时间，如图 4.17 所示。

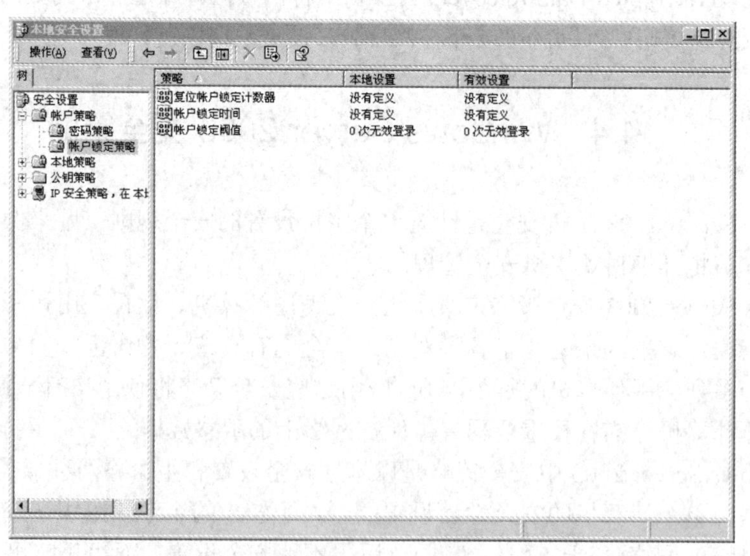

图 4.17 【账户锁定策略】设置

2) 本地策略

本地策略中包含了【审核策略】、【用户权利指派】和【安全选项】3 个选项。

【审核策略】选项中包含了对系统行为的审核设置，确定哪些系统事件要求审核而哪些不用。审核发生的事件应按照预先设定的方式记录下来以供检查和分析。至于审核的事件是哪些，则由审核策略来确定，如图 4.18 所示。

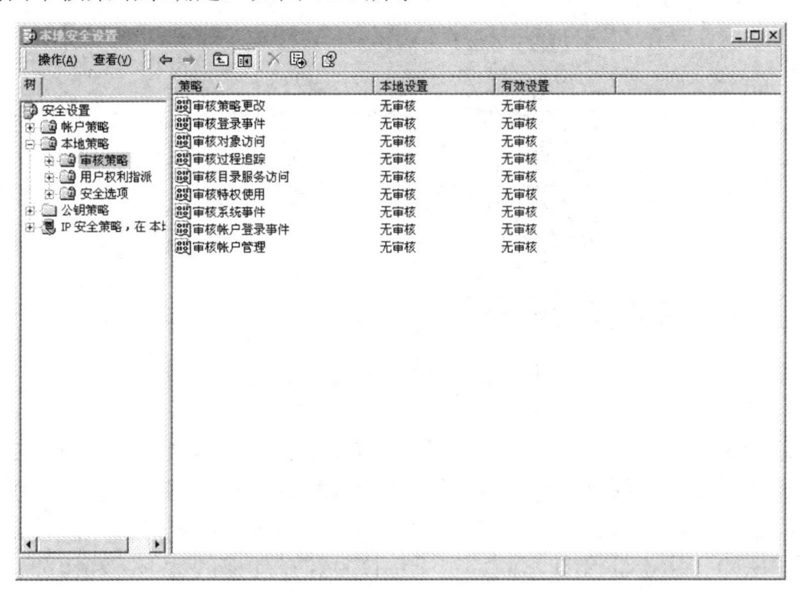

图 4.18　【审核策略】设置

【用户权利指派】选项可以将很多重要的系统工作(如备份文件和目录、关闭系统等)的执行权力交给某些用户。管理员可以确定哪些用户或组可以具备哪些权利，如图 4.19 所示。

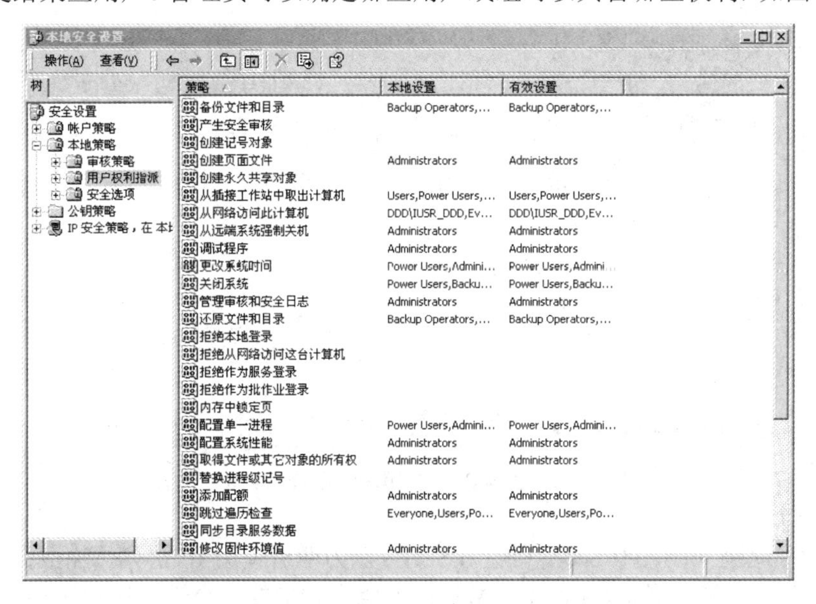

图 4.19　【用户权利指派】设置

【安全选项】选项中包含了很多用于加强系统各个方面安全性的设置，如图 4.20 所示。

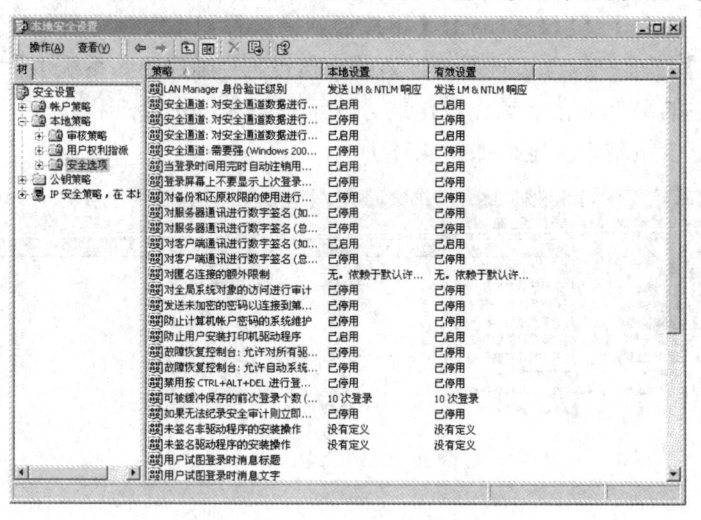

图 4.20 【安全选项】设置

3) 公钥策略

公钥策略用来设置“加密恢复代理人”。NTFS 5.0 具有 EFS 加密功能，EFS 加密是利用非对称加密体系(即公钥私钥对)对文件加密，而私钥的持有人为使用 EFS 加密文件的用户。NTFS 依靠该用户的 SID 来判断其私钥。如果用户账户被删除，则即使是新建一个一模一样的用户账户，由于其 SID 不同，也无法恢复经过加密的数据。利用公钥策略可以设置经过加密的数据恢复代理，通过该代理恢复数据，如图 4.21 所示。

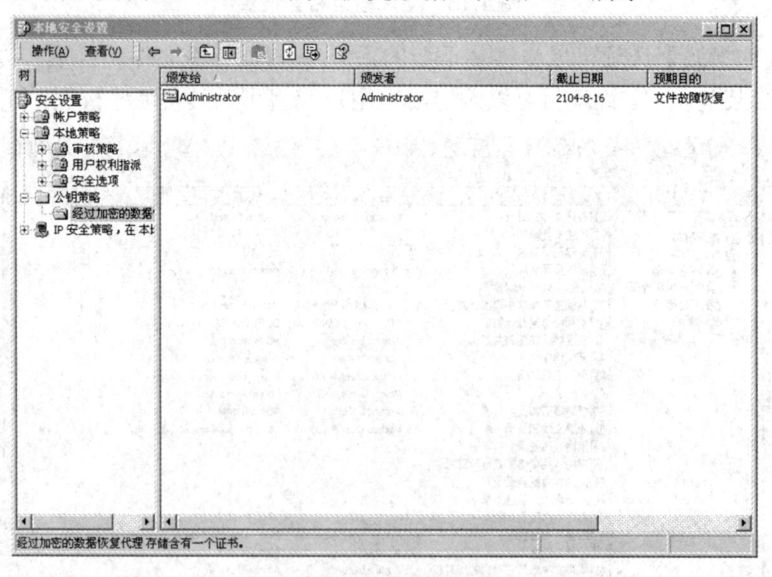

图 4.21 公钥策略设置

4) IP 安全策略

IP 安全策略用来设置 IPSec，利用 IPSec 可以为两台使用 IP 协议传输数据的计算机建立一个加密的安全通信通道，从而保证数据在网络上传输的安全性。IPSec 加密传输的数据，其配置和管理可以在 IP 安全策略中进行，如图 4.22 所示。

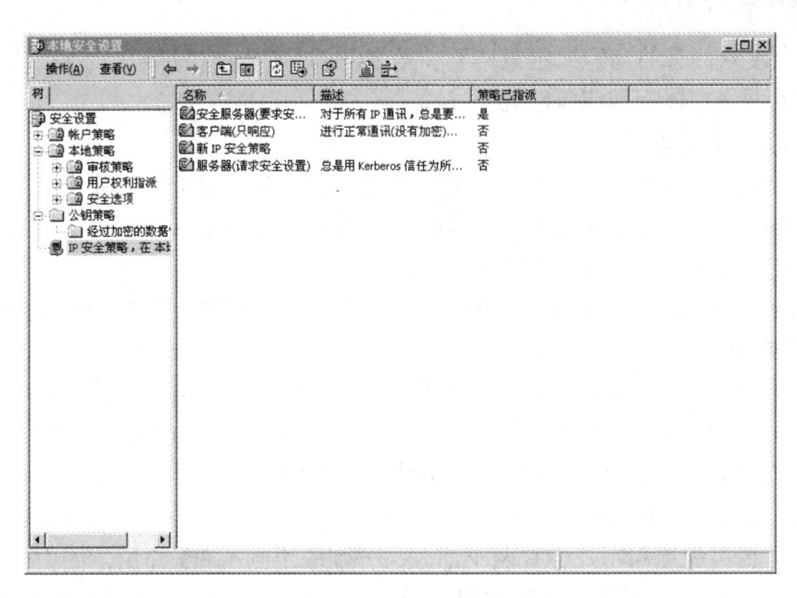

图 4.22　IP 安全策略设置

2. 配置并实施组策略

1) 组策略

在 Windows Server 2003 的活动目录中，没有【系统策略编辑器】选项，而只有【组策略】选项。该工具的主要作用是规定用户和计算机的使用环境。组策略不仅应用于用户和客户端计算机，还应用于成员服务器、域控制器以及管理范围内的其他计算机。

组策略设置定义了系统管理员需要管理的用户桌面环境的各种组件。要为特定用户组创建特殊的桌面配置，可使用组策略对象编辑器创建组策略对象，组策略对象又与选定的活动目录对象相关联。

组策略包括以下两个部分。

(1) 用户配置策略，指定对应于某个用户账户的策略，这样不论该账户在域内哪个计算机上登录，其工作环境都是一样的。

(2) 计算机配置策略，是指定对某台计算机的策略，这样不论哪个账户在该计算机上登录，其工作环境都是一样的。

2) 组策略的使用条件

为了通过一次设定就可以在多台计算机上应用，需要实施组策略。组策略的各种设定都保存在一个被称为组策略对象(GPO，Group Policy Object)中。在实施组策略前应该满足以下的条件。

(1) 组策略只能应用在基于 Windows Server 2003 的域控制器的网络中的计算机和用户。组策略中的各种设定值均保存在活动目录的数据库中，因此只有在域控制器上可以保存设置值。

(2) 组策略的约束对象是活动目录中的计算机和用户，不包括活动目录中的其他对象，如共享文件夹、打印机等。

(3) 组策略只能应用到基于 Windows Server 2003 的计算机，基于 Windows 9x 和 Windows NT 的计算机不能应用 Windows Server 2003 组策略。

本地安全设置拥有的功能比组策略要少得多，并且应用范围有限，故在基于 Windows Server 2003 的网络中以应用组策略为主。

3) 组策略的使用规则

当多个策略同时存在时，将按如下策略应用。首先是本地策略，其次是站点和域级的策略，再次是应用组织单元的设定值。策略的有效值是多个策略的并集，但当对于一个项目有不同的设置值时，后面的将代替前面的设置值。

在默认情况下活动目录结构中的下层容器会继承上层容器的策略。最上层容器为站点，其下为域和组织单位。

如果有特殊需要，可以阻止下层的容器继承上层容器的策略，而独立地应用自己的各项策略，该项设置被称为“组织策略继承”。如果希望对于某个 GPO 的设定从某一级开始向下都必须应用该级的设定值，则需要使用被称为“禁止替代”的设置。

Windows Server 2003 刚刚建立好时，域中默认有一个 GPO，称为默认域策略。每个 GPO 都具有计算机配置和用户配置两个部分，分别应用到 GPO 作用范围内的计算机和用户上。计算机启动之后，系统会自动到域的活动目录中寻找适用于本机的 GPO 的计算机配置部分。当用户在域中登录之后，系统也会到活动目录中寻找适用于该用户 GPO 的用户策略部分。

如果在域中设置了过多的 GPO，则系统可能会花很多的时间来寻找和确定所要应用的 GPO，这样就会增加用户或计算机登录及启动的时间。

提示：活动目录中的组策略和用户组没有任何关系。

3. 使用预定义安全性模板

Windows Server 2003 中包含了多个分别适用于不同安全需求的安全性模板，利用这些模板网络管理人员就可以简化策略的设定和实施操作。预定义的安全性模板通常包含了大多数的安全设定，但同时管理人员也可以按照需要继续配置以适应一个具体网络的需要。

预定义的安全模板包括以下 4 种安全级别的模板。

1) 基本(Basic)

该级别的模板为 Windows Server 2003 定义的默认的安全级别，可以用作基础配置。其中包括默认的工作站、默认的服务器、默认的域控制器，可以在\systemroot\security\templates 文件夹中找到这几个模板。

2) 兼容(Compatible)

提供比基本模板更高的安全级别，但仍然兼容标准的商用应用程序的所有功能，使之仍然可以有效地运行，该模板为兼容工作站或服务器模板。

3) 安全(Secure)

提供多种安全性，安全性被视为重要的考虑因素。这种模板有可能会影响到一些商用应用程序的某些功能的运行。其中包括安全的工作站或服务器、安全的域控制器。

4) 高度安全(High)

提供预定义下的最高安全性。安全性被视为首要考虑的因素，因此将不会考虑应用程序是否会受到这些设定的影响。在通常情况下这类模板要慎重使用，包括高安全的工作站或服务器、高安全的域控制器。

应用案例

设置系统资源审核

事件监视器中的安全日志在默认情况下是不记录任何事件的，但是为了了解网络中资源的使用情况，必须记录相关的资源使用行为。提高网络的安全性就必须设置系统资源审核，以使得事件监视器可以将网络管理员所关心的资源的使用情况记录到安全日志中。安全日志中将包含被审核事件的如下信息：对该资源执行的操作，执行该操作的用户，事件是成功的还是失败的，事件发生的时间以及一些附加信息。通过这些信息，管理员可以分析网络的安全性，并作出相应的策略。

审核分为两种类型，第一种审核是与操作系统本身安全性相关的各种事件的审核，这类的审核必须在组策略的审核策略中设置；另一种就是对网络中资源的审核，这类审核将使管理员了解资源的使用情况。

1．选择审核对象

审核将监视发生在被审核对象上的事件，将只记录所发生的事件是成功的还是失败的，即只能审核对某项操作的成功事件或失败事件。具体是审核成功还是失败主要看管理员更关心哪类事件的发生。这些对象监视用户对系统的安全所做的各种行为，该审核对于所有的用户而言都有效。审核策略对象的内容见表 4-2。

表 4-2　审核事件的含义

审核对象	说明
审核目录访问	审核对活动目录的各种访问
审核对象访问	审核对文件或文件夹等对象的操作
审核系统事件	审核与系统相关的事件，如启动和关闭计算机等
审核策略改变	审核对策略的改变操作
审核特权使用	审核用户使用用户权力的操作，如更改系统时间等
审核账户登录事件	审核账户的登录与注销操作
审核账户管理	审核与账户管理有关的操作
审核登录事件	审核通过网络建立连接访问资源的操作
审核过程追踪	审核应用程序的启动和关闭

2．设置资源审核

设置资源审核是了解资源使用情况的一种最好办法。与审核系统事件一样，对资源审核也基于审核事件的成功或失败操作。另外为了让事件监视器的安全日志记录资源的使用行为，就必须在审核策略中打开对“审核对象访问”的审核，安全日志才记录资源审核的结果(只能在 NTFS 分区上设置资源审核，FAT 文件系统不支持审核)。

设置资源审核的操作如下。

(1) 打开 Windows 资源管理器。

(2) 找到并选中希望设置审核的对象(本例为 c:\teaching 文件夹)。

(3) 在该对象上右击，在弹出菜单中选择【属性】命令，并选择【安全】选项卡。

(4) 在【安全】选项卡中选择【高级】按钮，如图 4.23 所示。

(5) 在出现的【访问控制设置】对话框中，选择【审核】选项卡。

(6) 在【审核】选项卡中，单击【添加】按钮，

(7) 在出现的【选择用户、计算机或组】对话框中，选择要审核的用户(本例为 liuhuapu)，单击【确定】按钮，如图 4.24 所示。

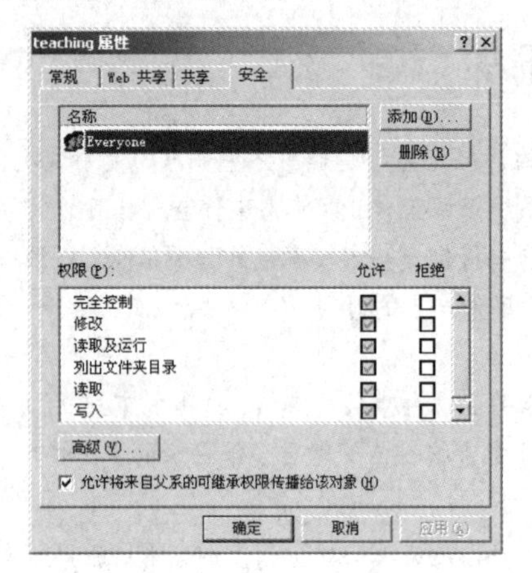

图 4.23 【安全】选项卡

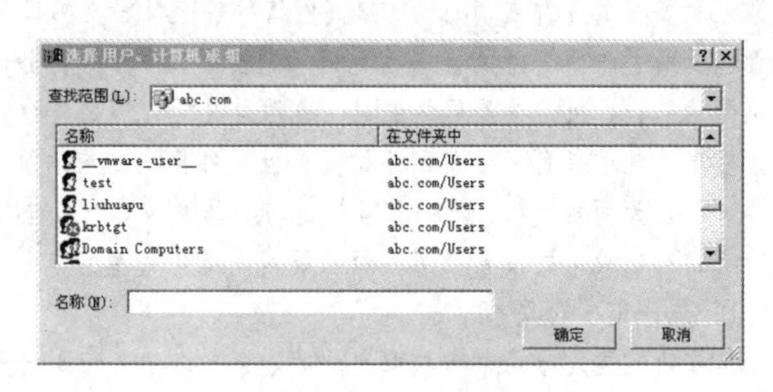

图 4.24 【选择用户、计算机或组】对话框

(8) 在【teaching 的审核项目】对话框中选择对该资源的不同操作的成功事件或失败事件的审核，如图 4.25 所示。

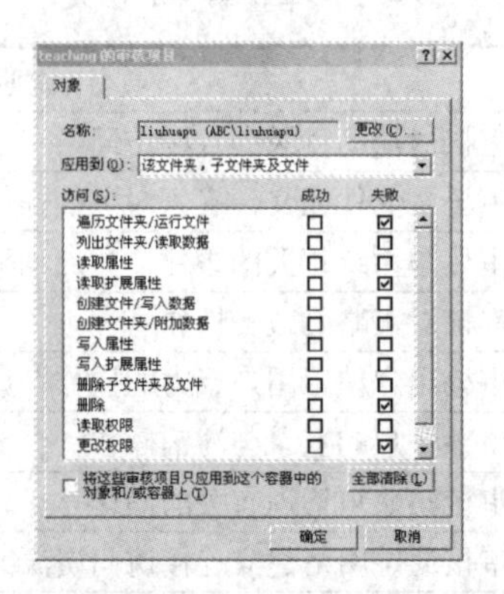

图 4.25 选择审核项目

4.5 Windows Server 2008 安全创新特性

Windows Server 2008 操作系统，包含了以下多项创新的安全性，协助保护服务器基础架构、资料乃至企业。

1. 安全配置向导

安全配置向导(SCW，Security Configuration Wizard)可协助系统管理员为已部署的服务器角色配置操作系统，以减少攻击表面范围，带来更稳固与更安全的服务器环境。

2. 整合式扩展的组策略

整合式扩展的组策略(EGP，Expanded Group Policy)能够更有效率地建立和管理“组策略(Group Policy)”，也可扩大策略安全管理所涵盖的范围。

3. 网络访问保护

网络访问保护(NAP，Network Access Protection)可确保网络和系统运作，不会被健康状况不佳的计算机影响，并隔离及/或修补不符合所设定安全性原则的计算机。

4. 用户账户控制

用户账户控制(UAC，User Account Control)可以提供全新的验证架构，防范恶意软件。

5. 新版密码学编译接口

新版密码学编译接口(CNG，Cryptography Next Generation)是 Microsoft 创新的核心密码编译的 API，由于具备了更好的加密弹性，因此它可支持密码编译标准并可供客户自订密码编译演算法，同时也可更有效率地建立、储存和撷取密码金钥。

6. 只读网域控制站

只读网域控制站(RODC，Read Only Domain Controller)可提供更安全的方法，利用主要 AD 数据库的只读复本，为远程及分支机构的用户进行本机验证。

7. 活动目录协同服务

活动目录协同服务(ADFS，Active Directory Federation Services)利用在不同网络上执行的不同身份识别和访问目录，让合作伙伴之间更易于建立信任的合作关系，而且仅需安全的单一登入(SSO)动作，便可进入彼此的网络。

8. 活动目录认证服务

活动目录认证服务(ADCS，Active Directory Certificate Services)具有多项 Windows Server 2008 公开金钥基础结构(PKI)的强化功能，包括监控凭证授权单位(Certification Authorities，CAs)健康状况不佳的 PKIView，以及以更安全的全新 COM 控制取代 ActiveX，为 Web 注册认证。

9. 活动目录权限管理服务

活动目录权限管理服务(ADRMS，Active Directory Rights Management Services)与支持 RMS 的应用服务，可协助管理员更轻松地保护公司的数据信息，并防范未经授权的用户。

10. 位锁驱动加密

位锁驱动加密(BDE，BitLocker Drive Encryption)可提供增强的保护措施，以避免在服务器硬件遗失或遭窃时，资料被盗取或外泄，并且在更换服务器时，更安全地删除资料。

限于篇幅，以下仅以安全配置向导、网络访问保护和高级安全 Windows 防火墙为例介绍 Windows Server 2008 安全创新特性。

4.5.1 安全配置向导

安全配置向导(SCW)可以用于快速完成创建、编辑、应用或回滚安全策略的操作，如图 4.26 所示。

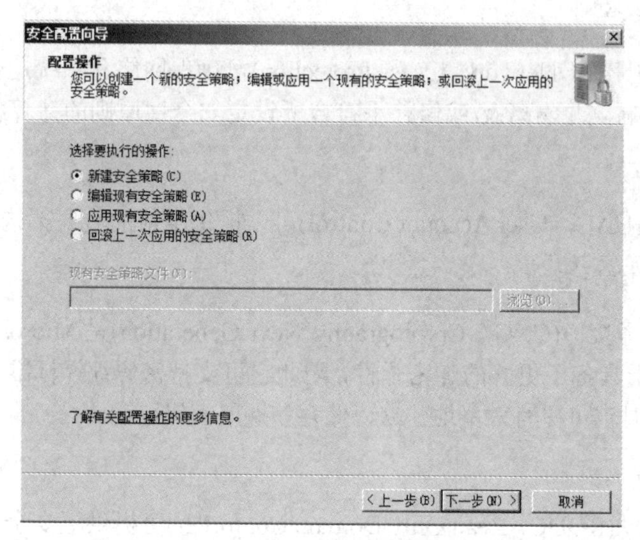

图 4.26 Windows Server 2008 安全配置向导

Windows Server 2003 R2 是作为一个组件提供的，需要安装才能使用，Windows Server 2008 则无需安装即可使用。Windows Server 2008 还包含了更多服务器角色配置和安全设置，可以执行以下操作。

(1) 基于服务器角色禁用不需要的服务。

(2) 删除未使用的防火墙规则和约束现有防火墙规则。

(3) 定义受限审核策略。

(4) 将策略应用到一个或多个服务器。

(5) 回滚策略。

(6) 在多台服务器上分析和查看 SCW 策略，包括可以显示服务器配置中的任何差异的遵从性报告。

将 SCW 策略转换为组策略对象(GPO)，以便通过使用 Active Directory 域服务(ADDS)进行集中部署和管理。

安全配置向导(SCW)的启动方式是：选择【开始】|【管理工具】|【安全配置向导】命令，或选择【开始】|【搜索】命令，在【搜索结果】窗口中输入 scw.exe。

4.5.2 网络访问保护

网络访问保护(NAP)是 Windows Server 2008 和 Windows Vista 操作系统附带的一组新的操作系统组件，它提供一个平台以帮助确保专用网络上的客户端计算机符合管理员定义的系统健康要求。NAP 策略为客户端计算机的操作系统和关键软件定义所需的配置和更新状态。

例如，可能要求计算机安装具有最新签名的防病毒软件，安装当前操作系统的更新并且启用基于主机的防火墙。通过强制符合健康要求，NAP 可以帮助网络管理员降低因客户端计算机配置不当所导致的一些风险，这些不当配置可使计算机暴露给病毒和其他恶意软件。

Windows Server 2008 和 Windows Vista 操作系统附带 Windows 安全健康代理和 Windows 安全健康验证程序，它们对支持 NAP 的计算机强制实施以下设置，如图 4.27 所示。

(1) 客户端计算机已安装并启用了防火墙软件。

(2) 客户端计算机已安装并且正在运行防病毒软件。

(3) 客户端计算机已安装最新的防病毒更新。

(4) 客户端计算机已安装并且正在运行反间谍软件。

(5) 客户端计算机已安装最新的反间谍更新。

(6) 已在客户端计算机上启用 Microsoft Update Services。

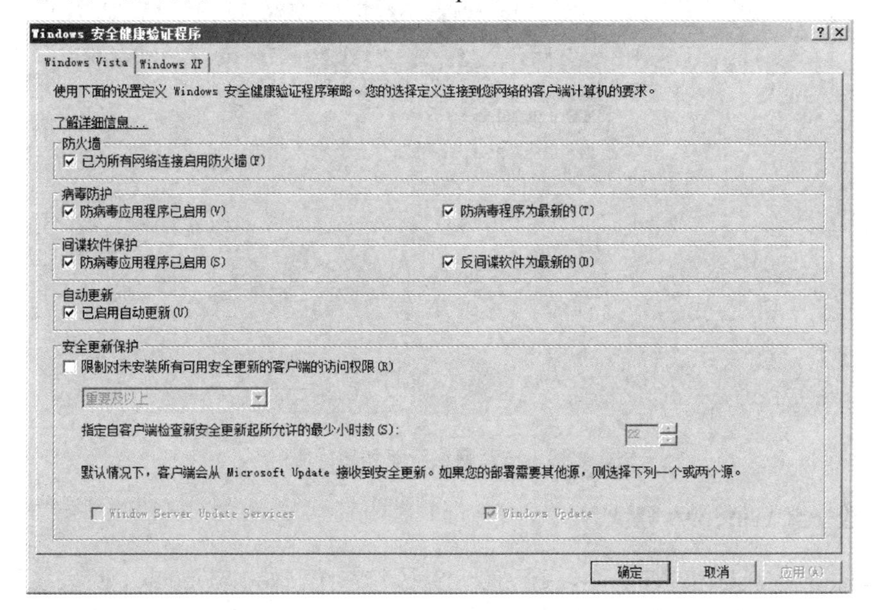

图 4.27　【Windows 安全健康验证程序】对话框

NAP 强制设置和网络限制可以将 NAP 配置为拒绝不符合要求的客户端计算机访问网络或只允许它们访问受限网络。受限网络应包含主要 NAP 服务，如健康注册机构(HRA)服务器和更新服务器，以便不符合要求的 NAP 客户端可以更新其配置以符合健康要求。

NAP 强制设置允许限制不符合要求的客户端的网络访问，或者仅观察和记录支持 NAP 的客户端计算机的健康状态。

用户可以使用以下设置选择限制访问、推迟访问限制或允许访问。

(1) “允许完全网络访问”。这是默认设置。此选项认为与策略条件匹配的客户端符合网络健康要求，并授予这些客户端对网络的无限制的访问权限(如果连接请求经过身份验证和授权)。并且记录支持 NAP 的客户端计算机的健康符合状态。

(2) “允许有限时间内的完全网络访问”。此选项会临时授予与策略条件匹配的客户端无限制的访问权限。将 NAP 强制延迟到指定的日期和时间。

(3) “允许有限的访问”。此选项认为与策略条件匹配的客户端计算机不符合网络健康要求，并将其置于受限网络上。

NPS 服务器是执行 NAP 的一个策略服务器，默认安装的 Windows Server 2008 没有 NPS，需要手动安装。安装步骤是：选择【开始】|【管理工具】|【服务器管理器】命令，在打开的窗口中选择【角色】|【添加角色】命令，在弹出的对话框中选择【网络策略和访问服务】选项，如图 4.28 所示。

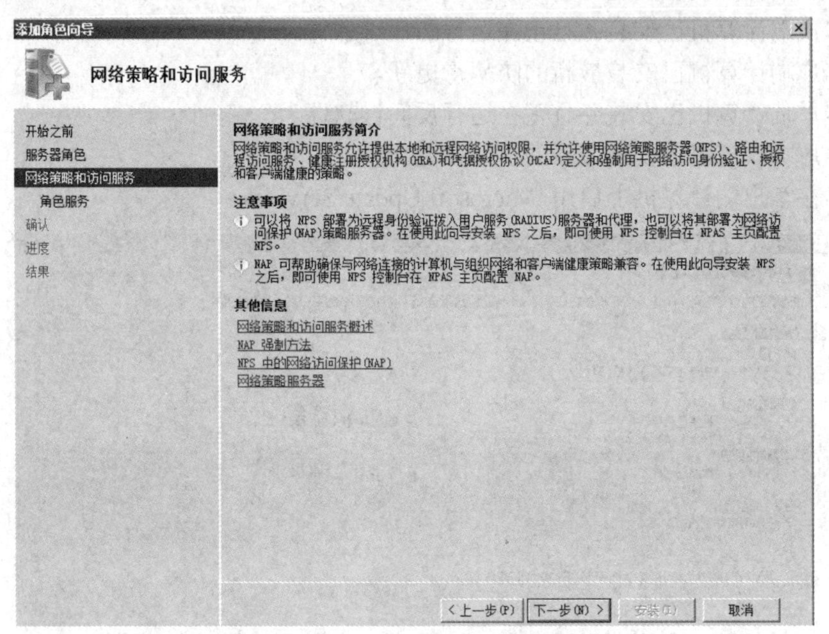

图 4.28　安装网络策略和访问服务

4.5.3　高级安全 Windows 防火墙

从 Windows Vista 和 Windows Server 2008 操作系统开始，Windows 防火墙和 Internet 协议安全性(IPSec)便组合成一个工具，即高级安全 Windows 防火墙 Microsoft 管理控制台 (MMC)管理单元。

高级安全 Windows 防火墙 MMC 管理单元替代了以前的两个 IPSec 管理单元，即 IP 安全策略和 IP 安全监视器，以用于配置运行 Windows Vista 和 Windows Server 2008 的计算机。以前的 IPSec 管理单元仍然包含在 Windows 中，用于管理运行 Windows Server 2003、Windows XP 或 Windows 2000 操作系统的客户端计算机。尽管运行 Windows Vista 和 Windows Server 2008 的计算机也可以使用以前的 IPSec 管理单元进行配置和监视，但不能使用旧有工具来配置 Windows Vista 和 Windows Server 2008 中引入的许多新功能和安全选项。若要利用这些新功能，就必须使用高级安全 Windows 防火墙管理单元或在 Netsh 工具的 advfirewall 上下文中使用命令设置。

高级安全 Windows 防火墙在运行 Windows Vista 或 Windows Server 2008 的计算机上提供了入站规则和出站规则的定义，以筛选进入或离开计算机的所有 IP 版本 4(IPv4)和 IP 版本 6 (IPv6)流量，如图 4.29 所示。

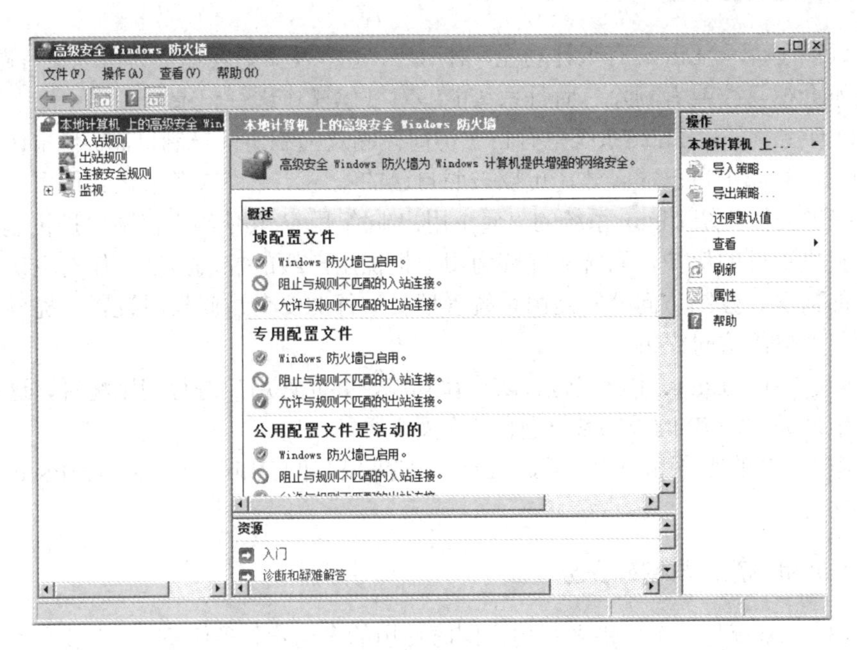

图 4.29　高级安全 Windows 防火墙功能

默认情况下，阻止所有传入流量，除非是对计算机(请求的流量)以前的传出请求的响应，或者被创建用于允许该流量的规则特别允许。默认情况下，允许所有传出流量，但阻止标准服务以异常方式进行通信的服务强化规则除外。用户可以根据端口号、IPv4 或 IPv6 地址、计算机上运行的应用程序的名称和路径或服务的名称，或者其他条件选择允许流量。

通过使用 IPSec 协议验证网络流量的完整性、对发送和接收计算机或用户的身份进行身份验证以及有选择地加密流量以提供机密性，从而保护进入或离开计算机的网络流量。

高级安全 Windows 防火墙的启动方式：选择【开始】|【管理工具】|【高级安全 Windows 防火墙】命令。

4.6　Linux 操作系统安全基础

计算机系统的核心是操作系统，操作系统的安全直接决定着信息系统的安全。因此是否开放源代码对于操作系统是否安全这一点在业界有不同的看法。但有一点可以肯定，开放源代码有利于迅速地对缺乏安全性的代码进行及时修改，以达到安全要求。Linux 的开放性可以通过修改系统源代码，结合现有的系统安全技术以及加密算法，构建一个安全的 Linux 操作系统。

4.6.1　Linux 自身的安全机制

Linux 自身的安全机制主要包括以下几方面。

(1) 身份识别和认证。身份识别和认证是信息系统的最基本要求。一般的 Linux 系统采用用户名和密码是否正确的形式来进行身份识别和认证。

(2) 安全的审计。Linux 有审计功能，对用户、进程及其他客体行为可以进行跟踪审计。审计信息不会被篡改或者删除，而且系统能够对敏感操作进行记录。

(3) 访问控制。在 Linux 系统中有自主访问控制及强制访问控制机制。自主访问控制允许系统的用户对属于自己的客体，可以按照自己的意愿，允许或者禁止其他用户访问。目前 Linux 提供类似传统 Linux 系统的“属主用户/同组用户/其他组”权限保护机制。为了对用户信息提供更好的保护，系统应能够为用户提供用户级的控制力度，使自主访问控制更接近真实的情况。强制访问控制是由系统管理员进行的安全访问权限设置，提供了比自主访问控制更严格的访问约束。

(4) 入侵防御。Linux 本身就包含防火墙功能，并允许用户进行规则配置，这样能够有效防范源地址为非法 IP 的外部数据包的入侵。

(5) 提供安全的服务和应用。例如，Linux 支持 SSL 的 Web 服务、SSH、IPSec 以及 PGP 的邮件程序等。

4.6.2 Linux 用户账户与密码安全

Linux 操作系统是一个可供多个用户同时使用的多用户、多任务、分时操作系统，任何一个想使用 Linux 的用户，必须先向该系统的管理员申请一个账户，然后才能使用该系统。

同时为了防止非法用户盗用别人的账户使用系统，对每一个账户还必须有一个合法用户才知道的密码。因此，用户账户和密码是系统安全的第一道防线，借助于账户和密码就可以把非法用户拒之门外。下面介绍 Linux 操作系统登录认证机制、密码文件和密码安全。

1. Linux 登录认证机制

Linux 的用户身份认证采用账户/密码的方案。用户提供正确的账户和密码后，系统才能确认他的合法身份。通过终端登录 Linux 操作系统的过程可描述如下。

(1) init 进程确保为每个终端连接(或虚拟终端)运行一个 getty 程序。

(2) getty 监听对应的终端并等待用户登录。

(3) getty 输出一条欢迎信息(保存在/etc/issue 中)，并提示用户输入用户名，最后运行 login 程序。

(4) login 以用户作为参数，提示用户输入密码。

(5) 如果用户名和密码相匹配，则 login 程序为该用户启动 shell；否则，login 程序退出，进程终止。

(6) init 进程注意到 login 进程已终止，则会再次为该终端启动 getty 程序。

当用户输入密码时，Linux 使用改进的 DES 算法(通过调用 crypt( )函数实现)对其加密，并将结果与密码文件(存储在/etc/passwd)中的加密用户密码进行比较，若两者匹配，则说明用户的登录合法，否则拒绝用户登录。另外，系统也可以如此设置：如果用户 3 次登录都失败，则系统自动锁定，不让用户再继续登录。这也是 Linux 防止入侵者野蛮闯入的一种方法。

2. Linux 的密码文件

Linux 密码文件/etc/passwd 是登录验证的关键，在这个文件中保存着系统中所有用户及其相关信息，所以密码文件是 Linux 安全的关键文件之一。这个文件的拥有者是超级用户

(root)，只有超级用户才有写的权利，而一般用户只有读的权利。下面是一个/etc/passwd 文件的例子。

```
#cat/etc/passwd
Root:%hy#hgbWE4:0:0::/:/bin/ksh
…
user1: Eh6bSre7h:150:101:yinshaoping:/home/adm:/bin/sh
```

这个文件是一个典型的数据库文件，每一行都对应一个用户的身份验证信息，每一行分为 7 个字段，各字段间用冒号(:)分隔，从左到右，各字段的含义分别如下。

(1) 登录名。也就是用户账户，其长度一般不超过 9 个字符。

(2) 加密密码。因为普通用户对/etc/passwd 文件有只读的权利，所以密码这一项是以加密的形式存放的。

(3) 用户标识号(User ID，UID)。在系统外部，系统用一个用户账户标识一个用户。但在系统内部处理用户的访问权限时，系统使用的是用户标识号。这个用户标识号是一个整数，范围是 0～32767。超级用户 root 的用户标识号为 0，普通用户标识号一般从 10 开始向上分配。另外在用户的进程表中有一项是用户标识号，它表明哪个用户拥有这个进程，并根据用户的权限来限制这个进程的使用。

(4) 组标识(Group ID，GID)。组标识是用户所在组的标识号。将用户分组是 Linux 操作系统对权限进行管理的一种方式。Linux 操作系统要给用户某种访问权限，则可以对几个组进行权限分配，然后让一个用户属于某一个组或某几个组。这样可以避免每次单独给用户分配权限，给管理带来很大的方便。与用户标识号一样，组标识号也是一个 0～32767 之间的整数。

(5) 登录名。这个字段用于记录用户的一些情况，如用户的全名、电话和地址等。在许多 Linux 操作系统中，此字段一般没有任何描述性的文字。

(6) 用户的主目录位置。这个字段用来指定用户的 home 目录，当用户登录到系统中，它就会处在这个目录下。

(7) 用户的命令行解释器(shell)。Linux 操作系统中有很多的 shell 程序，如/bin/sh、/bin/chs、/bin/ksh 等程序，每种 shell 有各自不同的特点，此字段指定用户登录后所采用的 shell。密码文件中，尽管密码字段(第二个字段)是被加密保存的，但由于/etc/passwd 文件对任何用户都可读，故它常常成为密码攻击的目标，所以许多 Linux 操作系统常用 shadow 文件(/etc/shadow)来存储加密密码，该文件只有 root 用户才能读取，普通用户不可读。

在大型的分布式系统中，为了统一对用户管理，通常将每一台工作站上的密码文件都存放在网络服务器(Network Information Services，NIS)上，通过 NIS 进行集中管理。

4.6.3　Linux 的文件访问控制

Linux 操作系统的资源访问控制是基于文件的。在 Linux 操作系统中，各种主要硬件设备、端口设备，甚至内存都是以文件形式存在的，所有连接到系统上的设备都在/dev 目录中有一个文件与之对应，如文件/dev/mem 是系统的内存。虽然这些设备文件和普通磁盘文件在实现上不同，但对于系统来说，它们都是一个文件，因此，在 Linux 操作系统中对资源的访问控制就是对文件进行的访问控制。

1. 文件(或目录)访问控制

Linux 的文件访问控制表现为一组存取控制规则，它控制每个用户可以访问何种信息及如何访问。为了维护系统的安全性，系统中每一个文件(或目录)都具有一定的存取权限，只有具有这种存取权限的用户才能存取该文件，否则系统将给出“Permission Denied”的错误信息。

命令 ls 可列出文件(或目录)对系统内的不同用户所给予的存取权限。下面是使用 ls-l 命令得到的一行输出结果。

```
-rw-r-r-—  1  root root    1397  Mar 7 10: 20    passwd
```

图 4.30 给出了文件存取权限的图形解释。

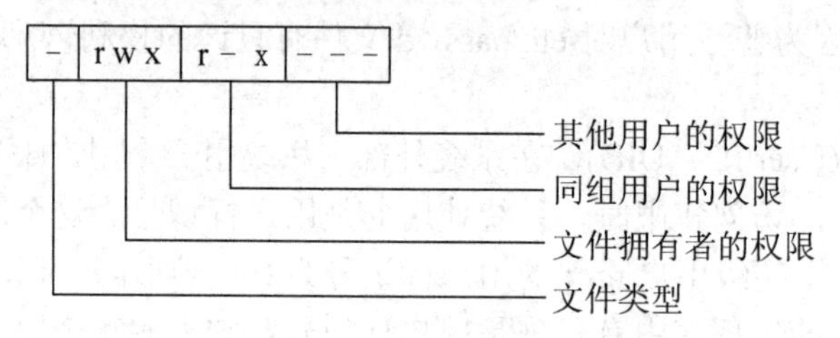

图 4.30 文件存取权限示意图

存取权限位共有 9 位，分为 3 组，用以指出不同类型的用户对该文件的访问权限。权限有以下 3 种。

(1) r：允许读。

(2) w：允许写。

(3) x：允许执行。

用户有以下 3 种类型。

(1) owner：该文件的属主。

(2) group：在该文件所属用户组中的用户，即同组用户。

(3) other：除以上两者外的其他用户。

图 4.30 表示文件的属主具有读、写及执行(rwx)权限，同组用户允许读和执行操作，其他用户没有任何权限。权限位中，“-”表示相应的存取权限不允许。

上述的授权模式同样适应于目录，用 ls-l 命令列出时，目录文件的类型为 d。用 ls 命令列目录要有读许可，在目录中增删文件要有写许可，进入目录或将该目录作路径分量时要有执行许可。因此要使用一个文件时，文件的许可才开始起作用，而 rm、mv 只需要有目录的搜索和写许可，不需要文件的许可，这一点应尤其注意。

2. 更改权限

用户可以使用 chmod 命令更改文件(或目录)的权限，chmod 命令以新权限和文件名为参数，格式如下：

```
chmod  [-Rfh]  存取权限    文件名
```

chmod 命令也有其他方式的参数修改权限，在此不再多讲，可参考 Linux 操作系统的联机手册。合理的文件授权可防止偶然地覆盖或删除文件(即便是属主自己)。改变文件属主和组名可用 chown 和 chgrp 命令，其格式分别如下：

```
chown  [-Rfh]  属主  文件名
chgrp  [-Rfh]  组名    文件名
```

文件的授予权限可用 3 位的八进制数表示，3 位的八进制数可由图 4.30 所示的 3 组权限具体表示，授予权限是许可位置为 1，不授予权限则相应位置为 0，如上例 rwxr-x---表示为 111 101 000，3 位八进制数为 750。对于某些特殊文件(如一些可执行文件)，文件的授权用一个 4 位的八进制数表示，后 3 位同上，最高的一个八进制数分别对应 SUID 位、SGID 位和 sticky 位。其中前两个与安全有关，将其作为特殊权限位在下面描述。

3. 特殊权限位

有时没有被授权的用户需要完成某些要求授权的任务。例如 passwd 程序，对于普通用户，它允许改变自身的密码，但不能拥有直接访问/etc/passwd 文件的权力，以防止改变其他用户的密码。为了解决这个问题，Linux 允许对可执行的目标文件(只有可执行文件才有意义)设置 SUID 或 SGID。

一个进程执行时就被赋予 4 个编号，以标识该进程隶属于谁，分别为实际的和有效的 UID，实际的和有效的 GID。有效的 UID 和 GID 用于系统确定进程对于文件的存取许可。当用户运行一个可执行文件时，进程继承了用户的权限，有效的 UID 和 GID 一般和实际的 UID 和 GID 相同。而设置可执行文件所有者的 SUID 许可将改变上述情况。当设置了 SUID 时，进程的有效 UID 为该可执行文件所有者的有效 UID，而不是执行该程序的用户的有效 UID。因此，由该程序创建的进程都有与该程序所有者相同的存取许可。这样，程序的所有者可通过控制程序在有限的范围内向用户发布不允许被公众访问的信息。同样，SGID 也设置为有效 GID。命令“chmod u +s 文件名”和“chmod u-s 文件名”用来设置和取消 SUID 设置。命令“chmod g +s 文件名”和“chmod g-s 文件名”用来设置和取消 SGID 设置。当文件设置了 SUID 和 SGID 后，chown 和 chgrp 命令将全部取消这些许可。

4.7 本章小结

本章简要介绍了操作系统安全性的意义、实现的基本目标和措施，讲述了 Windows Server 2003 操作系统的账户安全、文件系统安全和主机安全策略的配置，介绍了 Windows Server 2008 创新安全新特性，Linux 的账户安全和文件访问控制。

4.8 本章实训

实训 1：Windows Server 2003 活动目录与域控制器的安装

实训目的

掌握 Windows Server 2003 系统活动目录与域控制器的安装，组建基于 Active Directory 的网络，实现网络资源共享和统一管理。

实训环境

安装 Windows Server 2003 的计算机，对没有专用网络服务器实验室的读者，可以用 VMware Workstation 创建虚拟机来做本项实训。

实训内容

限于篇幅在此省略，本书在课程资源软件中会给出详细的操作过程截图供参考。

实训 2：组策略配置

实训目的

在 Windows Server 2003 系统中，利用组策略来管理用户或计算机，以提高安全性。

实训环境

安装活动目录的计算机，并设置域名(本次实训的域名为 network.com)。

实训内容

1. 新建对象

(1) 在【Active Directory 用户和计算机】对话框中右击要操作的 network.com，在出现的快捷菜单中选择【属性】命令。

(2) 在【network.com 属性】对话框中选择【组策略】选项卡，如图 4.31 所示。

(3) 单击【新建】按钮，可以建立一个新的组策略对象“网络学习组”，如图 4.32 所示。

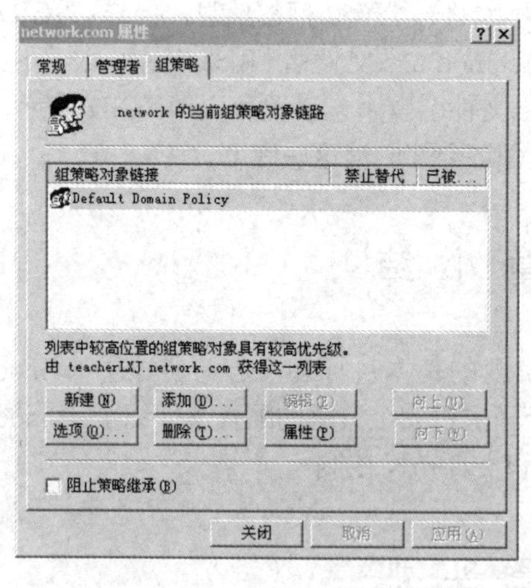

图 4.31 【组策略】选项卡

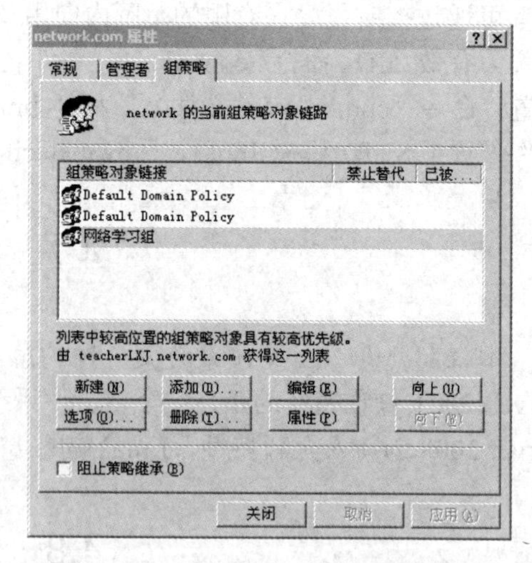

图 4.32 建立组策略对象“网络学习组”

2. 使用组策略

(1) 在出现图 4.33 所示的【组策略】窗口中，依次选择左侧的【网络学习组】|【用户配置】|【Windows 设置】|【Internet Explorer 维护】选项，在右侧窗格中双击 URL 选项。

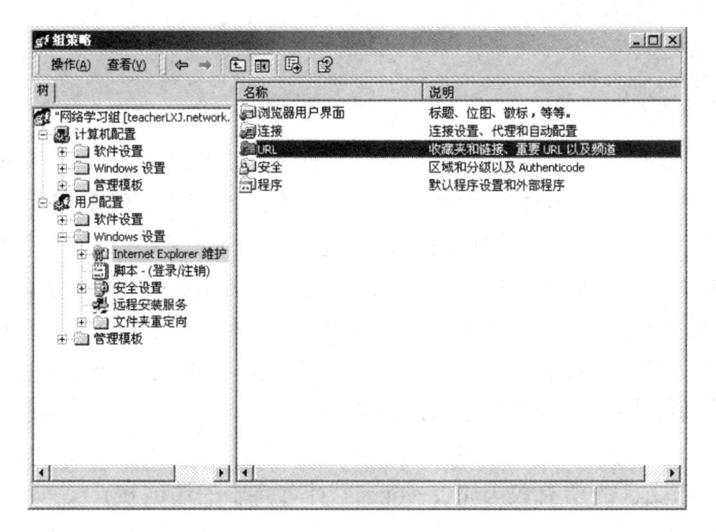

图 4.33　【组策略】窗口

(2) 在图 4.34 所示的【重要 URL】对话框中的【主页 URL】文本框中输入“http://www.123.com”，单击【确定】按钮。

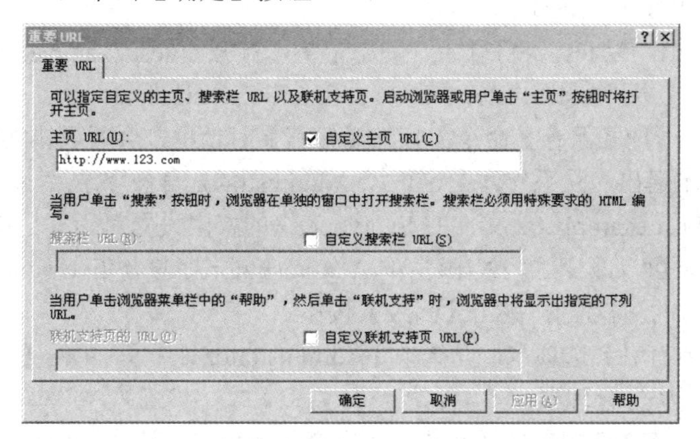

图 4.34　【重要 URL】对话框

这样就为域 network.com 中的所有用户设置了用户登录计算机后 IE 浏览器的主页为 www.123.com。

提示：从本实训中可以看出组策略就是为特定的域内的用户或计算机指定工作环境。活动目录中的组策略和用户组没有任何关系，灵活使用组策略可提高对用户或计算机管理的安全性。

实训 3：文件系统安全

实训目的

熟练掌握 Windows Server 2003 的文件及目录权限设置，能够管理共享目录。

实训环境

装有 Windows Server 2003 操作系统的计算机。

实训内容

1. 设置访问权限

(1) 以管理员身份登录，建立一个名为test的用户，并设置其密码为liuhuapu。

(2) 从系统注销，以test身份登录，依次选择【开始】|【程序】|【附件】|【资源管理器】命令，创建一个名为c:\test的目录，并创建一个文本文件，本例中为“example.txt”。

(3) 在左侧窗格中选中要设置权限的c:\test目录，右击选择【属性】命令，在出现的对话框中，选择【安全】选项卡，将看到Everyone组具有对这个文件的完全控制权限(Windows Server 2003默认为任何新建的文件或目录分配修改权，分配给Everyone组)。

(4) 单击【高级】按钮，进入【用户权限设置】对话框。在该对话框中，可以添加和删除一个或多个用户及用户组对所选目录的权限，设定权限为：读取、写入、完全控制、拒绝访问等查看该文件的所有权限(Everyone组具有完全的访问权)。

(5) 以管理员身份登录，打开c:\test\example.txt文件的Everyone组的【权限设置】对话框，修改文件权限为禁止写/禁止修改。

(6) 单击【确定】按钮，会看到一个消息，通知deny条目优先覆盖allow条目，单击【确定】按钮，返回资源管理器。

(7) 从系统注销，以test身份登录，使用记事本打开c:\test\example.txt文件。

(8) 添加一行文本“system allow you to assign file permissions”。

(9) 选择【文件】|【保存】命令，打开【保存】对话框，会看到错误提示。

(10) 从记事本退出，从系统注销，再以Administrator身份登录。

(11) 打开c:\test\example.txt文件的Everyone组的权限设置对话框，修改文件的权限，这样Administrator可以改变这些权限(由于Administrator账户是Everyone组的一部分，它不再具有对该文件的写权限)，单击【高级】按钮。

(12) 选择【所有者】选项卡，并选中【Administrator账户】，单击【应用】按钮，取得文件所有权，返回资源管理器。

(13) 再次进入该文件的属性，并选择【安全】选项卡，这次不会看到警告消息，因为已拥有该文件，可任意修改，单击【添加】按钮。

(14) 出现【选择用户，计算机或组】对话框，选中【用户账户】选项并单击【添加】按钮，添加test用户。

(15) 确认test用户被选中，然后选中【禁止】复选框，修改它的访问权。

(16) 单击【应用】按钮，然后单击【确定】按钮。

(17) 注销Administrator账户，以test账户登录，再访问c:\test\example.txt文件，看能否访问。再以其他用户身份登录，看是否可以访问。

2. 管理共享资源

1) 添加新的共享目录

(1) 在【服务器管理器】对话框中，选中计算机名，在该对话框的【计算机】下拉列表中选择【共享目录】选项，弹出【共享目录】对话框。

(2) 在【共享目录】对话框中，单击【新建共享】按钮，弹出【新建共享】对话框，在该对话框中输入共享名、路径和备注等信息。若需设置允许同时连接到共享目录的用户数量，可在【用户个数】选项组下，对【不限制】和【允许】单选按钮作出选择。

(3) 如果选中【允许】单选按钮，需在【用户】选择框中输入指定的最大数量。若需管理组和用户的权限级别，需在该窗口中，单击【权限】按钮。

(4) 弹出【通过共享访问的权限】对话框，在【通过共享访问的权限】对话框中进行设置，然后单击【确定】按钮即可。

2) 修改共享目录

(1) 在【服务器管理器】对话框中，选中计算机名，在该对话框的【计算机】下拉列表中选择【共享目录】选项。

(2) 弹出【共享目录】对话框。在【共享目录】对话框中，从列表中选定共享目录名，单击【属性】按钮。

(3) 弹出【共享属性】对话框。若要更改路径或说明，需在文本框中输入新的文字。若要更改可以同时连接到共享目录的用户最大数量，需在【不限制】或【允许】单选按钮中进行选择。如果选中【允许】单选按钮，需在其右边的数字列表框中指定该最大数量。

(4) 要管理组和用户的权限级别，单击【权限】按钮，弹出【通过共享访问的权限】对话框，修改权限之后，单击【确定】按钮。

3) 设置已存在共享目录的权限

(1) 在【服务器管理器】对话框中，选中计算机名，在该对话框的【计算机】下拉列表中选择【共享目录】选项。

(2) 弹出【共享目录】对话框。在【共享目录】对话框中，从列表中选定共享目录名，单击【属性】按钮。

(3) 弹出【共享属性】对话框。单击【权限】按钮，弹出【通过共享访问的权限】对话框。在【通过共享访问的权限】对话框中可更改下列设置选项。

要更改权限，从【名称】列表中选定组或用户账户，然后从【访问类型】列表框中选择权限。

要将组或用户账户添加到共享目录的权限列表中，单击【添加】按钮，完成【添加用户或组】。要从共享目录的权限列表中删除组或用户账户，在【名称】列表中选择组或用户，然后单击【删除】按钮。

(4) 完成更改后，单击【确定】按钮。

注意：指定权限时，通常更好的方法是将权限指定给组，而不是指定给单个的用户账户。除目录本身的 NTFS 权限设置外，NTFS 的共享资源的权限设置将单独起作用。在 NTFS 卷上，共享权限指定可能进行的最大访问，而目录和文件的权限指定允许进行的最大访问。对于 NTFS 卷，最好是通过管理目录和文件的权限设置限制访问，而不是管理共享的权限设置。

4) 停止已存在的共享目录

(1) 在【服务器管理器】对话框中，选中计算机名，在该对话框的【计算机】下拉列表中选择【共享目录】选项。

(2) 弹出【共享目录】对话框。在【共享目录】对话框中，从列表中选定共享目录名，单击【停止共享】按钮，完成操作。应说明的是目录本身并未删除，但是已不能再共享和被网络用户访问。

注意： 在大部分情况下，不应该选择出现在列表中的由系统创建的特殊字符串的共享名，如A$、B$、C$、ADMIN$、IPC$、PRINT$等。

4.9 本章习题

1. 填空题

(1) Windows 2000中默认安装时建立的管理员账户为________；默认建立的来宾账户为________。

(2) 共享文件夹的权限有________、________和________。

(3) Windows 2000中的组策略可分为________和________。

(4) NTFS权限使用原则有________、________和________。

(5) 本地安全策略包括________、________、________和________。

2. 选择题

(1) 在Windows Server 2003默认建立的用户账户中，默认被禁用的是(　　)。

A．Supervisor　　B．Guest

C．HelpAssistant　　D．Anonymous

(2) 下列说法中，不正确的有(　　)。

A．工作在工作组模式的服务器，本地用户账户存储在服务器自身的SAM中

B．工作在域模式的服务器，用户账户存储在域控制器的SAM中

C．客户机加入域后，使用同一账户就可以访问加入域的成员服务器

D．客户机加入域后，需要使用不同的账户访问加入域的成员服务器

(3) 在Windows Server 2003中“密码最长使用期限”策略设置的含义是(　　)。

A．用户更改密码之前可以使用该密码的时间

B．用户更改密码之后可以使用该密码的时间

C．用户可以使用密码的最长时间

D．用户可以更改密码的最长时间

(4) 关于“账户锁定阈值”策略的含义，说法正确的有(　　)。

A．用户账户被锁定的登录成功的次数

B．用户账户被锁定的登录失败尝试的次数

C．用户账户被锁定的登录成功尝试的次数

D．用户账户被锁定的登录的总次数

(5) Windows Server 2003“本地安全策略”中不包括(　　)。

A．账户策略　　B．组策略　　C．公钥策略　　D．IP安全策略

3. 简答题

(1) 操作系统安全包含哪些内容？

(2) 在 Windows Server 2003 中移动或复制文件时，权限有什么变化？

(3) 保护 Windows Server 2003 文件系统的安全措施有哪些？

(4) 如何审核 Windows Server 2003 的主机安全事件？

(5) 如何在 Windows Server 2003 中检查用户密码的安全强度？

(6) zhangsan 同时属于 boys 和 stu 组，而 boys 组和 stu 组对共享文件夹 share 的 NTFS 权限和共享权限见表 4-3。

表 4-3　各用户组的权限

组(用户) 权限	boys(zhangsan)	stu(zhangsan)
共享权限	读取	更改
NTFS 权限	完全控制	读取
本地访问权限	完全控制	读取

试回答以下问题。

① zhangsan 从网络访问时获得的权限是什么？

② zhangsan 从本地访问时获得的权限是什么？

第5章 病毒分析与防御

教学目标

通过对本章的学习，读者应了解计算机病毒发展的历史和病毒的发展趋势，掌握病毒的定义、特征、分类、传播方式和病毒的产生机理等。

教学要求

知识要点	能力要求	相关知识
病毒的特性	重点了解病毒的传染和破坏特性	
病毒的分类	了解病毒的几种不同分类方式	
病毒的机制与组成	重点了解病毒的传染和触发机制	

引例

计算机病毒的产生有很长的历史，早在 1949 年，德国人冯·诺依曼(John Von Neumann)在论文《复杂自动装置的理论及组织的进行》中就已经描绘了病毒程序。10 年后，在美国的贝尔(Bell)实验室中，3 个年轻的程序员编写了名为“核心大战(Core War)”的游戏，在游戏中通过复制自身来摆脱对方的控制，这就是所谓的“病毒”的雏形。

1983 年，弗雷德·科恩(Fred Cohen)研制出一种在运行过程中可以复制自身的破坏性程序，并将它命名为计算机病毒，后来专家们在 VAX11/750 计算机系统上模拟实现成功，从而在实验里验证了计算机病毒的存在。

1986—1989 年间出现的病毒为传统型的病毒，是计算机病毒的萌芽和产生时期。由于当时计算机是单机运行并且应用软件很少，病毒的种类有限，因此病毒没有大量传染。

1989—1991 年间出现的病毒为混合型病毒，这是计算机病毒由简到繁、由幼稚走向成熟的阶段。这一时期出现的病毒不仅是在数量上急剧增加，而且从编写的方式方法，以及驻留内存和对宿主程序的传染方式方法等方面都有了较大的变化。这一阶段全世界的计算机病毒十分猖獗。其中“米开朗基罗”病毒给许多计算机用户造成极大损失；1990 年 1 月发现首例隐藏型病毒“4096”，它不仅攻击程序还破坏数据文件；1991 年发现首例网络病毒“GPI”，它突破了 NOVELL 公司的 NetWare 网络安全机制。

1992—1995 年间出现的病毒为多态性病毒或自我变形病毒。1992 年上半年，保加利亚发现的黑夜复仇者(Dark Avenger)病毒的变种“MutationDark Avenger”，就是世界上最早发现的多态性的实战病毒，它可用独特的加密算法产生几乎无限数量的不同形态的同一病毒。

20 世纪 90 年代中后期，随着互联网、远程终端访问服务的普及，病毒传播日益肆虐，病毒的传播迅速突破地域的界限，通过广域网传播至局域网内，并在局域网内相互传播扩散。这一时期病毒的最大特点是利用 Internet 作为其主要传播途径，因而，病毒传播快、隐蔽性强、破坏性大。像美丽莎、CIH 等病毒都通过电子邮件附件传播，在双击这些附件时，便立即开始传播。CIH 在爆发时会覆盖计算机的 BIOS，造成计算机完全瘫痪。

计算机病毒最新的发展阶段是所谓的 APT(Advanced Persistent Threat，高级持续性威胁)阶段。黑客以窃取核心资料为目的，针对客户发动网络攻击和侵袭行为，是一种蓄谋已久的“恶意商业间谍威胁”。这种行为往往经过长期的经营与策划，并具备高度的隐蔽性。APT 的攻击手法，在于隐匿自己，针对特定对象，长期、有计划性和组织性地窃取数据，这种发生在数字空间的偷窃资料、搜集情报的行为，就是一种“网络间谍”的行为。

计算机病毒给人们的日常应用造成了很大的负面影响，要最大限度地防范病毒的破坏，就要对病毒有一个全面清楚的了解。本章讲述计算机病毒的定义、病毒的产生原因及来源、病毒的特征、分类以及病毒传染后的表现、病毒机制与组成结构，并介绍病毒的发展趋势。

5.1　计算机病毒概述

要认识病毒，就要从病毒的定义、分类、特性和传染途径等各个方面对病毒有个全面的了解。

5.1.1 计算机病毒的定义

计算机病毒是一个程序，一段可执行代码。像生物界的病毒一样，计算机病毒有很强的自我复制能力，计算机病毒可以很快地蔓延，但又很难被发现和根除。它能把自身附着在各种类型的文件上，当文件被从一个用户复制传送到另一个用户时，它们就会随同文件一起蔓延。

可以从不同角度给出计算机病毒的定义。一种定义是能够实现自身复制且借助一定的载体存在的具有潜伏性、传染性和破坏性的程序；还有一种定义是人为制造的程序，它通过不同的途径潜伏或寄生在存储媒体(如磁盘、内存)或程序里，当条件或时机成熟时，它会自我复制并传播，使计算机的资源受到不同程度的破坏。所以计算机病毒就是能够通过某种途径潜伏在计算机存储介质或程序里，当达到某种条件时即被激活的具有对计算机资源进行破坏作用的一组程序或指令集合；计算机病毒是指那些具有自我复制能力的计算机程序，它能影响计算机软件、硬件的正常运行，破坏数据的正确与完整。

随着Internet技术的发展，计算机病毒的定义正在逐步发生着变化，与计算机病毒的特征和危害有类似之处的“特洛伊木马”和“蠕虫”从广义的角度而言也可归为计算机病毒。特洛伊木马(Trojan Horse)是一种黑客程序，是一种潜伏执行非授权功能的技术，它在正常程序中存放秘密指令，使计算机在仍能完成原先指定任务的情况下，执行非授权功能。“蠕虫(Worm)”是一个程序或程序序列，通过分布式网络来扩散传播特定的信息或错误，进而造成网络服务遭到拒绝并发生死锁或系统崩溃。

5.1.2 设计病毒的动机

计算机病毒的设计者有很多不同的动机，主要有以下几种。

(1) 恶作剧类型：有些爱好计算机并对计算机技术精通的人士为了炫耀自己的高超技术和智慧，凭借对软/硬件的深入了解，编制这些特殊的程序。这些程序通过载体传播出去后，在一定条件下被触发，其目的是自我表现一下，这类病毒一般都是良性的，不会有破坏操作。

(2) 报复心理型：有些人对社会不满或受到不公正的待遇，就有可能会编制一些危险的程序。例如，某公司职员在职期间编制了一段代码隐藏在其公司的系统中，一旦检测到他的名字在工资报表中被删除，该程序立即发作，破坏整个系统。

(3) 版权保护类型：由于很多商业软件被非法复制，有些开发商为了保护自己的利益制作了一些特殊程序附加在产品中。如Pakistan病毒，其制作者是为了追踪那些非法复制他们产品的用户。

(4) 特殊目的类型，某组织或个人为达到特殊目的，对政府机构、单位的特殊系统进行宣传或破坏，或用于军事目的。还有出于好奇，为了报复，为了祝贺，为了得到控制密码，为了未拿到所编制软件的报酬预留的陷阱等原因。

5.1.3　计算机病毒的特性

通过对计算机病毒的综合分析，病毒一般具有以下特性。

1. 计算机病毒的传染性

传染性是病毒的基本特征。计算机病毒会通过各种渠道从已被感染的计算机扩散到未被感染的计算机，病毒程序代码一旦进入计算机并得以执行，它就会搜寻其他符合其传染条件的程序或存储介质，确定目标后再将自身代码程序插入其中，达到自我繁殖的目的。正常的计算机程序一般是不会将自身的代码程序强行连接到其他程序之上的。而病毒却能使自身的代码程序强行传染到一切符合其传染条件的未受到传染的程序之上。只要一个文件感染病毒，如果处理不及时，病毒就会在这台计算机上迅速扩散，导致更多的文件被感染。而被感染的文件又成为新的传染源，再与其他计算机进行数据交换或通过网络连接时，病毒还会继续进行传染。

2. 计算机病毒的可执行性

计算机病毒与其他程序一样，是一段可执行程序，但它并不完整，而是寄生在其他可执行程序中的，因此它享有其他一切程序所能得到的权力。病毒运行时，与合法程序争夺系统的控制权。只有计算机病毒在计算机内运行时，才具有传染性和破坏性。也就是说程序对 CPU 的控制权是关键问题。计算机病毒一旦在计算机上运行，在同一计算机内病毒程序与正常系统程序之间，或某种病毒与其他病毒程序争夺系统控制权时往往会造成系统崩溃，导致计算机瘫痪。反病毒技术就是要提前取得计算机系统的控制权，识别出计算机病毒的代码和行为，阻止其取得系统控制权。反病毒技术的优劣主要体现在这一点上。

3. 计算机病毒的可触发性

因某个事件或数值的出现，诱使病毒实施感染或进行攻击的特性称为可触发性。为了隐蔽自己，病毒必须潜伏，少做动作。如果完全不动，一直潜伏，病毒既不能感染也不能进行破坏，便失去了杀伤力。病毒既要隐蔽又要维持杀伤力，那么它必须具有可触发性。病毒的触发机制就是用来控制感染和破坏动作频率的。病毒具有预定的触发条件，这些条件可能是时间、日期、操作或某些特定数据等。病毒运行时触发机制检查预定条件是否满足，如果满足，则启动感染或执行破坏动作，使病毒进行感染或攻击；如果不满足，则病毒继续潜伏。

4. 计算机病毒的破坏性

任何病毒只要侵入系统，都会对系统及应用程序产生不同程度的影响。轻者会降低计算机的工作效率，占用系统资源，重者可导致系统崩溃。根据此特性，可将病毒分为良性病毒与恶性病毒。良性病毒可能只显示画面或出现音乐、无聊的语句或者根本没有任何破坏动作，但会占用系统资源，这类病毒较多。恶性病毒则有明确的目的，如破坏数据、删除文件或加密磁盘、格式化磁盘，有的甚至对数据造成不可挽回的破坏。

计算机病毒的破坏性主要取决于计算机病毒设计者的目的，如果病毒设计者的目的在于彻底破坏系统的正常运行，那么这种病毒对于计算机系统进行攻击造成的后果是不堪设想的，它可以毁掉系统的部分数据，也可以破坏全部数据并使之无法恢复。但是并非所有的病毒都对系统产生极其恶劣的破坏作用。但有时几种原本没有多大破坏作用的病毒交叉感染，也会导致系统崩溃等恶劣的影响。

5. 计算机病毒的非授权性

一般正常的程序先由用户调用，再由系统分配资源，完成用户交给的任务。其目的对用户是可见的、透明的。而病毒具有正常程序的一切权限，它隐藏在正常程序中，当用户调用正常程序时它窃取到系统的控制权，先于正常程序执行，病毒的动作、目的对用户是未知的，是未经用户允许的。病毒对系统的攻击是主动的，不以人的意志为转移。从一定的程度上讲，计算机系统无论采取多么严密的保护措施都不可能彻底排除病毒对系统的攻击，而保护措施充其量只是一种预防的手段而已。

6. 计算机病毒的隐蔽性

病毒一般是具有很高编程技巧，短小精悍的程序。通常附在正常程序中或磁盘较隐蔽的地方，也有个别的以隐含文件形式出现。目的是不让用户发现它的存在。如果不经过代码分析，病毒程序与正常程序是不容易区别开来的。一般在没有防护措施的情况下，计算机病毒程序取得系统控制权后，可以在很短的时间里感染大量程序。而且受到传染后，计算机系统通常仍能正常运行，用户不会感到任何异常，好像不曾在计算机内发生过什么。但是如果病毒在传染到计算机上之后，计算机马上无法正常运行，那么病毒本身便无法继续进行传染了。

计算机病毒的隐蔽性表现在两个方面，一是传染的隐蔽性，大多数病毒在进行传染时速度是极快的，一般不具有外部表现，不易被人发现，二是病毒程序存在的隐蔽性，一般的病毒程序都隐藏在正常程序之中，很难被发现，而一旦病毒发作出来，往往已经给计算机系统造成了不同程度的破坏。被病毒感染的计算机在多数情况下仍能维持其部分功能，不会由于一感染上病毒，整台计算机就不能启动了；或者某个程序一旦被病毒所感染，它也不会马上停止运行。计算机病毒设计的精巧之处也在这里。正常程序被计算机病毒感染后，其原有功能基本上不受影响，病毒代码程序附于其上而得以存活，得以不断地得到运行的机会，去传染更多的文件，与正常程序争夺系统的控制权和磁盘空间，不断地破坏系统，导致整个系统的瘫痪。

5.1.4 计算机病毒感染的表现

在一般情况下，计算机在感染病毒后总有一些异常现象出现，其中具有代表性的行为有计算机的动作比平常迟钝；程序载入时间比平时长，这是因为有些病毒能控制程序或系统的启动程序，当系统刚开始启动或是一个应用程序被载入时，将执行这些病毒，因而会花更多时间来载入程序；对一个简单的工作，磁盘花了比预期长的时间；不寻常的错误信息出现，表示病毒已经试图去读取磁盘并感染它，特别是当这种信息出现繁复时；硬盘的指示灯无缘无故地闪亮；系统内存忽然大量减少，有些病毒会消耗大量的内存，曾经执行过的程序，再次执行时，突然提示没有足够的空间可以利用；磁盘可利用的空间突然减少，这个信息表明病毒已经开始复制了；可执行文件的大小改变了，正常情况下，这些程序应该维持固定的大小，但有些不太高明的病毒会增加程序的大小；坏道增加，有些病毒会将某些磁道标注为坏道，从而将自己隐藏在其中，于是扫毒软体往往也无法检查出病毒的存在，如 Disk_Killer 会寻找 3 或 5 个连续未用的磁区，并将其标示为坏道；内存中增加来路不明的常驻程序或进程；文件奇怪地消失；文件的内容被加进一些奇怪的资料；文件名称、日期、属性等被修改等。

5.2　病毒实例剖析

剖析病毒案例对更加深入地认识和防范病毒是必要的。本节介绍病毒历史上较为典型的两种不同类型的病毒：CIH 病毒和梅勒斯病毒。

5.2.1　CIH 病毒剖析

CIH 病毒属文件型病毒，其别名有 Win95.CIH、Spacefiller、Win32.CIH、PE_CIH，它主要感染 Windows 95/98 下的可执行文件，目前的版本不感染 DOS 以及 Win 3.x 下的可执行文件，在 Windows NT 中无效。其发展过程经历了 v1.0、v1.1、v1.2、v1.3、v1.4 总共 5 个版本，目前最流行的版本是 v1.2。

在 CIH 的相关版本中，只有 v1.2、v1.3、v1.4 这 3 个版本的病毒具有实际的破坏性，其中 v1.2 版本的 CIH 病毒发作日期为每年的 4 月 26 日，这也就是当前最流行的病毒版本，版本 v1.3 的发作日期为每年的 6 月 26 日，而版本 v1.4 的发作日期则被修改为每月的 26 日，这一改变大大缩短了发作期限，增加了破坏性。

CIH 属恶性病毒，当发作条件成熟时，将破坏硬盘数据，同时有可能破坏 BIOS 程序，其发作特征如下。

(1) 以 2048 个扇区为单位，从硬盘主引导区开始依次往硬盘中写入垃圾数据，直到硬盘数据被全部破坏为止。最坏的情况下硬盘所有数据(含全部逻辑盘数据)均被破坏。

(2) 某些主板上的 Flash ROM 中的 BIOS 信息将被清除。

CIH 病毒感染的原理主要是使用 Windows 的 VxD(虚拟设备驱动程序)编程方法，使用这一方法的目的是获取高的 CPU 权限。CIH 病毒使用的方法是首先使用 SIDT 取得 IDT base address(中断描述符表基地址)，然后把 IDT 的 int 3 的入口地址改为指向 CIH 自己的 int 3 程序入口部分，再利用自己产生一个 int 3 指令运行至此 CIH 自身的 int 3 入口程序处，这样 CIH 病毒就可以获得最高级别的权限，接着病毒将检查 DR0 寄存器的值是否为 0，用以判断先前是否有 CIH 病毒已经驻留。如果 DR0 的值不为 0，则表示 CIH 病毒程序已驻留，则此 CIH 副本将恢复原先的 int 3 入口，然后正常退出。如果判断 DR0 值为 0，则 CIH 病毒将尝试进行驻留，其首先将当前 EBX 寄存器的值赋给 DR0 寄存器，以生成驻留标记，然后调用 int20 中断，使用 VxD call Page Allocate 系统调用，要求分配 Windows 系统内存(System Memory)，Windows 系统内存地址范围为 C0000000h～FFFFFFFFh，它是用来存放所有的虚拟驱动程序的内存区域，如果程序想长期驻留在内存中，则必须申请到此区段内的内存，即申请到影射地址空间在 C0000000h 以上的内存。

如果内存申请成功，则接着将从被感染文件中将原先分成多段的病毒代码收集起来，并进行组合后放到申请到的内存空间中，完成组合、放置过程后，CIH 病毒将再次调用 int 3 中断进入CIH病毒体的int 3入口程序，接着调用int 20来完成调用一个IFSMgr_InstallFileSystemApiHook的子程序，用来在文件系统处理函数中挂接钩子，以截取文件调用的操作，接着修改IFSMgr_InstallFileSystemApiHook 的入口。服务程序的入口地址将被保留，以便 CIH 病毒调用，这样，一旦出现要求开启文件的调用，CIH 将在第一时间截获此文件，并判断此文件是否为 PE 格式的可执行文件，如果是，则感染，如果不是，则放过去，将调用转接给正常的 Windows IFSMgr_IO 服务程序。CIH 不会重复多次地感染 PE 格式文件，同时可执行文件的只读属性是否有效，不影响感染过程，感染文件后，文件的日期与时间信息将保持不变。对于绝大多数的 PE 程序被感染后，程序的长度也将保持不变，CIH 将会把自身分成多段，插入到程序的空域中。完成驻留工作后的 CIH 病毒将把原先的 IDT 中断表中的 int 3 入口恢复成原样。

主板 Flash ROM 中的 BIOS 程序是如何被破坏的？PC 上常用来保存 PC BIOS 程序的 Flash ROM 包含两个电压接口，其中+12V 一般用 Boot Block 的改写，Boot Block 为一特殊的区块，它主要用于保存一个最小的 BIOS，用以启动最基本的系统。当 Flash ROM 中的其他区块内的数据被破坏时，只要 Boot Block 内的程序还处于可用状态，则可以利用这一基本的 PC BIOS 程序来启动一个最小化的系统，一般情况下，至少应当支持软盘的读/写以及键盘的输入，这样就有机会使用软盘来重新构建整个 Flash ROM 中的数据。一般的主板上都包含有一个专门的跳线，用来确定是否给此 Flash ROM 芯片提供+12V 电压，只有需要修改 Flash ROM 中的 Boot Block 区域内的数据时，才需要短接此跳线，以提供+12V 电压。另外一路电压为+5V 电压，它可以用于维持芯片工作，同时为更新 Flash ROM 中非 Boot Block 区域提供写入电压。

主板上的+12V 跳线是为了防止更新 Flash ROM 中的 Boot Block 区域而设置的，如果想升级 BIOS，同时此升级程序只需要更新 Boot Block 区域以外的 BIOS 程序，则主板上的跳线根本没必要去跳，因为更新 Boot Block 区域以外的数据并不需要+12V 电压，这样，即使升级失败，也还存在着一个 Boot Block 中的最基本 BIOS 可以使用，这样就可以使用软盘来恢复原先的 BIOS 数据。

CIH 病毒破坏的也只是 Flash ROM 中的 BIOS 程序，而 BIOS 程序在 Flash ROM 中只是一堆电流的表现，实际上，即使出现最坏的情况，也没有任何硬件会出现物理损坏，那块 Flash ROM 中也只是信息丢失，并不代表此 Flash ROM 就出现物理损坏了，如果拥有写入器，还是可以在原先的 Flash ROM 中写入 BIOS 程序的。

5.2.2 梅勒斯病毒剖析

梅勒斯是一个木马下载器，可以从恶意站点下载其他木马，并在被感染的计算机上自动运行。开机后随系统自动启动并运行。它还可以劫持破坏安全软件，使其终止来隐藏自己。

梅勒斯病毒的执行过程如下。

(1) 循环测试等待主机连接网络。启动后循环调用 InternetGetConnectedState 函数，直到主机系统连接了 Internet。

(2) 提升权限。调用 GetCurrentProcess、OpenProcessToken、AdjustTokenPrivileges 等函数提升自己进程的权限。

(3) 结束杀毒软件进程。调用 CreateToolhelp32Snapshot、Process32First 等函数遍历进程，调用 TerminateProcess 函数关闭进程名为“杀毒软件”的进程。

(4) 复制文件并建立自动运行。将自己复制为“%system%\sysbl.exe”文件，并建立注册表键自动运行。

(5) 下载并运行文件。调用 URLDownloadToFileA、ShellExecuteA 函数下载恶意站点的木马文件并运行。

梅勒斯病毒的预防与清除方法如下。

(1) 安装正版安全软件。

(2) 不浏览不良网站，不随意下载安装可疑插件。

(3) 不接收 QQ、MSN、E-mail 等传来的可疑文件。

(4) 上网时打开杀毒软件实时监控功能。

(5) 下载专杀工具，启动操作系统，进入安全模式，然后断网进行全盘扫描，最后清除以后重启，再重新扫描系统全盘。

梅勒斯木马下载器还有几百种变种，如 AHI(Trojan.DL.Win32.Mnless.bel)，可以通过网页挂马传播，侵入用户计算机之后，会从黑客指定网站下载各种盗号木马病毒到用户计算机上并运行，给网游用户造成很大安全隐患。

5.3　病毒的防范与清除

病毒有那么大的威胁，应如何防范？万一不小心感染了病毒，怎样清除？怎样减少病毒对计算机的危害？首先要采取的措施就是病毒的防范，如果真的感染了病毒要想办法彻底清除。

5.3.1　防范病毒

计算机病毒防范，是指通过建立合理的计算机病毒防范体系和制度，及时发现计算机病毒的侵入，并采取有效的手段阻止计算机病毒的传播和破坏，恢复受影响的计算机系统和数据。

计算机病毒的防治工作从宏观上讲是一个系统工程，需要全社会的共同努力。从国家的角度来说，应当通过对计算机病毒的系统研究，以科学、严谨的立法和严格的执法来打击病毒的制造者和蓄意传播者，同时建立专门的计算机病毒防治机构，从政策上和技术上组织、协调和指导全国的计算机病毒防治工作。从各级单位的角度来说，要牢固树立以防为主的思想，应当制定出一套具体的、切实可行的管理措施，以防止病毒的相互传播，建立定期专项培训制度，提高一般计算机使用人员的防病毒意识。从个人的角度来说，每个人都要遵守病毒防治的有关措施，应当不断学习、积累防治病毒的知识和经验，养成良好的防治病毒习惯，不仅不要成为病毒的制造者，而且也不要成为病毒的传播者。

具体来说每个单位、每个用户，一定要遵守以下规则。重要部门的计算机，一定要做到专机专用；必须配备杀毒软件，并及时升级；留意有关的安全信息，及时获取并打好系统的补丁；至少保证经常备份文件并杀毒一次；对于一切外来的文件载体(不论软盘、光盘、U盘、移动硬盘，包括网络上的共享文件夹)均要先查病毒、后使用；一旦遭到大规模的病毒攻击，应立即采取隔离措施，并向有关部门报告，然后再采取措施清除病毒；不使用盗版光盘；不玩电子游戏。

计算机病毒防范制度是防范体系中每个主体都必须遵守的行为规程，没有制度，防范体系就不可能很好地运作，就不可能达到预期的效果。用户必须依照防范体系对防范制度的要求，结合实际情况，建立符合自身特点的防范制度。

5.3.2 清除病毒

一旦遇到计算机破坏了系统也不必惊慌失措，尽量采取一些补救措施，恢复被计算机病毒破坏的系统。下面介绍计算机病毒感染后的一般修复处理方法。

首先必须对系统被破坏程度有一个全面的了解，并以此来决定采用哪些有效的清除方法和对策。如果受破坏的大多是系统文件和应用程序文件，并且感染程度较深，那么可以采取重装系统的办法。而当感染的是关键数据文件，或受破坏比较严重，比如硬件被CIH计算机病毒破坏时，就可以考虑请计算机病毒专家来进行清除和数据恢复工作。

修复前，尽可能再次备份重要的数据文件。目前防杀计算机病毒软件在杀毒前大多都能够保存重要的数据和被感染的文件，以便能够在误杀或造成新的破坏时可以恢复现场。但是对那些重要的用户数据文件等还是应该在杀毒前手工进行备份，备份不能做在被感染破坏的系统内，也不应该与平时的常规备份混在一起。

发现计算机病毒后，一般应利用防杀计算机病毒软件清除文件中的计算机病毒，如果可执行文件中的计算机病毒不能被清除，一般应将其删除，然后重新安装相应的应用程序。

杀毒完后重启计算机，再次用防杀计算机病毒软件检查系统中是否还存在计算机病毒，并确定被感染破坏的数据确实被完全恢复。

5.4 病毒和反病毒的发展趋势

计算机病毒是和计算机技术是同步发展的，下面介绍病毒的最新发展趋势和防病毒的最新技术。

5.4.1 病毒的发展趋势

近年来，高级持续性威胁(Advanced Persistent Threat，APT)威胁着企业的数据安全。APT是黑客以窃取核心资料为目的，针对客户所发动的网络攻击和侵袭行为，是一种蓄谋已久的“恶意商业间谍威胁”。这种行为往往经过长期的经营与策划，并具备高度的隐蔽性。

APT 的攻击手法在于隐匿自己，针对特定对象，长期、有计划性和组织性地窃取数据，这种发生在数字空间的偷窃资料、搜集情报的行为，就是一种“网络间谍”的行为。

APT 入侵客户的途径多种多样，主要包括以下几个方面。

(1) 以智能手机、平板电脑和 USB 等移动设备为目标和攻击对象继而入侵企业信息系统的方式。

(2) 社交工程的恶意邮件是许多 APT 攻击成功的关键因素之一，随着社交工程攻击手法的日益成熟，邮件几乎真假难辨。从一些受到 APT 攻击的大型企业可以发现，这些企业受到威胁的关键因素都与普通员工遭遇社交工程的恶意邮件有关。黑客刚一开始，就是针对某些特定员工发送钓鱼邮件，以此作为使用 APT 手法进行攻击的源头。

(3) 利用防火墙、服务器等系统漏洞继而获取访问企业网络的有效凭证信息是使用 APT 攻击的另一重要手段。

总之，高级持续性威胁(APT)正在通过一切方式，绕过基于代码的传统安全方案(如防病毒软件、防火墙、IPS 等)，并更长时间地潜伏在系统中，让传统防御体系难以侦测。

“潜伏性和持续性”是 APT 攻击最大的威胁，其主要特征包括以下内容。

(1) 潜伏性：这些新型的攻击和威胁可能在用户环境中存在一年以上或更久，它们不断收集各种信息，直到收集到重要情报。而这些发动 APT 攻击的黑客目的往往不是为了在短时间内获利，而是把“被控主机”当成跳板，持续搜索，直到能彻底掌握所针对的目标人、事、物，所以这种 APT 攻击模式，实质上是一种“恶意商业间谍威胁”。

(2) 持续性：由于 APT 攻击具有持续性甚至长达数年的特征，这让企业的管理人员无从察觉。在此期间，这种“持续性”体现在攻击者不断尝试的各种攻击手段，以及渗透到网络内部后长期蛰伏。

(3) 锁定特定目标：针对特定政府或企业，长期进行有计划性、组织性的窃取情报行为，针对被锁定对象寄送几可乱真的社交工程恶意邮件，如冒充客户的来信，取得在计算机植入恶意软件的第一个机会。

(4) 安装远程控制工具：攻击者建立一个类似僵尸网络 Botnet 的远程控制架构，攻击者会定期传送有潜在价值文件的副本给命令和控制服务器(C&C Server)审查。将过滤后的敏感机密数据，利用加密的方式外传。

5.4.2　病毒清除技术的发展趋势

上面介绍了计算机发展的最新趋势，下面来看看病毒清除的新技术和最新的发展方向。

1. 实时监测技术

这个技术为计算机构筑起一道动态、实时的反病毒防线，通过修改操作系统，使操作系统本身具备反病毒功能，把病毒拒于计算机系统之外。它可以时刻监测系统中的病毒活动，时刻监测系统状况，时刻检测软盘、光盘、因特网、电子邮件上的病毒传染，将病毒阻止在操作系统之外。由于采用了与操作系统的底层无缝连接技术，实时监测占用的系统资源极小，用户一方面感觉不到对计算机性能的影响，一方面根本不用考虑病毒侵袭的问题。

只要实时反病毒软件实时地在系统中工作，病毒就无法侵入计算机系统。可以保证的是，今后计算机运行的每一秒钟都会执行严格的反病毒检查，使从因特网、光盘、软盘等途径进入计算机的每一个文件都安全无病毒。

2. 自动解压缩技术

目前在因特网、光盘及 Windows 中接触到的大多数文件都是以压缩状态存放的，以便节省传输时间或节约存放空间，这就使得各类压缩文件成了计算机病毒传播的温床，按现在的技术，只能查出病毒，而无法消除。但自动解压缩技术能避免这个问题。

3. 跨平台反病毒技术

操作系统为了使反病毒软件做到与系统的底层无缝连接、可靠地实时检测和清除病毒，必须在不同的平台上使用跨平台的反病毒软件，只要在每一个结点上安装一套反病毒软件，那么这些结点就都能实时地抵御针对不同平台病毒的攻击。只有这样，才能做到网络的真正安全和可靠，实现反病毒技术的跨平台性。

5.4.3 防病毒系统的要求

1. 完整的产品体系和较高的病毒检测率

一个好的防病毒系统应该能够覆盖到每一种需要的平台。病毒的入口点非常多，一般需要考虑在每一种需要防护的平台上都部署防病毒软件，大体上分为客户端、邮件服务器、其他服务器、网关等几类平台。

2. 功能完善的防病毒软件控制台

网络防病毒所讲的不仅仅是可以对网络服务器进行病毒防范，更加重要的是能够对防病毒软件通过网络进行集中的管理和统一的配置。一个能够完成集中分发软件、进行病毒特征码升级的控制台是非常必要的。

为了方便集中管理，防病毒软件控制台首先需要解决的就是管理容量问题，也就是每一台控制台能够管理到的客户机的最大数目。对于一个企业内部的不同部门，可能需要设置不同的防病毒策略。一个好的控制台应该允许管理员按照 IP 地址、计算机名称、子网甚至 NT 域进行安全策略的分别实施。

3. 减少通过广域网进行管理的流量

在一个需要通过广域网进行管理的企业中，由于广域网的带宽有限，防病毒软件的安装和升级流量问题也是必须要考虑到的。好的防病毒软件应从各个方面考虑，尽量减少带宽占用问题。首先，自动升级功能允许升级发生在非工作时间，尽量不占用业务需要的带宽；其次，对于必须频繁升级的特征码，应采用必要的措施对其进行压缩，比如增量升级方式等。

4. 对计算机病毒的实时防范能力

传统意义上的实时计算机病毒防范是指防病毒软件能够常驻内存，对所有活动的文件进行病毒扫描和清除。这当然是一个防病毒软件必备的功能。这里说的防范能力是另外一种意义的自动病毒防范能力。目前由于病毒活动频繁，再加上网络管理员一般都工作忙碌，有可能会导致病毒特征码不能被及时更新。这就需要防病毒软件本身能够具有一定程度的未知病毒识别能力。

5. 快速及时的病毒特征码升级

能够提供一个方便、有效和快速的升级方式是防病毒系统应该具备的重要功能之一。正是由于防病毒软件需要不断进行升级，所以对防病毒软件厂商的技术力量和售后服务的要求也格外重要。

目前的防病毒工作的意义早已脱离了各自为战的状况，技术也不仅仅局限在单机的防病毒。目前，如果需要对整个网络进行规范化的网络病毒防范，就必须了解最新的技术，结合网络的病毒入口点分析，很好地将这些技术应用到自己的网络中去，形成一个协同作战、统一管理的局面，这样的病毒防范体系，才能够称得上是一个完整的、现代化的网络病毒防御体系。

应用案例

瑞星杀毒软件　“云安全”计划

瑞星杀毒软件引入了“云安全”的计划，如图 5.1 所示。

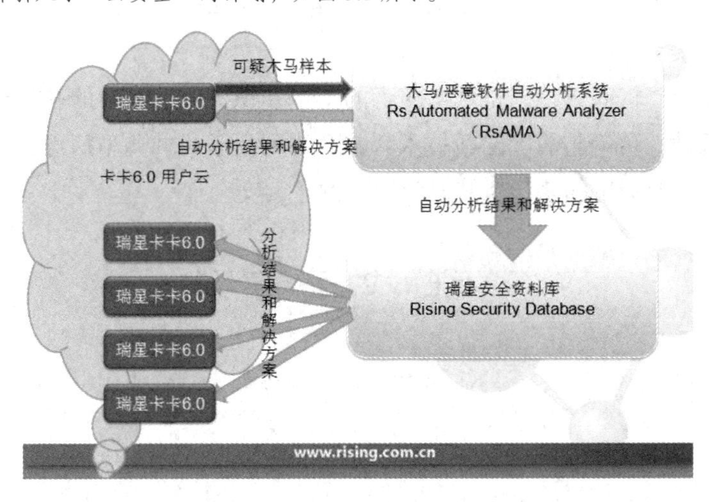

图 5.1　瑞星“云安全”计划

“云安全(Cloud Security)”计划是网络信息安全的最新技术体现，它融合了网格计算、并行处理、未知病毒行为判断等新兴技术和概念，通过 Internet 将瑞星用户的计算机和瑞星“云安全”平台实时联系，组成覆盖Internet的木马、恶意网站监测网络，能够在最短时间内发现、截获、处理海量的最新木马病毒和恶意网址，并将解决方案瞬时送达所有用户，提前防范各种新生网络威胁。每一位“瑞星全功能安全软件2009”的用户，都可以共享上亿瑞星用户的“云安全”成果。

随着瑞星“云安全”计划2.0版的正式推出，其矛头直指目前互联网安全的最大威胁——“挂马网页”(也称“挂马网站”或“染毒网页”)，通过对“挂马网页”的自动拦截，将木马病毒拦截在浏览器等网络入口，切断其进入用户计算机的通道。经过公测完善后的反“挂马网页”模块，将同时加载在“瑞星卡卡上网安全助手”新版本上，免费提供给广大用户。

据了解，目前90%以上的木马病毒通过“挂马”方式传播，这些木马通过黑客网站进行频繁升级，有些木马甚至几十分钟升级一个新版本。最近流行的“磁碟机”、“木马群”等，即是通过“挂马”方式感染用户计算机的。它们通过不断下载新木马，造成杀毒软件始终“杀不干净”的现象。如果不能从网络入口处进行拦截，那么木马病毒就会像“蝗虫军团”一样蜂拥而至，杀毒软件只能陷于“截获—查杀—再截获—再查杀……”的尴尬境地。

瑞星“云安全”2.0的策略，是在软件中加入“挂马网页”的自动诊断和收集模块，一旦发现疑似染毒网页，就立刻阻断木马病毒的下载，并将诊断信息传回瑞星技术平台进一步分析处理。这个模块已经加入“瑞星杀毒软件2009版”，正式名称是“木马入侵拦截——网站拦截”，通过一个多月的公测取得了令人兴奋的效果，目前每天可以收集到数千个被挂马的网址，这也说明了“挂马网页”的严重泛滥程度。

将木马病毒拦截在浏览器等网络入口，而不是等它们进入用户计算机后再进行截获和查杀，这是安全软件的一大技术突破。目前的木马病毒普遍加载攻击杀毒软件的模块，并且变种频繁，一旦其进入用户计算机后和杀毒软件展开对抗，全球没有一个安全厂商有100%的胜算。因此“云安全”2.0的“木马入侵拦截——网站拦截”，将在“截获—分析”模式的“云安全”1.0系统外围再构筑一道强大的防线，大大降低整个系统的压力，更有效地对付互联网上海量递增的新木马病毒。

5.5 本章小结

本章介绍了计算机病毒特别是网络病毒的基本知识，包括病毒的基本概念、分类、传染机制和破坏机制、防范与清除的新技术。本章还列举了几种典型病毒案例，介绍了国内著名的杀毒软件厂商瑞星的杀毒新技术应用案例“云安全”。

5.6 本章实训

实训：防病毒软件应用

实训目的

学会安装杀毒软件和使用杀毒软件。

实训环境

Windows 系列操作系统、常用杀毒软件，如瑞星、金山毒霸、360 杀毒软件、腾讯电脑管家等，一台电脑上只选一款杀毒软件完成本项实训，以下只以瑞星为例，其他类似。

实训内容

(1) 启动计算机。

(2) 启动瑞星杀毒软件安装程序，按照提示，选择必要组件安装，通常可以保持默认设置，如图 5.2 所示。安装过程将首先扫描内存并提示扫描结果，如图 5.3 所示。

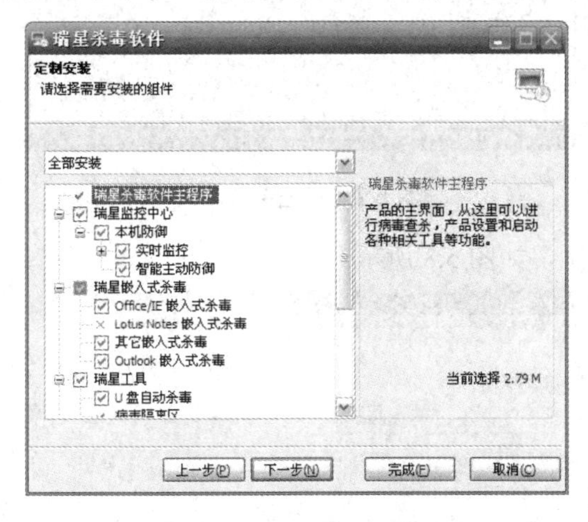

图 5.2　选择瑞星安装组件

图 5.3　提示内存扫描

(3) 安装结束后启动瑞星杀毒软件查杀病毒和进行系统设置，如图 5.4 和图 5.5 所示。

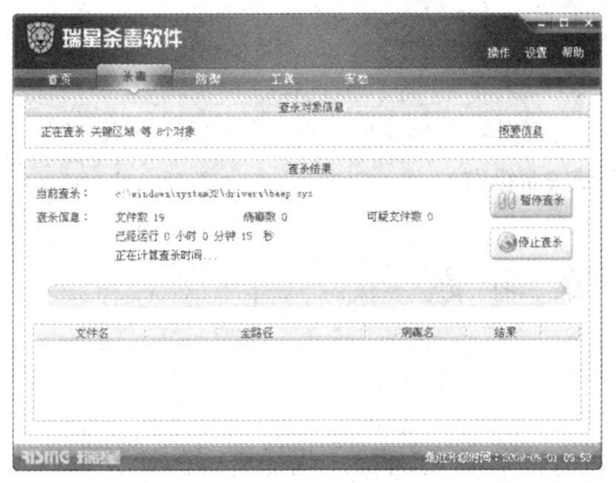

图 5.4　查杀病毒

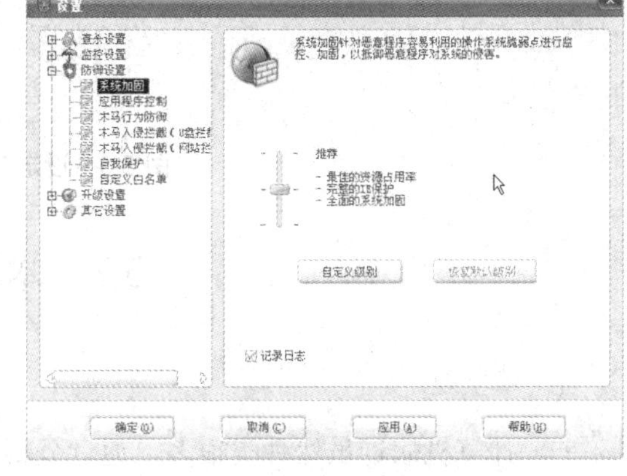

图 5.5　系统设置

(4) 开启瑞星安全防御功能组件，如图 5.6 所示。下载瑞星卡卡上网安全助手，扫描系统漏洞，如图 5.7 所示。

图 5.6　开启安全防御功能

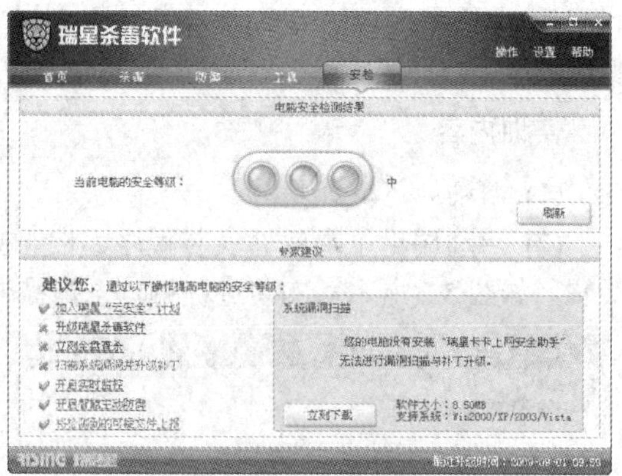

图 5.7　扫描系统漏洞

(5) 根据计算机系统安全需求设置安全级别，如图 5.8 所示。

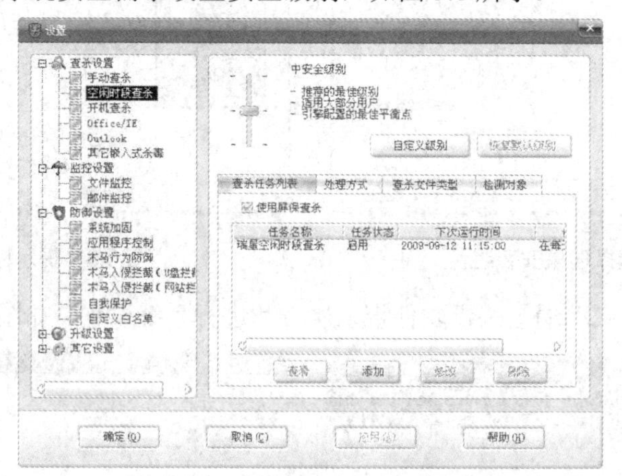

图 5.8　设定系统安全级别

5.7　本 章 习 题

1．填空题

(1) 计算机病毒虽然种类很多，通过分析现有的计算机病毒，几乎所有的计算机病毒都是由 3 个部分组成，即________、________和________。

(2) 病毒不断发展，把病毒按时间和特征可分成________个阶段。

(3) 病毒按传染方式可分为________型病毒、________型病毒和________型病毒 3 种。

(4) 目前病毒采用的触发条件主要有以下几种：________触发、键盘触发、感染触发、________触发、访问磁盘次数触发、调用中断功能触发和 CPU 型号/主板型号触发。

(5) 现在世界上成熟的反病毒技术已经完全可以彻底预防、彻底杀除所有的已知病毒，其中主要涉及以下三大技术：________技术、________技术和全平台反病毒技术。

2. 选择题

(1) (　　)是病毒的基本特征。计算机病毒也会通过各种渠道从已被感染的计算机扩散到未被感染的计算机。

A．潜伏性　　B．传染性　　C．欺骗性　　D．持久性

(2) 计算机病毒行动诡秘，计算机对其反应迟钝，往往把病毒造成的错误当成事实接受下来，故它很容易获得成功，故它具有(　　)。

A．潜伏性　　B．传染性　　C．欺骗性　　D．持久性

3. 简答题

(1) 简述计算机病毒的发展过程。

(2) 如何防范计算机病毒？

(3) 如何清除计算机病毒？

(4) 简要介绍病毒的危害。

(5) 简要介绍病毒发展的新技术。

(6) 简要介绍怎样识别病毒。

(7) 简述计算机病毒的新发展动向。

(8) 简述计算机的新防病毒技术。

第6章 Internet应用服务安全

教学目标

通过对本章的学习，读者应了解客户机/服务器模型，Internet的安全特点，熟练掌握Web、FTP、E-mail及SQL Server服务安全管理操作。

教学要求

知识要点	能力要求	相关知识
Web、FTP服务安全配置	掌握IIS、浏览器安全配置配置方法	身份认证、文件系统
电子邮件安全性配置	了解电子邮件安全风险、掌握Outlook Express安全实现方法	数字证书
SQL Server 安全策略配置	掌握SQL Server安全策略配置方法	身份认证、安全审计

引例

作为 Internet 最常用的应用服务，Web、FTP、E-mail 和 SQL Server 为用户提供了广阔的信息共享与交换平台。但这些应用服务也存在着严重的安全隐患。

WWW 服务器可能会被恶意篡改，被植入病毒或木马，也可能被伪造，欺骗用户上当。

FTP 服务器如果配置不当会丢失用户文件、泄露机密文件或被上传垃圾文件。

E-mail 服务也存在诈骗、泄密和传播病毒、蠕虫和木马的风险。

SQL Serve 可能遭到 SQL 注入攻击使数据库信息通过网页被非法访问。

了解应用服务安全知识可以回避更多的安全风险。

本章在简要介绍完 Internet 安全后，重点对 Web、FTP、E-mail、SQL Server 服务的安全进行详细讨论，并提供一些可行的安全措施。

6.1　Internet 应用服务概述

本节对 Internet 主要的网络应用服务作简要描述。

6.1.1　应用服务的划分

Internet 发展迅速，提供的服务在不断增加，应用领域也迅速扩大，其中提供的应用服务主要有以下几种。

1. Web 服务

最初的 WWW 服务仅提供一些文本、图片信息的浏览功能。随着技术的进步，目前 WWW 服务已经和电子邮件服务、FTP 服务、多媒体服务和数据库服务等紧密集成，通过浏览器收/发电子邮件和上传下载文件等已经日益普及，是目前最重要的应用服务。

2. 电子邮件服务

电子邮件服务是 Internet/Intranet 上最经典的服务。通过申请一个电子邮件信箱，就可以向其他拥有信箱的用户发送文件、声音和图片等。

3. 终端服务

终端服务主要用于远程管理和远程运行应用程序。终端服务可以允许用户将基于 Windows 的应用，或 Windows 桌面本身，虚拟到任何计算机(包括那些不能运行 Windows 的计算机)。比如，在安装 Windows 98 的计算机上同样可以使用 Windows 2000 的桌面等。

4. 路由和远程访问服务

路由和远程访问服务主要用于构建网络路由器和远程访问服务器，可以把安装了 Windows 2000/Linux 的服务器作为主机路由器使用。

5. 虚拟专用网(VPN)服务

VPN 服务用于构建机密的网络，所有信息被加密后在网络上进行传送。

6. 域名服务

域名服务主要用于构建域名解析服务。域名解析服务是将网络上一个具有意义的字符名称转换为服务器的 IP 地址的服务。在浏览器中输入 www.sina.com 这样的域名时，使用的就是 DNS 服务。

7. 动态主机配置协议服务

动态主机配置协议服务主要用于构建 DHCP 服务。由于 Internet 上的 IP 地址资源有限，因此目前很多拨号上网的用户使用的是随机分配的 IP 地址，这就是 DHCP 服务的作用。

8. 流媒体服务

流媒体服务主要用于构建网络视频点和多播服务，实际上是在企业内联网上用于分发数字媒体内容的服务器端组件。除了分发传统的数字内容，如文件和 Web 服务之外，它还可以提供最具可靠性、可管理性和经济性的流媒体分发解决方案。

9. FTP 服务

FTP(File Transfer Protocol，文件传输协议)服务用于在计算机之间方便地传递文件。FTP 服务器上存储了大量的共享或免费软件和资料。用户可以根据需要连接到特定的 FTP 服务器下载文件，经过授权的用户还可以向 FTP 服务器上传文件。如果在 Internet 上申请了免费的主页空间，就可以利用 FTP 软件来维护站点。

10. 新闻服务

新闻服务是一种特殊的讨论组。在新闻服务器上按照各种主题，分门别类地组织成新闻组，用户可以使用专门的新闻软件连接到新闻服务器，浏览新闻组的内容，发表文章等。

11. 代理服务

代理服务器实际上就是一台普通的计算机，安装好代理服务软件后，为局域网内的所有计算机提供连接 Internet 的代理。代理服务器可以将局域网的结构屏蔽起来，Internet 上的计算机不能直接访问局域网，同时，可以通过过滤 IP 地址等方法限制局域网内计算机对 Internet 的访问。由于所有的局域网主机连接到 Internet 都经过代理服务器进出，因此，在代理服务器上可以设置用户的权限、记账、限制用户的访问时间、信息流量、访问日志记录等功能。通过代理服务器连接 Internet 是中小企业局域网连接 Internet 的切实可行的方法。

除了上述传统的网络服务外，目前 Intranet/Internet 上还正在发展一些新兴的服务，这些网络服务在组建网络时也经常被使用。

12. 即时通信服务

通过专门建立的服务器保存网友的在线信息，为每个用户分配一个数字号码，通过这些号码就可以在需要的时候查询对方是否在网上，双方可以发送文件、语音通话、参加讨论等。使用这些服务的用户必须向服务器注册，申请一个唯一的号码。Internet 上的 ICQ 和 QQ 服务类似于网络上的寻呼台，而拥有一个唯一的 QQ 号码则类似于给自己配置一个寻呼机。

ICQ 是从国外发展起来的，而 QQ 则是由国内的腾讯公司自主开发的适合中国国情的即时通信服务软件，目前在国内拥有广泛的用户群。起初，ICQ 和 QQ 服务仅仅在 Internet 上提供服务。目前，利用腾讯公司提供的软件也可以在 Intranet 上构建 QQ 服务。

13. 网络办公服务

OA(Office Auto，办公自动化)是指利用网络通信设施和网络应用平台，构建的安全、可靠、高效和开放的办公自动化系统，为管理部门提供综合的信息服务，实现办公业务处理自动化和管理流程化，以提高办公效率和办公水平。正是由于 OA 的这些特点，目前已经在政府部门和企事业单位内部获得了较广泛的应用，成为电子政务中不可缺少的重要组成部分。OA 主要在电子政务中肩负起公文自动流转和规范管理的任务。

随着“电子政务”的不断推进，OA 必将得到越来越广泛的应用，OA 服务也成为目前新兴的网络服务。

14. 数字证书服务(PKI 和 CA)

在日常生活中，每个人都有一个唯一号码的身份证，数字证书的作用与之类似。它是在 Internet 上要从事一些需要安全保密工作时必备的“个人身份证”，是由权威机构发行的，在网络通信中标志通信各方信息的一系列数据。

网络上进行通信的各方均向 PKI 中的数字证书颁发机构申请数字证书，通过 PKI 系统建立的一套严密的身份系统来保证：信息在传输过程中不被篡改；发送方能够通过数字证书确认接收方的身份；发送方对于自己的信息不能抵赖。

PKI(Public Key Infrastructure，公钥结构)即完整的公钥解决方案，利用公钥加解密技术来实现网络信息安全，代表了当今世界安全技术领域的最高水平。PKI 技术是包括软、硬件技术和网络技术的综合，对于 Internet 上的网络信息安全具有重大的意义。目前世界各国都在研究、制定本国的 PKI 相关法规和基础建设。我国的 PKI 建设和应用目前还主要在银行业、电信业、外贸业、工商业和海关等。通过 Internet 炒股、购物、办理网上银行业务、网上纳税以及网上电子政务的同时，就是在使用 PKI 提供的服务。

6.1.2　Internet 的安全

1. 安全隐患

Internet 本身是没有边界的、全球的互联网，不属于任何一个组织和任何一个国家；在 Internet 上既没有法令也没有法规，人们的行为几乎不受制约。由于没有国际互联网上通行的国际法规，所以对犯罪没有处理的依据。Internet 有很多安全隐患，主要表现在以下几方面。

(1) Internet 是跨国界的，黑客乐于进行跨国攻击。通过 IP 地址识别网络上的用户是完全不可靠的。众所周知，大多数国家都实行身份证或户籍管理制度，这种制度就是把人和他的身份对应起来，通过身份来控制和管理个人。但是在 Internet 上，IP 地址只是一个数字的标志，根本不能代表实际的身份，通过 IP 地址来识别和管理存在严重的安全漏洞。

(2) Internet 本身没有中央管理机制，没有法令和法规。

(3) Internet 从技术上来讲是开放的、标准的，是为君子设计而不防小人的。

(4) Internet 没有审计和记录的功能，也就是说对发生的事情没有记录，这也是一个安全隐患。

2. 产生原因

1) 薄弱的认证环节

Internet 的许多安全隐患是因为使用了薄弱的、静态的密码。Internet 上的密码可以通过许多方法破译。其中最常用的两种方法是把加密的密码解密和通过监视信道窃取密码。UNIX/Linux 操作系统通常把加密的密码保存在一个文件中，而普通用户也可读取该文件，这个密码文件可以通过简单的复制或其他方法得到。一旦密码文件被闯入者得到，他们就可以使用解密程序。如果密码是薄弱的，如少于 8 个字符或是英语单词，就可能被破译，然后用来获取对系统的访问权。

有一些 TCP 或 UDP 服务只能对主机地址进行认证，而不能对指定的用户进行认证。例如，网络文件系统(NFS，Netware File System)服务器不能做到只给一个主机上的某些特定用户访问权，它只能给整个主机访问权。在该系统中，假如一个服务器的管理员也许只信任某一主机的某一特定用户，并希望该用户拥有访问权；但是管理员无法控制该主机上的其他用户，也就是说只能允许所有的用户访问或禁止所有用户访问。

2) 系统的易被监视性

当用户使用 Telnet 或 FTP 连接到远程主机上的账户时，在 Internet 上传输的密码是没有加密的，那么侵入系统的一个方法就是通过监听获取带用户名和密码的 IP 包，然后使用这些用户名和密码，登录到系统。如果被截获的是管理员的密码，那么获取特权访问就变得更为容易了，当前有很多系统已经被这种方法入侵。

大多数用户不加密邮件，而且许多人认为电子邮件是安全的，所以用它来传送敏感的内容。因此电子邮件可以被监视从而泄露敏感信息。

X-Windows 系统同样也存在易被监视的弱点。X-Windows 系统允许在一台工作站上打开多重窗口来显示图形或多媒体应用。闯入者有时可以在另外的系统上打开窗口来读取可能含有密码或其他敏感信息的文件。

3) 网络系统易被欺骗性

Internet 上的主机是通过 IP 地址进行访问的。如果使用了 IP 地址欺骗，那么攻击者的主机就可以冒充一个被信任的主机或客户从而侵入系统。

一个更简单的方法是等用户系统关机后来模仿该系统。在许多组织中，经常使用 UNIX 主机作为局域网服务器，员工用个人计算机和 TCP/IP 网络软件来连接和使用它们。个人计算机一般使用 NFS 来对服务器的目录和文件进行访问(NFS 仅仅使用 IP 地址来验证客户)。一个攻击者在几小时内就可以设置好一台与合法用户使用相同的名字和 IP 地址的个人计算机，然后与 UNIX 主机建立连接，就好像他是“真的”客户，这是非常容易实现的攻击手段，但一般是内部人员所为。

其他一些服务(如域名服务)也可以被欺骗，不过手段比电子邮件更为复杂。使用这些服务时，必须考虑潜在的危险。

4) 复杂的设备和控制

对主机系统的访问控制通常很复杂而且难于验证其正确性。因此，偶然的配置错误会使闯入者获取访问权。

许多 Internet 上的安全事故的起因是由那些被闯入者发现的弱点造成的。由于目前大多数 Linux 系统都采用开放源代码方式开发，而源代码又可以轻易得到，所以闯入者可以通过研究其中可利用的缺陷来侵入系统。存在缺陷的部分原因是软件的复杂性，因而没有能力在各种环境中进行测试。有些软件缺陷很容易被发现和修改；而另一些缺陷只能重写该软件才能被更正。

5) 通信协议存在安全问题

网络通信的基础是协议，TCP/IP 协议是目前国际上最流行的网络协议。该协议在设计时没有过多考虑安全因素。主要原因是如果考虑安全因素太多，将会增大代码量，从而降低 TCP/IP 的运行效率。TCP/IP 协议在设计上就是不安全的，黑客利用一些伪造的 IP 发送地址，制造一些虚假的数据分组来充当合法工作站发送的分组，其他还有 UDP 欺骗、TCP 序列号攻击、ICMP 袭击、IP 碎片袭击等。

6.2 Web 服务的安全

WWW 服务又称 Web 服务，是建立在 HTTP(超文本传输协议)上的全球信息库，是 Internet 上 HTTP 服务器的集合，在短时间内得到迅猛发展，是人们最常用的 Internet 服务。目前 Web 站点遍及世界各地，万维网用超文本技术把 Web 站点上的文件链接在一起，文件可以包括文本、图形、声音、视频以及其他形式。用户可以自由地通过超文本导航从一个文件进入另一个文件，方便搜索信息。不管文件在哪里，只要在 HTTP 协议连接的字或图上用鼠标单击一下就行了。

搜索 Web 文件的工具是浏览器，常用的浏览器是Netscape Navigator 和 Microsoft Internet Explorer。HTTP 只是浏览器中使用的一种协议，浏览器还会使用 FTP、GOPHER、WAIS 等协议，也会包括 NNTP 和 SMTP 等协议。因此，当用户在使用浏览器时，实际上是通过 HTTP 申请服务，也会去申请 FTP、GOPHER、WAIS、NNTP 和 SMTP 等服务器。这些服务器都存在漏洞，是不安全的。

浏览器由于灵活而备受用户的欢迎，而灵活性也会导致控制困难。浏览器比 FTP 服务器更容易转换和执行，但是一个恶意的侵入也就更容易得到转换和执行。浏览器一般只能理解基于如 HTML 格式、JPEG 和 GIF 图形格式等的数据格式，对其他的数据格式，浏览器是通过外部程序来观察的。因此用户一定要注意哪些外部程序是默认的，不能允许那些危险的外部程序进入站点。用户不要随便增加外部程序，不要轻信陌生人的建议而随便地进行个性化外部程序的配置。

大部分 Web 站点注意的只是站点内容的安全。但是通过 WWW 会引入外部文件和程序，通过超文本会进入其他站点的文本。它们一般对这些文本和程序的安全性考虑得很少，因此会带来很多安全问题。

6.2.1 IIS-Web 安全设置

为了适应目前 Internet/Intranet 的潮流，各公司纷纷推出自己的 WWW 信息发布产品，微软公司也不例外。在微软公司推出的一系列应用产品和开发工具中，有许多是免费提供给用户使用的，从而占有很大的市场份额。在这些免费产品中，有一套名为 IIS (Internet Information Server)的 Web 服务器产品。

1. IIS 的安全设置

1) 避免安装在主域控制器上

在安装 IIS 后，将在安装的计算机上生成 IUSR_Computername 匿名账户(Computername 为服务器的名字)，该账户被添加到域用户组中，从而把应用于域用户组的访问权限提供给访问 Web 服务器的每个匿名用户，这不仅给 IIS 带来了巨大的潜在危险，而且还可能牵扯到整个域资源的安全，因此要尽可能避免把 IIS 安装在域控制器上，尤其是主域控制器。

2) 避免安装在系统分区上

把 IIS 安装在系统分区上，会使系统文件与 IIS 同样面临非法访问，容易使非法用户侵入系统分区。

3) 通过使用数字与字母(包括大小写)相结合的密码，提高修改密码的频率，封锁失败的登录尝试以及账户的生存期等方法，对一般用户账户进行管理。

4) 端口安全性的实现

对于 IIS 服务，无论是 WWW 站点、FTP 站点，还是 NNTP、SMTP 服务等都有各自监听和接收浏览器请求的 TCP 端口号(Post)，一般常用的端口号为：WWW 是 80，FTP 是 21，SMTP 是 25，可以通过修改端口号来提高 IIS 服务器的安全性。如果修改了端口设置，只有知道端口号的用户才可以访问，但用户在访问时需要指定新端口号。

2. IIS-Web 服务器的安全性

Web 服务器是 IIS 中一个强有力的、功能全面的工具，它优于其他同类产品。作为 Windows 2000 Server 下的一项服务运行时，能为各种规模的网络提供快速、方便、安全的 Web 出版功能。如果计划建立 Web 网站，要确保 Web 网站及其内容的安全和网络及其资源的安全，除了在前面提到的 IIS 安全措施外，还要采取其他相应的手段。

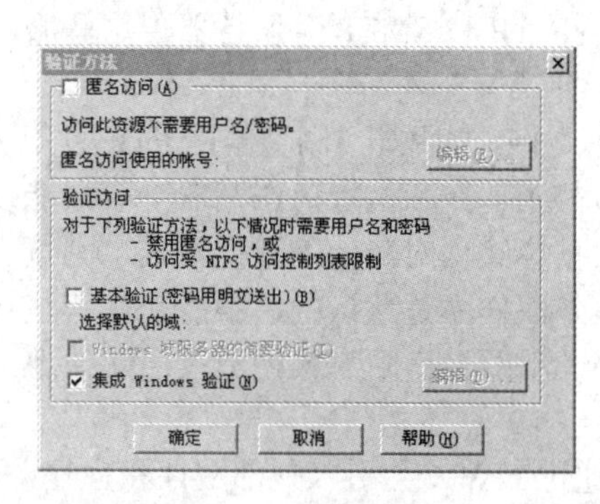

图 6.1 验证方法

1) 登录认证的安全

IIS-Web 服务器对用户提供 3 种形式的身份认证，如图 6.1 所示。

(1) 匿名访问方式。匿名访问就是不用验证，用户并不需要输入用户名和密码，都是使用一个匿名账号登录网站。在这 3 种身份认证中它的安全性是最低的，用户可以禁止匿名访问方式。默认的匿名账号的格式是：IUSR_主机名。

(2) 基本验证方式。目前大部分公司主页网站设置为基本验证，而且不允许匿名访问，所以浏览器浏览公司主页网站时，需要拥有 Windows 2000 Server 的用户账号和密码，浏览器会出现一个【输入网络密码】对话框，输入用户名和密码后，输入的数据会送到 Web 服务器进行基本验证，身份无误后才能进入 Web 站点的首页。

(3) 集成 Windows 验证方式。集成 Windows 验证与基本验证方法相同，只是对传送的数据会进行加密保护，目前只有 Internet Explorer 浏览器支持这种验证方式。集成验证和基本验证不同的地方在于登录网站时并不会马上显示用户输入网络密码的对话框，而是先以客户端用户进行信息验证。如果客户端用户没有足够的权限，才会显示输入密码的对话框。在使用集成 Windows 验证时有下列注意事项(无法使用在 Proxy 服务器的网络，不支持 Netscape 浏览器)。

首先需要了解匿名访问的严重后果，并采取预防措施来确保为匿名访问创建的账户拥有适应的许可权。若要设置用户对 Web 服务器进行访问的类型，可在 IIS 服务管理器中双击 WWW，调出 Web 服务器再双击 Web 服务器，以显示 Web 属性对话框。在对话框中可以看到，设置 Web 服务器服务程序可以使用多种选项。对于安装的大多数 IIS 而言，默认选项最好。

如果希望允许所有用户进行访问，一定要确保同意匿名访问。按照默认设置，当 IIS 安装好后，在用户数据库就会创建一个新用户账户，其名字为 IUSR_，后接已安装好的服务器名。例如，如果服务器名为 FS，新用户账户则为 IUSR_FS。当账户创建好，它被赋予有限的访问权，并增加到域用户、客人用户和 Everyone 组中。

此外，IUSR_账户被赋予在本地登录的权限。所有 Web 用户都必须具有这种权限，原因是他们的请求被传送至 Web 服务器服务程序，该服务程序利用他们的账户去登录，接着允许 Windows 2000 分配相应的访问权。

如果希望所有用户按照特定的用户账户和密码得到验证，仅清除 Anonymous Logon(匿名登录)选项即可。那将要求各用户在访问服务器的资源前输入有效的用户 ID 和密码。如果能启动启示功能，就能查看到谁正在访问 Web 服务器以及他们所进行的操作。

2) 设置用户审核

安装在 NTFS 文件系统上的文件夹和文件，一方面要对其权限加以控制，对不同的用户组和用户进行不同的权限设置。另外，还可利用 NTFS 的审核功能对某些特定用户组成员读文件的企图等方面进行审核，有效地通过监视如文件访问、用户对象的使用等发现非法用户进行非法活动的前兆，以及时加以预防制止，如图 6.2 所示。

3) 设置 WWW 目录的访问权限

对已经设置 Web 目录的文件夹，可以通过操作【Web 站点】选项卡实现对 WWW 目录访问权限的控制，而该目录下的所有文件和子文件夹都将继承这些安全性。WWW 服务除了提供 NTFS 文件系统提供的权限外，还提供读取权限，允许用户读取或下载 WWW 目录中的文件；执行权限，允许用户运行 WWW 目录下的程序和脚本，如图 6.3 所示。

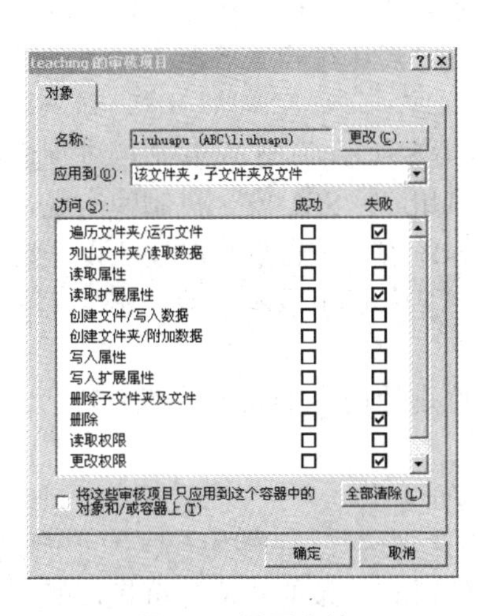

图 6.2　设置审核

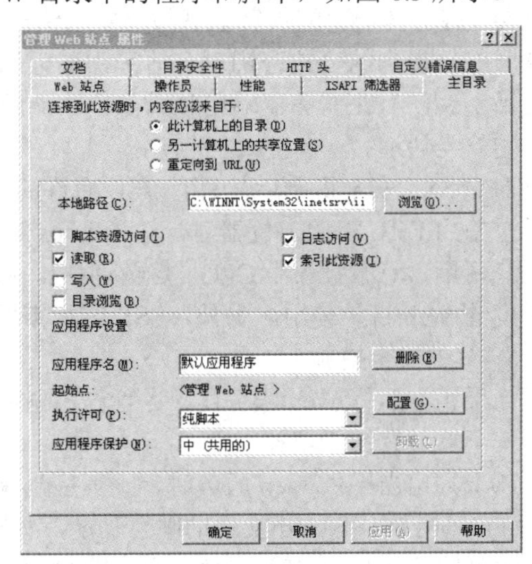

图 6.3　在【主目录】选项卡中设置权限

为确保网站的安全性，配置 Web 服务器可以看到的目录以及相应的访问层次也是很重要的。第一次安装 IIS 时，按照默认设置，它会自行创建一个名为 InetPub 的目录，接着为其提供的 Internet 服务生成根目录。Web 服务器的根目录默认为 wwwroot，它应当是主页所在的位置。接着可以用 Directories 标签来增加存储额外内容的新目录。

4) IP 地址的控制

用户可以设置允许或拒绝从特定 IP 发来的服务请求，有选择地允许特定主机的用户访问服务，可以通过设置来阻止除指定 IP 地址外的整个网络用户来访问自己的 Web 服务器，如图 6.4 所示。

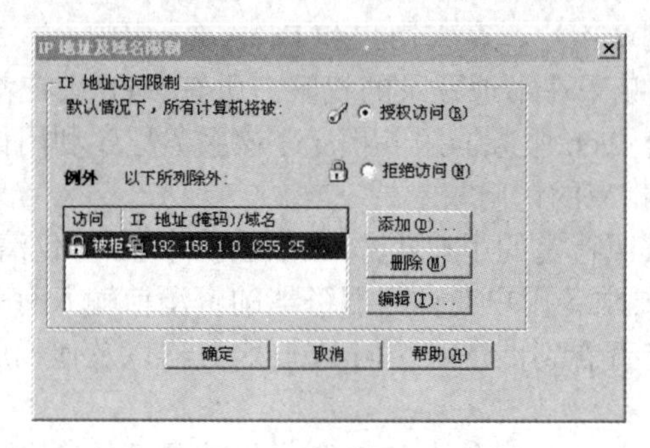

图 6.4　IP 地址访问限制

5) 使用 SSL

IIS-Web 的身份认证除了匿名访问、基本验证和集成 Windows 验证外，还有一种安全性更高的认证：通过 SSL 使用数字证书进行访问。

SSL 位于 HTTP 层和 TCP 层之间，它建立用户与服务器之间的加密通信，确保所传递信息的安全性。

SSL 工作在公共密钥和私人密钥基础上，任何用户都可以获得公共密钥来加密数据，但解密数据必须要通过相应的私人密钥。使用 SSL 安全机制，首先客户端与服务器之间建立连接，服务器把它的数字证书与公共密钥一并发送给客户端，客户端随机生成会话密钥，用从服务器得到的公共密钥对会话密钥进行加密，并把会话密钥在网络上传递给服务器，而会话密钥只有在服务器端用私人密钥才能解密，这样，客户端和服务器端就建立了一个唯一的安全通道。

建立 SSL 安全机制后，只有 SSL 允许的客户才能与 SSL 允许的 Web 站点进行通信，并且在使用 URL 资源定位器时，输入 https://，而不是 http://。SSL 安全机制的实现，将增大系统开销，增加服务器 CPU 的额外负担，从而降低系统性能，在规划时建议仅考虑为高敏感度的 Web 目录使用。另外，SSL 客户需要使用 IE 3.0 及以上版本才能使用。

6) 其他安全措施

如果正在运行 Web 服务器，尽管已根据以前所讨论过的内容采取了预防措施，也许仍有些安全漏洞有待于填补。

以下列出当提供 Web 服务时，一般应当采取的措施。

(1) 停用.bat 和.cmd 文件的映射功能。如果黑客们拿到这些 Web 服务器上的可执行文件，就可能运行这些 Web 文件。通过取消对脚本程序的所有目录的阅读许可权，就可以停用某些文件夹的映射功能。

(2) 将脚本程序和数据存储在不同的目录，务必使包含脚本程序的目录只拥有执行许可。

(3) 禁止使用 Directory Browsing Allowed(允许目录浏览)。这一功能启动后会给出一个浏览器，该浏览器含有某个目录中的超文本文件列表，从而使黑客能篡改目录中的文件。

(4) 避免使用 Remote Virtual Directories(远程虚拟目录)。务必将 IIS 的所有可执行文件及数据安装在同一台机器上，并利用 NTFS 来保护。当用户试图从远程目录访问文档时，总是使用输入到属性页上的用户名和密码，这就有可能绕过访问控制列表。当编写和使用 CGI 脚本程序时，一定要小心，有经验的黑客也许会利用编写拙劣的 CGI 脚本程序对系统进行非法访问。

(5) 牢记特权最小的原则。如果计划只运行 Web 服务器，那么就只激活 Web 服务器主机的端口 80。

(6) 全面测试 Web 服务器的安全性,设法发现并弥补任何漏洞。

6.2.2　浏览器的安全性

在 Internet 中,计算机网络安全级别高低的区分是以用户通过浏览器发送数据和浏览访问本地客户资源能力的高低来区分的。安全和灵活是一对矛盾的东西。高的安全级别必然带来灵活性的下降和功能的限制。Web 技术的发展也是安全和强大功能的平衡。纯粹文字的 HTML 或许是安全的(如果把内容给予用户身心带来的冲击，比如暴力、色情等不看作安全问题)，但这样功能会受到很大限制。

安全是和对象是相关的。一般可以认为，小组里十分可信的站点，例如，办公室的软件服务器的数据和程序是比较安全的，同时公司的站点是中等水平安全的，当然 Internet 上的大多数访问被认为是相当不安全的，其中黑客们的访问自然是极不安全的。

基于对访问对象和访问方法的划分,高版本的 IE 定义了 4 个通过浏览器访问 Internet 的安全级别：高、中、中低、低；并定义了 4 类访问对象：Internet、本地 Internet(即 Intranet)、可信站点和受限站点。也就是说 IE 支持 Cookies、ActiveX、Java 等网络新技术，同时也可以通过安全配置来限制用户使用 ActiveX 控件、使用 Cookies、使用脚本(Script)、下载数据和程序、验证用户登录及对于标准 HTML 的一些可能带来问题的特性的限制，如 Frame(框架网页)的使用、提交表单的方式等。一般可以从以下几个方面提高使用浏览器的安全性。

1. Cookies 及安全设置

1) Cookies

Cookies 是由 Netscape 开发并将其作为持续保存状态信息和其他信息的一种方式，目前绝大多数浏览器都支持 Cookies 协议。如果能够链入网页或其他网络的话，就可以使用 Cookies 来传递某些具有特定功能的小信息块。Cookies 是一个储存于浏览器目录中的文本文件，约由 255 个字符组成，仅占 4KB 硬盘空间。当用户正在浏览某站点时，它储存于用户机的 RAM 中；退出浏览器后，它储存于用户的硬盘中。储存在 Cookies 中的大部分信息是普通的信息。例如，当浏览一个站点时，此文件记录了每一次的击键信息和被访站点的 URL 等。但是许多 Web 站点使用 Cookies 来储存私人的数据，例如，注册密码、用户名、信用卡编号等。若想查看储存在 Cookies 文件中的信息，可以从浏览器目录中查找名为 Cookies.txt 或 MagicCookies(Mac 机)的文件，然后利用文本编辑器和字处理软件打开查看即可。Cookies 是以标准文本文件形式储存的，因此不会传递任何病毒，所以从普通用户意义上讲，Cookies 本身是安全可靠的。

但是，随着互联网的迅速发展，网上服务功能的进一步开发和完善，利用网络传递的资料信息愈来愈重要，有时涉及个人的隐私。因此，关于 Cookies 的一个值得关心的问题并不是 Cookies 对自己的机器能做些什么，而是它能存储些什么信息或传递什么信息到服务器中。HTTP Cookies 可以被用来跟踪网上冲浪者访问过的特定站点，尽管站点的跟踪不用 Cookies 也容易实现，不过利用 Cookies 使跟踪到的数据更加坚固可靠。由于一个 Cookies 是 Web 服务器放置在机器上的、并可以重新获取档案的唯一标识符，因此 Web 站点管理员可以利用 Cookies 建立关于用户及其浏览特征的详细档案资料。用户登录到一个 Web 站点后，在任一设置了 Cookies 的网页上的单击操作信息都会被加到该档案中。档案中的这些信息暂时主要用于对站点的设计维护，但除站点管理员外并不否认被别人窃取的可能，假如这些 Cookies 持有者们把一个用户身份链接到他们的 Cookies ID，利用这些档案资料就可以确认用户的名字及地址。此外，某些高级的 Web 站点(如许多的网上商业部门)实际上采用了 HTTP Cookies 的注册鉴定方式。当用户在站点注册或请求信息时，经常输入确认他们身份的登记密码、E-mail 地址或邮政地址到 Web 页面的窗口中，从 Web 页面收集用户信息并提交给站点服务器，服务器利用 Cookies 持久地保存信息，并将其放置在用户机上，等待以后的访问。这些 Cookies 内嵌于 HTML 信息中，并在用户机与站点服务器间来回传递，如果用户的注册信息未曾加密，将是很危险的。

2) 拒绝 Cookies 的方法

如果感到不安全的话，可以拒绝 Web 服务器设置的 Cookies 信息或当服务器在浏览器上设置 Cookies 时显示警告窗口，它将告知设置的 Cookies 的值及删除所花费的时间。在 Windows 下拒绝接收 Cookies，可以删除 Cookies 文件内容或把文件属性设置为只读和隐含。在浏览器下拒绝的具体方法如下。

(1) 如果想禁止个别的 Cookies，例如，记录双击键操作的 Cookies，可以通过删除相应文件内容来破坏这些 Cookies，然后把文件属性改为只读、隐藏、系统属性，并且存储文件。当登录到一个设置了这种 Cookies 的站点时，它既不能从 Cookies 读取任何信息，也不会传递新的信息。

(2) 通过 IE 浏览器总体提供的 Cookies 的【安全】选项卡，如图 6.5 所示，单击下方的【自定义级别】按钮。

在弹出的【安全设置】对话框中，移动对话框中的垂直滚动滑块，直到出现 Cookies 设置选项，图 6.6 所示有两个 Cookies 选项。

① 【允许使用存储在您计算机上的 Cookies】选项指定 IE 如何处理来自 Web 站点的永久 Cookies。Cookies 是由 Internet 站点创建的文件，用于在计算机上存储有关用户的信息(例如身份和访问该站点时的首选项)。永久 Cookies 以文件的形式存储在计算机上，当 IE 关闭时，它仍然保留在计算机上。要指定 IE 接收 Cookies 而不必先提示，选中【启用】单选按钮。要指定 Internet Explorer 在即将接收来自 Web 站点的 Cookies 时发出警告，选中【提示】单选按钮。要指定不允许 Web 站点将 Cookies 存储到计算机上，而且 Web 站点不能读取本机上已有的 Cookies，选中【禁用】单选按钮。一般来说，为提高安全性应选择【禁用】单选按钮。

② 【允许使用每个对话 Cookies(未存储)】选项指定 Internet Explorer 如何处理来自 Web 站点的临时 Cookies。如果希望 Internet Explorer 直接接收 Cookies 而不是事前提醒，选中【启用】单选按钮。如果希望 Internet Explorer 在即将接收来自 Web 的 Cookies 时向用户发出警告，

可选中【提示】单选按钮。如果不允许来自 Web 站点的 Cookies 进入用户的计算机，并且不允许用户计算机上已有的 Cookies 被 Web 站点读取，可选中【禁用】单选按钮。

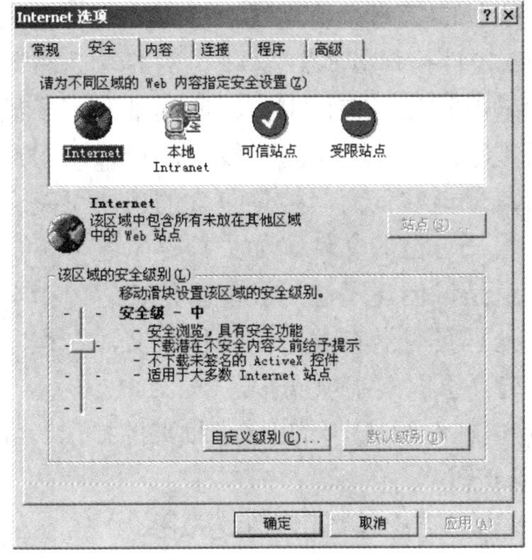

图 6.5　IE 安全选项卡

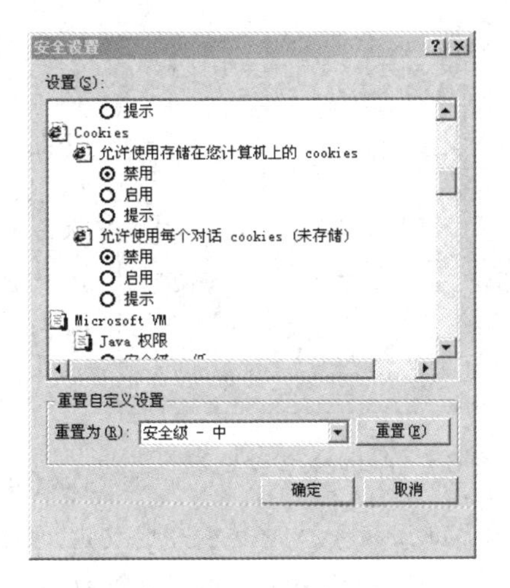

图 6.6　Cookies 的安全设置选项

(3) 通过注册表禁止 Cookies。用户可删除注册表中的如下条目。

HKEY_LOACL_MACHINE\SOFTWARE\Microsoft\Windows\CurrentVersion\InternetSettings\Cache\Special Paths\Cookies，然后重新启动机器，并删除 Windows\Cookies 目录。

2. ActiveX 及安全设置

1) ActiveX

ActiveX 是 Microsoft 公司提供的一种高级技术，它可以像一个应用程序一样在浏览器中显示各种复杂的应用。

ActiveX 是一种技术集合，包括 ActiveX 控件、ActiveX 文档、ActiveX 服务器框架、ActiveX 脚本、HTML 扩展等，它使得在万维网上交互内容得以实现。利用 ActiveX 技术，网上应用变得生动活泼，伴随着多媒体效果、交互式对象和复杂的应用程序，使用户犹如感受 CD 质量的音乐一般。它的主要好处是：动态内容可以吸引用户，开放的、跨平台支持可以运行在 Macintosh、Windows 和 UNIX 操作系统上。ActiveX 也是一种开放开台，可以使开发人员为 Internet 和企业网开发出程序。

因为 ActiveX 的强大功能，它可以做很多的事情，所以它的危害性也就进一步加大了。用户通过浏览器浏览一些带有恶意的 ActiveX 控件时，这些控件可以在用户毫不知情的情况下执行 Windows 系统中的任何程序，给用户带来很大的安全风险。

2) ActiveX 的安全设置

在 IE 中，也可以对 ActiveX 的使用进行限制。

在出现图 6.5 所示的【安全】选项卡中，单击【自定义级制】按钮，出现【安全设置】对话框。移动对话框中的垂直滑块，出现【ActiveX 控件和插件】设置选项，如图 6.7 所示。

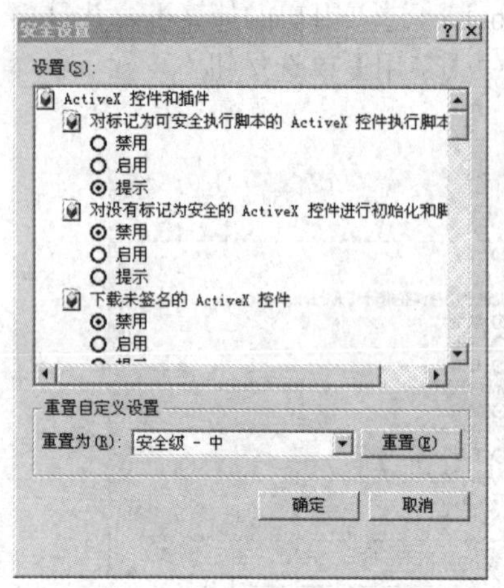

图 6.7　ActiveX 安全设置

(1)【对标记为可安全执行脚本的 ActiveX 控件执行脚本】这个选项是为标记为安全执行脚本的 ActiveX 控件执行脚本设置执行的策略。所谓【对标记为可安全执行脚本的 ActiveX 控件执行脚本】选项，就是指具备有效的软件发行商证书的软件。该证书可说明是谁发行了该控件而且它没有被篡改。知道了是谁发行的控件，用户就可以决定是否信任该发行商。控件包含的代码可能会意外或故意损坏用户自己的文件。如果控件未签名，那么用户将无法知道是谁创建了它以及能否信任它。指定希望以何种方式处理具有潜在危险的操作、文件、程序或下载内容，并选择下面的某项操作。

① 如果希望在继续之前给出请求批准的提示，可选中【提示】单选按钮。

② 如果希望不经提示并自动拒绝操作或下载，可选中【禁用】单选按钮。

③ 如果希望不经提示自动继续，可选中【启用】单选按钮。

(2)【对没有标记为安全的 ActiveX 控件进行初始化和脚本化】这个选项为没有标记为安全执行脚本的 Active X 控件执行设置执行的策略。IE 默认设置为禁用，用户最好不要改变。

(3)【下载未签名的 ActiveX 控件】这个选项为未签名的 ActiveX 控件的下载提供策略。未签名的意思和没有标记为安全执行脚本的解释是一样的。IE 默认设置为禁用，用户最好不要改变。

(4)【下载已签名的 ActiveX 控件】该选项为已签名的 Active X 控件的下载提供策略。默认设置为提示，最好不要自行改变。

(5)【运行 ActiveX 控件和插件】这个选项是为了运行 ActiveX 控件和插件的安全。这是最重要的设置，但许多站点上都使用 ActiveX 作为脚本语言，所以建议设置为提示。这样当有 ActiveX 运行时，IE 就会提醒用户，用户可以根据当时所处网站，决定是否使用它提供的 ActiveX 控件。对用户信任的网站，可以放心地运行它提供的控件。

3. Java 语言及安全设置

1) Java 语言的特性

Java 语言的特性使它可以最大限度地利用网络。Applet 是 Java 的小应用程序，它是动态、安全、跨平台的网络应用程序。Java Applet 嵌入 HTML 语言，通过主页发布到 Internet。当网络用户访问服务器的 Applet 时，这些 Applet 在网络上进行传输，然后在支持 Java 的浏览器中运行。由于 Java 语言的机制，用户一旦载入 Applet，就可以生成多媒体的用户界面或完成复杂的应用。Java 语言可以把静态的超文本文件变成可执行应用程序，极大地增强了超文本的可交互操作性。

Java 在给人们带来好处的同时，也带来了潜在的安全隐患。由于现在 Internet 和 Java 在全球应用得越来越普及，因此人们在浏览 Web 页面的同时也会同时下载大量的 Java Applet，这就使得 Web 用户的计算机面临的安全威胁比以往任何时候都要大。

在用户浏览网页时，这些黑客的 Java 攻击程序就已经侵入到用户的计算机中去了。所以在网络上，不要随便访问信用度不高的站点，以防止黑客的入侵。

2) Java 的安全设置

在 IE 浏览器中也可以对 Java 的使用进行限制，具体实施步骤如下。

(1) 打开 IE 浏览器，选择【工具】|【Internet 选项】命令。

(2) 在所打开的对话框中，选择【安全】选项卡。

(3) 单击选项卡上方列表中的 Internet 图标(地球标志)，代表要设置整个 IE 的安全设置。

(4) 单击选项卡下方的【自定义级别】按钮，打开【安全设置】对话框。

(5) 移动对话框的垂直滚动滑块，直到看到【Java 权限】选项，如图 6.8 所示。

从图 6.8 中可以看到一共包含 5 个 Java 的安全设置，具体设置参考实训相关内容。

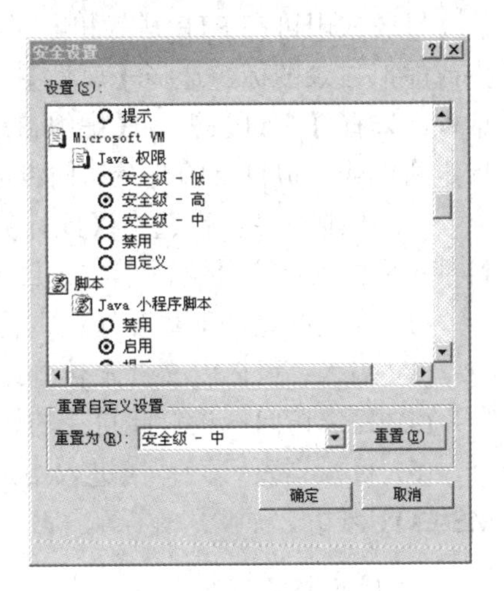

图 6.8　Java 安全设置

6.3　FTP 服务的安全

FTP 服务由 TCP/IP 的文件传输协议支持，只要连入 Internet 的两台计算机都支持 TCP/IP 协议，运行 FTP 软件，用户就可像使用自己计算机上的资源一样，将远程计算机上的文件复制到自己的硬盘。大多数提供 FTP 服务的站点允许用户以 anonymous 作为用户名登录(有的站点不需要输入账号名和密码)，一旦登录成功，用户就可以下载文件。如果服务器安全系统允许，用户也可以上传文件，这种 FTP 服务称为匿名服务。网上有许多匿名的 FTP 服务站点，其上有许多免费软件、图片和游戏，匿名 FTP 是人们常使用的一种服务方式。匿名 FTP 服务就像匿名 WWW 服务一样是不需要密码的，但用户权力会受到严格的限制。它允许用户访问 FTP 服务器上的文件，这时不正确的配置将严重威胁系统安全。因此，需要保证使用者不去申请系统上其他的区域或文件，也不能对系统做任意的修改。文件传输和电子邮件一样会给网上的站点带来不受欢迎的数据和程序。首先文件传输可能会带来特洛伊木马，这会给站点以毁灭性的打击。其次会给站点带入无聊的游戏、盗版软件及色情图画等，也会带来时间和磁盘空间的消耗，还可能会造成拒绝服务攻击。匿名 FTP 服务的安全在很大程度上取决于一个系统管理员的水平。一个低水平的系统管理员很可能会错误配置权限，从而被黑客利用破坏整个系统。

安装 IIS 组件后，FTP 服务器就可运行。FTP 站点并不涉及复杂的安全性，没有太多的应用程序和服务器/浏览器交互过程。保证 FTP 服务器安全的措施主要是通过 FTP 属性完成的。

1. 目录安全设置

FTP 用户仅有两种目录权限：读取和写入，其中读取权限对应于下载，写入权限对应于上传。FTP 站点的目录权限是对全体访问该目录的用户都生效的权限，即一旦某个目录设置为读取权限，则任何 FTP 用户，包括授权用户都不能进行上传操作。

目录权限可在 FTP 站点和虚拟目录两个层次进行设置。在 IIS 管理界面，右击 FTP 站点或虚拟目录图标，选择【属性】命令，打开【站点属性】对话框或【虚拟目录】属性对话框，选择【主目录】或【虚拟目录】选项卡。只需选中【读取】、【写入】复选框，即可指定站点或虚拟目录的目录访问权限，如图 6.9 所示。

(1) 本地路径：当选中【此计算机上的目录】单选按钮时，单击【浏览】按钮选定主目录对应的实际文件夹，下方为目录权限。

(2) 读取：允许下载存储在主目录的文件。

(3) 写入：可以将文件上传到站点的主目录。

(4) 日志访问：设置此目录的访问记录存储在日志文件。

(5) 目录列表风格：当进入站点后，目录显示的样式为操作系统的显示方式，默认为 MS-DOS 风格。

2. 用户验证控制

可设置是否允许匿名方式访问，在图 6.10 所示的【安全账号】选项卡中，若不选中【只允许匿名连接】复选框，则要求只有已注册的用户提供正确的用户名和密码后才可访问。否则，拒绝访问。若选中【只允许匿名连接】复选框，则所有用户均可访问。

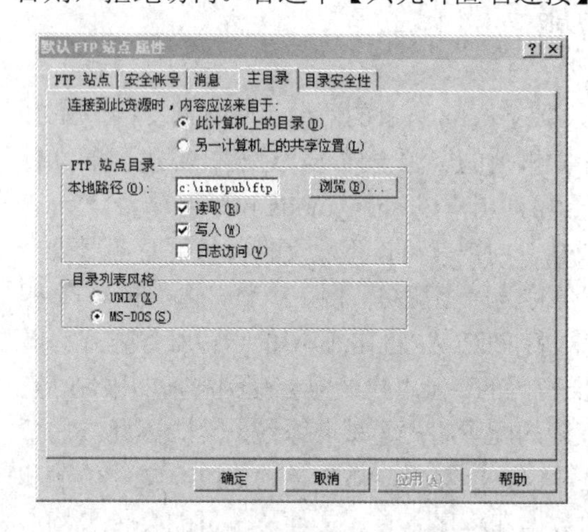

图 6.9 【主目录】选项卡

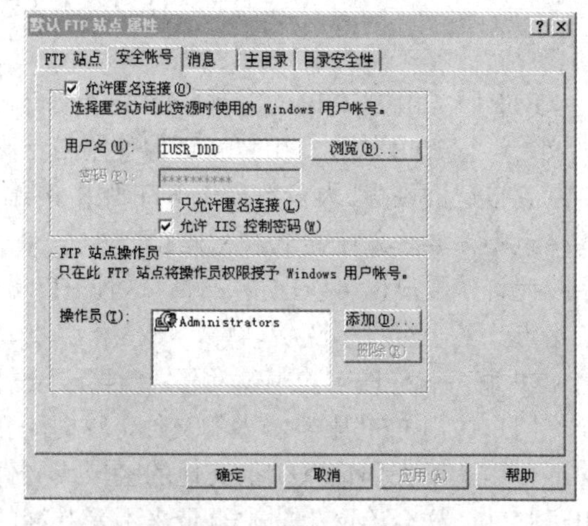

图 6.10 【安全账号】选项卡

3. IP 地址限制访问

可以允许或拒绝指定 IP 地址的主机的访问。用户使用【目录安全性】选项卡就能够设置访问限制，添加地址授予访问或拒绝访问站点的权限，如图 6.11 所示。

在图 6.11 中选择添加站点限制访问的方式时，选中【授权访问】或【拒绝访问】单选按钮，单击【添加】按钮，打开【拒绝以下访问】对话框。在该对话框中选择限制的类型为单机、一组计算机和域名，然后输入拒绝访问的地址，单击【确定】按钮即可添加访问的限制条件。

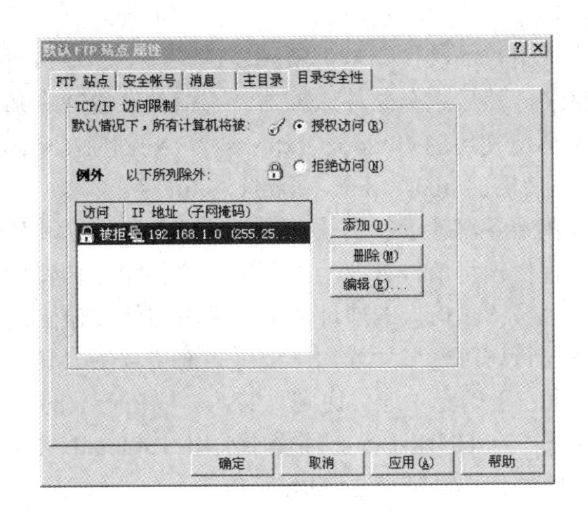

图 6.11　【目录安全性】选项卡

4. 其他安全措施

当运行 FTP 服务器时，为保证安全应当注意以下几点。

(1) 一定要确保 FTP 用户无法进入 FTPRoot 目录以外的目录，同时要使用 NTFS 来保证服务器的安全。

(2) 避免使用远程虚拟目录。当用户从远程目录访问文档时，总是要求其提供输入到属性页的用户名和密码，这就有可能绕过访问控制表。

(3) 一定要启动日志记录功能，在日志和事件查看器中查找没有成功的登录信息，及时发现可疑活动。

(4) 如果只计划运行 FTP 服务器，就只开放端口 20 和端口 21。

(5) 全面测试 FTP 服务器，并设法找到所有的漏洞。

6.4　电子邮件服务的安全

E-mail 功能的强大在于不仅能够传输文字、图像、声音，还能够传输计算机程序，并且配合专门的软件运用语言和动态图像，使邮件有声有色；同时它传输快、价格低。在 Web 上，应用 E-mail 可以方便地访问 Web 网页，并向管理员发送 E-mail。但电子邮件系统十分脆弱，从浏览器向 Internet 上的另一用户发送 E-mail 时，不仅信件像明信片一样是公开的，而且也无法知道在到达其最终目的之前，信件经过了多少机器转发。邮件服务器可以接收来自任意地点的任意数据，所以任何人只要可以访问这些服务器或访问 E-mail 经过的路径，就可以阅读这些信息。

除此之外，电子邮件附着的 Word 文件和其他文件有可能会带有病毒。

6.4.1　E-mail 工作原理及安全漏洞

一个邮件系统的传输包含了邮件用户代理(Mail User Agent，MUA)、邮件传输代理(Mail Transfer Agent，MTA) 两大部分。

邮件用户代理是一个用户端软件，是可用来发信、读信、写信、收信的程序，负责将信件按照一定的标准包装，然后送至邮件服务器，将信件发出或由邮件服务器收回。常见的MUA有在Windows环境使用的Outlook Express、Foxmail Netscape、Messenger等，也有在UNIX/Linux环境下使用的mail、pine、mailx、elm等。

邮件传输代理则是在服务器端运行的软件，负责信件的交换和传输，将信件传送至适当的邮件主机，再由接收代理将信件分发至不同的用户信箱。传输代理必须要能够接收用户邮件程序送来的信件，解读收信人的地址，根据简单邮件传输协议(SMTP，Simple Mail Transport Protocol)或者因特网邮件多用途网际邮件扩充协议(MIME，Multipurpose Internet Mail Extensions)标准，将它正确无误地传递到目的地。现在一般的传输代理在Windows环境中采用Exchange Server，在UNIX/Linux环境中采用Sendmail、Postfix、Qmail等程序完成工作，邮件主机在经接收代理POP(Post Office Protocol，网络邮局协议或网络中转协议)使邮件被用户读取。

1. 本地邮件传递

(1) 若电子邮件的发信人和收信人邮箱都在同一个邮件服务器中，则客户端软件(MUA)利用TCP连接端口，将电子邮件发送到邮件服务器，然后这些信息会先保存在邮件队列中。

(2) 经过邮件服务器的判断，如果接收者属于本地网络中的用户，这些邮件就会直接发送到接收者的邮箱。

(3) 收信人利用POP或IMAP的通信协议软件，连接到邮件服务器下载或直接读取电子邮件，整个邮件传递过程完成，如图6.12所示。

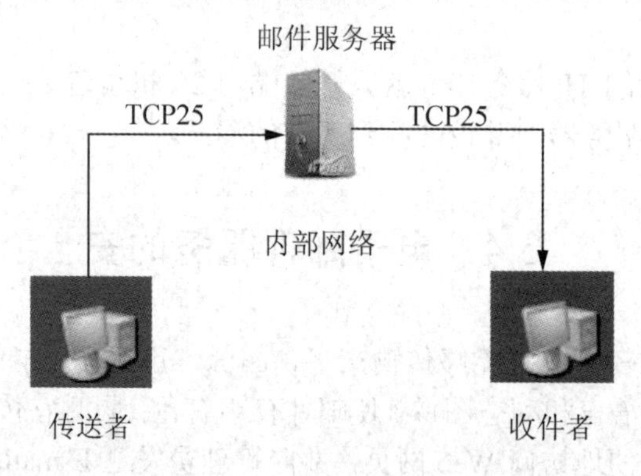

图6.12 本地邮件传递

2. 远程邮件传递

(1) 客户端软件(MUA)利用TCP连接端口，将电子邮件发送到本地邮件服务器，然后这些信息会先保存在邮件队列中。

(2) 经过邮件服务器的判断，如果接收者属于远程网络中的用户，则会向DNS服务器请求解析远程邮件服务器的IP地址。

(3) 若域名解析失败，则无法进行邮件的传递。若成功解析域名，则本地的邮件服务器(MTA)将利用SMTP通信协议将邮件转发到远程邮件服务器上。

(4) 若远程邮件服务器目前无法接收邮件，则这些邮件会继续保留在邮件队列中，然后在指定的重试间隔内再次尝试发送，直到成功或放弃发送为止。

(5) 若成功发送，收信人可利用 POP 或 IMAP 的通信协议软件，连接到邮件服务器下载或直接读取电子邮件，整个邮件传递过程完成，如图 6.13 所示。

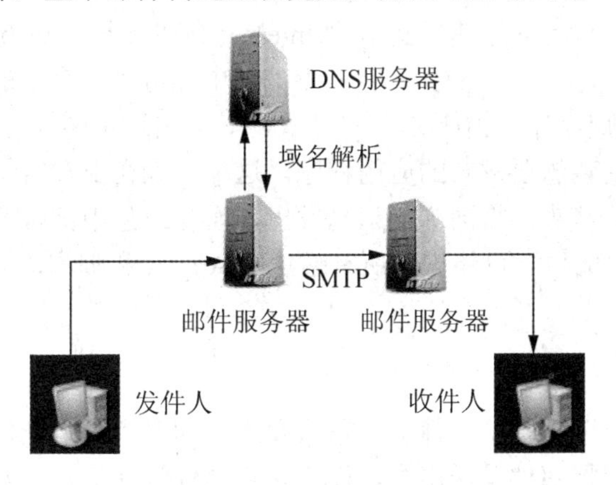

图 6.13　远程邮件传递

综合以上两种不同形式的电子邮件传递方式，可知完整的电子邮件传递过程，如图 6.14 所示。

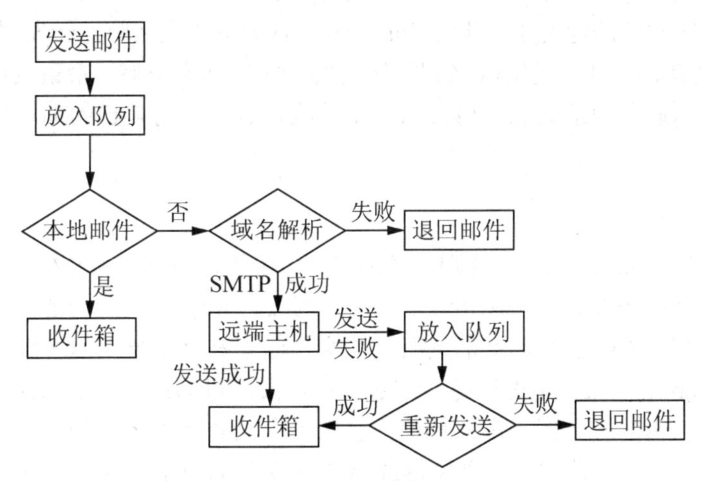

图 6.14　完整的电子邮件传递过程

6.4.2　安全风险

1. E-mail 的漏洞

E-mail 在 Internet 上传送时，会经过很多中间结点，如果中途没有什么阻止它，最终会到达目的地。信息在传送过程中通常会做几次短暂停留，因为其他的 E-mail 服务器会查看信头，以确定该信息是否发给自己，如果不是，服务器会将其转送到下一个最可能的地址，它是一个存储转发系统。

E-mail服务器有一个路由表，其中列出了其他E-mail服务器的目的地址。当服务器读完信头，意识到邮件不是发给自己时，它会迅速将信息送到目的地服务器或离目的地最近的服务器。

E-mail服务器向全球开放，很容易受到黑客袭击，从而暴露隐私。Web提供的阅读器更容易受到这类侵扰。与标准的基于文本的Internet邮件不同，Web上的图形接口需要执行脚本或Applet才能显示信息。例如，在一条信息中加进了一个小的脚本，并发给公司内的每一个用户。这个脚本在信息中作为一个小图标，双击这个图标，就会打开一个小程序，重新映射驱动器，并安装想要发布的应用程序。这个步骤在很多组织中采用，但可能有人欺骗邮件记录，改变信件头，将同样的信息发出，而与信息中携带的图标相联系的脚本却发生了改变。即使防火墙也不可能识别所有恶意的Applet和脚本，最多只能滤去邮件地址中有风险的字符。

2. 匿名转发

在正常的情况下，发送电子邮件会尽量将发送者的名字和地址包括进邮件的附加信息中。但有时发送者希望将邮件发送出去，而不希望收件者知道是谁发的。这种发送邮件的方法被称为匿名邮件。实现匿名的一种最简单的发法是简单地改变电子邮件软件里发送者的名字。但这是一种表面现象，因为通过信息表头中的其他信息，仍能够跟踪发送者。而让发送者的地址完全不出现在邮件中的唯一的方法是让其他人发送这个邮件，邮件中的发信地址就变成了转发者的地址了。现在Internet上有大量的匿名邮件转发器(或称为匿名邮件服务器)，发送者将邮件发送给匿名邮件转发器，并告诉这个邮件希望发送给谁。该匿名转发器删去所有的返回地址信息，再发给真正的收件者，并将自己的地址作为返回地址插入邮件中。

3. E-mail诈骗

E-mail诈骗是Internet上应该特别注意的风险。这些行为不是新花样，而是以前那种普通邮信、赠券之类搞诈骗的伎俩在Internet上的翻版。Web强大的功能和它在整个世界市场上的传播力，在为人们创造利益的同时，也会引起一些不法分子的青睐，有的发布虚假广告；有的在Web上散布假金融服务，制造高科技投资机会；有的还招揽竞赌客户，通过Web在其他国家辖区的服务器上参加赌博；有的骗取钱财等。Internet是一个开放的系统，接纳好人也接纳坏人，真伪并存。浏览器或Web服务器都面临着欺诈的风险。认识到这一事实，用户就要慎重对待所有潜在客户在网页上的广告和可能发布的E-mail。

常见的E-mail欺骗行为有以下两种。

(1) E-mail宣称来自系统安全管理员，要求用户将他们的密码改变为特定的字符，并威胁如果用户不照此办理，将关闭用户账号。

(2) E-mail宣称来自上级管理员，要求用户提供密码或其他敏感信息。

由于简单邮件传输协议(SMTP)没有验证系统，伪造E-mail十分方便。站点允许任何人都可以与SMTP端口联系，并可以用虚构的某人的名义发出E-mail。黑客在发出欺骗性的E-mail的同时，还可能修改相应的Web浏览器界面，所以应花一些时间查看E-mail的错误信息，其中经常会有闯入者的线索。

4. 垃圾邮件

电子邮件轰炸可以描述为不停地接到大量的、同一内容的电子邮件，在短时间内，一条信息可能被传给成千上万的用户。垃圾邮件造成的主要风险来自于电子邮件服务器，如果服务器很多，服务器会掉线，甚至导致系统崩溃。系统不能提供服务的原因很多，可能由于网络连接超载，也可能由于缺少系统资源。对付电子邮件垃圾可以借助防火墙，阻止恶意信息产生或者过滤掉一些电子邮件，以确保所有的外部的 SMTP 只连接到电子邮件服务器上，而不连接到站点的其他系统上，从而将电子邮件轰炸的损失减小到最小。如果发现站点正遭受侵袭，应试着找出轰炸的来源，再用防火墙进行过滤。

6.4.3　安全措施

为提高电子邮件的安全，可在邮件服务器上建立电子邮件的安全模式，将安全策略施加给安全模式，进而对电子邮件的传输进行安全控制。可以采取以下的安全措施提高电子邮件的安全。

(1) 借助防火墙对进入邮件服务器的电子邮件进行控制，过滤、筛选和屏蔽掉那些有害的电子邮件或滤去那些邮件地址或邮件中有风险的字符的邮件，并预防黑客攻击。

(2) 对于重要的电子邮件可以加密传送，并进行数字签名。加密的算法很多，如RAS 加密、PGP 加密，还可用 IDEA 或 DES 加密。目前在 Internet 上传送的电子邮件，多采用 PGP 加密传送，并同时进行数字签名。加密时使用公开的密钥加密，在收信端用秘密密钥解密。用秘密密钥进行数字签名，用公开密钥进行数字签名验证。

(3) 在邮件客户端和服务器端采用必要的措施防范和解除邮件炸弹以及邮件垃圾，使这些邮件不占用邮箱的空间，以免干扰用户接收正常的邮件，减少邮件使用的费用。

(4) 检查电子邮件的来源，进行邮件完整性检测，查看邮件是否被非法更改。

(5) 检查电子邮件是否感染病毒，以便采用相应的方法进行诊断和消除。

(6) 将转发垃圾邮件的服务器放到“黑名单”中进行封堵，该服务器将无法与其他邮件服务器传递邮件。

6.4.4　IIS-SMTP 服务安全

在 IIS 中的提供的邮件服务只是虚拟的 SMTP 邮件服务器，它可将 Web 站点传送的邮件转送到真正的邮件服务器。微软真正的邮件服务器产品是 Exchange Server 2000, SMTP 虚拟邮件服务使用 IMS (Internet Mail Service) 连接到 Exchange Server，若传送的邮件属于内部邮件，就直接存入 Exchange Server 用户的邮箱中，否则，转送到 Internet 上。提高 IIS-SMTP 服务安全可在 SMTP 属性页中进行设置，具体可采取以下措施。

1. 在【常规】选项卡中设置

【常规】选项卡指定 SMTP 虚拟服务器的名称和 IP 地址，接收和发送连接的方式，是否使用系统记录文件，如图 6.15 所示。

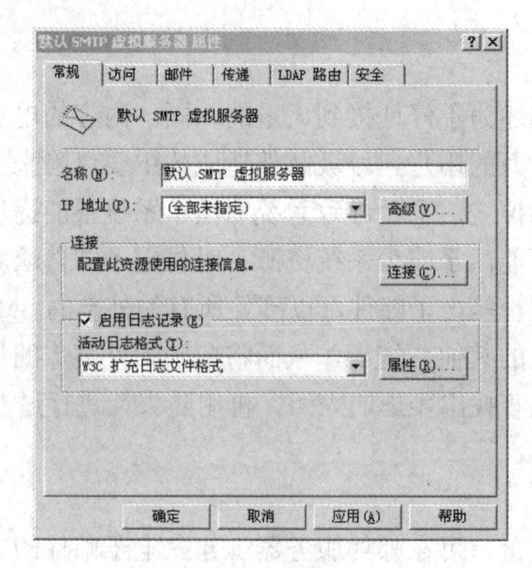

图 6.15 【常规】选项卡

(1) 名称：SMTP 虚拟服务器的名称。

(2) IP 地址：虚拟服务器的 IP 地址。

(3) 连接：连接虚拟服务器的连接设置，单击【连接】按钮可以看到设置的对话框，对各字段的说明如下。

① 传入：虚拟服务器收信部分的设置，包括最大的连接数和等待连接的秒数。

② 传出：虚拟服务器转寄邮件的设置，(SMTP 的端口号默认为 25)包括最大连接数、连接等待的秒数和每一个网络的最大连接数。

(4) 启用日志记录：是否启动系统记录功能，并且设置使用的记录文件格式，一般应选中该复选框。

2. 在【访问】选项卡中设置

【访问】选项卡指定文件夹的保密权限，可以限制其他计算机、网络或用户的访问权限，如图 6.16 所示。

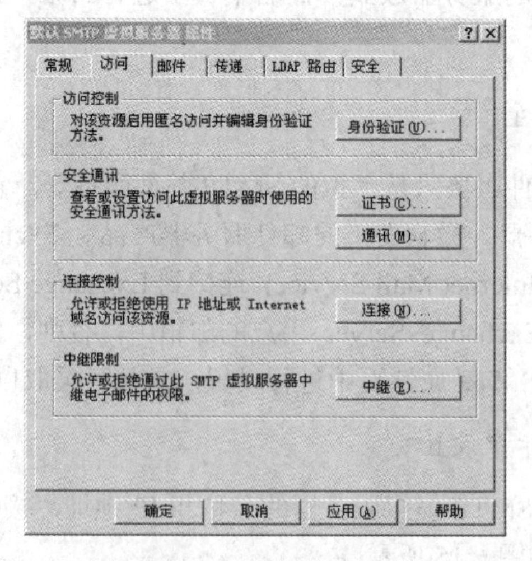

图 6.16 【访问】选项卡

(1) 访问控制：邮件转寄的用户权限。

(2) 安全通讯：设置是否使用 Transport Layer Security (TLS)加密方式传送邮件。

(3) 连接控制：限制使用 SMTP 虚拟服务器的 IP 地址和域名。

(4) 中继限制：添加允许或不允许转寄信息的 IP 地址和域名。

3. 在【邮件】选项卡中设置

【邮件】选项卡可以设置邮件本身的相关参数，如图 6.17 所示。

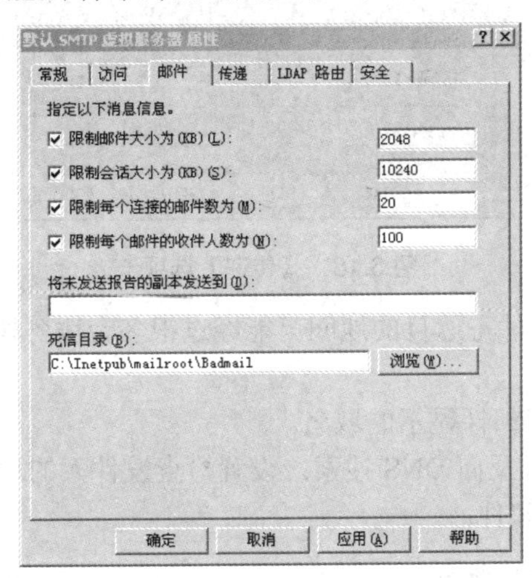

图 6.17　【邮件】选项卡

(1) 限制邮件大小为：最大的邮件尺寸，如果收到的邮件信息超过【限制邮件大小为】文本框中的数值，只要不超过【限制会话大小为】文本框中数值时依然会处理。

(2) 限制会话大小为：整个连接工作资料的最大量，若超过就会自动关闭连接。

(3) 限制每个连接的邮件数为：设置在一个连接的情况下，最大的邮件数。

(4) 限制每个邮件的收件人数为：指定同一封邮件的收件人数，默认为 100 位。

(5) 将未发送报告的副本发送到：如果邮件无法转寄，就送到此邮件地址，须输入正确的电子邮件地址。

(6) 死信目录：无法转寄的邮件退回后存储的文件夹。

4. 在【传递】选项卡中设置

【传递】选项卡可以设置关于 SMTP 虚拟服务器邮件寄送的相关设置，前面设置过部分选项，如图 6.18 所示。

(1) 出站：重新尝试的间隔时间，可以有 4 次不同的间隔时间。

(2) 本地：本地网络设置，延迟通知传递延迟的时间，以便传递无法寄送的通知，过期超时未传递邮件的等待时间。

(3) 出站安全：设置 SMTP 虚拟服务器在转送给其他服务器时需要的认证或证书。单击【高级】按钮，可以看到高级发送对话框，对各选项的说明如下。

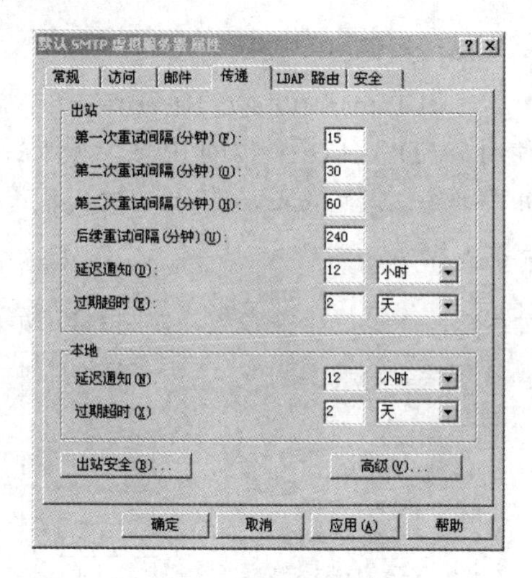

图 6.18 【传递】选项卡

① 最大跳数：一封邮件寄达目的地间可能经过很多台服务器，此值表示最多可以有几台服务器。

② 虚拟域：设置取代邮件显示的域名。

(4) 对传入的邮件执行反向 DNS 搜索：设置检查发件人的地址，决定邮件是否真的是发件人计算机寄出的电子邮件。

5. 在【安全】选项卡中设置

利用【安全】选项卡可以指定 SMTP 虚拟服务器的操作者，如图 6.19 所示。主要用于指定 SMTP 虚拟服务的使用权限，有以下两种情况。

(1) IIS 和 SMTP 虚拟服务器在同一台主机且使用相同的 IP 地址：不需指定用户的权限就可以使用虚拟服务器。

(2) IIS 和 SMTP 虚拟服务器不在同一台计算机：这台远程的 SMTP 虚拟服务器需要单击【添加】按钮添加用户，才能使用虚拟服务器转寄邮件。

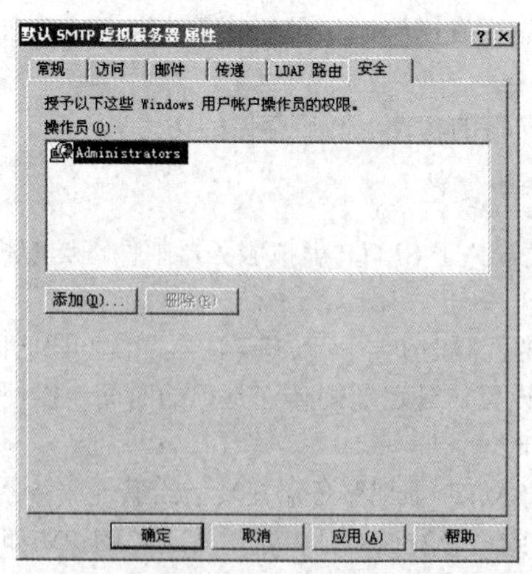

图 6.19 【安全】选项卡

应用案例

Outlook Express 安全

Outlook Express 是微软公司的一个基于 Internet 标准的电子邮件和新闻阅读程序，由于它是 Windows 的一个组件，使用的用户非常多，要使用 Outlook Express 系统阅读电子邮件，必须使用支持 SMTP 和 POP 或者 IMAP 和 MIME 及 HTTP 协议的邮件系统。一般的邮件服务器都支持这些协议，如 foxmail.com、163.com、sohu.com 等。

1．定义接收邮件的规则

用户可以定义对符合一定规定的邮件进行操作，这些规定就是邮件规则。邮件规则可以使用户排除邮件垃圾、防止恶意邮件、除去指定的发件人发的邮件等功能，使用户的邮件处于安全保护之下。在邮件规则中，用户可以设置多种规则，用户只要知道了邮件规则的设置，就可以自己应用这些规则，保证自己邮箱的安全。设置邮件规则时，需要进行以下设置。

(1) 选择规则条件。当邮件符合某一条件时，启动所指定的邮件规则操作。

(2) 选择规则操作。当邮件符合指定的规则时所启动的操作。

(3) 规则说明。每个规则特定的属性。

(4) 规则名称。用户可以在同一个规则中使用多个邮件规则条件，并在相应的编辑框中输入指定的规则名称。

2．邮件加密

在 Outlook Express 中可以通过数字签名来证明用户邮件的身份，即让对方确信该邮件是由发送方的机器发送的。Outlook Express 同时提供邮件加密功能，发送的邮件只有预定的接收者才能接收并阅读它们，但前提是用户必须先获得对方的数字标识。

要对邮件进行数字签名必须首先获得一个私人的数字标识(发送方的数字身份证)。所谓数字标识是指由独立的授权机构发放的证明用户在 Internet 上身份的证件，即用户在 Internet 上的“身份证”。这些发证的商业机构将发放给用户这个身份证，并不断检验其有效性。用户首先向这些公司申请数字标识，然后就可以利用这个数字标识对自己写的邮件进行数字签名。如果获得了接收方的数字标识，用户就可以给他发送加密邮件。

1) 数字标识的工作原理

数字标识由公用密钥、私人密钥和数字签名 3 部分组成。通过对发送的邮件进行数字签名可以把自己的数字标识发送给他人，这时他们收到的实际上是公用密钥，以后他们就可以通过这个公用密钥对发出的邮件加密，在 Outlook 中就可使用私人密钥对加密邮件进行解密和阅读。数字标识的数字签名部分是用户的电子身份证，数字签名可使收件人确认邮件是用户发送的，并且未被伪造或篡改。

2) 数字标识的申请和使用

目前在 Internet 上有较多的数字标识商业发证机构，其中 VeriSign 公司是 Microsoft 的首选数字标识提供商，IE 用户均可获得一个免费使用 60 天的数字标识。

向该公司申请的方法如下。

(1) 打开 Outlook Express，选择【工具】|【选项】命令，打开【安全】选项卡，如图 6.20 所示。

(2) 单击【获取数字标识】按钮，这时将自动拨号并连接到 Outlook Express 申请数字标识的页面，然后单击 Verisign 根据提示操作即可。

申请时将要求填一张表，按提示填入申请者个人信息及电子邮件地址，填表时有一项叫 Challenge Phrase，是当申请者想取消数字标识时，Verisign 公司确认申请者是否是合法拥有者的询问密码。如果申请者不能正确答出这个短语，申请者的数字标识将一直使用到期满为止，注意该密码不能包含标点。

Payment Information 是针对收费用户的，如果申请者在前面选择了 I’d like a free 60-day trial Digital ID，即先试用 60 天，则此项不填。

确认无误提交后，过一会儿就会收到一封 Verisign 公司发来的电子邮件，其中就包含数字标识 PIN。在一般情况下只需单击 Next 按钮就可以继续了。

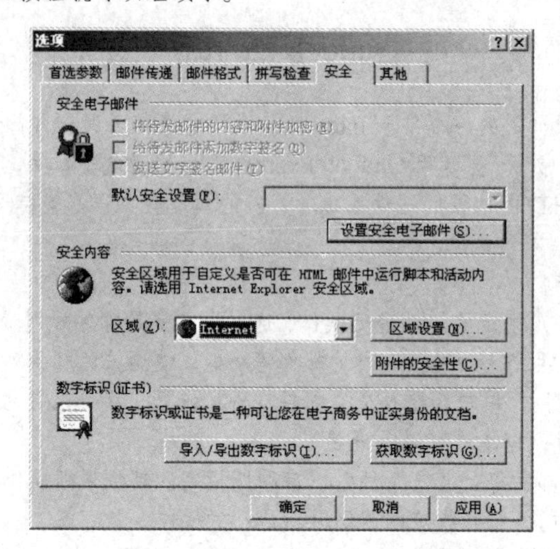

图 6.20 【安全】选项卡

3) 对邮件进行数字签名

获得数字标识以后，就可以通过 Outlook Express 很容易地对自己所发送的电子邮件进行数字签名。如果希望对所有待发的邮件都进行数字签名，则需打开【安全】选项卡，选中【给待发邮件中添加数字签名】复选框即可。如果只希望对某一封邮件进行数字签名，只需在撰写邮件时单击【数字签名邮件】按钮。当对邮件数字签名以后，该邮件将出现签名图标，数字签名可以使别人确认邮件从哪里发出的，并且可以保证邮件在传送过程中不会被改变。假如预定的接收者收发软件不支持 S/MIME 协议，仍然可以阅读数字签名的邮件，这时用户的数字签名只是简单地作为一个附件附在邮件的后面。

4) 对电子邮件加密

对电子邮件加密可以在传递途中不被别人截取并阅读，因为只有具有私人密钥的用户才能正确地打开加密邮件，非法用户看到的只是编码以后的数字和字母，即使用户本人也只能在 Outlook Express 中正确读出。用户的私人密钥在安装数字标识时到了自己的 Outlook Express 中，因此也只有自己才能正常阅读该邮件。Outlook Express 会根据私人密钥自动解密邮件。要发送加密邮件必须先获得接收方的公用密钥，因为 Outlook Express 需要利用公用密钥对发送的邮件进行加密运算，最后收到时接收方会自动用私人密钥对邮件解密。由于在签名邮件的数字标识里包含了公用密钥，所以别人获得公用密钥的方法是简单地将数字标识保存到地址簿中。

如果想向对方发送加密邮件，对方必须申请有数字标识而且必须先由对方发封签名邮件，接收方再将他的数字标识保存到地址簿中，以后就可以向他发加密邮件了。Outlook Express 会自动检查地址簿中是否有收件人的数字标识，如果没有，则不允许发送加密邮件。

6.5 SQL Server 2000 安全

MS SQL Server 起源于 Sybase，是基于 Windows NT 的 C/S 结构大型关系数据库管理系统，是业界领先的数据库管理系统之一，应用也非常广泛，是微软 Back Office 的核心组成部分，很多电子商务网站、企业内部信息化平台等都是基于 SQL Server 运行的。

6.5.1　身份认证模式

1. 账号与认证

SQL Server 2000 安装完毕后，在系统内将创建 3 个账号。

(1) BUILTIN\Administrators：此账号是属于在 Windows 2000 中 Administrator 组的登录账号。在此组内的账号都可以登录到 SQL Server 中(该账号必须与 Windows 2000 NT 账号配合使用)。

(2) KG_TR_MIS\ Administrator：此账号是可以让在 Windows 2000 中的 Administrator 账号来登录。在此组内的账号都可以登录到 SQL Server 中(该账号必须与 NT 的账号配合使用)。

(3) sa(system administrator)：此账号是系统管理员登录使用的，但是拥有此账号的用户并不代表就是 Windows Server 2000 的管理员，并且 sa 账号没有密码。

从版本 7.0 起，SQL Server 就依赖于 Windows 2000 的认证，用户不必提供用户名和密码 SQL Server。检测当前使用的 Windows 用户账号，并在 syslogins 表中查找该用户，以确定该用户是否有权限登录。用该方式认证建立的连接称为可信连接。对于该认证模式 SQL Server 从 RPC 连接中自动获得登录过程的 Windows 2000 用户账号信息，而用户必须使用 RPC 连接登录。SQL Server 连接协议中的Multi_protocol 和命名管道自动使用 RPC。客户端的用户必须拥有合法的服务器上的 Windows 2000 账号或服务器启动了 Guest 账号。

在 SQL Server 验证模式下，如果客户端能兼容 NTLM 或者 Kerberos 认证协议，则由 Windows 2000 进行认证，否则要求客户端提供数据库用户名和密码，与存放在 master 数据库的 syslogins 表中的登录名和密码进行验证。通过该方式建立的连接称为不可信连接，身份认证模式如图 6.21 所示，SQL Server 的认证过程如图 6.22 所示。

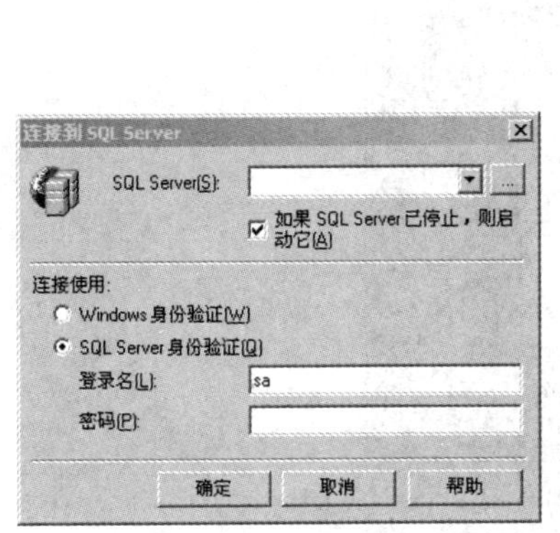

图 6.21　身份验证模式

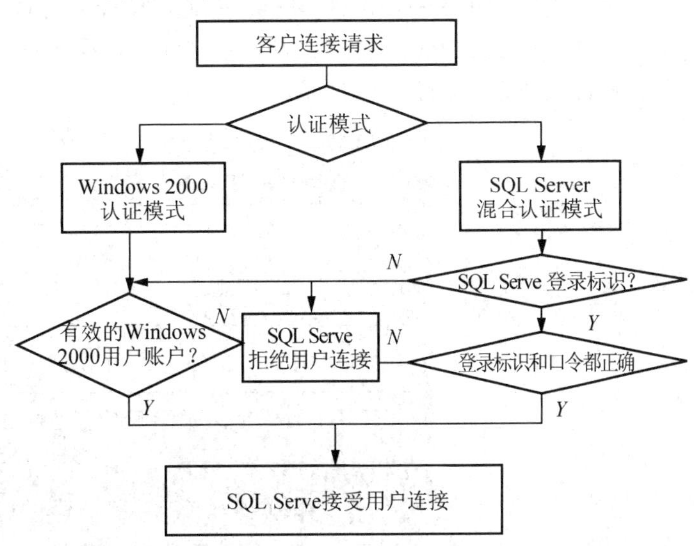

图 6.22　SQL Server 的认证过程

2. 文件权限

如果是安装在 NTFS 格式的文件系统上，SQL Server 2000 的安装过程中会自动设置目录和注册表的权限，默认安装到 C :\program Files\Microsoft SQL Serve \MSSql 目录，只有服务启动账号(一般是 local system)和本地 Administrators 组有完全控制，其他人没有权限。

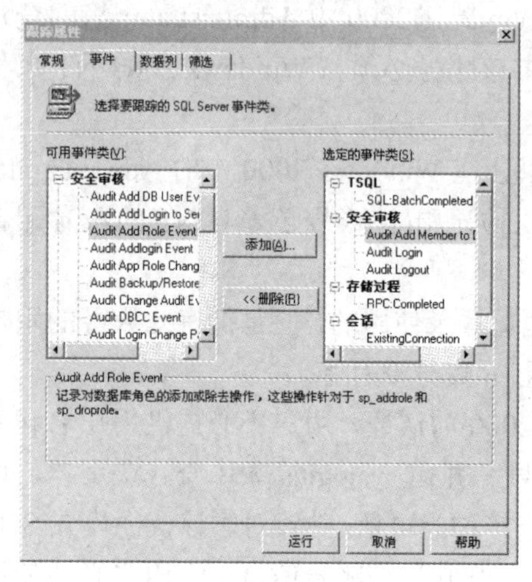

图 6.23　审核事件

3. 安全审计

SQL Server 内置审计机制，可以审计所有权限的使用，审计组件包括以下两项。

1) SQL Trace

SQL Trace 是服务器端跟踪工具。当 SQL Server 中所有可以审计的事件发生时，就会通知 SQL Trace，若启用了审计功能，就会跟踪所有事件，并把它记录到相关文件中。

2) SQL Profiler

SQL Profiler 是一个图形化的工具，是 SQL Trace 的客户端，它能查看所有的审计记录文件，并可以进行查找和保存，设置审核事件的方式如图 6.23 所示。

要启用 SQL Server 的审计功能，可以用以下命令：

```
Exec sp_configure 'C2 audit mode' , 1
go
reconfigure
```

然后重启 SQL Server，这样就会在 SQL Server 的 DATA 目录中产生一个 trc 文件，记录下事件。用 SQL Profile 打开跟踪记录文件可以看到非常详细的信息，如登录机器、登录名、是否成功等，如图 6.24 所示。

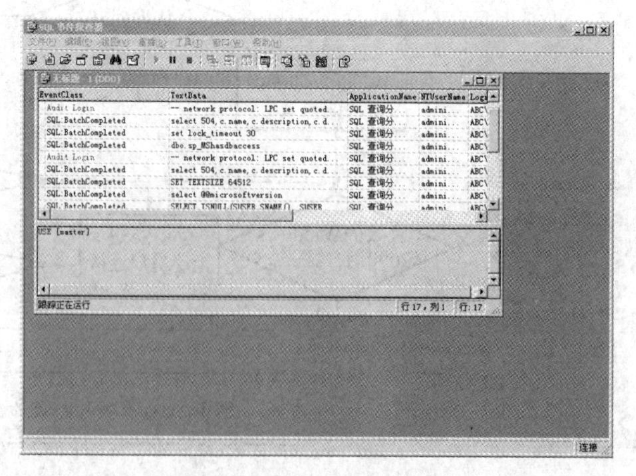

图 6.24　SQL 事件探查器

4. 文件加密

SQL Server 2000 支持 Windows 2000 的 EFS(Encrypted File System)文件加密，但必须用 SQL Server 服务启动的账号进行加密，否则将导致 SQL Server 不能正常启动。另外如果要修改 SQL Server 服务启动账号，要先用原来账号进行解密，然后再用新账号进行加密。

5. 传输加密

SQL Server 2000 支持 SSL 加密。要使用 SSL 加密，需要在 SQL Server 服务器上使用 Microsoft Internet Explorer 或 MMC Certificate Snap-in 等工具安装数字证书，而且这个证书必须以服务器的完整的 DNS 名字申请。

如果在服务器端配置成 SSL 加密，则所有和该服务器传输都被加密，但是所有不能和该服务协商 SSL 会话的连接请求都被拒绝。

6.5.2 安全配置

前面讨论了 SQL Server 2000 的安全特性，要保护好数据库中的数据，不仅要好好地利用这些功能，同时也要采取一定的安全配置。

在进行 SQL Server 2000 数据库的安全配置之前，首先必须对操作系统进行安全配置，保护操作系统处于安全状态。然后对要使用的操作数据库软件(程序)进行必要的安全审核。比如，ASP、PHP 等基于数据库的 Web 应用程序常出现安全隐患，对于这些脚本主要是一个过滤问题，需要过滤一些类似“,”、“'”、“;”、“@”、“/”等的字符，防止破坏者构造恶意的 SQL 语句，安装 SQL Server 2000 后要及时打上补丁。

1. 使用安全的密码策略

密码策略是所有安全配置的第一步，这是因为很多数据库账号和密码过于简单。对于数据库管理员(sa)更应该注意，不要让 sa 账号的密码写在应用程序或者脚本中。同时养成定期修改密码的好习惯，数据库管理员应该定期查看是否有不符合密码要求的账号，这时可使用下面的 SQL 语句：

```
Use master
Select name,password from syslogins where password is null
```

2. 使用安全的账号策略

由于 SQL Server 不能更改 sa 用户名称，也不能删除这个超级用户，所以必须对这个账号进行最强的保护，也包括使用一个非常强壮的密码。最好不要在数据库应用中使用 sa 账号，只有当没有其他方法登录到 SQL Server 实例(例如，当其他系统管理员不可用或忘记了密码)时才使用 sa。建议数据库管理员新建立一个拥有与 sa 一样权限的超级用户来管理数据库。

SQL Server 的认证模式有 Windows 身份认证和混合身份认证两种。如果数据库管理员不希望操作系统管理员通过操作系统登录来接触数据库，可以在账号管理中把系统账号“BUILTIN\administrators”删除。不过这样做的结果是一旦 sa 账号忘记密码，就没有办法来恢复了。

很多主机使用数据库只是用来做查询、修改等简单操作，应根据实际需要分配账号，并赋予仅仅能满足应用要求和需要的权限。比如只要查询功能，就分配一个简单的 public 账号即可。

3. 加强数据库日志的记录

审核数据库登录事件的“失败和成功”，在实例属性中选择“安全性”，将其中的审核级别选定为全部，这样在数据库系统和操作系统的日志里面，就详细记录了所有账号的登录事件。应定期查看 SQL Server 日志检查是否有可疑的登录事件发生，或者使用 DOS 命令“findstr/c:”登录“d:\Microsoft SQL server\MSSQL\LOG*.*”。

4. 管理扩展存储过程

在管理扩展存储过程中需要慎重设置调用扩展存储过程的访问控制列表，并删除不必要的存储过程。因为 SQL Server 的系统存储过程只是用来适应广大用户需求的，在多数应用中根本用不到很多的系统存储过程，所以可删除不必要的存储过程，否则有些系统的存储过程很容易被别人用来提升权限或进行破坏。

如果不需要扩展存储过程 xp_cmdshell，就把它删除，可使用以下 SQL 语句：

```
Use master
Sp_dropextendedproc 'xp_cmdshell'
```

xp_cmdshell 是进入系统操作的最佳捷径，是数据库留给操作系统的一个大后门。如果需要这个存储过程，就用以下语句恢复过来：

```
Sp_dropextendedproc 'xp_cmdshell' , 'psql170.dll'
```

5. 对网络连接进行 IP 限制

SQL Server 2000 数据库系统本身没有提供网络连接的安全解决方法，但是 Windows 2000 提供了这样的安全机制。使用操作系统自己的 IPSec 可以实现 IP 数据包的安全性。对 IP 连接进行限制，只保证自己的 IP 能访问，也拒绝其他 IP 进行的端口连接，可对来自网络上的安全威胁进行有效的控制。

6. 及时安装补丁

及时下载最新的补丁安装，以提高系统的安全性。

经过以上的配置，可以让 SQL Server 本身具备足够的安全防范能力。当然，更主要的是要加强内部的安全控制和管理员的安全培训，而且安全性问题是一个长期的解决过程，还需要以后进行更多的安全维护。

6.6 本章小结

本章对 Internet 主要的几种网络应用存在的安全隐患作了简要分析并以 Windows 系统的 IIS 服务器为例讲述了 Web 服务和 FTP 服务的基本安全配置方法，以 Internet Explorer 浏览器为例介绍了网络客户端的安全配置方法。本章还介绍了电子邮件服务的安全问题并以应用案例形式讲述了 Outlook Express 电子邮件客户端如何实现邮件的加密和数字签名。本章在最后还讲述了 SQL Server 数据库系统的安全管理策略。

6.7 本 章 实 训

实训 1：Web 服务安全

实训目的

掌握 Web 服务器和浏览器的安全设置。

实训环境

装有 Windows 2000 操作系统并开通 Web 服务。

实训内容

1. 实现身份验证和访问控制

1) 禁止匿名访问

安装 IIS 后会产生 IUSR_Computername(密码随机产生)匿名用户，其匿名访问给 Web 服务器带来潜在的安全性问题，应对其权限加以控制。如无匿名访问需要，则取消 Web 的匿名服务，如图 6.25 所示。

2) IP 地址的控制

IIS-Web 可以设置允许或拒绝从特定 IP 发来的服务请求，有选择地允许特定结点的用户访问服务，可以通过设置来阻止除指定 IP 地址外的整个网络用户来访问 Web 服务器。本例中设置除 192.168.1.0 网络上的主机外，其他主机均可访问本 Web 服务器，如图 6.26 所示。

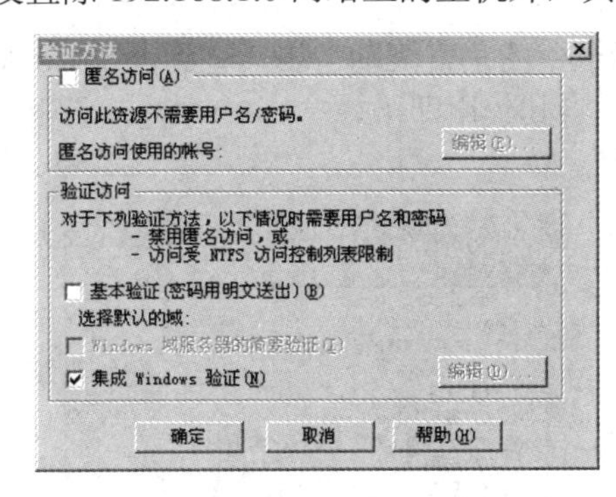

图 6.25 设置是否匿名访问

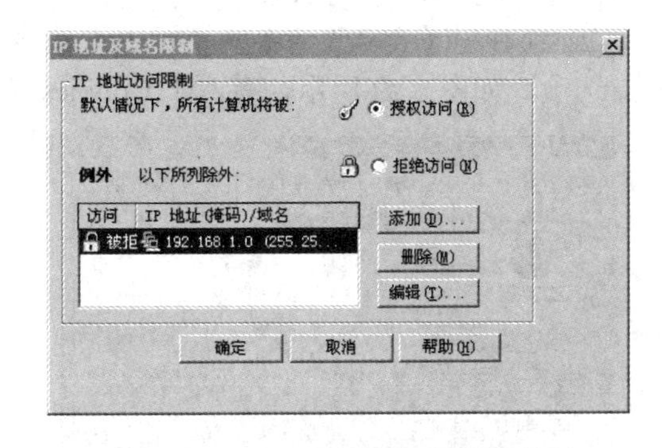

图 6.26 【IP 地址及域名限制】对话框

3) 目录安全设置

为确保网站的安全性，配置 Web 服务器可以看到的目录以及相应的访问层次也是很重要的。第一次安装 IIS 时，按照默认设置，会自行创建一个叫做 InetPub 的目录，接着为其提供的 Internet 服务生成根目录。Web 服务器的根目录默认为 wwwroot，它应当是主页所在位置(本例中设置目录的访问权限为只读访问)，如图 6.27 所示。

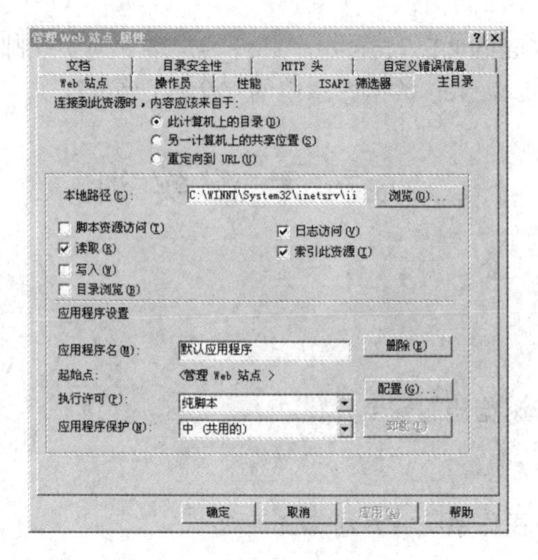

图 6.27 【主目录】选项卡

2. 提高 IE 浏览器的安全性

1) 限制 Cookies 使用

方法 1：可以删除 Cookies 文件内容或把文件属性设置为只读和隐含。具体操作方法是：如果想禁止个别的 Cookies，例如，记录双击操作的 Cookies，可以通过删除相应文件内容来破坏这些 Cookies，然后把文件属性改为只读、隐藏、系统属性，并且存储文件。当登录到一个设置了这种 Cookies 的站点时，它既不能从 Cookies 读取任何信息，也不会传递新的信息。

方法 2：通过 IE 浏览器提供的 Cookies 的安全设置选项设置，具体步骤如下。

(1) 在浏览器中选择【工具】|【Internet 选项】命令，打开【Internet 选项】对话框，选择【安全】选项卡，如图 6.28 所示，单击列表中的 Internet 图标 (地球标志)，单击选项卡下方的【自定义级别】按钮。

(2) 在弹出【安全设置】对话框中，移动对话框中的垂直滚动滑块，直到出现 Cookies 设置选项，如图 6.29 所示，有两个 Cookies 选项，将其禁用即可。

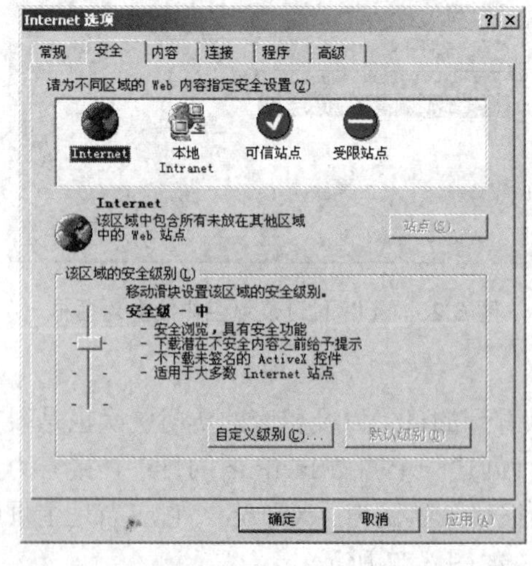

图 6.28 【安全】选项卡

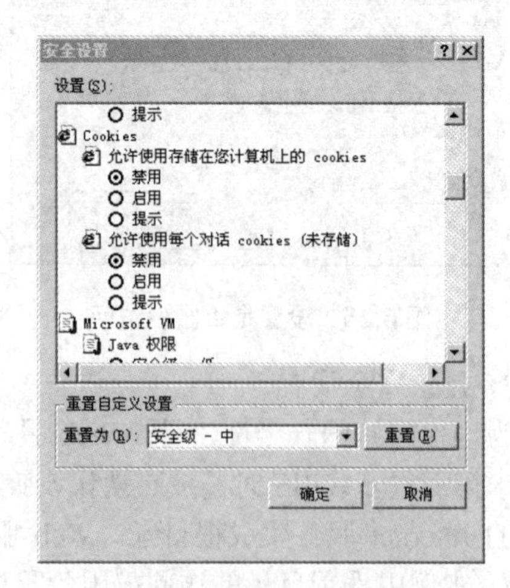

图 6.29 Cookies 安全设置

2) 限制 Active X 的使用

(1) 打开 IE 浏览器。

(2) 选择【工具】|【Internet 选项】命令，在打开的对话框中，选择【安全】选项卡。

(3) 单击选项卡中的 Internet 图标(地球标志)，如图 6.28 所示，代表要设置整个 IE 的安全设置。

(4) 单击选项卡下方的【自定义级别】按钮，出现【安全设置】对话框。

(5) 移动对话框中的垂直滚动滑块，直到出现【ActiveX 控件和插件】设置选项，如图 6.30 所示。

按 6.2.2 节的相关内容设置该项即可。

3) 设置 Java 的安全性

(1) 打开 IE 浏览器，选择【工具】|【Internet 选项】命令。

(2) 在所打开的对话框中，选择【安全】选项卡。

(3) 单击选项卡中的 Internet 图标(地球标志)，代表要设置整个 IE 的安全选项。

(4) 单击选项卡下方的【自定义级别】按钮，打开【安全设置】对话框。

(5) 移动对话框的垂直滚动滑块，直到出现【Java 权限】设置选项，如图 6.8 所示。从图中可以看到一共包含 5 个 Java 的安全设置。

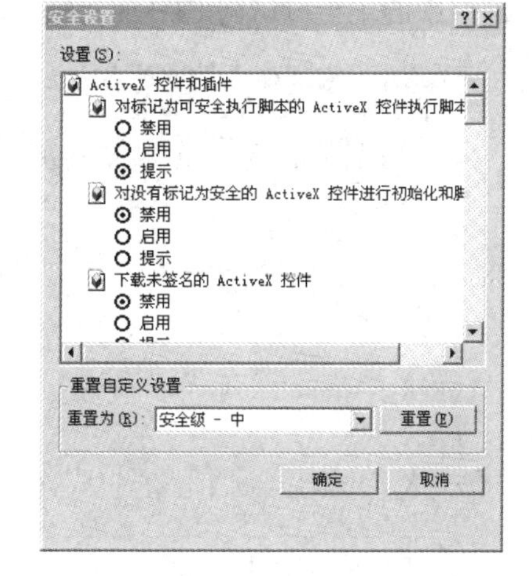

图 6.30　Active X 设置选项

① Java 权限是 Java 程序对本地计算机操作的权限，共分为“高”、“中”、“低”、“禁用” 4 级。IE 默认设置是“中”级，用户可以将它设为“高”。“自定义”设置是用户自己定义 Java 的各个操作的权限，这是给高级用户使用的，一般用户不可以使用。

② Java 小程序脚本，是对 Java Applet 程序设置的。许多网站上都使用 Java Applet 作为与用户交互的脚本语言，所以 IE 的默认设置为【启用】选项。将它设为【禁用】选项，将会失去许多网站的功能支持，用户可以自己考虑。

③ 活动脚本指是否允许浏览器使用 JavaScript 语言进行网页的显示。同样许多网站上都使用 Java 作为与用户交互的脚本语言，所以 IE 对它的默认设置为【启用】选项。如果用户是在聊天室，就可以将这个功能设为【禁止】选项，以防止前面讲述的各种攻击。

④ 允许脚本进行粘贴操作，这个功能具有一定的危险性，但是它在 E-mail、表单的操作和信息的提交中都发挥着重要的作用。用户在不需要时，可以关闭这个功能。

实训 2：FTP 服务安全

实训目的

掌握 IIS-FTP 服务的安全设置。

实训环境

装有 Windows 2000 操作系统并开通 FTP 服务。

实训内容

熟悉FTP服务安全的设置方法。

(1) 可设置是否允许匿名方式访问。在图6.31所示的【安全账号】选项卡中，若不选中【允许匿名连接】复选框，则要求只有已注册的用户提供正确的用户名和密码后才可访问，否则拒绝访问。若选中【允许匿名连接】复选框，则所有用户均可访问。

(2) 可以允许或拒绝指定IP地址的主机的访问。使用【目录安全性】选项卡能够设置访问限制，添加地址授予访问或拒绝访问站点的权限，设置只允许192.168.1.0/255.255.255.0网络中的主机可访问FTP服务器，如图6.32所示。

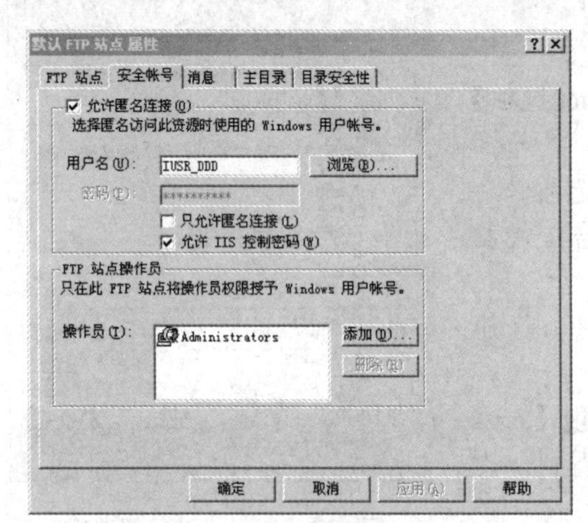

图6.31 【安全账号】选项卡

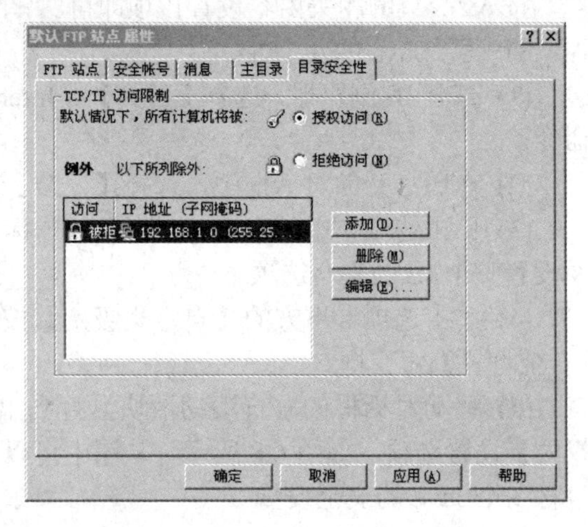

图6.32 【目录安全性】选项卡

(3) FTP用户仅有两种目录权限：读取和写入。读取权限对应于下载，写入权限对应于上传。FTP站点的目录权限是对全体访问该目录的用户都生效的权限，即一旦某个目录设置为读取权限，则任何FTP用户，包括授权用户都不能进行上传操作。图6.33为FTP站点主目录设置权限为读取和日志访问。

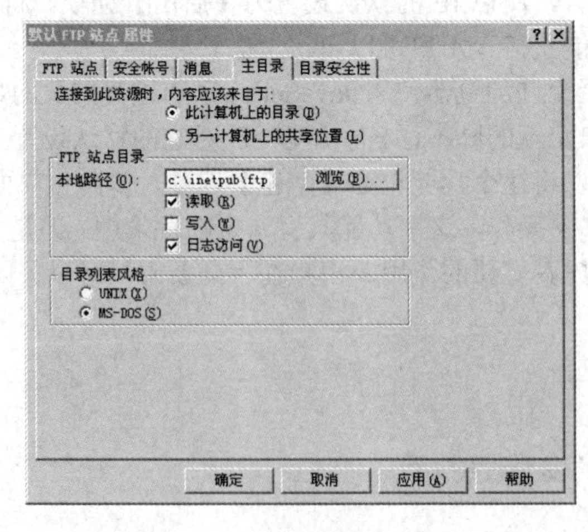

图6.33 【主目录】选项卡

实训 3：电子邮件服务安全

实训目的

熟悉 IIS-SMTP 服务的安全设置，通过对 Outlook 的安全设置，掌握邮件服务的安全防范措施。

实训环境

装有 Windows 2000 操作系统并开通 IIS-SMTP 服务的 PC。

实训内容

1. 设置 IIS-SMTP 服务安全

(1) 在【常规】选项卡中设置日志记录、SMTP 服务器的 IP，如图 6.34 所示。

(2) 在【访问】选项卡中单击【连接】，在【连接】对话框中设置只允许100.100.109.0/255.255.255.0 网络内的用户可以发送邮件，如图 6.35 所示。

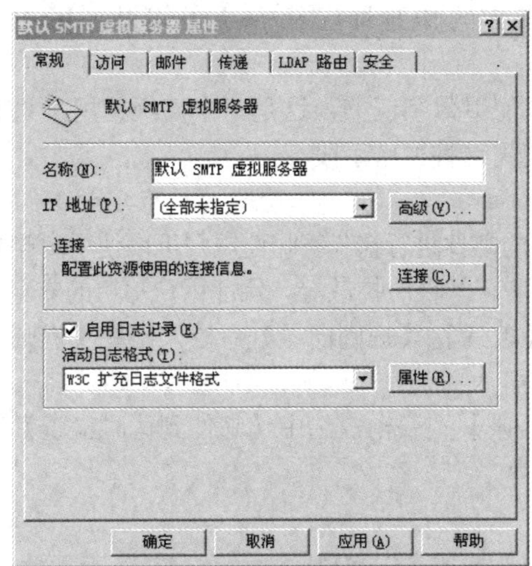

图 6.34　SMTP 常规设置选项

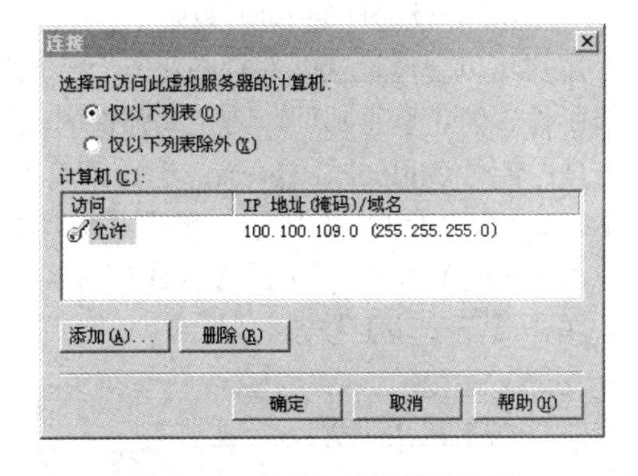

图 6.35　SMTP 访问设置选项

(3) 在【邮件】选项卡中设置限制邮件大小为 2MB，每个邮件的收件人数为 100 人及死信的目录，如图 6.36 所示。

2. 设置 Outlook Express 安全选项

1) 设置安全区域

(1) 启动 Outlook Express，在菜单中选择【工具】|【选项】命令，出现 Outlook Express 的【选项】对话框，然后选择【安全】选项卡，如图 6.37 所示。

(2) 在【区域】下拉列表框中，用户可以选择两个选项。

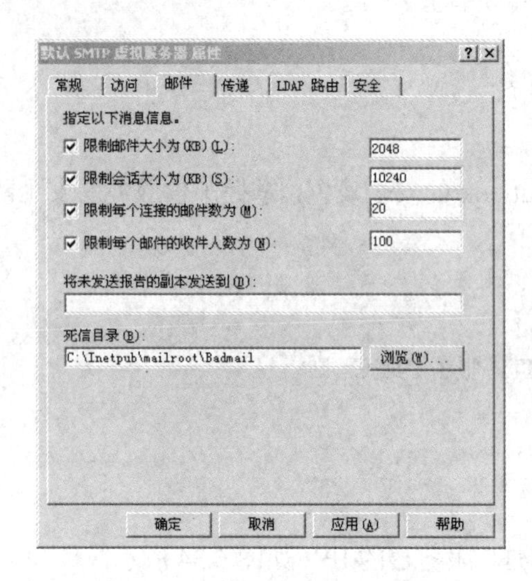

图 6.36 SMTP 邮件设置选项

图 6.37 【安全】选项卡

① Internet 区域：用户可以使用整个 Internet 上的所有地址的邮箱。

② 受限站点区域：用户使用的邮箱必须在指定的 IP 地址范围内，用户可以在 IE 中设置指定的 IP 地址范围。

(3) 在【安全电子邮件】区域中，要求用户使用数字证书，这是一个高级使用，只有在对邮件的安全要求很高的情况下才可能需要使用这种加密手段。

2) 定义垃圾邮件的处理规则

用户可以通过设置邮件规则对符合一定规定的邮件进行操作。邮件规则可以使用户删除垃圾邮件、防止恶意邮件、防止大邮件的入侵、防止邮件的扩散等，保证用户邮箱的安全。

(1) 启动 Outlook Express，选择菜单中的【工具】|【规则向导】命令，出现【规则向导】对话框，如图 6.38 所示，单击【新建】按钮。

(2) 出现图 6.39 所示的【创建何种类型的规则】列表框，选中【邮件到达时检查】选项，单击【下一步】按钮。

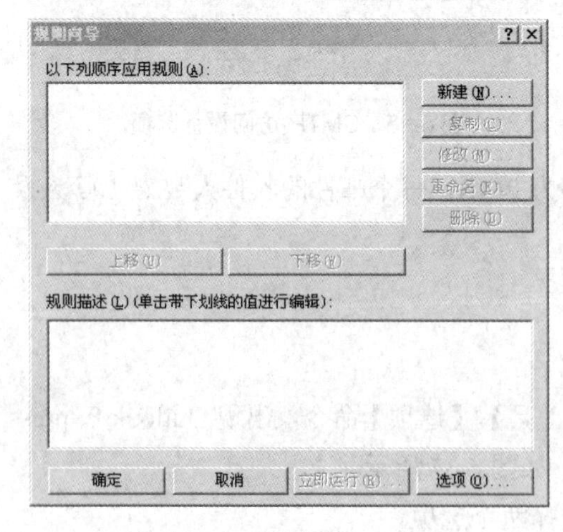

图 6.38 【规则向导】对话框

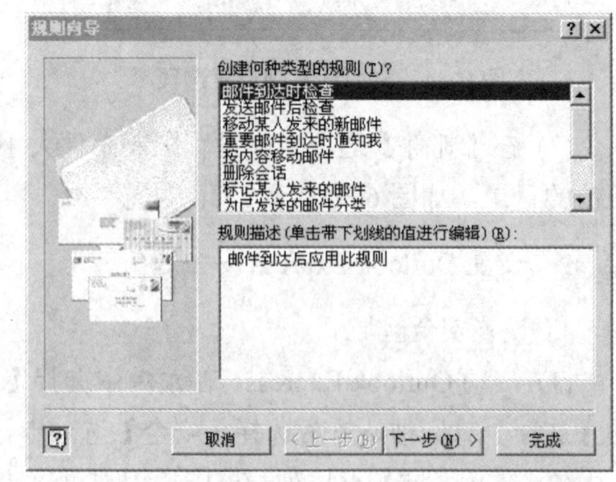

图 6.39 【创建何种类型的规则】列表框

(3) 出现图 6.40 所示的【想要检测何种条件】列表框，选中【怀疑是垃圾邮件或由垃圾发件人发来】复选框。

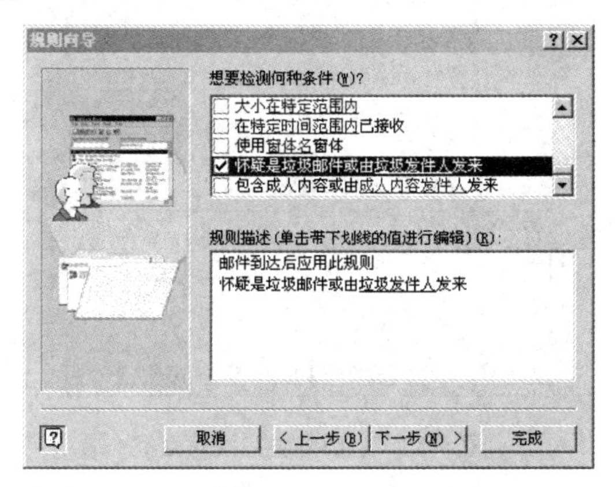

图 6.40　【想要检测何种条件】列表框

(4) 单击【垃圾发件人】链接，出现【规则地址】对话框，如图 6.41 所示。

可以在【键入名称或从列表中选择】文本框中输入指定的用户名或者单击【查找】按钮，在出现的对话框中选择用户。选择好发件人后，单击【发件人】按钮，将发件人添加到列表中，再单击【确定】按钮。

(5) 出现【如何处理该邮件】列表框，就是当用户收到指定的用户名发来的邮件时对这个邮件采取的动作。选中【删除它】复选框，如图 6.42 所示，以后这个用户发来的邮件就会被自动删除。

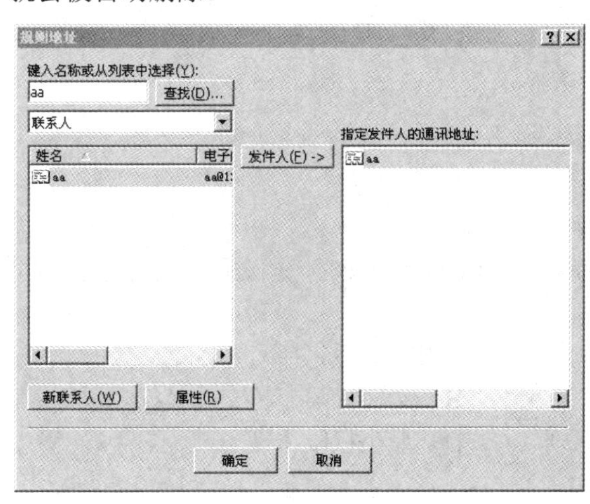

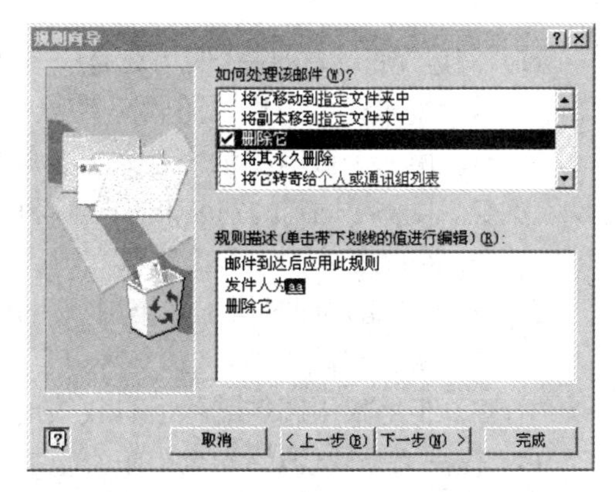

图 6.41　【规则地址】对话框

图 6.42　【如何处理该邮件】列表框

(6) 可以看到这个规则已经添加到列表中了，单击【完成】按钮，出现图 6.43 所示的对话框，单击【立即运行】按钮，这个规则就开始使用了。

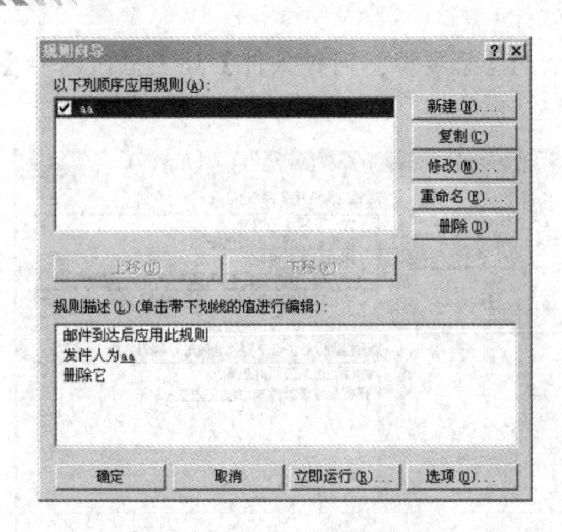

图 6.43　规则向导完成对话框

6.8　本 章 习 题

1. 填空题

(1) IIS 的安全性设置包括________、________、________和________。

(2) IIS 可以构建的网络服务有________、________、________和________。

(3) 安全审核系统是用来________用户的活动及网络中系统范围内发生的事件。

(4) 共享权限只能为________设置。

(5) 在使用 FTP 服务时，默认的用户是________，密码是________。

2. 选择题

(1) 创建 Web 虚拟目录的用途是(　　)。

A．用来模拟主目录的假文件夹

B．用一个假的目录来避免感染病毒

C．以一个固定的别名来指向实际的路径，当主目录改变时，相对用户而言是不变的

D．以上都不对

(2) 若一个用户同时属于多个用户组，则其权限适用原则不包括(　　)。

A．最大权限原则　　B．文件权限超越文件夹权限原则

C．拒绝权限超越其他所有权限的原则　　D．最小权限原则

(3) 提高 IE 浏览器的安全措施不包括(　　)。

A．禁止使用 Cookies　　B．禁止使用 Active X 控件

C．禁止使用 Java 及活动脚本　　D．禁止访问国外网站

(4) IIS-FTP 服务的安全设置不包括(　　)。

A．目录权限设置　　B．用户验证控制

C．用户密码设置　　D．IP 地址限制

(5) 提高电子邮件传输安全性的措施不包括(　　)。

A．对电子邮件的正文及附件大小做严格限制

B．对于重要的电子邮件可以加密传送，并进行数字签名

C．在邮件客户端和服务器端采用必要措施防范和解除邮件炸弹以及邮件垃圾

D．将转发垃圾邮件的服务器放到“黑名单”中进行封堵

3．简答题

(1) 提高 Internet 安全性的措施有哪些？

(2) 如何增强 IE 浏览器的安全性？

(3) IIS 服务器有哪些安全控制选项？

(4) 如何增强 FTP 服务器的安全性？

(5) 如何增强 E-mail 服务器的安全性？

(6) 在 SQL Server 2000 中如何对用户进行验证？

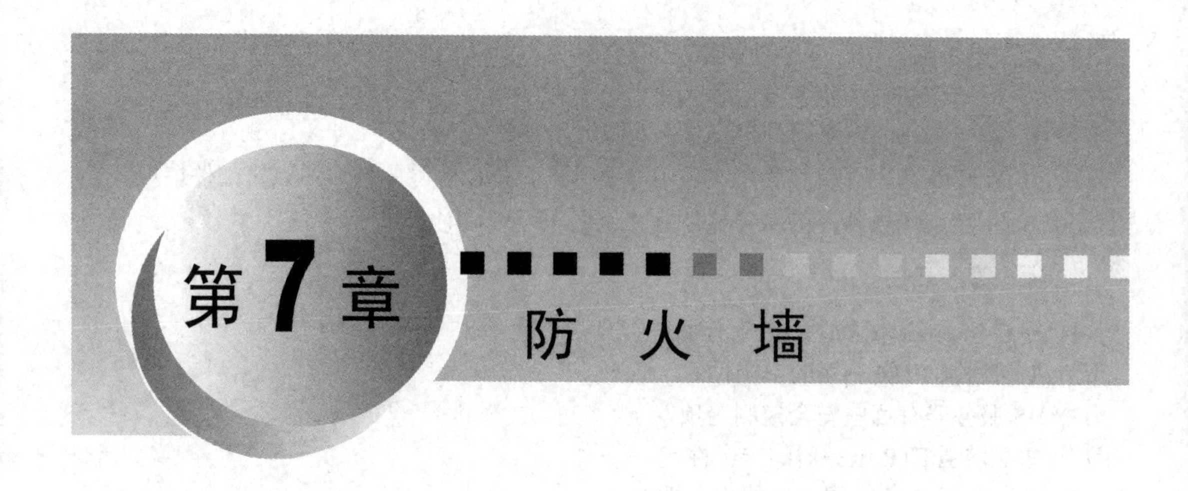

第7章 防火墙

教学目标

通过对本章的学习，读者应重点掌握以下几方面内容：防火墙技术的基本原理，防火墙的网络安全防范功能，防火墙的主要技术及其优缺点，防火墙的体系结构，防火墙技术的不足，防火墙的部署方法等。

教学要求

知识要点	能力要求	相关知识
防火墙的功能	掌握防火墙主要功能	
防火墙的技术	理解防火墙的几种技术类型	包过滤、代理服务器、状态检测
防火墙的缺陷	了解防火墙设备在网络安全防护中的不足	

引例

顾名思义，术语“防火墙”源自在建筑结构里应用的安全技术，是指在楼宇里用来起分隔作用的墙，用于隔离不同的公司或房间，起防火作用。

在计算机网络中，防火墙所起作用类似于门卫，是网络安全的第一道防线，它将内部网和公众访问网(如 Internet)隔离，在两个网络通信时执行访问控制策略，能允许“可以访问”的用户和数据进入网络，同时将“不允许访问”的用户和数据拒之门外，最大限度地阻止网络中的黑客来访问网络。企业的计算机网络应当制定并执行一项安全管理策略，那就是禁止随意接入互联网，公司内部的用户必须经过防火墙，才允许访问 Internet，来自 Internet 的访问也必须经过防火墙的策略筛选。

防火墙是当今网络系统中最基本的安全基础设施，侧重于网络层安全，对于从事网络建设与管理工作而言，充分发挥防火墙的安全防护功能和网络管理功能至关重要。本章的教学将围绕防火墙的应用，结合实验和工程案例来展开。另外作为本章的教学前提，应当对 TCP/IP 协议有较深入的了解，这样才能理解防火墙访问控制规则的具体含义和设置方法。

7.1　防火墙概述

防火墙由于处于网络边界的特殊位置，因而被设计集成了非常多的安全防护功能和网络连接管理功能。这些功能是随着技术的发展不断完善的。

7.1.1　防火墙的发展

1986 年美国 Digital 公司在 Internet 上安装了全球第一台商用防火墙系统后，提出了防火墙的概念。防火墙技术从此开始了飞速的发展。目前已有国内外众多厂商推出了防火墙产品，国外比较知名的有 Cisco 公司的 PIX 系列。

第一代防火墙，又称包过滤防火墙，主要通过对数据包源地址、目的地址、端口号等参数进行检查来决定是否允许该数据包通过，但这种防火墙很难抵御 IP 地址欺骗等攻击，而且审计功能很差。

第二代防火墙，也称代理服务器，它用来提供网络服务级的控制，起到外部网络向被保护的内部网络申请服务时中间转接作用，这种方法可以有效地防止对内部网络的直接攻击，安全性较高。

第三代防火墙，有效地提高了防火墙的安全性，称为状态检测防火墙，它可以对每一层的数据包进行检测和监控。

随着网络攻击手段和信息安全技术的发展，新一代的、功能更强、安全性更强的防火墙已经问世，这个阶段的防火墙已超出了原来传统意义上防火墙的范畴，已经演变成一个全方位的安全技术集成系统，称为第四代防火墙。它可以抵御目前常见的网络攻击手段，如 IP 地址欺骗、特洛伊木马攻击、Internet 蠕虫、密码探寻攻击、邮件攻击等。

7.1.2 防火墙的功能

1. 防火墙的访问控制功能

访问控制功能是防火墙设备最基本的功能，其作用就是对经过防火墙的所有通信进行连通或阻断的安全控制，以实现连接到防火墙上的各个网段的边界安全性。为实施访问控制，可以根据网络地址、网络协议以及TCP、UDP端口进行过滤；可以实施简单的内容过滤，如电子邮件附件的文件类型等；可以将IP与MAC地址绑定以防止盗用IP的现象发生；可以对上网时间段进行控制，不同时段执行不同的安全策略；可以对VPN通信的安全进行控制；可以有效地对用户进行带宽流量控制。

防火墙的访问控制采用两种基本策略："黑名单"策略和"白名单"策略。"黑名单"策略指除了规则禁止的访问，其他都是允许的。"白名单"策略指除了规则允许的访问，其他都是禁止的。

2. 防火墙的防止外部攻击功能

防火墙的内置黑客入侵检测与防范机制可以通过检查TCP连接中的数据包的序号来保护网络免受数据包注入、SYN Flooding Attack(同步洪泛)、DoS(拒绝服务)和端口扫描等黑客攻击。针对黑客攻击手段的不断变化，防火墙软件也能像杀毒软件一样动态升级，以适应新的变化。

3. 防火墙的地址转换功能

防火墙拥有灵活的地址转换(NAT，Network Address Transfer)能力，同时支持正向、反向地址转换。正向地址转换用于使用保留IP地址的内部网用户通过防火墙访问公众网中的地址时对源地址进行转换，能有效地隐藏内部网络的拓扑结构等信息。内部网用户共享这些转换地址，因此使用保留IP地址也就可以正常地访问公众网，有效地解决了全局IP地址不足的问题。

内部网用户对公众网提供访问服务(如Web、E-mail 服务等)的服务器如果想保留IP地址，或者想隐藏服务器的真实IP地址，都可以使用反向地址转换来对目的地址进行转换。公众网访问防火墙的反向转换地址，由内部网使用保留IP地址的服务器提供服务，同样既可以解决全局IP地址不足的问题，又能有效地隐藏内部服务器信息，对服务器进行保护。

4. 防火墙的日志与报警功能

防火墙具有实时在线监视内外网络间TCP连接的各种状态以及UDP协议包的能力，使用户可以随时掌握网络中发生的各种情况。日志中记录所有对防火墙的配置操作、上网通信时间、源地址、目的地址、源端口、目的端口、字节数、是否允许通过，各个应用层命令及其参数，比如HTTP请求及其要取的网页名。这些日志信息可以用来进行安全性分析。针对FTP协议，记录读、写文件的动作。新型防火墙可以根据用户的不同需要对不同的访问策略做不同的日志，例如有一条访问策略允许外界用户读取FTP服务器上的文件，从日志信息中用户就可以知道到底是哪些文件被读取了。在线监视和日志信息还能实时监视和记录异常的连接、拒绝的连接、可能的入侵等信息。

5. 防火墙的身份认证功能

防火墙支持基于用户身份的网络访问控制，不仅具有内置的用户管理及认证接口，同时也支持用户进行外部身份认证。防火墙可以根据用户认证的情况动态地调整安全策略，实现用户对网络的授权访问。

7.2 防火墙技术

按照实现技术分类，防火墙技术有包过滤技术、应用代理技术和状态检测技术。

7.2.1 防火墙的包过滤技术

包过滤(Packet Filter)通常安装在路由器上，并且大多数商用路由器都提供了包过滤的功能。包过滤是一种安全筛选机制，它控制哪些数据包可以进出网络而哪些数据包应被网络所拒绝。

网络中的应用虽然很多，但其最终的传输单位都是以数据包的形式出现的，这种做法主要是因为网络要为多个系统提供共享服务。例如，文件传输时，必须将文件分割为小的数据包，每个数据包单独传输。每个数据包中除了包含所要传输的数据(内容)，还包括源地址及目标地址等。

数据包是通过互联网中的路由器，从源网络到达目的网络的。路由器接收到数据包后就知道了该包要去往何处，然后路由器查询自身的路由表。若有去往目的地路由，则将该包发送到下一个路由器或直接发往下一个网段；否则，将该包丢掉。与路由器不同的是，包过滤防火墙除了判断是否有到达目的网段的路由之外，还要根据一组包过滤规则决定是否将包转发出去，如图7.1所示。

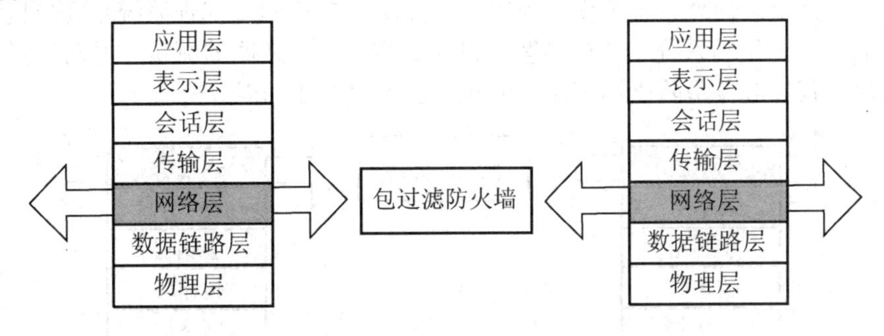

图7.1 包过滤型防火墙原理图

1. 工作机制

包过滤技术可以允许或禁止某些包在网络上传递，它依据的是以下的判断规则。

(1) 对包的目的地址作出判断。

(2) 对包的源地址作出判断。

(3) 对包的传送协议(端口号)作出判断。

一般地，在进行包过滤判断时不关心包的具体内容。包过滤只能让人们进行类似以下情况的操作，比如不让任何工作站从外部网用 Telnet 登录，允许任何工作站使用 SMTP 往内部网发电子邮件等。

但包过滤不能允许人们进行如下的操作，如允许用户使用 FTP，同时还限制用户只可读取文件不可写入文件、允许某个用户使用 Telnet 登录而不允许其他用户进行这种操作。

包过滤系统处于网络的 IP 层和 TCP 层，而不是应用层，所以它无法在应用层的具体操作进行任何过滤。以 FTP 为例，FTP 文件传输协议应用中包含许多具体的操作，如读取操作、写入操作、删除操作等。同时包过滤系统不能识别数据包中的用户信息。

2. 性能特点

1) 优点

(1) 因为包过滤防火墙工作在 IP 层和 TCP 层，所以处理包的速度要比代理服务型防火墙快。

(2) 提供透明的服务，用户不用改变客户端程序。

2) 缺点

(1) 因为只涉及 TCP 层，所以与代理服务型防火墙相比，它提供的安全级别很低。

(2) 不支持用户认证，包中只有来自哪台机器的信息却不包含来自哪个用户的信息。

(3) 不提供日志功能。

7.2.2 防火墙的应用代理技术

代理服务(Proxy Service)系统一般安装并运行在双宿主机上。双宿主机是一个被取消路由功能的主机，与双宿主机相连的外部网络与内部网络之间在网络层是被断开的。这样做的目的是使外部网络无法了解内部网络的拓扑。这与包过滤防火墙明显不同，就逻辑拓扑而言，代理服务型防火墙要比包过滤型更安全。

由于内部网络和外部网络在网络层是断开的，所以要实现内外网络之间的应用通信就必须在应用层之上。代理系统工作在应用层，如图 7.2 所示。代理系统是客户机和真实服务器之间的中介，代理系统完全控制客户机和真实服务器之间的流量，并对流量情况加以记录。目前，代理服务型防火墙产品一般还都包括包过滤功能。

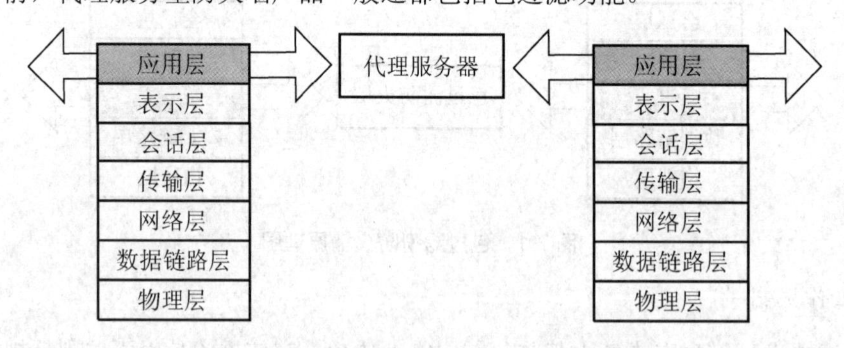

图 7.2 代理服务型防火墙工作在应用层

1. 工作机制

代理服务型防火墙按如下标准步骤对接收的数据包进行处理。

(1) 接收数据包。

(2) 检查源地址和目标地址。

(3) 检查请求类型。

(4) 调用相应的程序。

(5) 对请求进行处理。

下面以一个外部网络的用户通过Telnet访问内部网络中的主机为例，介绍这些标准步骤。

1) 接收数据包

外部网络的路由器将外部网络主机对内部网络资源的请求路由至防火墙的外部网卡。同样，内部网络中的主机通过内部网络中的路由选择信息将对外部网络资源的请求路由至防火墙的内部网卡。本例中，当外部网络用户通过 Telnet 请求对内部网络中的主机进行访问时，路由信息将该请求传送至防火墙的外部网卡上。

2) 检查源地址和目标地址

一旦防火墙接收到数据包，它必须确定如何处理该数据包。首先，防火墙检查数据包中的源地址，并确定该包是由哪块网卡接收的。这样做是为了确定数据包是否有 IP 地址欺骗的行为，例如，如果发现从外部网卡接收的一个数据包中的源地址属于内部网络的地址范围，则表明这是地址欺骗行为，防火墙将拒绝继续对该包进行处理，并将此事件记录到日志中。

接下来，防火墙对包中的目标地址进行检查，并确定是否需要对该包做进一步处理。这一点与包过滤类似，即检查是否允许对目标地址进行访问。本例中，Telnet 的目标地址是内部网络的某台主机，防火墙是通过外部网卡收到该 Telnet 请求的，且发现请求包中没有地址欺骗行为，防火墙接收了该数据包。

3) 检查请求类型

防火墙检查数据包的内容(请求的服务端口号)，并对照防火墙中已配置好的各种规则，以便确定是否向数据包提供相应的服务。如果防火墙对所请求的端口号不提供服务，则将这一企图作为潜在的威胁记录下来并拒绝该请求。本例中，数据包的内容表明请求服务是Telnet，即请求端口号为 23 且防火墙的配置规则支持这类请求的服务。

4) 调用相应的程序

由于防火墙对所请求的服务提供支持，所以防火墙利用其他配置信息将该服务请求传送至相应的代理服务。

5) 对请求进行处理

现在代理服务以目的主机的身份并采用与应用请求相同的协议对请求进行响应。应用请求方认为它是与目标主机进行对话的。然后，代理服务通过另一块网卡以自己的真实身份代替客户方，向目标主机发送应用请求。如果应用请求成功，则表明客户端至目标主机之间的应用连接成功地建立了。注意，与包过滤防火墙不同，代理服务型防火墙是通过两次连接实现客户机至目标主机之间的连接的，即客户机至防火墙、防火墙至目标主机。另外，通过对防火墙进行适当的配置，可以在防火墙替客户机向目标主机发送应用请求之前对客户方进行身份验证。验证方法包括 SecureID、S/Key、Radius 等。本例中，客户方法与防火墙建立 Telnet 连接，然后防火墙立即向客户方发出身份验证要求。若验证通过，则防火墙替客户方向目标主机发送应用请求。否则，防火墙将断开它与客户方已建立的连接。

2. 性能特点

1) 优点

(1) 提供的安全级别高于包过滤型防火墙。

(2) 代理服务型防火墙可以配置成唯一的、可被外部看见的主机，以保护内部主机免受外部攻击。

(3) 可以强制执行用户认证。

(4) 代理工作在客户机和真实服务器之间，完全控制会话，所以能提供较详细的审计日志。

2) 缺点

代理的速度比包过滤慢。

随着因特网络技术的发展，不论在速度上还是在安全上都要求防火墙技术也要更新发展，基于上下文的动态包过滤防火墙就是对传统的包过滤型和代理服务型防火墙进行了技术更新。

7.2.3 防火墙的状态检测技术

状态检测防火墙在网络层由一个检测模块截获数据包，并抽取与应用层状态有关的信息，并以此作为依据决定对该连接是接受还是拒绝。检测模块维护一个动态的状态信息表，并对后续的数据包进行检查。一旦发现任何连接的参数有意外的变化，该连接就被中止。这种技术提供了高度安全的解决方案，同时也具有较好的适应性和可扩展性。状态检测防火墙克服了包过滤防火墙和应用代理服务器的局限性，不要求每个被访问的应用都有代理。状态检测模块能够理解并学习各种协议和应用，以支持各种最新的应用服务。状态检测模块截获、分析并处理所有试图通过防火墙的数据包，保证网络的高度安全和数据完整。网络和各种应用的通信状态动态存储、更新到动态状态表中，结合预定义好的规则，实现安全策略。状态检测检查 OSI 七层模型的所有层，以决定是否过滤，而不仅仅对网络层检测，如图 7.3 所示。

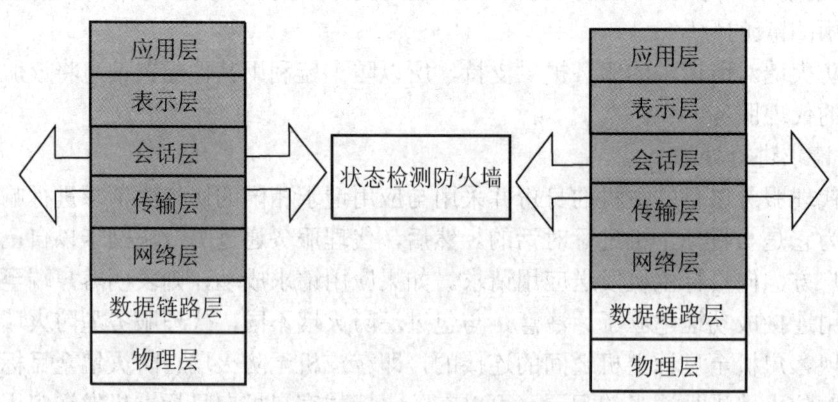

图 7.3 状态检测防火墙原理图

状态检测技术首先由 CheckPoint 公司提出并实现。目前许多包过滤防火墙中都使用多层状态检测，其主要特点如下。

1. 安全性

状态检测防火墙工作在数据链路层和网络层之间，截取和检查所有通过网络的原始数据包并进行处理。首先根据安全策略从数据包中提取有用信息，保存在内存中。然后将相关信息组合起来，进行一些逻辑或数学运算并进行相应的操作，如允许或拒绝数据包通过、认证连接和加密数据等。状态检测防火墙虽然工作在协议栈较低层，但它监测所有应用层的数据包并从中提取有用信息，如 IP 地址、端口号和数据内容等，这样安全性就可以得到很大的提高。

2. 高效性

通过防火墙的所有数据包都在低层处理，减少了高层协议头的开销，执行效率提高很多。另外在这种防火墙中，一旦一个连接建立起来，就不用再对该连接做更多的工作。如一个通过了身份验证的用户试图打开另一个浏览器，状态检测防火墙会自动授予该计算机再建立其他会话的权限，而不会提示该用户再输入密码。

3. 可伸缩性和易扩展性

状态检测防火墙不像应用层网关防火墙，每个应用对应一个服务程序，所能提供的服务是有限的，而且当增加一个新的服务时，必须为新的服务开发相应的服务程序。状态检测防火墙不区分每个具体的应用，只是根据从数据包中提取出的信息、对应的安全策略及过滤规则处理数据包。当有一个新的应用时，它能动态产生并应用新的规则，而不用另外写代码，所以具有很好的伸缩性和扩展性。

4. 应用范围广

状态检测防火墙不仅支持基于 TCP 的应用，而且支持基于无连接协议的应用，如 RPC(Remote Procedure Call)、UDP 的应用(DNS、WAIS 等)。对于无连接的协议，包过滤防火墙和应用层网关要么不支持这类应用，要么开放一个大范围的 UDP 端口，这样会暴露内部网，降低了安全性。

状态检测技术更适合提供对 UDP 协议的支持。它将所有通过防火墙的 UDP 分组均视为一个虚拟连接，防火墙保存通过网关的每一个连接的状态信息，允许通过防火墙的 UDP 请求都会被记录。当 UDP 包在相反方向上通过时，依据连接状态表确定该 UDP 包是否被授权和通过。每个虚拟连接都具有一定的生存期，较长时间没有数据传送的连接将被终止。

7.2.4　防火墙系统体系结构

在实际应用中，构筑防火墙的“真正的解决方案”很少采用单一的技术，通常是多种解决不同问题的技术的有机组合，也就是说可以采用多种体系结构来构建防火墙系统。3 种常见的体系结构是：双重宿主主机体系结构、屏蔽主机体系结构和屏蔽子网体系结构。

1. 双重宿主主机体系结构

双重宿主主机体系结构围绕双重宿主主机构筑，双重宿主主机至少有两个网络接口，这样的主机可以充当与这些接口相连的网络之间的路由器，它能够从一个网络到另外一个网络发送 IP 数据包。然而双重宿主主机的防火墙体系结构禁止这种发送，因此 IP 数据包并不是从一个网络(如外部网络)直接发送到另一个网络(如内部网络)的。外部网络能与双重宿主主机通信，内部网络也能与双重宿主主机通信。但是外部网络与内部网络不能直接通信，它们之间的通信必须经过双重宿主主机的过滤和控制。

2. 屏蔽主机体系结构

屏蔽主机体系结构防火墙使用一个路由器把内部网络和外部网络隔离开，堡垒主机是 Internet 上的主机能连接到的、唯一的、内部网络上的系统。任何外部的系统要访问内部的系统或服务都必须先连接到这台主机。同样内部网也只有堡垒主机可以连接 Internet，堡垒主机实际也就是代理服务器，如图 7.4 和图 7.5 所示。

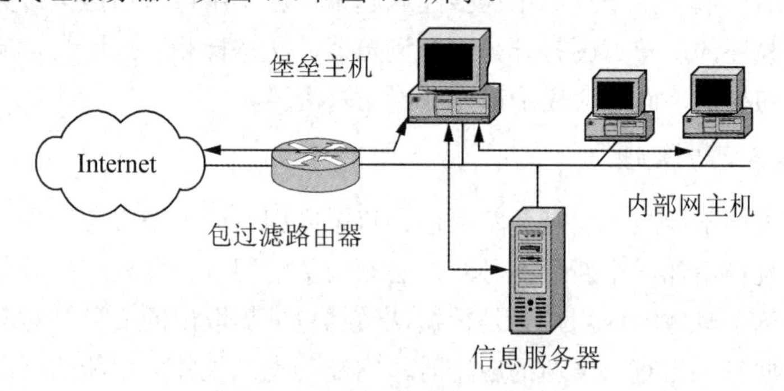

图 7.4 屏蔽主机体系结构 1

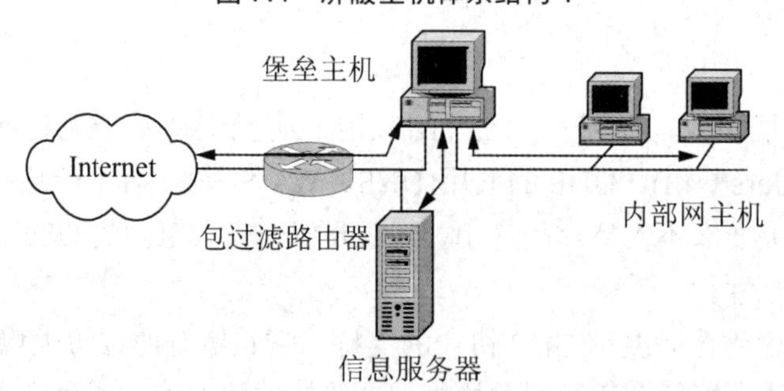

图 7.5 屏蔽主机体系结构 2

3. 屏蔽子网体系结构

屏蔽子网体系结构的最简单的形式为两个屏蔽路由器，每一个都连接到一个处于内网和外网之间的所谓隔离网，也就是停火区或者非军事区。一个位于隔离网与内部网络之间，另一个位于隔离网与外部网络(通常为 Internet)之间。这样就在内部网络与外部网络之间形成了一个“隔离带”。堡垒主机安装在这个“隔离带”。为了侵入用这种体系结构构筑的内部网络，侵袭者必须通过两个路由器。即使侵袭者侵入堡垒主机，仍然必须通过内部路由器访问内部网络，如图 7.6 所示。

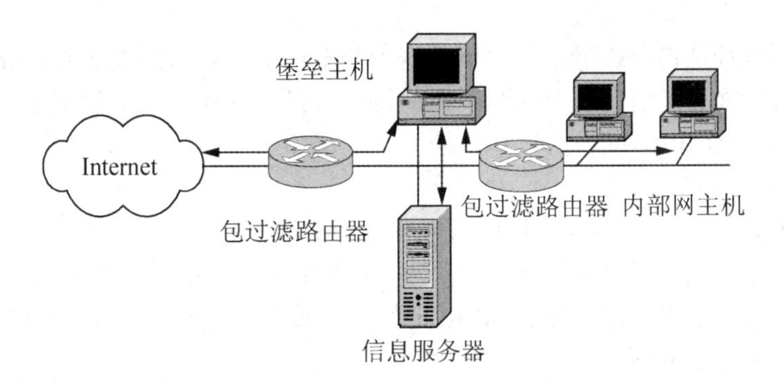

图 7.6　屏蔽子网体系结构

7.2.5　防火墙的主要技术指标

1. 并发会话连接数

并发会话连接数指的是防火墙或代理服务器对其业务信息流的处理能力，是防火墙能够同时处理的点对点会话连接的最大数目，它反映防火墙对多个连接的访问控制能力和连接状态跟踪能力。这个参数的大小可以直接影响到防火墙所能支持的最大信息点数。

大多数人也许不理解普通会话数会有几千到几十万不等。举例说明，一个并发会话数代表一台机器打开的一个窗口或者一个页面。内网中一台机器同时打开很多页面，并且聊天工具或者网络游戏同时进行着，那么这一台机器占用的会话数就会有几十到几百不等。内网中同时在线的机器数量越多，需要的会话数就越多。所以根据防火墙的型号不同，型号越大，并发会话数就会越多。

2. 吞吐量

网络中的数据是由一个个数据包组成的，防火墙对每个数据包的处理都要耗费资源。吞吐量是指在不丢包的情况下单位时间内通过防火墙的数据包数量。

吞吐量的大小主要由防火墙内网卡及程序算法的效率决定，尤其是程序算法，会使防但火墙系统进行大量运算，通信量大打折扣。因此，大多数防火墙虽号称 100Mbps 防火墙，由于其算法依靠软件实现，通信量远远没有达到 100Mbps，实际只有 10～20Mbps。纯硬件防火墙，由于采用硬件进行运算，因此吞吐量可以达到线性 90～95Mbps，是真正的 100Mbps 防火墙。

对于中小型企业来讲，选择吞吐量为百兆级的防火墙即可满足需要，而电信、金融、保险等大公司、大企业部门就需要采用吞吐量为千兆级的防火墙产品。

3. 工作模式

目前市面上的防火墙都会具备 3 种不同的工作模式，路由模式、NAT 模式和透明模式。

透明模式下，防火墙过滤通过防火墙的包，而不会修改数据包包头中的任何源或目的地信息。所有接口运行起来都像是同一网络中的一部分。此时防火墙的作用更像是 Layer 2(第 2 层)交换机或桥接器。在透明模式下，接口的 IP 地址被设置为 0.0.0.0，防火墙对于用户来说是可视或“透明”的。

网络地址转换(NAT)模式下，防火墙的作用与 Layer 3(第 3 层)交换机(或路由器)相似，将绑定到外网区段的 IP 包包头中的两个组件进行转换：其源 IP 地址和源端口号。防火墙用目的地区段接口的 IP 地址替换发送包的主机的源 IP 地址。另外，它用另一个防火墙生成的任意端口号替换源端口号。

路由模式时，防火墙在不同区段间转发信息流时不执行 NAT。即当信息流穿过防火墙时，IP 包包头中的源地址和端口号保持不变。与 NAT 不同，不需要为了允许入站会话到达主机而建立路由模式接口的映射和虚拟 IP 地址。与透明模式不同，内网区段中的接口和外网区段中的接口在不同的子网中。

4. 接口

防火墙的接口也分为以太网口(10Mbps)、快速以太网口(10/100Mbps)、千兆以太网口(光纤接口)3 种类型。防火墙一般都预先设有内网口、外网口、DMZ 区接口和默认规则，有的防火墙也预留了其他接口用于用户自定义其他的独立保护区域。防火墙上的 RS-232 Console 口主要用于初始化防火墙时进行基本的配置或用于系统维护。另外有的防火墙还有可能提供 PCMCIA 插槽、IDS 镜像口、高可用性接口(HA)等，这些都是根据防火墙的功能来决定的。

7.3 防火墙的缺陷

从安全的范畴而言，防火墙不能解决所有问题，尤其在以下几个方面存在缺陷。

1. 防火墙不能防止内部攻击

防火墙可以禁止系统用户经过网络连接发送专有的信息，但用户可以将数据复制到磁盘、磁带上，放在公文包中带出去。如果入侵者已经在防火墙内部，防火墙是无能为力的。内部用户可以偷窃数据，破坏硬件和软件，并且巧妙地修改程序而不接近防火墙。对于来自知情者的威胁，只能要求加强内部管理，如主机安全和用户教育等。

2. 防火墙不能防止未经过防火墙的攻击

防火墙能够有效地防止通过它的传输信息，然而它却不能防止不通过它而传输的信息。例如，如果允许处于防火墙后面的内部系统拨号接入 Internet 访问，那么防火墙绝对没有办法阻止入侵者通过拨号线路。

3. 防火墙不能取代杀毒软件

防火墙不能防范网络上或 PC 中的病毒。虽然许多防火墙可以扫描所有通过它的信息，以决定是否允许它通过，但这种扫描只针对源地址、目标地址和端口号，而不是数据的具体内容。即使是先进的数据包过滤系统，也难以防范病毒，因为病毒的种类太多，而且病毒可以通过多种手段隐藏在数据中。

防火墙要检测随机数据中的病毒就必须做到以下几点。

(1) 确认数据包是程序的一部分。

(2) 确定程序的功能。

(3) 确定病毒引起的改变。

这对处于网络进出口通道上的防火墙设备而言，在不影响网络吞吐率的前提下是不可能做到的。

4. 防火墙不易防止反弹端口木马攻击

使用反弹端口技术的木马程序，由植入内部网络的木马服务器端程序发起与控制端的连接，如果使用合法端口，就很难在防火墙上进行访问控制。

7.4　防火墙产品介绍

目前国内和国外已经有很多防火墙制造商。这些厂商的产品各有不同的特色，性能也有较大差别，但防火墙的主要功能基本相同。以下各介绍一种国外和国内的知名品牌，帮助读者认识防火墙产品。

7.4.1　Cisco 防火墙简介

Cisco Secure PIX 系列防火墙的主要特性是安装、配置简单。另外，其允许透明地支持 Internet 多媒体应用，不再需要实际调整和重新配置每一台客户工作站或 PC。非 UNIX 的安全、实时和嵌入式系统消除了通用操作系统所带来的风险，提供了突出的性能。基于标准的虚拟专网使管理员可以降低通过 Internet 或其他公共 IP 网络将移动用户和远程站点与企业网络相连的成本。自适应安全算法为所有的 TCP/IP 对话提供静态安全性，以保护敏感的保密资源。静态故障切换/热备用提供高可用性，使网络可靠性最大。网络地址转换(NAT)节省了宝贵的 IP 地址，扩展了网络地址空间，隐藏 IP 地址，使之不被外部得到。截断通过代理提供了业界最高的认证性能，它通过重新使用现有认证数据库降低拥有成本。多种网络接口卡为 Web 和所有其他的公共访问服务器、与不同合作伙伴的多种外部网链路、得到保护的记录和 URL 过滤服务器提供强大的安全性。支持多达 28 万个同时连接，使部署很少的防火墙能极大地提高代理服务器的性能。

Cisco 防火墙可以防止拒绝服务攻击，保护防火墙及其后面的服务器和客户机不受破坏性的黑客攻击。

Cisco 防火墙支持各种应用，全面降低防火墙对网络用户的影响。JavaApplet 过滤使防火墙可以在每个客户机或每个 IP 地址上终止具有潜在危险的 Java 应用。支持多媒体应用，降低了支持这些协议所需要的管理时间和成本。无需特殊的客户机配置，只需设置 6 条命令就能实现一般的安全策略。紧凑设计可以更加容易地部署在桌面或更小的办公设置中。

当 URL 过滤与 Websense 企业软件配合使用时，可以提供控制哪些 Web 站点的用户可以出于计费的目的来访问和维护审计跟踪数据的能力；对 PIX 防火墙性能的影响最小。邮件保护不再需要外部邮件在外围网络中转发，也防止了外部邮件转发过程中的拒绝服务攻击。

7.4.2　紫荆盾 NetST 防火墙简介

紫荆盾 NetST 防火墙产自于国内最早的安全设备制造商北京同方信息安全技术股份有限公司，该产品主要有以下几个特点。

1) 一体化的软硬件设计

NetST防火墙使用专用设计的硬件平台，符合工业标准，稳定性极强；专用shell管理，不接触系统内部；终端串口管理，支持用户认证；采取专用管理网络端口防止监听，NetST防火墙采用一体化的硬件设计，可以发挥硬件的最高效能，提高系统自身安全性。而且NetST防火墙可以独立运行，不依赖于网络环境及操作系统。

2) 高效率的状态检测引擎

NetST 防火墙引擎采用国际流行的状态检测包过滤技术，可在线监测当前内外网络的连接状态，根据连接状态动态处理连接情况，对异常的连接状态进行阻断和记录，及时报警。

3) 自身安全性高

NetST 防火墙自身具有极高的安全性。所有的对外通信均采用 IDEA 等高强度加密来进行保护，即使被截取也不会泄露防火墙自身的信息。NetST 防火墙采用专用安全操作系统，安全级别高。

4) 抗攻击能力

(1) 防IP地址欺骗：NetST防火墙可以保证数据包的IP地址与网关通信接口相符，防止通过修改IP地址的方法进行非授权访问。

(2) 攻击检测功能：NetST防火墙可以检测到对网络或内部主机的所有TCP/UDP扫描以及多种拒绝服务攻击，如SYN Flood攻击等。

(3) 对外部扫描以及攻击的响应能力：NetST防火墙可以对来自外部网络的扫描和多种攻击进行实时响应。

(4) 抗DoS/DDoS攻击：NetST防火墙不但可以识别拒绝服务此类型常见的攻击方式，而且可以对抗DoS攻击，包括SYN Flood、Smurf、ICMP Flood、Ping of Death、Ping Sweep、Land Attack、Tear Drop Attack等攻击，使受保护主机免于瘫痪。

(5) 端口扫描：通过端口扫描，攻击者可知道被攻击的服务器运行的哪些服务，从而对服务器进行攻击或利用某些服务的缺陷攻击服务器。NetST 防火墙可以利用网络地址转换(NAT)功能、状态检测进行防御。

完善的防攻击技术提供了强大的入侵防护功能，防火墙还内置了 IPS 功能，能够检测到数据包内容中所包含的攻击和入侵并且阻断它。防火墙也可以和 IDS 实现联动，提高了安全性，而且保证了高性能。

5) 内容过滤

系统支持对可能的危险代码或容易挤占网络带宽数据的过滤，如 HTML 中的 Java，ActiveX脚本、音频视频信息、电子邮件中的危险附件等；控制FTP上传/下载的文件类型NetST 防火墙；阻止 ActiveX、Java、JavaScript 等侵入；所有类型均可由用户自行定义，支持通配符的使用。NetST防火墙能够对URL关键字以及页面关键字进行过滤。

6) 协议支持

NetST 防火墙支持现有的 280 多种通信协议和 730 种应用服务，包括 WWW、FTP、POP3、数据库服务、多媒体服务(H.323、Real Audio及VDOLive)、Microsoft网络服务等。NetST防火墙支持新的MSN、SIP等协议，特别优化视频和音频的数据处理，确保用户能够顺利实施视频会议等应用。

7) 多种工作模式

NetST 防火墙支持网桥模式、路由模式、代理模式及混合模式，这样可以方便用户使用。使用网桥模式的防火墙本身没有 IP 地址，在 IP 层对内网用户来说透明，对现存局域网的拓扑结构以及相关设置无需进行大的变动。在网桥上配置 IP 地址，NetST 防火墙能够在网桥模式上实现路由、地址转换、端口转换等功能，不降低网桥模式的安全性。NetST 防火墙支持在一个网桥上接入多个不同的网络，也支持多个网卡组成一个网桥。

8) 领先的双向网络地址转换

NetST 防火墙系统支持动态、静态、双向的网络地址转换(NAT)。它可以把内部网 IP 地址转换成公网 IP 地址，使得外部网络无法知道内部主机的 IP 地址，从而伪装内部地址、保护内部主机，进一步增强系统的安全性。另外，网络地址转换方式允许内部用户使用非静态的 IP 地址(符合 RFC1918)，从而解决了 ISP 所提供 IP 地址有限的问题。同时 NetST 也支持多重地址转换和动态地址转换。

9) 自定义防火墙最大并发连接数

如果网络中主机数量不算很多，盲目使用过大的并发连接数反而会降低防火墙工作效率。一般可以使用主机数×10 来估计所需要的最大并发连接数。过高的并发连接数设置导致防火墙在分配软、硬件资源上产生浪费，所以合理的设置能得到较高的效率。NetST 防火墙能够根据网络规模随时调整并发连接数设置。

10) 支持多出口

NetST 防火墙支持双机热备，支持虚拟路由协议 VRRP，支持多出口，支持多个 ISP 接入点，而且能够根据 NAT 以及路由表智能化选择不同的出口，有效地进行不同 ISP 之间的负载均衡。同时支持 ISP 之间失效切换。NetST 防火墙不但可以根据数据包的目的地址决定路由，也可以根据数据包的源地址决定路由，在用户有多个出口的情况下，就可以用策略路由灵活地分配带宽。

11) 高效率后端负载均衡

NetST 防火墙通过高效率的算法，支持多个服务器的负载均衡。其还能根据应用服务器的相应能力进行优化的均衡设置，设置服务器能力权值，自动分配流量。

12) 支持多种 VPN

(1) 实现 site-site/site-client 的 VPN 连接。

(2) 支持 IPSec、PPTP、GRE。

(3) 支持星型 VPN 拓扑结构。分支机构可以通过总部的 VPN 中心自动连接。

(4) 支持 VPN 的 NAT 穿越。

(5) 加密算法为 3DES 或第三方软硬件加密算法。

(6) 认证算法为 SHA1 及 M5。

(7) 支持完整的 X.509 V3 证书。

(8) 支持 IKE (RSA, share)。

(9) 支持硬件加速卡。

(10) 客户端支持包括 NetST 防火墙、所有 Windows 操作系统以及其他支持 IPSec 的防火墙。

13) 支持 GRE 通道(通用路由封装协议)

NetST 防火墙提供对数据的封装，这样内网机器就可以直接访问 GRE 通道对端内部网络。

14) 用户身份访问控制

NetST 防火墙支持按用户身份进行访问控制。用户需要首先进行登录，由防火墙外置的身份验证服务器验证用户的身份和网络访问的权限，防火墙根据用户登录的情况动态调整规则允许以用户工作站访问网络。

15) 完善的访问控制

为保证系统的安全性和提高防护能力，增强控制的灵活性，NetST 防火墙采用了多级过滤措施。

(1) 以基于操作系统内核的会话检测技术为核心，在 IP 层提供基于状态检测的分组过滤，可以根据网络地址、网络协议以及 TCP、UDP 端口进行过滤。在应用层通过重写通信会话的部分或者全部来提供对高层应用协议命令、网络地址段、网络地址与网络服务端口等的过滤。同时还提供认证服务器进行用户级鉴别和过滤控制。NetST 防火墙的多级过滤形成了立体的、全面的访问控制机制。

(2) 支持带宽管理，具有粒度细致、方便灵活的带宽管理功能，可以防止用户滥用带宽。目前可以限制一组用户可以使用的最大带宽。管理员指定进行带宽管理的任意两个通信对象，设立它们之间通信的最大带宽。

(3) 支持与入侵检测系统的联动，实施监控网络中的异常连接、异常的端口扫描等，并对异常活动实时报警，自动执行阻断等操作。

(4) 管理员可以根据系统提供的完善选项，设定出完善的访问控制策略。

16) 实时动态监测

NetST 防火墙可对通过防火墙的数据包进行实时监测。在管理界面中，管理员可以实时监测系统状态，如系统负载、系统使用情况、用户的连接状态等，方便及时地了解系统的状态，并且在必要的时候采取相应的行动。

17) 完善的日志审计

NetST 防火墙提供了完善的日志分析、审计功能，用户能自定义条件参数，输出多种文字或图形报表。

应用案例

防火墙部署与配置案例

防火墙在目前企业网络中得到极其广泛的应用，因此本节给出一个实际应用的案例，使读者可以了解防火墙的部署和配置的基本方法。考虑到所选厂商产品的特殊性，本节内容仅供设计方案参考，而不作为实训内容。

1. 背景描述

某公司的网络环境如下。

(1) 拥有外部 Internet 的合法地址：202.205.113.65，外部网关地址：202.205.113.1。

(2) 公司向外部提供 WWW、FTP、SMTP 和 POP3 服务，但要防止 DoS 攻击。

(3) 公司内部设有两个部门，要使用不同的网段，内部网 1 可以访问外部 Internet 和 DMZ 服务器，内部网 2 只能访问 DMZ 服务器，不能访问 Internet。

(4) 从内部向外部的访问要求是：进行用户认证，只有合法用户才能访问外部 Internet 和 DMZ 服务器；内部网的用户只允许使用 ICMP 协议、UDP 协议中的域名解析协议和 TCP 协议的 WWW、FTP 协议访问外部 Internet，只能使用内部的 Mail 服务器收发电子邮件。

2．系统规划

内部网络使用保留 IP 地址，通过 NAT 方式访问外部 Internet，网络地址段为：192.168.1.0/24(内部网 1)及 192.168.3.0/24(内部网 2)，其中 192.168.1.2 作为网络管理工作站可管理防火墙和 DMZ 区的各服务器。

内部服务器放到 DMZ 网段：10.10.10.0/24，WWW 服务器：10.10.10.10，FTP 服务器：10.10.10.20，MAIL 服务器：10.10.10.30。

NetST 防火墙置于外部 Internet 与内网和 DMZ 网之间，如图 7.7 所示。

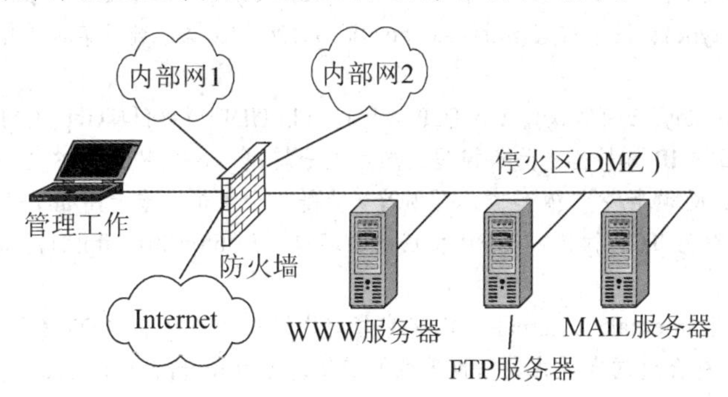

图 7.7　NetST 防火墙配置实例

NetST 防火墙各网卡地址设计为：

external：202.205.113.65　(WWW)、(FTP)、(MAIL)
internal：192.168.1.1、192.168.3.1
DMZ：10.10.10.1

3．功能配置

1) 安装 NetST 防火墙

根据网络拓扑图，将 NetST 防火墙与外网、内网和 DMZ 网正确连接，并用串口线将防火墙连接到终端，开防火墙电源。在终端上登录 NetST 防火墙。

2) 配置 NetST 防火墙

配置 NetST 防火墙各网卡地址及默认网关。

3) 配置 NAT 规则

命令格式为 add nat type ori_src_ip ori_dst_ip ori_port trans_src_ip trans_dst_ip trans_port。

此命令用于将 NAT 规则加到 NAT 规则表的最后，命令参数包括 NAT 类型(type)，转换前源 IP 地址(ori_src_ip)、转换前目的 IP 地址(ori_dst_ip)、转换前端口(ori_port)、转换后源 IP 地址(trans_src_ip)、转换后目的 IP 地址(trans_dst_ip)、转换后端口(trans_port)。

NAT 类型可分为 static(s)(静态 NAT)及 dynamic(d)(动态 NAT)两种。

所有 IP 地址格式为带掩码的数字点分格式：×××.×××.×××.×××/××，或者用 any 表示任意 IP 地址，转换后的 IP 地址不带掩码位。端口主要针对 TCP 协议或 UDP 协议而言，如 http(80)、ftp(21)、telnet(23)、smtp(25)、pop-3(110)等，用 any 表示任意端口。

NAT 可分为源 NAT 和目的 NAT，如果是转换前源 IP 地址和转换后源 IP 地址不同，则称为源 NAT，主要用于内部机器访问外部。如果转换前目的 IP 地址和转换后目的 IP 地址不同，则称为目的 NAT，主要用于外部机器访问内部服务器。当转换前端口与转换后端口不同时就称为端口转发。

以下 NAT 规则将内网 1 和 DMZ 的 Mail 服务器源地址进行转换，允许访问外部 Internet：

```
admin@NetST>add nat static 192.168.1.0/24 any any 202.205.113.65 any any
admin@NetST>add nat static 10.10.10.30 any smtp 202.205.113.65 any smtp
```

以下 NAT 规则将外网目的地址进行转换，允许外网访问内部服务器：

```
admin@NetST>add nat static any 202.205.113.65 www any 10.10.10.10 www
admin@NetST>add nat static any 202.205.113.65 ftp any 10.10.10.20 ftp
```

admin@NetST>add nat static any 202.205.113.65 smtp any 10.10.10.30 smtp

admin@NetST>add nat static any 202.205.113.65 pop-3 any 10.10.10.30 pop-3

4) 配置过滤规则

命令格式为 add rule(ru) protocol src_ip dst_ip service/icmp_type interface_position action。

此命令用于将过滤规则加到过滤规则表的最后，命令参数包括协议、源 IP 地址、目的 IP 地址、服务类型、网卡位置、规则的操作。规则的意思是将符合协议(protocol)、源 IP 地址(src_ip)、目的 IP 地址(dst_ip)、服务类型(service/icmp_type)、网卡位置(interface_position)的所有数据包进行某种操作(action)，包括接受、拒绝或进行内容过滤。

(1) 协议参数可为：any(任何协议)、tcp(TCP 协议)、udp(UDP 协议)和 icmp(ICMP 协议)。

(2) 源 IP 地址和目的 IP 地址格式为带掩码的数字点分格式：×××.×××.×××.×××/××，如果目的 IP 是一个网络，必须带/××掩码位，否则就认为是一台主机，或者用 any 表示任意 IP 地址。

(3) 服务类型指协议为 TCP 协议或 UDP 协议时的端口，如 http(80)、ftp(21)、telnet(23)、smtp(25)、pop-3(110)等。

(4) 网卡位置分别用 internal、external、DMZ 来指定内网卡、外网卡和 DMZ 网卡。

动作表示防火墙对符合过滤规则的数据包采取的操作，可为 drop(丢弃)、accept(接受)和 content (进行内容过滤)3 类。

配置命令为：

admin@NetST>delall rule

以下过滤规则允许内网 1 的机器使用 ICMP 协议和域名解析协议(UDP 协议 53 端口)：

admin@NetST>add rule icmp 192.168.1.0/24 any any internal accept

admin@NetST>add rule udp 192.168.1.0/24 any 53 internal accept

以下过滤规则允许 DMZ 的 MAIL 服务器使用 SMTP 协议：

admin@NetST>add rule tcp 10.10.10.30 any smtp dmz accept

以下过滤规则允许外网机器访问 DMZ 区的 WWW 服务器、FTP 服务器、MAIL 服务器：

admin@NetST>add rule tcp any 10.10.10.10 www external accept

admin@NetST>add rule tcp any 10.10.10.20 ftp external accept

admin@NetST>add rule tcp any 10.10.10.30 smtp external accept

admin@NetST>add rule tcp any 10.10.10.30 pop-3 external accept

以下过滤规则允许内网机器访问 DMZ 区的 WWW 服务器、FTP 服务器、MAIL 服务器：

admin@NetST>add rule tcp any 10.10.10.30 pop-3 internal accept

admin@NetST>add rule tcp any 10.10.10.30 smtp internal accept

admin@NetST>add rule tcp any 10.10.10.10 www internal accept

admin@NetST>add rule tcp any 10.10.10.20 ftp internal accept

以下规则允许内网 1 机器访问外部 Internet 的 WWW、FTP 服务器：

admin@NetST>add rule tcp 192.168.1.0/24 any www internal accept

admin@NetST>add rule tcp 192.168.1.0/24 any ftp internal accept

7.5 本章小结

本章讲述了防火墙这种网络安全最基本的防护技术，概括了防火墙的主要功能、几种主流技术类型以及防火墙存在的缺陷。通过典型案例分析介绍了防火墙在网络安全防护体系中的部署方法以及配置要点。

7.6　本 章 实 训

实训 1：防火墙设备配置

实训目的

配置防火墙硬件设备，实现它的基本功能，即地址转换和访问控制等。

实训环境

一台普通计算机接入局域网，IP 地址设置为自动获得 IP 地址，一台 Cisco PIX 506E 防火墙连接局域网和 Internet。如果实验室用的是其他厂商的防火墙则配置方法不同，但原理和功能基本一致，因此以下操作步骤仅供参考，读者应当阅读所使用的防火墙设备厂商提供的手册来完成配置，如果实验室不具备防火墙硬件设备，也可以在网络设备配置模拟工具上配置实现基本的防火墙功能，作者可提供 Cisco Packet Tracer 5.3 及 NAT 和 ACL 配置参考文件，本书限于篇幅不再描述。

实训内容

熟悉 Cisco PIX 506E 防火墙的配置方法。

(1) 将 Cisco PIX 506E 防火墙分别连接 Internet 和内部局域网，并开机启动。设置计算机的 IP 地址为自动获得 IP 地址。以 https://的方式打开 Cisco PIX 506E 防火墙配置界面，如图 7.8 所示。观察设备信息、网卡状态、系统资源状态和通信状态。

(2) 在 Add Rule 对话框中增加一条规则，使其生效并测试，如图 7.9 和图 7.10 所示。

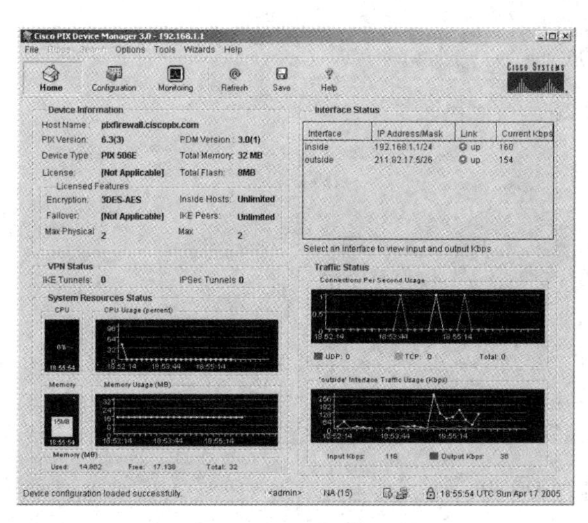

图 7.8　防火墙配置主界面

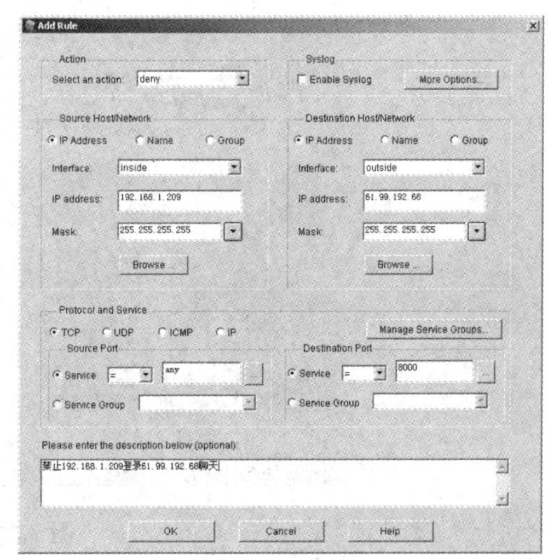

图 7.9　增加规则 1

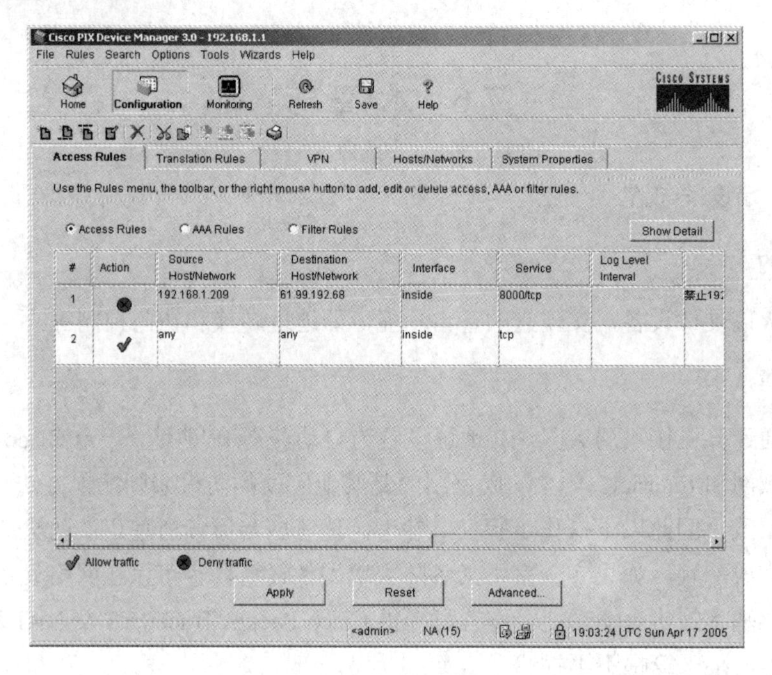

图 7.10　增加规则 2

(3) 在 Configuration 窗口中选择 Translation Rules 选项卡，设置 NAT 地址转换，如图 7.11 所示。

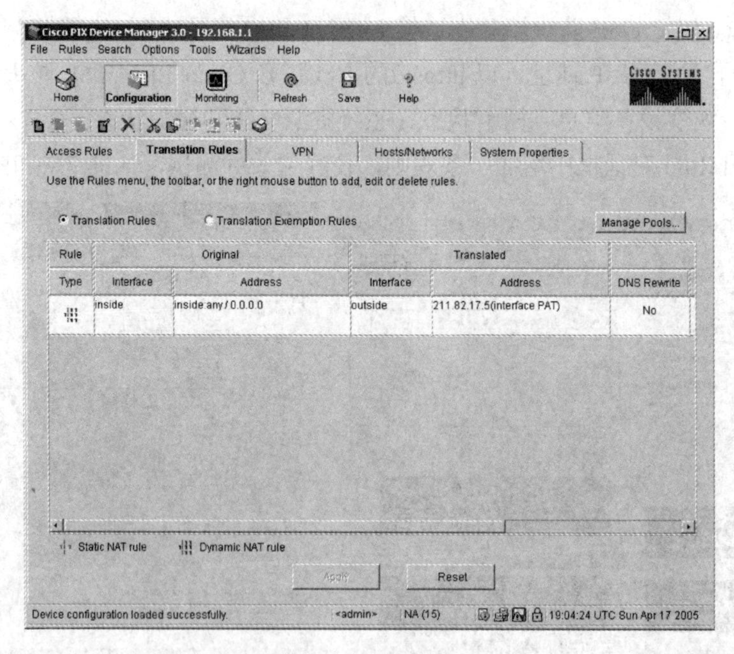

图 7.11　增加 NAT

(4) 设置默认静态路由，如图 7.12 所示。

(5) 设置 DHCP 的地址范围，如图 7.13 所示。

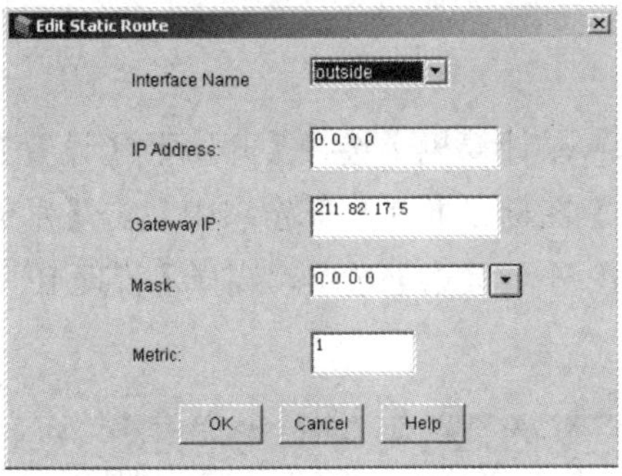

Edit Static Route

Interface Name outside

IP Address: 0.0.0.0

Gateway IP: 211.82.17.5

Mask: 0.0.0.0

Metric: 1

OK　Cancel　Help

图 7.12　设置默认静态路由

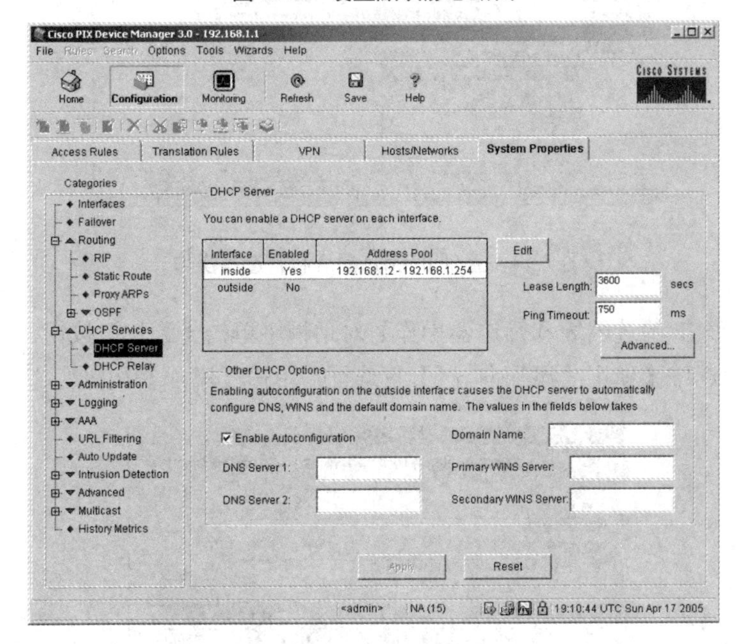

图 7.13　设置 DHCP 的地址范围

实训 2：Windows 2000 IP 安全策略

实训目的

IP 筛选器列表触发建立在与源、目标及 IP 传输类型匹配的基础上的安全协商。这种类型的 IP 包筛选允许网络管理员准确定义哪些 IP 传输将受到保护。每个 IP 筛选器列表包含一个或多个筛选器，它定义了 IP 地址和传输类型。一个 IP 筛选器列表可用于多个通信情形。本实验的目的是利用 Windows 2000 自身的 IP 安全策略实现防火墙功能。

445 端口能让用户在局域网中轻松访问各种共享文件夹或共享打印机，但也正是因为有了它会在联网的计算机上留下安全隐患，本实验的具体目标就是封堵住 445 端口漏洞。

实训环境

安装 Windows 2000 服务器的一台计算机。

实训内容

(1) 在 Windows 2000 Server 计算机上选择【开始】|【设置】|【控制面板】命令，在打开的窗口中双击【管理工具】图标，并在打开窗口中双击【本地安全策略】图标，在【本地安全设置】窗口中右击【IP 安全策略】选项，选择【管理 IP 筛选器表和筛选器操作】命令，如图 7.14 所示。

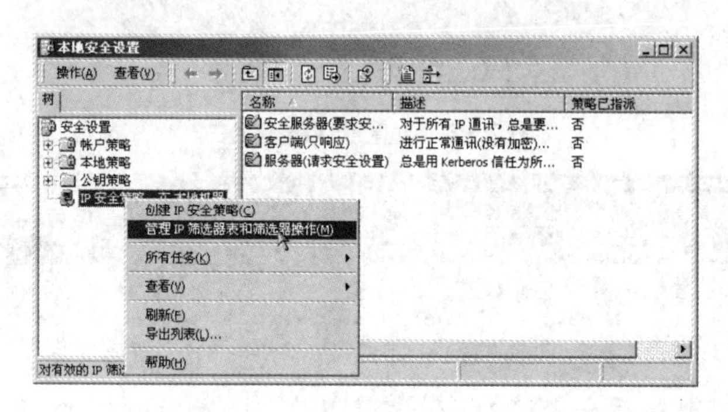

图 7.14　管理 IP 筛选器表和筛选器操作

(2) 在【管理 IP 筛选器表和筛选器操作】对话框中单击【添加】按钮，进入图 7.15 所示对话框，取消选中【使用“添加向导”】复选框，单击【添加】按钮。

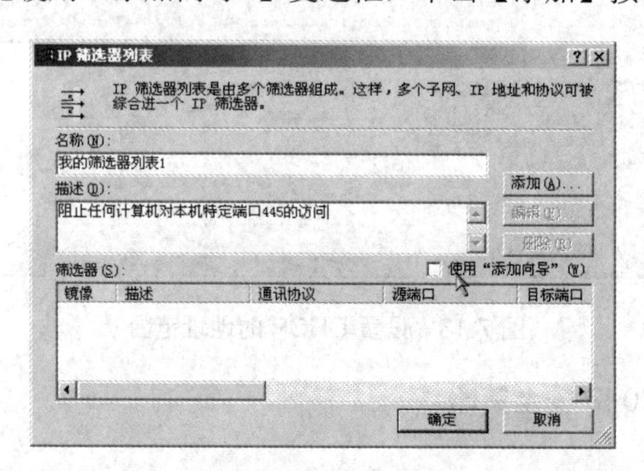

图 7.15　【IP 筛选器列表】对话框

(3) 设置源地址和目的地址，如图 7.16 所示。

(4) 设置【协议】选项卡，如图 7.17 所示。

(5) 关闭【IP 筛选器列表】对话框，在【管理 IP 筛选器表和筛选器操作】对话框中打开【管理筛选器操作】选项卡，取消【使用“添加向导”】复选框，如图 7.18 所示。

(6) 单击【添加】按钮，在图 7.19 所示的对话框中选中【阻止】单选按钮。

(7) 打开【常规】选项卡，如图 7.20 所示，给筛选操作取名。

(8) 进入图 7.21 所示对话框，单击【关闭】按钮回到【本地安全策略】窗口。

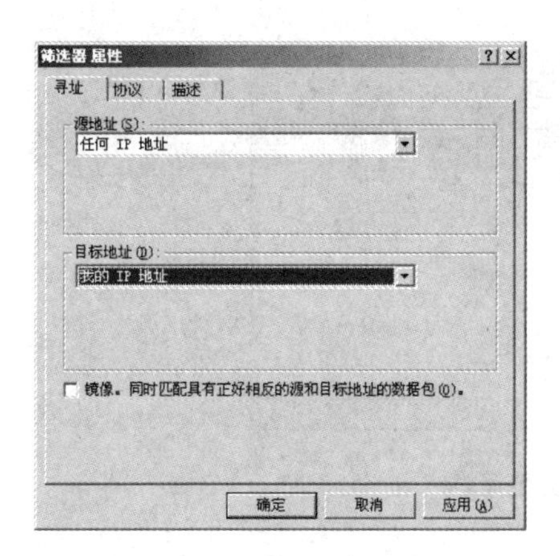

图 7.16　设置源地址和目的地址

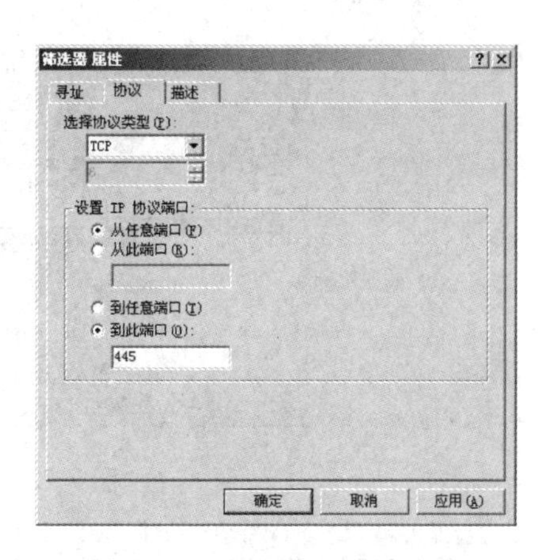

图 7.17　设置【协议】选项卡

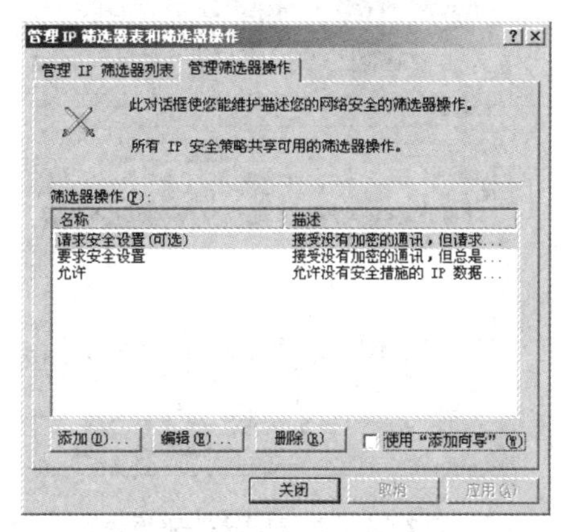

图 7.18　管理筛选器操作

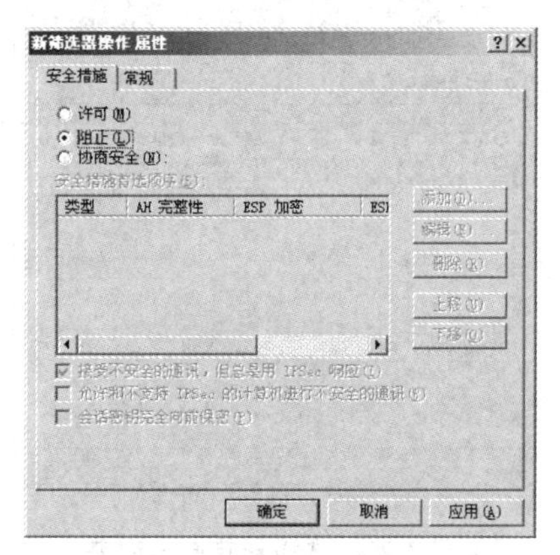

图 7.19　选择筛选器操作

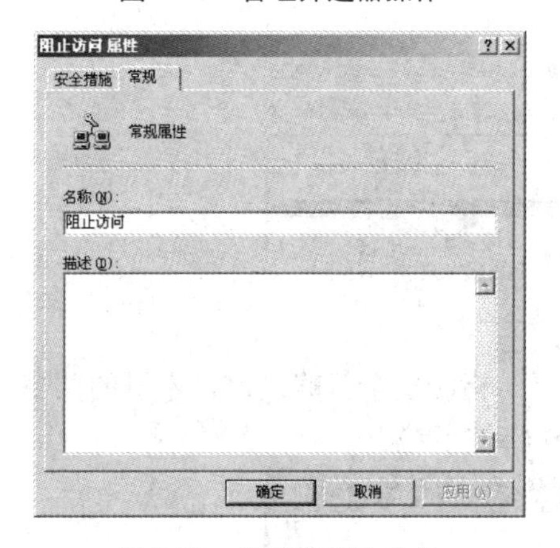

图 7.20　给筛选操作命名

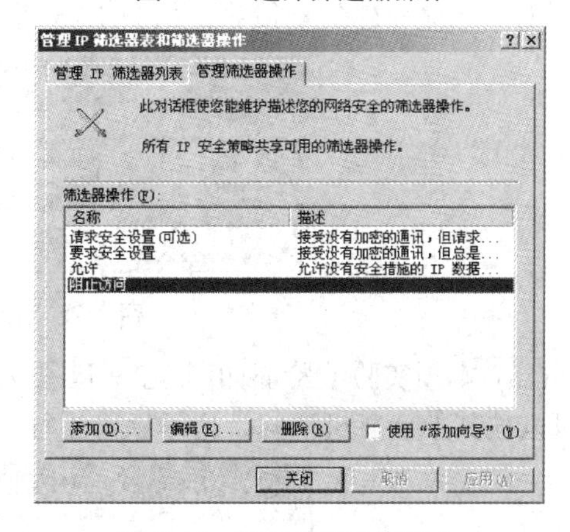

图 7.21　显示新筛选器操作

(9) 右击【IP 安全策略】选项，选择【创建 IP 安全策略】命令，如图 7.22 所示。

(10) 如图 7.23 所示，在【新规则属性】对话框中选中【我的筛选器列表 1】单选按钮，即刚才添加的筛选器列表。

(11) 选择【筛选器操作】选项卡，选中【阻止访问】单选按钮，也就是刚才添加的，如图 7.24 所示。

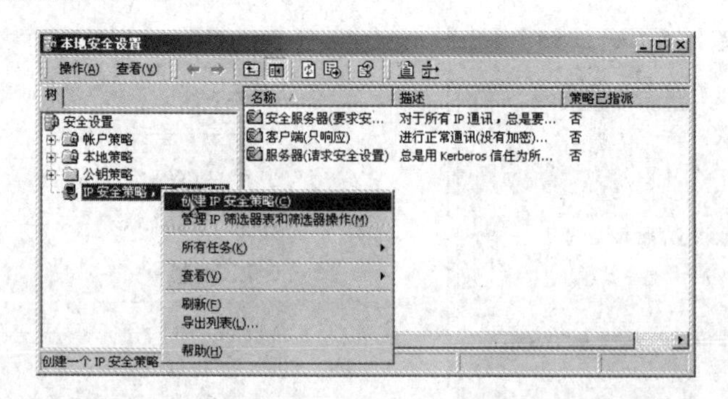

图 7.22 创建 IP 安全策略

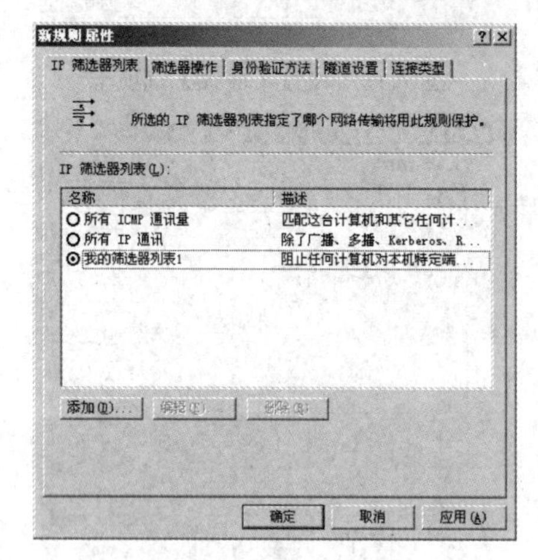

图 7.23 选择新筛选器列表

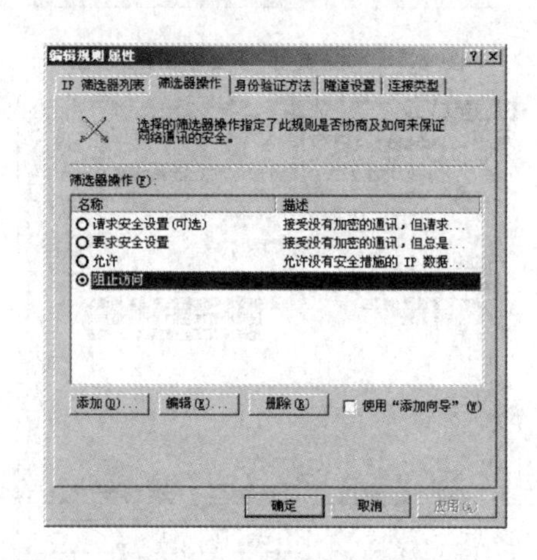

图 7.24 选择新筛选器操作

(12) 指派新建安全策略，如图 7.25 所示。

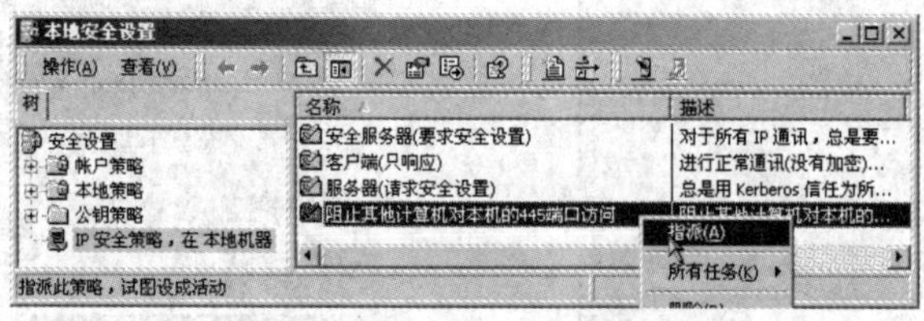

图 7.25 指派新建安全策略

(13) 本项实验的验证如图 7.26 和图 7.27 所示。指派安全策略之前，本机的共享文件夹可以被其他计算机访问，指派后再进行相同操作将被拒绝。

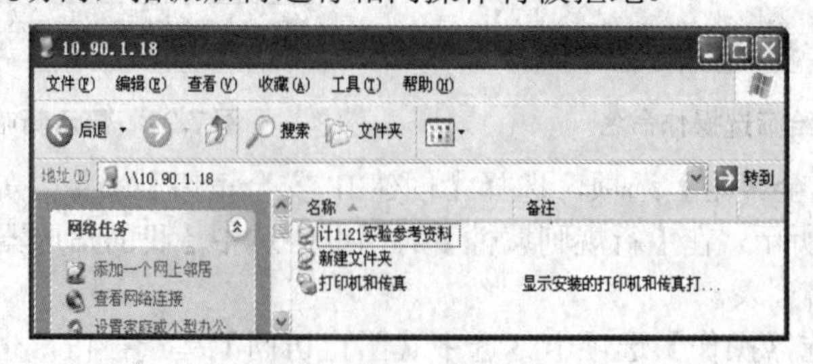

图 7.26 指派安全策略之前可以访问共享文件

图 7.27　指派安全策略之后访问被拒绝

7.7　本 章 习 题

1. 填空题

(1) 3 种常见的防火墙体系结构是：________、________和________。

(2) ________在网络层由一个检测模块截获数据包，并抽取出与应用层状态有关的信息，并以此作为依据决定对该连接是接受还是拒绝。

(3) ________工作在 IP 层和 TCP 层，所以处理包的速度要比代理服务型防火墙快。

2. 选择题

(1) 包过滤防火墙工作在(　　)。

A. 物理层　　B. 数据链路层　　C. 网络层　　D. 会话层

(2) 同时具有安全性和高效性的防火墙技术是(　　)。

A. 包过滤防火墙　　B. 代理服务器

C. 状态检测防火墙　　D. 内容过滤防火墙

(3) 防火墙技术指标中不包括(　　)。

A. 并发连接数　　B. 吞吐量　　C. 接口数量　　D. 硬盘容量

3. 简答题

(1) 什么是防火墙？

(2) 防火墙技术可以分为哪些基本类型？各有哪些优缺点？

(3) 防火墙产品的主要功能是什么？

(4) 网络防火墙是否可以防杀病毒？

(5) 防火墙的主要性能指标有哪些？

(6) 防火墙技术在网络安全防护方面存在哪些不足？

教学目标

通过对本章的学习，读者应重点掌握入侵检测的概念、功能、工作原理、分类方法和主要类型，以及入侵检测技术的发展方向，理解入侵检测系统在构建完整的网络安全基础结构方面的重要意义，以对设备的选型有充分的理论依据。

教学要求

知识要点	能力要求	相关知识
入侵检测系统的功能	理解入侵检测系统的功能及其和防火墙的关系	
入侵检测系统的分类	了解网络入侵检测系统和基于主机的入侵检系统优缺点	
入侵检测系统的原理	了解基于异常和基于误用的入侵检测系统工作原理	

引例

大多数企业计算机网络的主管，都认可采用两种最基本的安全防护技术来保护自己的网络，即防火墙和防杀病毒软件。但仅限于此还是不够的。

防火墙的核心功能在于隔离，实现内外网络相互间的访问控制，但网络安全系统仅仅靠防火墙还远不够，因为大部分的网络攻击行为发生在网络内部，不在防火墙的视野之内，另外来自外网的访问如果以符合防火墙规则的方式进入内网，再实施进一步的攻击则防火墙是阻挡不了的。例如 SQL 注入攻击，整个过程都是以浏览 WWW 服务器的方式，通过提交特殊设计的 URL 请求来完成的，完全符合防火墙对外开放 WWW 服务器的规则。

传统防病毒软件存在局限性，只能查杀已知的病毒程序，对于新出现的病毒不能及时发现，另外对于合法用户登录到系统后的行为，杀毒软件一般也不予理睬。用户可能执行正常的权限范围内的操作，例如使用共享打印机或下载文件，但也可能利用系统的漏洞在有机可乘的情况下提升自己的权限，威胁系统的安全。

入侵检测技术的出现是网络安全需求发展的必然。如同一座大厦的视频监视系统可以监视什么人进了大厦、进入大厦后到了什么地方、做了些什么事，入侵检测就是实现安全监视的技术，可以发现网络内的异常数据包、登录主机后的异常操作等。

完善的入侵检测系统包含了非常复杂的技术，本章的内容不涉及过于深奥的理论，而是简要介绍入侵检测技术的基本概念、原理、功能和发展动态，以使学生在将来的工作中知道入侵检测系统在构建完整的网络安全基础结构方面的重要意义，以对设备的选型有充分的理论依据。

8.1　入侵检测系统概述

关于入侵检测的发展历史最早可追溯到 1980 年，当时 James P. Anderson 在一份技术报告中提出审计记录可用于检测计算机误用行为的思想，这可谓是入侵检测的开创性的先河。另一位对入侵检测同样起着开创作用的人就是 Dorothy E. Denning，他在 1987 年提出了实时入侵检测系统模型，此模型成为后来的入侵检测研究和系统原型的基础。

8.1.1　入侵检测定义

入侵检测系统(Intrusion Detection System，IDS)是防火墙的合理补充，帮助系统对付网络攻击，扩展了系统管理员的安全管理能力(包括安全审计、监视、进攻识别和响应)，提高了信息安全基础结构的完整性。它从计算机网络系统中的若干关键点收集信息，并分析这些信息，在发现入侵后，及时作出响应，包括切断网络连接、记录事件和报警等。入侵检测被认为是防火墙之后的第二道安全闸门，在不影响网络性能的情况下能对网络进行监测，从而提供对内部攻击、外部攻击和误操作的实时保护。

8.1.2 入侵检测系统的主要功能

一个完整的入侵检测系统必须具备下列主要功能。

1. 可用性

为了保证系统安全策略的实施而引入的入侵检测系统必须不能妨碍系统的正常运行，保障系统性能。

2. 时效性

IDS 必须及时地发现各种入侵行为，理想情况是在事前发现攻击企图，比较现实的情况则是在攻击行为发生的过程中检测到。如果是事后才发现攻击的结果，必须保证时效性，因为一个已经被攻击过的系统往往就意味着后门的引入以及后续的攻击行为。

3. 安全性

入侵检测系统自身必须安全，如果入侵检测系统自身的安全性得不到保障，首先意味着信息的无效，而更严重的是入侵者控制了入侵检测系统，即获得了对系统的控制权，因为一般情况下入侵检测系统都是以特权状态运行的。

4. 可扩展性

可扩展性有两方面的意义。第一是机制与数据的分离，在现有机制不变的前提下能够对新的攻击进行检测，例如，使用特征码表示攻击特性。第二是体系结构的可扩展性，在有必要的时候可以在不对系统的整体结构进行修改的前提下加强检测手段，以保证能够检测到新的攻击，如 AAFID 系统的代理机制。

8.2 入侵检测系统的组成

为了提高 IDS 产品、组件及与其他安全产品之间的互操作性，美国国防高级研究计划署(DARPA)和互联网工程任务组(IETF)的入侵检测工作组(IDWG)发起制定了一系列建议草案，从体系结构、API、通信机制、语言格式等方面规范 IDS 的标准。DARPA 提出的建议是公共入侵检测框架(CIDF)，最早由加州大学戴维斯分校安全室主持起草工作。CIDF 提出了一个通用模型，将入侵检测系统分为 4 个基本组件：事件产生器、事件分析器、事件响应单元和事件数据库，其结构如图 8.1 所示。

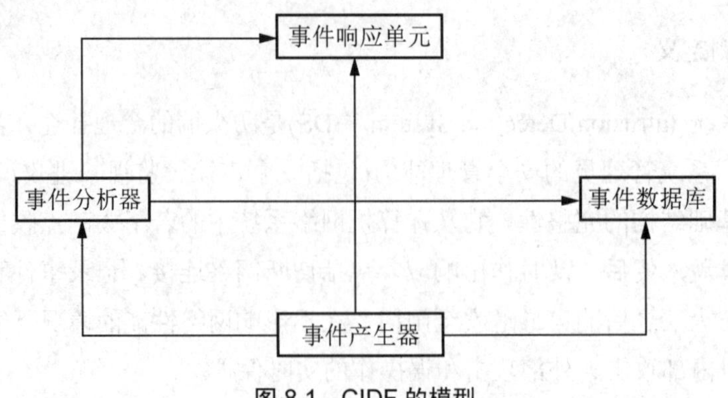

图 8.1 CIDF 的模型

1. 事件产生器

CIDF 将 IDS 需要分析的数据统称为事件，事件既可以是网络中的数据包，也可以是从系统日志或其他途径得到的信息。事件产生器(Event Generators)的任务是从入侵检测系统之外的计算环境中收集事件，并将这些事件转换成 CIDF 的(统一入侵检测对象 GIDO)格式传送给其他组件。例如，事件产生器可以是读取 C2 级审计跟踪并将其转换为 GIDO 格式的过滤器，也可以是被动地监视网络并根据网络数据流产生事件的另一种过滤器，还可以是 SQL 数据库中产生描述事务的事件的应用代码。

2. 事件分析器

事件分析器(Event Analyzers)分析从其他组件收到的 GIDO，并将产生的新 GIDO 再传送给其他组件。分析器可以是一个轮廓(profile)描述工具，统计性地检测现在的事件是否可能与以前某个事件来自同一个时间序列；也可以是一个特征检测工具，用于在一个事件序列中检测是否有已知的误用攻击特性；此外，事件分析器还可以是一个相关器，观察事件之间的关系，将有联系的事件放在一起，以利于以后的进一步分析。

3. 事件数据库

事件数据库(Event Databases)用来存储 GIDO，以备系统需要的时候使用。

4. 事件响应单元

事件响应单元(Response Units)处理收到的 GIDO，并据此采取相应的措施，如相关进程、将连接复位、修改文件权限等。

在这个模型中，事件产生器、事件分析器和事件响应单元通常以应用程序的形式出现，而事件数据库则往往是文件或数据流的方式，很多 IDS 厂商都以数据收集部分、数据分析部分和控制台部分 3 个术语分别代表事件产生器、事件分析器、响应单元。

以上 4 个组件只是逻辑实体，一个组件可能是某台计算机上的一个进程甚至线程，也可能是多台计算机上的多个进程，它们以 GIDO 格式进行数据转换。GIDO 是对事件进行编码的标准通用格式(由 CIDF 描述语言 CISL 定义)，GIDO 数据流可以是发生在系统中的审计事件，也可以是对审计事件的结果分析。

8.3　入侵检测系统的分类

对入侵检测系统的分类方法很多，根据着眼点的不同，主要有 4 种分类方法。

(1) 按数据来源和系统结构分类，入侵检测系统可以分为 3 类：基于主机的入侵检测系统、基于网络的入侵检测系统和分布式入侵检测系统(混合型)。

(2) 根据数据分析方法(也就是检测方法)的不同，入侵检测系统可以分为两类：异常检测模型和误用检测模型。

(3) 按数据分析发生的时间不同，入侵检测系统可以分为两类：离线检测系统和在线检测系统。

(4) 按照系统各个模块运行的分布方式不同，入侵检测系统可以分为两类：集中式检测系统和分布式检测系统。

8.3.1 按数据来源和系统结构分类

1. 基于主机的入侵检测系统

基于主机的入侵检测系统的输入数据来源于系统的审计日志，即在每个要保护的主机上运行一个代理程序，一般只能检测该主机上发生的入侵，基于主机的入侵检测系统一般在重要的系统服务器、工作站或用户机器上运行，监视操作系统或系统事件的可疑活动，寻找潜在的可疑活动(如尝试登录失败)。此类系统需要定义清楚哪些是不合法的活动，然后把这种安全策略转换成入侵检测规则。

1) 主机入侵检测系统的优点

主机入侵检测系统对分析“可能的攻击行为”非常有用。举例来说，有时它除了指出入侵者试图执行一些“危险的命令”之外，还能分辨出入侵者干了什么事、他们运行了什么程序、打开了哪些文件、执行了哪些系统调用。主机入侵检测系统与网络入侵检测系统相比，通常能够提供更详尽的相关信息。

主机入侵检测系统通常情况下比网络入侵检测系统误报率要低，因为检测在主机上运行的命令序列比检测网络流更简单，系统的复杂性也少得多。

主机入侵检测系统可部署在那些不需要广泛的入侵检测、传感器与控制台之间的通信带宽不足的情况下。主机入侵检测系统在不使用诸如“停止服务”、“注销用户”等响应方法时风险较少。

2) 主机入侵检测系统的弱点

主机入侵检测系统安装在需要保护的设备上。举例来说，当一个数据库服务器要保护时，就要在服务器本身上安装入侵检测系统。这会降低应用系统的效率。此外，它也会带来一些额外的安全问题，安装了主机入侵检测系统后，将本不允许安全管理员有权力访问的服务器变成可以访问的。

主机入侵检测系统的另一个问题是它依赖于服务器固有的日志与监视能力。如果服务器没有配置日志功能，则必须重新配置，这将会给运行中的业务系统带来不可预见的性能影响。

全面部署主机入侵检测系统代价较大，企业中很难将所有主机用主机入侵检测系统保护，只能选择部分主机保护。那些未安装主机入侵检测系统的机器将成为保护的盲点，入侵者可利用这些机器达到攻击目标。

2. 基于网络的入侵检测系统

基于网络的入侵检测系统的输入数据来源于网络的信息流，该类系统一般被动地在网络上监听整个网络上的信息流，通过捕获网络数据包，进行分析，检测该网段上发生的网络入侵，如图 8.2 所示。

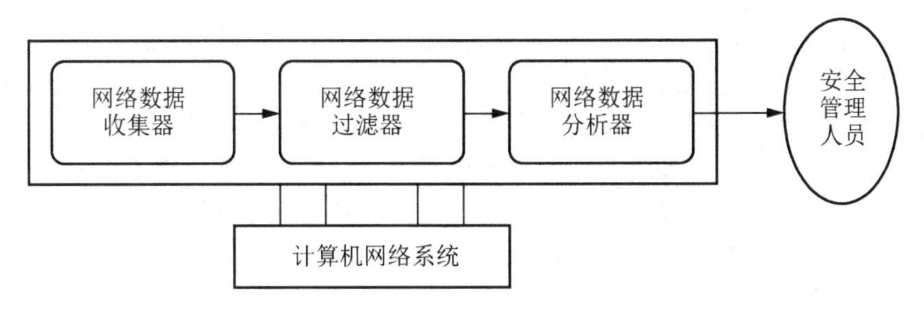

图 8.2　基于网络的入侵检测过程

1) 网络入侵检测系统的优点

网络入侵检测系统能够检测那些来自网络的攻击，它能够检测到超过授权的非法访问。

网络入侵检测系统不需要改变服务器等主机的配置。由于它不会在业务系统的主机中安装额外的软件，从而不会影响这些机器的 CPU、I/O 与磁盘等资源的使用，不会影响业务系统的性能。

由于网络入侵检测系统不像路由器、防火墙等关键设备那样工作，因此它不会成为系统中的关键路径。由于网络入侵检测系统发生故障不会影响正常业务的运行，因此部署一个网络入侵检测系统的风险比部署一个主机入侵检测系统的风险小得多。

网络入侵检测系统近年内有向专门的设备发展的趋势，安装这样的一个网络入侵检测系统非常方便，只需将定制的设备接上电源，做很少一些配置，将其连到网络上即可。

2) 网络入侵检测系统的弱点

网络入侵检测系统只检查它直接连接网段的通信，不能检测在不同网段的网络包。在使用交换以太网的环境中就会出现监测范围的局限，而安装多台网络入侵检测系统的传感器会使部署整个系统的成本大大增加。

网络入侵检测系统为了提高性能通常采用特征检测的方法，它可以检测出一些普通攻击，而很难检测一些复杂的需要大量计算与分析时间的攻击。

网络入侵检测系统可能会将大量的数据传回分析系统中。在一些系统中监听特定的数据包会产生大量的分析数据流量。一些系统在实现时采用一定的方法来减少回传的数据量，对入侵判断的决策由传感器实现，而中央控制台成为状态显示与通信中心，不再作为入侵行为分析器。这样的系统中的传感器协同工作能力较弱。

网络入侵检测系统处理加密的会话过程较困难，目前通过加密通道的攻击尚不多，但随着 IPv6 的普及，这个问题会越来越突出。

3. 分布式入侵检测系统(混合型)

分布式入侵检测系统一般由多个部件组成，分布在网络的各个部分，完成相应的功能，分别进行数据采集、数据分析等。通过中心的控制部件进行数据汇总、分析、产生入侵报警等。在这种结构下，不仅可以检测到针对单独主机的入侵，同时也可以检测到针对整个网络上的主机的入侵。

8.3.2　按数据分析方法分类

1. 异常检测模型

异常检测模型(Abnormaly Detection Model)的特点是首先总结正常操作应该具有的特

征，建立系统正常行为的轨迹，理论上可以把所有与正常轨迹不同的系统状态视为可疑企图。对于异常阈值与特征的选择是异常发现技术的关键，例如，特定用户的操作习惯与某种操作的频率等；在得出正常操作模型之后，对后续的操作进行监视，一旦发现偏离正常统计学意义上的操作模式，即进行报警。可以看出，按照这种模型建立的系统需要具有一定的人工智能，由于人工智能领域本身的发展缓慢，基于异常检测模型建立的入侵检测系统的工作进展也不是很好。异常检测技术的局限并非使所有的入侵都表现为异常，而且系统的轨迹难于计算和更新。

2. 误用检测模型

误用检测模型(Misuse Detection Model)又称特征检测模型，这种模型的特征是收集非正常操作(也就是入侵行为的特征)建立相关的特征库；在后续的检测过程中，将收集到的数据与特征库中的特征代码进行比较，得出是否是入侵的结论。可以看出，这种模型与主流的病毒检测方法基本一致，当前流行的入侵检测系统基本上采用这种模型。特征检测的优点是误报少、比较准确，局限是只能发现已知的攻击，对未知的攻击无能为力。

8.3.3 按数据分析发生的时间分类

1. 离线检测系统

离线检测系统又称脱机分析检测系统，就是在行为发生后，对产生的数据进行分析，而不是在行为发生的同时进行分析，从而检测出入侵活动，它是非实时工作的系统。如对日志的审查，对系统文件的完整性检查等都属于这种，一般而言，脱机分析也不会间隔很长时间，所谓的脱机只是与联机相对而言的。

2. 在线检测系统

在线检测系统又称为联机分析检测系统，就是在数据产生或者发生改变的同时对其进行检查，以便发现攻击行为，它是实时联机的检测系统。这种方式一般用于网络数据的实时分析，有时也会用于实时主机审计分析。它对系统资源的要求比较高。

8.3.4 按系统各个模块运行的分布方式分类

1. 集中式检测系统

系统的各个模块包括数据的收集与分析以及响应模块都集中在一台主机上运行，这种方式适合于网络环境比较简单的情况。

2. 分布式检测系统

系统的各个模块分布在网络中的不同计算机、设备上，一般来说，分布性主要体现在数据模块上，例如，有些系统引入的传感器，如果网络环境比较复杂、数据量比较大，那么数据分析模块也会分布，一般是按照层次性的原则进行组织，如AAFID的结构。

各种分类方法体现了对入侵检测系统理解的不同侧面，但是正如前面所说，入侵检测的核心在于分析模块，而按数据分析方法分类则最能体现分析模块的核心地位，因此在本书中采取了这种分类方法作为后续介绍的依据。

8.4　入侵检测系统的工作原理

入侵检测的任务就是在提取到的庞大数据中找到入侵的痕迹。入侵检测过程需要将提取到的事件与入侵检测规则等进行比较，从而发现入侵行为。一方面入侵检测系统需要尽可能多地提取数据以获得足够的入侵证据，另一方面由于入侵行为的千变万化而导致判定入侵的规则越来越复杂。为了保证入侵检测的效率和满足实时性的要求，入侵检测必须在系统的性能和检测能力之间进行权衡，合理地设计分析策略，并且可能要牺牲一部分检测能力来保证系统可靠、稳定地运行，并具有较快的响应速度。入侵检测分析技术主要分为两类：异常检测和误用检测。

8.4.1　入侵检测系统的检测流程

入侵检测系统的检测流程依次包括 3 个步骤：数据提取、数据分析和结果处理。

(1) 数据提取模块的作用在于为系统提供数据，数据的来源可以是主机上的日志信息、变动信息，也可以是网络上的数据信息，甚至是流量变化等，这些都可以作为数据源。数据提取模块在获得数据之后，需要对数据进行简单的处理，如简单的过滤、数据格式的标准化等，然后将经过处理后的数据提交给数据分析模块。

(2) 数据分析模块的作用在于对数据进行深入的分析，发现攻击并根据分析的结果产生事件，传递给结果处理模块。数据分析的方法有很多种，可以简单到对某种行为的计数，也可以是一个复杂的专家系统，该模块是入侵检测系统的核心。

(3) 结果处理模块的作用在于告警与反应，也就是发现攻击企图或者攻击之后，需要系统及时地进行反应，包括报告、记录、反应和恢复。

8.4.2　基于异常的入侵检测方法

基于异常的入侵检测方法主要来源于这样的思想：任何人的正常行为都有一定的规律，并且可以通过分析这些行为产生的日志信息(假定日志信息足够安全)总结出这些规律，而入侵和滥用行为则通常和正常的行为存在严重的差异，通过检查出这些差异就可以检测出这些入侵。这样就可以检测出非法的入侵行为甚至是通过未知方法进行的入侵行为。此外不属于入侵的异常用户行为(滥用自己的权限)也能被检测到。

要完成上述的检测，需要解决以下几个问题。

(1) 用户的行为有一定的规律，但应选择能反映用户的行为，而且能容易地获取和处理的数据。

(2) 通过上面的数据，如何有效地表达用户的正常行为？使用什么方法(和数据)反映出用户正常行为的概貌？怎样既能学习用户新的行为，又能有效地判断出用户行为的异常？而且，这种入侵检测系统通常运行在用户的机器上对用户行为进行实时监控，因此所使用的方法必须具有一定的时效性。所以要考虑学习过程的时间长短，用户行为的时效性等问题。

1. 基于统计学方法的异常检测系统

这种系统使用统计学的方法来学习和检测用户的行为。鉴于人工智能领域的发展缓慢，统计学方法可以说是一种比较现实的方法，SRI International 的 NIDES(Next-generation Intrusion Detection Expert System)就是一个典型的基于统计学方法的异常检测系统例子。但1995年后随着研究重点的转移，该系统没有进一步的研究，但其中的思想仍然值得研究学习。

NIDES 使用审计记录生成器(Aget)完成数据提取和格式化功能，并提交给分析模块。统计分析组件通过学习用户的行为，完成基于异常的入侵检测功能。检测到的信息被解析器(Resolver)过滤后，由归档器(Archiver)组件存储或通过用户界面查看。

NIDES 通过将一个用户(主体)的历史行为或长期行为和他的短期行为进行比较来检测入侵行为，NIDES 主要关心两个方面：在短期行为中没有出现的长期行为(没有进行习惯性操作)；非典型长期行为的短期行为(有异常的行为)。

一般来说，短期行为与长期行为肯定是有差异的，因为前者集中于某个特定的行为，而后者包含了多个行为，在进行判断的时候必须考虑这种差异的存在。NIDES 采用的方法是记录这些差异，当差异积累到一定程度，可以认为短期行为和长期行为有非常大的差别时，才会产生警告。

2. 预期模式生成法

使用该方法进行入侵检测系统，利用动态的规则集来检测入侵，这些规则是由系统的归纳引擎，根据已发生的事件的情况来预测将来发生的事件的概率来产生的，归纳引擎为每一种事件设置可能发生的概率。其归纳出来的规则一般可写成以下形式。

$$E1,\cdots,Ek: \rightarrow (Ek+1,P(Ek+1)), \cdots,(En,P(En))$$

其含义为如果在输入事件流中包含事件序列 E1，…，Ek，则 Ek+1，…，En 这些事件会出现在将要到来的输入事件流的概率分别为 P(Ek+1)，…，P(En)。

按照这种方法，通常情况下，当规则的左边匹配了，但右边统计与预测相比很不正常时，该事件被标志为异常行为。例如，对于规则 A，B：(C，50%)，(D，30%)(E，15%)，(F，5%)，如果 AB 已经发生，而 F 多次发生，远远大于 5%，或者发生了 G 事件，都认为是异常行为。

使用这种方法时，那些不在规则库中的入侵将会被漏判。因而，如果事件序列 A—B—C 是一种入侵，且未在规则库中列出，它将被忽略。这可以采用下面的方法来部分解决这一问题。

(1) 将所有未知事件作为入侵事件，即增加假警报。

(2) 将所有未知事件作为非入侵事件，即增加漏报。

这些方法的优点如下。

(1) 基于规则的顺序模式能够检测出传统方法难以检测的异常活动。

(2) 用该方法建立起来的系统，具有很强的适应变化的能力(这是由于低质量的模式不断被删除，最终留下的是高质量的模式)。

(3) 可以容易地检测到企图在学习阶段训练系统中的入侵者。

(4) 实时性高，可以在收到审计事件几秒钟内对异常活动做出检测并产生报警。

3. 神经网络方法

利用神经网络检测入侵的基本思想是用一系列信息单元(命令)训练神经单元，这样在给定一组输入后，就可能预测出输出。与统计理论相比，神经网络更好地表达了变量间的非线性关系，并且能自动学习和更新，实验表明 UNIX 系统管理员的行为几乎全是可以预测的，对于一般用户，不可预测的行为也只占了很少的一部分。用于检测的神经网络模块结构大致是这样的：当前命令和刚过去的 *W* 个命令组成了网络的输入，其中 *W* 是神经网络预测下一个命令时所包含的过去命令集的大小。根据用户的代表性命令序列训练网络后，该网络就形成了相应用户的特征集，于是网络对下一事件的预测错误率在一定程度上反映了用户行为的异常程度。

神经网络方法的优点在于能更好地处理原始数据的随机特性，即不需要对这些数据做任何统计假设，并且有很好的抗干扰能力。缺点在于网络拓扑结构以及各元数的权重很难确定，命令窗口 *W* 的大小也难以选择。窗口太小，则网络输出不好；窗口太大，则网络会因为大量无关数据而降低效率。入侵检测工具(NNID)就是使用神经网络技术的入侵检测系统。它是一个离线批处理工具，它读取用户使用的命令行日志，并检测出用户行为中的严重偏差。

4. 基于数据挖掘技术的异常检测系统

数据挖掘也称为知识发现技术。对象行为日志信息的数据量通常都非常大，如果要从大量的数据中“浓缩”出一个值或一组值来表示对象行为的概貌，并以此进行对象行为的异常分析和检测，就可以借用数据挖掘的方法。其中有一种方式就是记录一定量的格式化后的数据，来进行分析和入侵检测。

理论上基于异常的入侵检测方法具有一定的入侵检测能力，并且相对于基于误用的入侵检测有一个非常强的优势，就是能够检测出未知的攻击；但在实际中，理论本身也存在一定的缺陷，举例如下。

(1) 基于异常的入侵检测系统首先学习对象的正常行为，并形成一个或一组值表示对象行为概貌，而表示概貌的这些数据不容易进行正确性和准确性的验证。

(2) 通过比较长期行为的概貌和短期行为的概貌检测出异常后，只能模糊地报告存在异常，不能准确地报告攻击类型和方式，因此也不能有效地阻止入侵行为。

(3) 通常基于异常的入侵检测系统首先要有一个学习过程，这个过程不一定能够正确反映对象的正常行为。因为这个过程很可能会被入侵者利用。

这些问题使大多数此类的系统仍然停留在研究领域，真正得到发展并且有很多商业产品方向的是基于误用的入侵检测系统。

8.4.3　基于误用的入侵检测方法

在介绍基于误用(Misuse)的入侵检测概念之前，先看看误用的含义，在这里它指“可以用某种规则、方式或模型表示的攻击或其他安全相关行为”。基于误用的入侵检测技术的含义是：通过某种方式预先定义入侵行为，然后监视系统的运行，并从中找出符合预先定义规则的入侵行为。基于误用的入侵检测技术也叫做基于特征的入侵检测技术。

基于误用的入侵检测技术的研究主要是从 20 世纪 90 年代中期开始，当时主要的研究组织有 SRI、Purdue 大学和 California 大学的 Davis 分校。最初的误用检测系统忽略了系统的初始状态，只对系统运行中各种状态变化的事件进行比较，并从中表示出相应的攻击行为。这种不考虑系统初始状态的入侵信号标志有时无法发现所有的入侵行为。

基于误用的入侵检测系统通过使用某种模式或信号标志表示攻击，进而发现相同的攻击。这种方法可以检测许多甚至全部已知的攻击行为，但是对于未知的攻击手段却无能为力，这一点和病毒检测系统类似。

误用信号标志需要对入侵的特征、环境、次序及完成入侵的事件相互间的关系进行详细的描述，这样误用信号标志不仅可以检测出入侵行为，而且可以发现入侵的企图(误用信号局部上的符合)。对于误用检测系统来说，最重要的技术问题如下。

(1) 如何全面描述攻击的特征，覆盖在此基础上的变种方式。

(2) 如何排除其他带有干扰性质的行为，减少误报率。

解决问题的不同方式从一定程度上划分了基于误用的入侵检测系统的类型，主要有：专家系统、模式匹配(特征分析)、按键监视、模型推理、状态转换、Petric 网状态转换等。

1. 专家系统

专家系统是基于知识的检测中早期运用较多的方法。将有关入侵的知识转换成 if-then 结构的规则，即把构成入侵所需要的条件转换成 if 部分，把发现入侵后采取的相应措施转换为then 部分。当其中某个或某部分条件满足时，系统就判断为入侵行为发生。其中的 if-then 结构构成了描述具体攻击的规则库，状态行为及其语义环境可根据审计事件得到，推理机根据规则和行为完成判断工作。具体实现中，专家系统主要面临以下问题。

(1) 全面性问题，难以科学地从各种入侵手段中抽象出全面的规则化知识。

(2) 效率问题，所需处理的数据量过大，而且在大型系统上，如何获得实时连续的审计数据也是个问题。

由于具有这些缺陷，专家系统一般不用于商业产品中，商业产品运用较多的是模式匹配，也称特征分析。

2. 模式匹配

基于模式匹配的入侵检测方式也像专家系统一样，也需要知道攻击行为的具体知识。但是攻击方法的语义描述不是被转换为抽象的检测规则，而是将已知的入侵特征编码成与审计记录相符合的模式，因而能够在审计记录中直接寻找相匹配的已知入侵模式。这样就不像专家系统一样需要处理大量数据，从而大大提高了检测效率。

Kumar 提出了入侵信号(Intrusion Signature)的层次性概念，首先根据底层的审计事件，从中提取出高层的事件(或活动)，由高层的事件构成入侵信号，并依据高层事件之间的结构关系，再划分入侵信号的抽象层次并对其进行分类。也就是说入侵信号由底层的审计事件精确定义。

1) 入侵信号的层次

Kumar 把入侵信号分成 4 个层次，每一层对应相应的匹配模式，分层如下。

(1) 存在(Existence)模式：表示只要存在这样一种审计事件就足以说明发生了入侵行为或入侵企图的匹配模式。

(2) 序列(Sequence)模式：有些入侵是由一些按照一定顺序发生的行为组成的，它具体可以表现为一组事件的序列，其对应的匹配模式就是序列模式。

(3) 规则表示(Regular Expressions)模式：是指用一种扩展的规则表达式方式构造匹配模式，规则表达式是由用 AND 等逻辑符连接一些描述事件的原语构成的。适用这种模式的攻击信号通常由一组相关的活动所组成，而这些活动间没有什么事件顺序的关系。

(4) 其他(Others)：是指一些不能用前面的方法进行表示的攻击，统称为其他模式，如内部否定模式(它的规则表示可以是 abc)和归纳选择模式等。

可以看出，这些匹配模式之间的逻辑关系是一个包含与被包含的关系。

2) 入侵检测的特点

可以把入侵检测看成攻击信号的一种模式匹配检测，其特点如下。

(1) 事件来源独立：模式的描述并不包含对事件来源的描述，模式只需要了解事件可以提供什么数据，而不管事件如何提供这些数据。

(2) 描述和匹配相分离：描述入侵信号的模式主要定义什么需要匹配，而不是如何去匹配，描述什么需要匹配和如何匹配是相分离的。

(3) 动态的模式生成：描述攻击的模式可以在需要的时候动态生成。

(4) 多事件流：允许多事件流同时进行模式匹配，而不需要把这些事件流先行集中成一个事件流。

(5) 可移植性：入侵模式可以轻易地移植，而不需要重新生成。

3) 模式匹配系统解决的问题

模式匹配系统在具体的应用中需要解决以下问题。

(1) 提取模式：要是提取的模式具有很高的质量，能够充分表示入侵信号的特征，同时模式之间不能冲突。

(2) 动态增加和删除匹配模式：为了适应不断变化的攻击手段，匹配模式必须具有动态变更的能力。

(3) 增加匹配和优先级匹配：在事件流对系统处理能力产生很大压力的时候，要求系统采取增量匹配的方法提高系统效率，或者可以对高优先级的事件先行处理，然后再对低优先级的事件进行处理。

(4) 完全匹配：匹配机制必须能够提供对所有模式进行匹配的能力。

3. 按键监视

按键监视是一种很简单的入侵检测方法，用来监视攻击模式的按键，这种系统很容易被突破。UNIX 下许多 shell，如 bash、ksh、csh 等都允许用户自己定义命令别名，这样就可能容易地逃脱按键监视。只有对命令利用别名扩展以及语法分析等技术进行分析，才可能克服其缺点。这种方法只监视用户的按键而不分析程序的运行，这样在系统中恶意的程序将不会被标志为入侵行为。监视按键必须在按键发送到接收者之前截获，可以采用键盘 Hook 技术、Sniffen 网络监听等手段。对按键监视方法的改进是：监视按键的同时，监视应用程序的系统调用。这样才可能分析应用程序的执行，从中检测出入侵行为。

4. Petric 网状态转换

Petric 网用于入侵行为分析是一种类似于状态转换图分析的方法。Petric 网的有利之处在于它能一般化、图形化地表达状态，简洁明了。虽然很复杂的入侵特征能用 Petric 网表达得很简单，但是对原始数据匹配时的计算量却会很大。下面是这种方法的一个简单示例，表示在 1 分钟内如果登录失败的次数超过 4 次，系统便发出报警，其中竖线代表状态转换，如果在状态 S1 发生登录失败，则产生一个标志变量，并存储事件发生的时间 T1 同时转入状态 S2。如果在状态 S4 时又有登录失败，而且这时的时间 T2-T1<60 秒，则系统转入状态 S5，即为入侵状态，系统发出报警并采取相应措施，如图 8.3 所示。

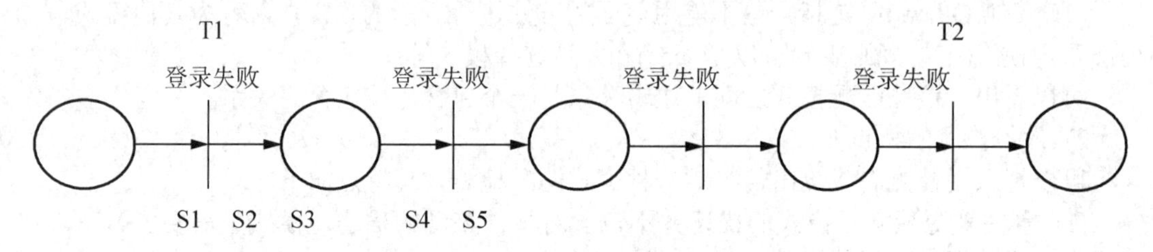

图 8.3　Petric 网分析 1 分钟 4 次登录失败

前面介绍了基于异常和基于误用两种不同的检测方法，下面简单地评述一下两者之间的差异。

(1) 异常检测系统试图发现一些未知的入侵行为；而误用检测系统则是标志一些已知的入侵行为。

(2) 异常检测系统指根据使用者的行为或资源使用状况来判断是否入侵，而不依赖于具体行为是否出现来检测；而误用检测系统大多数则是通过对一些具体行为的判断和推理，从而检测出入侵。

(3) 异常检测的缺陷主要在于误检率很高，尤其在用户数目众多或工作行为经常改变的环境中；而误用检测系统由于依据具体特征库进行判断，准确度要高得多。

(4) 异常检测对具体系统的依赖性相对较小；而误用检测系统对具体的系统依赖性太强，移植性不好。

8.5　入侵检测系统的抗攻击技术

要防止网络被黑客攻击，除了需要一定的经验以外，还需要一定的技巧。因为这些技巧往往会起到事半功倍的效果。

1. 入侵响应

入侵响应(Intrusion Response)就是当检测到入侵或攻击时，采取适当的措施阻止入侵和攻击的进行。入侵响应系统也有几种分类方式，按响应类型可分为报警型响应系统、人工响应系统、自动响应系统；按响应方式可分为基于主机的响应、基于网络的响应；按响应范围可分为本地响应系统及协同入侵响应系统。当检测到入侵攻击时，采用的技术很多，又大致可分为被动入侵响应技术和主动入侵响应技术。被动入侵响应包括记录安全事件、产生报警信息、记录附加日志、激活附加入侵检测工具等。主动入侵响应包括隔离入侵者 IP、禁用被攻击对象的特定端口和服务、隔离被攻击对象、告警被攻击者、跟踪攻击者、断开危险连接、攻击攻击者等。

2. 入侵跟踪技术

在局域网中可以使用“广播模式”的信息发送方式。此种方法不指定收信端，而且和把此网络连接的所有网络设备皆看为收信对象。但这仅仅在局域网上才能够实现，因为其网络上的主机不多。对于 Internet 来说，都有发信端和收信端，用以标志信息的发送者和接收者，因此，除非对方使用一些特殊的封装方式或是使用防火墙进行对外连接，这样只要有人和自己的主机进行通信，就应该知道对方的地址，如果对方用了防火墙通信，则最少也应该知道防火墙的地址，所以可以采用相应的技术跟踪入侵者。

如果要跟踪入侵者，就有必要对互联网的各种协议做一个彻底的了解。互联网和许多私有网络都使用 TCP/IP 协议，TCP/IP 不针对某个操作系统、编程语言或网络硬件，它是一种通用的标准，使计算机之间可以通信。它也不针对某种网络拓扑结构，也就是说以太网、令牌环网和无线网都可以使用它。这种通用性也就是现代计算机犯罪和调查的必要条件。

要跟踪入侵者，也就是知道入侵者所在的地址和其他信息，具体信息如下。

(1) 媒体访问控制地址(MAC)：由生产厂家设定的硬件地址。

(2) IP 地址：互联网地址，如 185.127.185.152。

(3) 域名：IP 地址的名字化形式，如 www.cia.gov。

(4) 应用程序地址：代表特定应用服务程序，如电子邮件、网页浏览、ICQ 等，例如，URL 就是被普遍使用的包含特定应用程序的地址信息的网络地址形式。

3. 蜜罐技术

蜜罐(Honeypot)是一种在互联网上运行的计算机系统，它是专门为吸引并“诱骗”那些试图非法闯入他人计算机系统的人(如计算机黑客或破解高手等)而设计的。蜜罐系统是一个包含漏洞的诱骗系统，它通过模拟一个或多个易攻击的主机，给攻击者提供一个容易攻击的目标。由于蜜罐并没有向外界提供真正有价值的服务，因此所有链接的尝试都将被视为是可疑的。蜜罐的另一个用途是拖延攻击者对真正目标的攻击，让攻击者在蜜罐上浪费时间。这样，最初的攻击目标得到了保护，真正有价值的内容没有受到侵犯。此外也可以为跟踪攻击者提供有用的线索。从这个意义来说，蜜罐就是“诱捕”攻击者的一个陷阱。蜜罐系统最重要的功能是对系统中所有操作和行为进行监视和记录，网络安全专家通过精心的伪装，使得攻击者在进入到目标系统后仍不知道自己所有的行为已经处于系统的监视之中。为了吸引攻击者，网络安全专家通常还在蜜罐系统上故意留下一些安全后门以吸引攻击者上钩，或者放置一些网络攻击者希望得到的敏感信息，当然这些信息都是虚假的信息。这样，攻击者在目标系统中的所有行为，包括输入的字符、执行的操作等都已经被蜜罐系统所记录。

有些蜜罐系统甚至可以对攻击者网上聊天的内容进行记录。蜜罐系统管理人员通过分析和研究这些记录，可以得到攻击者使用的攻击工具、工具手段、攻击目的和攻击水平等信息，当然也可以得到它的下一个攻击目标。

蜜罐是一种被监听、被攻击或已经被入侵的资源，也就是说，无论如何对蜜罐进行配置，所要做的就是使得这个系统处于被监听、被攻击的状态。蜜罐并非一种安全解决方案，这是因为蜜罐并不会“修理”任何错误。蜜罐只是一种工具，如何使用这个工具取决于使用者想要蜜罐做到什么。蜜罐可以仅仅是一个对其他系统和应用的仿真，可以创建一个监禁环境将攻击者困在其中，还可以是一个标准产品系统。无论使用者如何建立和使用蜜罐，只有蜜罐受到攻击，它的作用才能发挥出来。为了方便攻击者攻击，最好是将蜜罐设置成电子邮件转发等流行应用中的某一种。

8.6 入侵检测工具与产品介绍

选择入侵检测系统时，主要应考虑以下几个方面。

(1) 特征库升级与维护的费用。像反病毒软件一样，入侵检测系统的特征库需要不断更新才能检测出新出现的攻击方法。

(2) 对于网络入侵检测系统，最大可处理流量(包/秒)是多少。首先，要分析网络入侵检测系统所部署的网络环境，如果在512KB或2MB专线上部署网络入侵检测系统，则不需要高速的入侵检测引擎，而在负荷较高的环境中，性能是一个非常重要的指标。

(3) 该产品是否容易被躲避。常用的躲开入侵检测的方法有分片、TTL欺骗、异常TCP分段、慢扫描、协同攻击等。

(4) 产品的可伸缩性。系统支持的传感器数目、最大数据库大小、传感器与控制台之间通信带宽和对审计日志溢出的处理。

(5) 运行与维护系统的开销。产品报表结构、处理误报的方便程度、事件与日志查询的方便程度以及使用该系统所需的技术人员数量。

(6) 产品支持的入侵特征数。不同厂商对检测特征库大小的计算方法都不一样，所以不能偏听一面之词。

(7) 产品有哪些响应方法。要从本地、远程等多个角度考察。自动更改防火墙配置是一个听上去很“酷”的功能，但是，自动更改防火墙配置也是一个极为危险的举动。

应用案例

入侵检测系统产品案例

1．SessionWall-3/eTrust Intrusion Detection

Computer Associates公司的SessionWall-3/eTrust Intrusion Detection可以通过降低对网络管理技能和时间的要求，在确保网络的连接性能的前提下，大大提高网络的安全性。SessionWall-3/eTrust Intrusion Detection可以完全自动识别网络使用模式，特殊网络应用，并能够识别各种基于网络的入侵、攻击和滥用活动。另外，SessionWall-3/eTrust Intrusion Detection还可以将网络上发生的各种有关生产应用、网络安全和公司策略方面的众多疑点提取出来。

SessionWall-3/eTrust Intrusion Detection是作为一种独立或补充产品进行设计的，它具有以下的特点。

(1) 世界水平的攻击监测引擎，可以实现对网络攻击的监测。

(2) 丰富的URL控制表单，可以实现对200000个以上分类站点的控制。

(3) 世界水平的对Java/ActiveX恶意小程序的监测引擎和病毒监测引擎。

(4) SessionWall-3/eTrust Intrusion Detection远程管理插件，用于没有安装SessionWall-3/eTrust Intrusion Detection的机器的SessionWall-3/eTrust Intrusion Detection记录文件的归档和查阅，以及SessionWall-3/eTrust Intrusion Detection报表的查阅。

(5) 提供从先进的网络统计到特定用户使用情况的统计的全面网络应用报表。

(6) 网络安全功能包括内容扫描、入侵检测、阻塞、报警和记录。

(7) Web 和内部网络使用策略的监视和控制，对 Web 和公司内部网络访问策略实施监视和强制实施。

(8) 公司保护，对电子邮件的内容进行监视，记录、查看和存档。

SessionWall-3/eTrust Intrusion Detection 还包括用于 Web 访问的策略集(用于监视、阻塞、报警)和用于入侵检测的策略集(用于攻击监测、恶意小程序和恶意电子邮件)。这些策略集包含了 SessionWall-3/eTrust Intrusion Detection 对所有通信进行扫描的策略，这些策略不仅指定了扫描的模式、通信协议、寻址方式、网络域、URL 以及扫描内容，还指定了相应的处理动作。一旦安装了 SessionWall-3/eTrust Intrusion Detection，它将立即投入对入侵企图和可疑网络活动的监视，并对所有电子邮件、Web 浏览、新闻、TELNET 和 FTP 活动进行记录。

SessionWall-3/eTrust Intrusion Detection 还可以很方便地追加新规则，或利用菜单驱动选项对现有规则进行修改。

SessionWall-3/eTrust Intrusion Detection 可以满足各种网络保护需求，它的主要应用对象包括审计人员、安全咨询人员、执法监督机构、金融机构、中小型商务机构、大型企业、ISP、教育机构和政府机构等。

以下是作者记录的对 SessionWall-3 的简单测试过程，供读者了解其基本功能。

1) 实时观察入侵活动

(1)首先按照提示安装并注册 SessionWall-3，然后运行，出现图 8.4 所示的窗口。

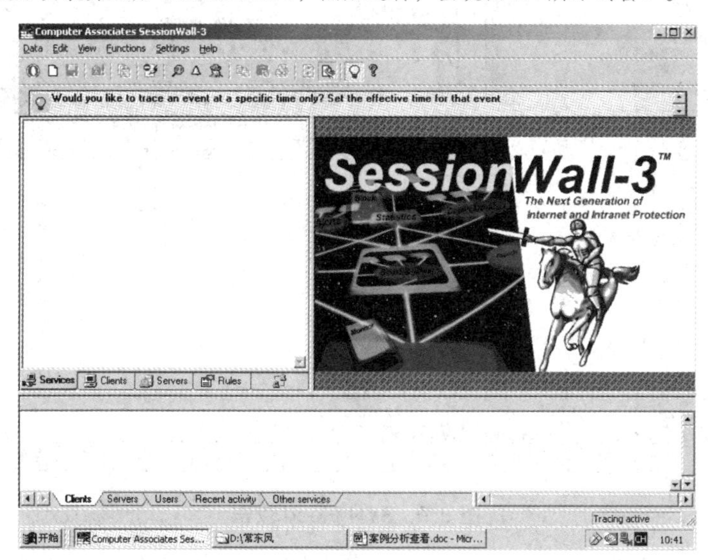

图 8.4　启动 SessionWall-3

(2) 在另一台计算机上启动 Supercan 4.0 进行网络扫描，目标包括前一台计算机。

(3) 在第一台计算机上查看报警消息。选择 View|Alert Messages 命令，打开图 8.5 所示的对话框。

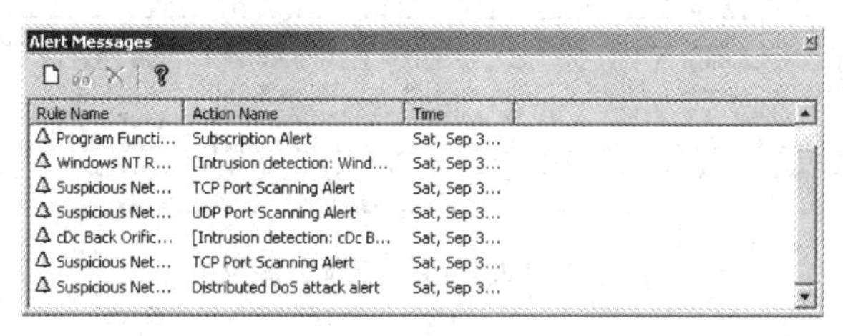

Alert Messages

Rule Name	Action Name	Time
Program Functi…	Subscription Alert	Sat, Sep 3…
Windows NT R…	[Intrusion detection: Wind…	Sat, Sep 3…
Suspicious Net…	TCP Port Scanning Alert	Sat, Sep 3…
Suspicious Net…	UDP Port Scanning Alert	Sat, Sep 3…
cDc Back Orific…	[Intrusion detection: cDc B…	Sat, Sep 3…
Suspicious Net…	TCP Port Scanning Alert	Sat, Sep 3…
Suspicious Net…	Distributed DoS attack alert	Sat, Sep 3…

图 8.5　查看报警消息

(4) 查看违反安全的网络数据。SessionWall 中内置了一些预定义的违反安全的行为，当检测到这些行为发生的时候，系统会在 Detected security violations 对话框中显示这些行为。在工具栏上单击 show security violations 按钮，打开显示违反安全行为的窗口，如图 8.6 所示。

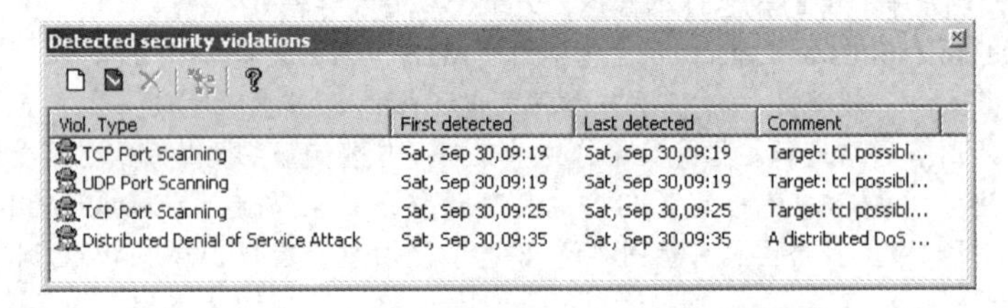

图 8.6　查看违反安全的网络数据

(5) 用计算机 B 对计算机 A 发起 SYN Flood 攻击，查看计算机 A 上的近期活动，如图 8.7 所示。

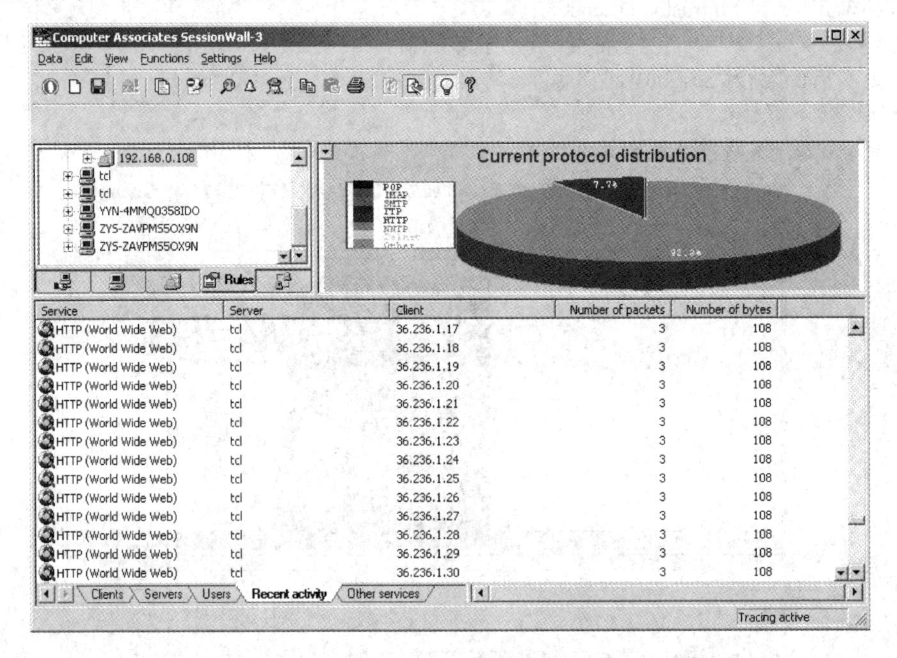

图 8.7　SYN Flood 攻击

(6) 用计算机 B 对计算机 A 发起 WinNuke 拒绝服务攻击，查看计算机 A 上的违反安全行为的窗口，如图 8.8 所示。

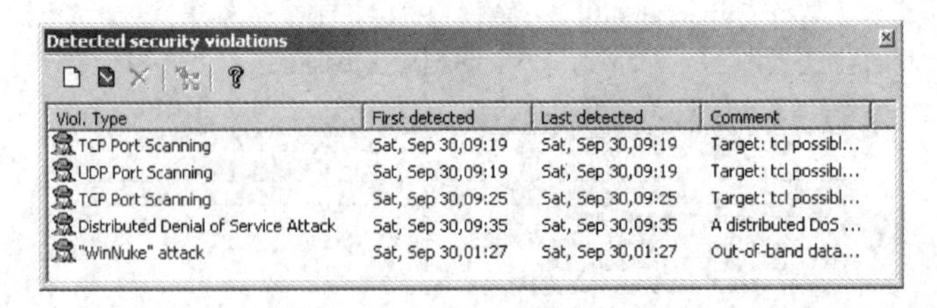

图 8.8　WinNuke 拒绝服务攻击

2) 查看和创建规则要素的定义

Session Wall 可以创建规则来实现保证安全。创建规则的要素有网络对象、服务、规则类型、动作和用户等。查看和创建规则要素的定义的具体操作步骤如下。

(1) 在菜单中选择 Setting|Definitions 命令，在 Network Objects 选项卡中显示已经定义的网络对象，对象是主机、网络、域、用户或者地址范围等的集合。

(2) 单击 Add 按钮，在网络对象中选择 HOST 对象，单击 Add 按钮添加自定义的主机。

(3) 在 HOST Properties 对话框中输入主机的 IP 地址或者 MAC 地址，单击 OK 按钮，就添加了一个自定义的主机的地址。

(4) 打开 Services 选项卡，可以查看已经定义了的服务，单击 Add 按钮添加自定义的服务。

(5) 选择传输层的协议 TCP 或者 UDP，然后定义端口范围，单击 OK 按钮。本案例中，定义 UDP 协议的端口为 8000，名称为 QQ。

(6) 在 Rule Types 选项卡中可以显示已经定义了的规则类型。

(7) 在 Actions 选项卡中显示已经定义的动作类型，单击 Add 按钮可以定义新的动作类型。

(8) 在 Action Properties 对话框中可以定义新的动作名称，选择相应的动作，并单击 OK 按钮，如图 8.9 所示。

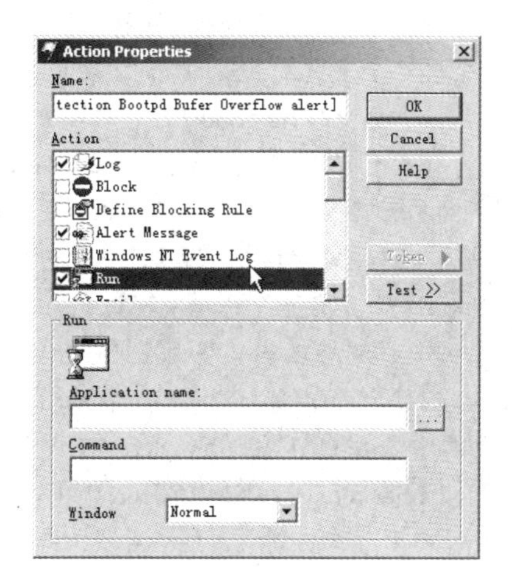

图 8.9　添加动作

2．RealSecure

ISS(Internet Security System)公司的 RealSecure 是一个计算机网络上自动实时的入侵检测和响应系统。RealSecure 提供实时的网络监视，并允许用户在系统受到危害之前截取和响应安全入侵和内部网络误用。RealSecure 无妨碍地监控网络传输并自动检测和响应可疑的行为，从而最大程度地为企业提供安全。

RealSecure 6.0 之前的版本有三大组件：网络感应器(又称为 RealSecure Engine)、主机感应器(又称为 RealSecure Agent)和管理器。

RealSecure Engine 运行在一个专门的主机上，用以监视所有网络上流过的数据包，发现那些能够正确识别的，且正在进行攻击的攻击特征。攻击的识别是实时的、用户可定义报警和一旦攻击被检测到的响应。

RealSecure Agent 是一个基于主机的对 RealSecure Engine 的补充。RealSecure Agent 分析主机日志来识别攻击，决定攻击是否成功并提供其他实时环境中无法得到的证据。基于这些信息，RealSecure Agent 会作出反应，通过中断用户进程和挂起用户账号来阻止进一步的入侵。它还会发出警报、记录事件、发现陷阱和邮件、执行用户自定义动作。

RealSecure 管理器负责所有 RealSecure Engine 和 RealSecure Agent 报告的配置。这个控制台应用监控任何一个 RealSecure Engine 和 Agent 的组合状态，不管它们运行在 UNIX 上还是 Windows NT 上。这样使企业得到广泛的入侵检测和响应，易于配置并可从一个站点进行管理。RealSecure 管理器还可作为许多网络和系统管理环境(如 HP 公司的 Open View)的嵌入模块。在由 RealSecure 5.x 升级到 6.0 的过程中，RealSecure 的架构有了重大的改变。原本的二层式(Console-Sensor)的架构，在 6.0 版本中变成了 3 层式(Console-Event Collector-Sensor)的架构。在 5.x 版中，Console 直接控制 Sensor，Sensor 直接回报给 Console，架构上较为简单。到了 6.0 版之后，在 Console 和 Sensor 之间，多增加了一个事件收集器(Event Collector)，收集各个 Sensor 的资料，并将资料存储在数据库中以及显示在 Console 上。

按照 GartnerGroup 的 O'Reilley 的说法，RealSecure 的优势在于其简洁性和低价格。与 NetRanger 和 CyberCop 类似，RealSecure 在结构上也是两部分。引擎部分负责监测信息包并生成告警，控制台接收报警并作为配置及产生数据库报告的中心点。两部分都可以在 Windows NT、Solaris、SunOS 和 Linux 上运行，并可以在混合的操作系统或匹配的操作系统环境下使用。它们都能在商用微机上运行。

对于一个小型的系统，将引擎和控制台放在同一台机器上运行是可以的，但这对于 NetRanger 或 CyberCop 却不行。RealSecure 的引擎价值 1 万美元，控制台是免费的。一个引擎可以向多个控制台报告，一个控制台也可以管理多个引擎。

RealSecure 可以对 CheckPoint Software 的 FireWall-1 重新进行配置。根据入侵检测技术经理 Mark Wood 的说法，ISS 还计划使其能对 Cisco 的路由器进行重新配置，同时也正开发 OpenView 下的应用。

3．SkyBell

启明星辰公司的黑客入侵检测与预警系统，集成了网络监听监控、实时协议分析、入侵行为分析及详细日志审计跟踪等功能。对黑客入侵能进行全方位的检测，准确地判断上述黑客攻击方式，及时采取报警或阻断等其他措施。它可以在 Internet 和 Intranet 两种环境中运行，以保护企业整个网络的安全。

该系统主要包括两部分：探测器和控制器。

探测器能监视网络上流过的所有数据包，根据用户定义的条件进行检测，识别出网络中正在进行的攻击。实时检测到入侵信息并向控制器管理控制台发出告警，由控制台给出定位显示，从而将入侵者从网络中清除出去。控制器能够监测所有类型的 TCP/IP 网络，强大的检测功能为用户提供了最为全面、有效的入侵检测能力。

4．免费的 IDS-Snort

Snort 可以作为一个轻量级的网络入侵检测系统(NIDS)。所谓的轻量级是指在检测时尽可能低地影响网络的正常操作，一个优秀的轻量级的 NIDS 应该具备跨系统平台操作，对系统影响最小等特征，并且管理员能够在短时间内通过修改配置进行实时的安全响应，更重要的是能够成为整个安全结构的重要成员。Snort 作为其典型范例，首先可以运行在各种操作系统平台，如 UNIX 系列和 Windows 系列(需要 Libpcap for Win32 的支持)，与很多商业产品相比，它对操作系统的依赖性比较低。其次用户可以根据自己的需要及时在短时间内调整检测策略。就检测攻击的种类来说，Snort 有上千条检测规律，其中包括缓冲区溢出、端口扫描和 CGI 攻击等。Snort 集成了多种告警机制来提供实时报警功能，包括 syslog、用户指定文件、UNIX Socket、通过 SMBClient 使用 WinPopup 对 Windows 客户端报警等。Snort 的现实意义在于作为开源软件填补了只有商业入侵检测系统的空白，可以帮助中小网络的系统管理员有效地监视网络流量和检测入侵行为。Snort 作为一个 NIDS，其工作原理是：在基于共享网络上检测原始的网络传输数据，通过分析捕获的数据包，匹配入侵行为的特征或者从网络活动的角度检测异常行为，进行采取入侵的预警或记录。从检测模式而言，Snort 属于误用检测，是基于规则的入侵检测工具。

8.7 本章小结

本章讲述了入侵检测系统的功能、组成、分类和基本的工作原理，比较了基于网络的入侵检测系统和基于主机的入侵检测系统的优缺点和适用场合。本章还介绍了入侵检测系统的发展方向和几种入侵检测产品。

8.8 本章实训

实训：入侵检测软件 Snort 的安装与使用

实训目的

安装并测试入侵检测软件 Snort 的基本功能。

实训环境

两台安装 Windows XP(其他操作系统也可以)的计算机。其中一台计算机(计算机 A)安装 Snort，另一台计算机(计算机 B)用来对前一台计算机实施违反规则的访问。

实训内容

1. 安装和配置 Snort 软件

(1) 安装 WinPcap 软件，如图 8.10 所示。如果读者在学习第 2 章时安装了 Wireshark，则省略这一步。

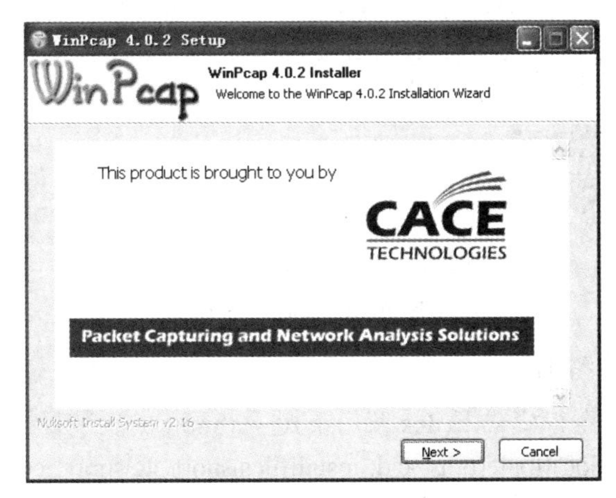

图 8.10　安装 WinPcap

(2) 按照提示安装 Snort 软件，如图 8.11 所示。

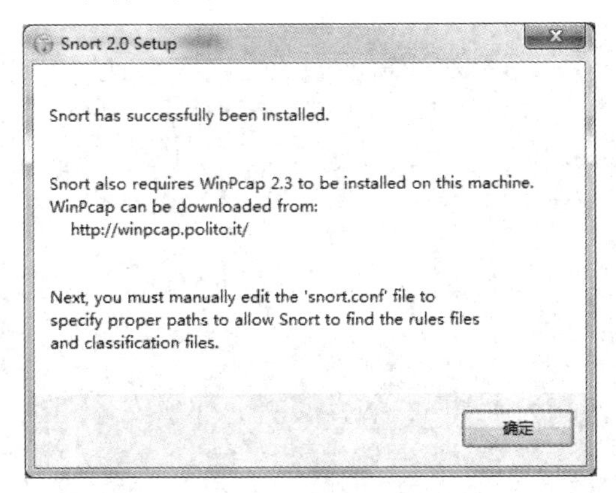

图 8.11　安装 Snort

(3) 为避免出现因环境变量配置出现错误，这里采用绝对路径来指定所涉及的配置文件。将 snort 文件夹下 etc 子文件夹下的*.conf 复制到 snort 文件夹下的 bin 子文件夹。snort 文件夹下 rules 子文件夹下的 ftp1.rules 编辑修改后复制到 bin 子文件夹下，如图 8.12 所示。为测试而将 etc 下的 snort.conf 另存为 snort1.conf，并对它进行修改，如图 8.13 所示。

```
ftp1 - 记事本
文件(F)  编辑(E)  格式(O)  查看(V)  帮助(H)
# (C) Copyright 2001,2002, Martin Roesch, Brian Caswell, et al.
#     All rights reserved.
# $Id$
#----------
# FTP RULES
#----------


# protocol verification
alert tcp any any -> any 21
```

图 8.12　ftp1.rules

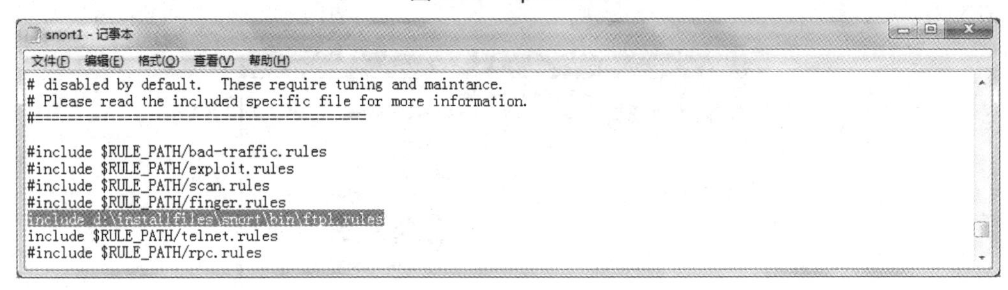

```
snort1 - 记事本
文件(F)  编辑(E)  格式(O)  查看(V)  帮助(H)
# disabled by default.  These require tuning and maintance.
# Please read the included specific file for more information.
#========================================

#include $RULE_PATH/bad-traffic.rules
#include $RULE_PATH/exploit.rules
#include $RULE_PATH/scan.rules
#include $RULE_PATH/finger.rules
include d:\installfiles\snort\bin\ftp1.rules
include $RULE_PATH/telnet.rules
#include $RULE_PATH/rpc.rules
```

图 8.13　snort1.conf

2. Snort 基本功能测试

(1) 在 windows 命令行模式下(dos 窗口下)进入 Snort 的安装目录，执行命令：

snort –i4 –dev –l d:\log\ftpalertlog –c d:\installfiles\snort\etc\snort1.conf，如图 8.14 所示。命令中 d:\log\ftpalertlog 是入侵检测生成报警文件所存放的文件夹，d:\installfiles\snort 是作者安装 snort 的文件夹。关于 Snort 命令的解释请参考 Snort 正文手册，读者可以从网上下载。

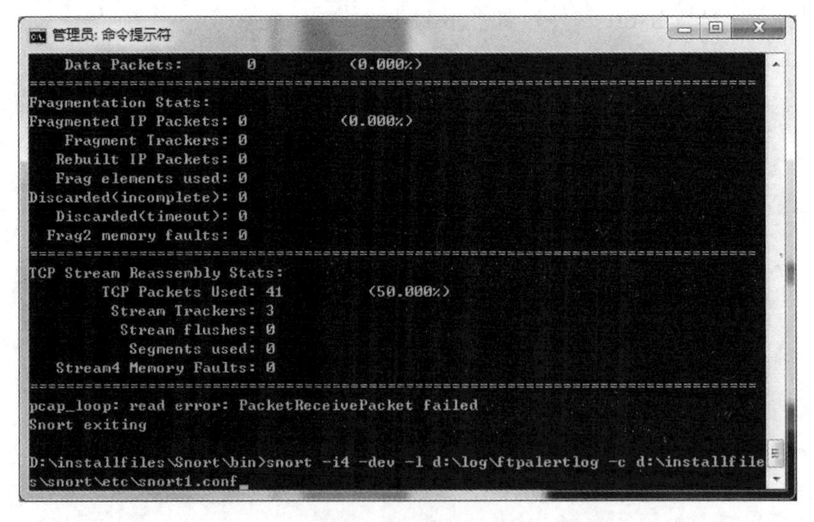

```
管理员: 命令提示符
    Data Packets:        0          (0.000%)
=============================================================================
Fragmentation Stats:
Fragmented IP Packets: 0           (0.000%)
    Fragment Trackers: 0
   Rebuilt IP Packets: 0
   Frag elements used: 0
Discarded(incomplete): 0
   Discarded(timeout): 0
  Frag2 memory faults: 0
=============================================================================
TCP Stream Reassembly Stats:
        TCP Packets Used: 41          (50.000%)
         Stream Trackers: 3
          Stream flushes: 0
           Segments used: 0
   Stream4 Memory Faults: 0
=============================================================================
pcap_loop: read error: PacketReceivePacket failed
Snort exiting

D:\installfiles\Snort\bin>snort -i4 -dev -l d:\log\ftpalertlog -c d:\installfile
s\snort\etc\snort1.conf_
```

图 8.14　Snort 测试

(2) 到另一台计算机上向安装 Snort 的计算机执行 FTP 访问，由于已经在以上配置文件 ftp1.rules 里指定所有 FTP 均为异常访问，所以向目标发起 FTP 访问的过程就将被自动记录在报警文件中，如图 8.15 和图 8.16 所示。可见入侵检测软件不同与杀毒软件，入侵检测软件可以由管理员指定何种行为是异常或是入侵行为，而杀毒软件一般由病毒特征码来决定是否属于异常。

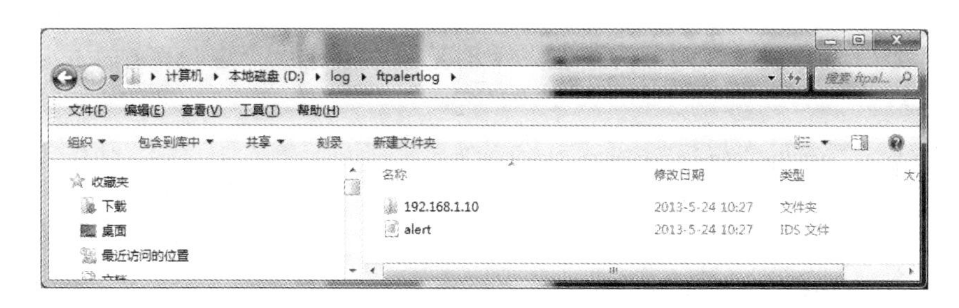

图 8.15　Snort 记录了异常行为(1)

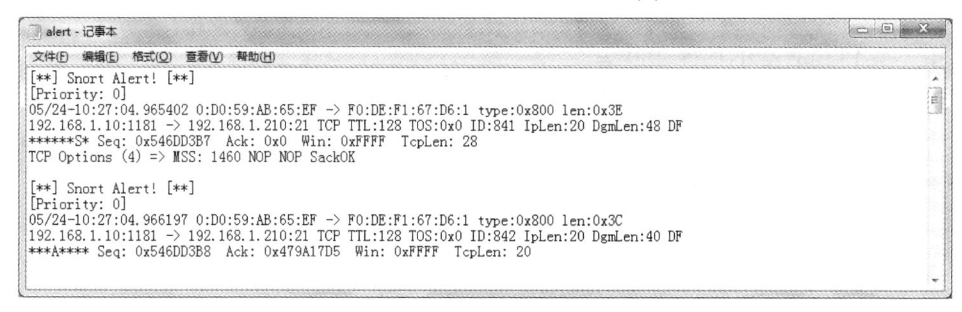

图 8.16　Snort 记录了异常行为(2)

8.9 本 章 习 题

1. 填空题

(1) CIDF 提出了一个通用模型，将入侵检测系统分为 4 个基本组件：________、________、________和________。

(2) 按数据来源和系统结构分类，入侵检测系统分为 3 类：________、________和________。

(3) ________的含义是：通过某种方式预先定义入侵行为，然后监视系统的运行，并找出符合预先定义规则的入侵行为。

2. 选择题

(1) 入侵检测系统(Intrusion Detection System，IDS)是对(　　)的合理补充，帮助系统对付网络攻击。

A．交换机　　B．路由器　　C．服务器　　D．防火墙

(2) (　　)是一种在互联网上运行的计算机系统，它是专门为吸引并“诱骗”那些试图非法闯入他人计算机系统的人(如计算机黑客或破解高手等)而设计的。

A．网络管理计算机　　B．蜜罐(Honeypot)
C．傀儡计算机　　D．入侵检测系统

(3) (　　)方法主要来源于这样的思想：任何人的正常行为都是有一定的规律的，并且可以通过分析这些行为产生的日志信息(假定日志信息足够安全)总结出这些规律，而入

侵和滥用行为则通常和正常的行为存在严重的差异，通过检查这些差异就可以检测出这些入侵。

A．基于异常的入侵检测

B．基于误用的入侵检测

C．基于自治代理技术

D．自适应模型生成特性的入侵检测系统

3. 简答题

(1) 入侵检测的基本功能是什么？

(2) 简述公共入侵检测框架(CIDF)模型。

(3) 基于主机的入侵检测和基于网络的入侵检测各有什么优缺点？

(4) 什么是基于异常的入侵检测？什么是基于误用的入侵检测？

(5) 蜜罐技术在入侵检测系统中起什么作用？

(6) 简述入侵检测的发展方向。

教学目标

通过对本章的学习，读者应了解网络攻击的一般手法及防范策略，重点掌握端口扫描的原理和防范对策、网络嗅探的原理和防范对策、密码的安全设置原则、木马攻击的一般特征和清除方法、拒绝服务攻击和Web攻击的原理、危害及防范对策。

教学要求

知识要点	能力要求	相关知识
网络攻击基本防范策略	掌握网络攻击基本防范策略	
端口扫描的原理和防范对策	理解端口扫描的原理，了解防范对策	TCP/IP 协议
网络嗅探的原理和防范对策	理解网络嗅探的原理，了解防范对策	网络监听
密码攻击的方法和防范策略	了解常用密码攻击方法，掌握密码安全设置策略	DES、MD5
缓冲区溢出攻击的原理和防范对策	理解缓冲区溢出攻击的原理，了解防范对策	IIS 漏洞
拒绝服务攻击的原理和防范对策	理解拒绝服务攻击的原理，了解防范对策	TCP/IP 协议
Web 攻击原理和防范对策	了解跨站攻击、SQL 注入和会话劫持的概念	SQL 语言

引例

无论是普通个人计算机还是企业政府高性能服务器，任何一台接入互联网的计算机，都存在或多或少的安全漏洞，或者受到过网络攻击。

在 Internet 的发源地美国，其政府和军方的服务器也曾经因受到攻击而泄露机密，金融机构屡屡被黑客攻击而丢失数以万计的信用卡账户信息。

网络攻击与防范这对矛盾关系，一方面困扰着网络应用的发展，另一方面又推动着网络技术的进步。

学习网络安全技术也要了解一些网络攻击技术，这样对于增强安全意识大有好处。通过实验能让学生直观地发现，对于那些缺乏安全防护的系统而言，攻击是一件轻而易举的事情。

9.1 网络攻防概述

攻防即攻击与防范。攻击是指任何的非授权行为，攻击的范围从简单的使服务器无法提供正常的服务到完全破坏和控制服务器。在网络上成功实施的攻击级别依赖于用户采用的安全措施。

根据攻击的法律定义，攻击仅仅发生在入侵行为完全完成而且入侵者已经在目标网络内。但专家的观点是：可能使一个网络受到破坏的所有行为都被认定为攻击。

网络攻击可以分为以下两类。

(1) 被动攻击(Passive Attacks)：在被动攻击中，攻击者简单地监听所有信息流以获得某些秘密。这种攻击可以是基于网络(跟踪通信链路)或基于系统(秘密抓取数据的特洛伊木马)的，被动攻击是最难被检测到的。

(2) 主动攻击(Active Attacks)：攻击者试图突破用户的安全防线。这种攻击涉及数据流的修改或创建错误流，主要攻击形式有假冒、重放、欺骗、消息篡改、拒绝服务等。例如，系统访问尝试是指攻击者利用系统的安全漏洞获得用户或服务器系统的访问权。

9.1.1 网络攻击的一般目标

从黑客的攻击目标上分类，攻击类型主要有两类：系统型攻击和数据型攻击，其所对应的安全性也涉及系统安全和数据安全两个方面。从比例上分析，前者占据了攻击总数的30%，造成损失的比例也占到了30%；后者占到攻击总数的70%，造成的损失也占到了70%。系统型攻击的特点是：攻击发生在网络层，破坏系统的可用性，使系统不能正常工作，可能留下明显的攻击痕迹。数据型攻击主要来源于内部，该类攻击的特点是：发生在网络的应用层，面向信息，主要目的是篡改和偷取信息(这一点很好理解，数据放在什么地方，有什么样的价值，被篡改和窃用之后能够起到什么作用，通常情况下只有内部人知道)，不会留下明显的痕迹(原因是攻击者需要多次地修改和窃取数据)。

从攻击和安全的类型分析，得出一个重要结论：一个完整的网络安全解决方案不仅能防止系统型攻击，也能防止数据型攻击，既能解决系统安全，又能解决数据安全两方面的问题。这两者当中，应着重强调数据安全，重点解决来自内部的非授权访问和数据的保密问题。

9.1.2　网络攻击的步骤及过程分析

1. 隐藏自己的位置

攻击者可以利用别人的计算机当“肉鸡”，隐藏他们真实的 IP 地址。

2. 寻找目标主机并分析目标主机

攻击者首先要寻找目标主机并分析目标主机。在 Internet 上能真正标识主机的是 IP 地址，域名是为了便于记忆主机的 IP 地址而另起的名字，只要利用域名和 IP 地址就可以顺利地找到目标主机。当然，知道了要攻击目标的位置还远远不够，还必须对主机的操作系统类型及其所提供服务等资料做全面的了解。攻击者可以使用一些扫描器工具，轻松获取目标主机运行的是哪种操作系统的哪个版本，系统有哪些账户，WWW、FTP、Telnet、SMTP 等服务器程序是何种版本等资料，为入侵做好充分的准备。

3. 获取账号和密码

攻击者要想入侵一台主机，首先要有该主机的一个账号和密码，否则连登录都无法进行。他们先设法盗窃账户文件，进行破解，获取某用户的账户和密码，再寻找合适时机以此身份进入主机。

4. 获得控制权

攻击者用 FTP、Telnet 等工具利用系统漏洞进入目标主机系统获得控制权之后，还要做两件事：清除记录和留下后门。它会更改某些系统设置、在系统中植入特洛伊木马或其他一些远程操纵程序，以便日后可以不被觉察地再次进入系统。

5. 窃取网络资源和特权

攻击者找到攻击目标后，会继续下一步的攻击，如下载敏感信息等。

9.1.3　网络攻击的防范对策

在对网络攻击进行上述分析的基础上，应当认真制定有针对性的策略，明确安全对象，设置强有力的安全保障体系，有的放矢，在网络中层层设防，使每一层都成为一道关卡，从而让攻击者无隙可钻。同时用户还必须做到未雨绸缪，预防为主，备份重要的数据，并时刻注意系统运行状况。以下是针对众多令人担心的网络安全问题所提出的几点建议。

1. 提高安全意识

(1) 不要随意打开来历不明的电子邮件及文件，不要随便运行不太了解的人发送的程序，比如“特洛伊”类黑客程序就是骗接收者运行。

(2) 尽量避免从 Internet 下载不知名的软件、游戏程序。即使从知名的网站下载的软件也要及时用最新的病毒和木马查杀软件对软件和系统进行扫描。

(3) 密码设置尽可能使用字母数字混排，单纯的英文或者数字很容易穷举。将常用的密码设置不同，防止被人查出一个，连带到重要密码。重要密码最好经常更换。

(4) 及时下载安装系统补丁程序。

(5) 不随便运行黑客程序，许多这类程序运行时会发出用户的个人信息。

(6) 在支持HTML的BBS上，如发现提交警告，要先看源代码，因为它很可能是骗取密码的陷阱。

2. 使用防病毒和防火墙软件

防火墙是一个用以阻止网络中的黑客访问某个机构网络的屏障，也可称为控制进/出两个方向通信的门槛。在网络边界上通过建立起来的相应网络通信监控系统来隔离内部和外部网络，以阻挡外部网络的侵入。

3. 隐藏自己的IP地址

保护自己的IP地址是很重要的。事实上，即便用户的机器上安装了木马程序，若没有该用户的IP地址，攻击者也是没有办法的，而保护IP地址的最好方法就是设置代理服务器。代理服务器能起到外部网络申请访问内部网络的中间转接作用，其功能类似于一个数据转发器，它主要控制哪些用户能访问哪些服务类型。当外部网络向内部网络申请某种网络服务时，代理服务器接受申请，然后根据其服务类型、服务内容、被服务的对象、服务者申请的时间、申请者的域名范围等来决定是否接受此项服务。如果接受，就向内部网络转发这项请求。另外用户还要将防毒当成日常例行工作，定时更新防毒组件，将防毒软件保持在常驻内存状态，以彻底防毒。由于黑客经常会针对特定的日期发动攻击，计算机用户在此期间应特别提高警戒。对于重要的个人资料做好严密的保护，并养成备份资料的习惯。

9.2 端口扫描

扫描器是一种自动检测远程或本地主机安全性弱点的程序，通过扫描TCP端口，并记录反馈信息，可以不留痕迹地发现远程服务器中各种TCP端口的分配、提供的服务和它们的软件版本。这就能直观地或间接地了解到远程主机存在的安全问题。

对于非法入侵者而言，端口扫描是一种获得主机信息的好方法。在UNIX操作系统中，使用端口扫描程序不需要超级用户权限，任何用户都可以使用，而且简单的端口扫描程序非常易于编写。掌握了初步的Socket编程知识就可以轻而易举地编写出能在UNIX和Windows NT/2000下运行的端口扫描程序。

端口扫描程序使系统管理员能够及时发现网络的弱点，有助于进一步加强系统的安全性。例如，当系统管理员扫描到finger服务所在的端口号(79)时，就应想到这项服务是否应该关闭。如果原来是关闭的，现在又被扫描到，则说明有人非法取得了系统管理员的权限，改变了inetd.conf文件中的内容。因为这个文件只有系统管理员才能修改，它表明了系统的安全正处于威胁中。

另外，如果扫描到一些标准端口之外的端口，系统管理员必须清楚这些端口提供了一些什么服务，是否允许访问。许多系统常常将WWW服务的端口放在8080，系统管理员必须知道端口8080被WWW服务使用了。

还有许多入侵者将为自己开的后门设在一个非常高的端口上，因为使用一些不常用的端口，常常会被扫描程序忽略。入侵者通过这些端口可以任意使用系统的资源，也为他人非法访问这台主机开了方便之门。许多不能直接访问国外资源的主机用户会将一些 proxy 之类的程序偷偷地安装在一些能够方便访问国外资源的主机上，将大笔的流量账单转嫁给他人，使用端口扫描程序就能检测到这种活动。

9.2.1　端口扫描的原理

在 TCP 数据包的包头中有 6 位，分别为 FIN、SYN、RST、PSH、ACK 和 URG。其中，ACK 被置为 1，表明确认号有效，如果此位清 0，数据包中不包含一个确认，确认域将被忽略。

PSH 数据的接收者被友好地提示将收到的数据直接交给应用程序，而不是缓存它，直到缓存区存满了才交给应用程序，它常用于一些实时的通信。

RST 用来重置一个连接，用于由于一台主机崩溃或一些其他原因引起的通信混乱。它也被用来拒绝接收一个无效的 TCP 数据包，或者用来拒绝一个建立连接的企图。当得到一个设置了 RST 的 TCP 数据包，通常说明本机有一些问题。

SYN 用来建立一个连接。在连接请求数据包中，SYN=1 与 ACK=0 指明确认域没有使用。对连接请求，需要应答。所以，在应答的 TCP 数据包中，SYN=1，ACK=1。SYN 通常用来指明连接请求和连接请求被接受，而 ACK 用来区分这两种情况。

FIN 用来释放一个连接。它指出发送者已没有数据要发送。关闭一个连接之后，一个进程还可以继续接收数据。SYN 和 FIN 的 TCP 数据包都有顺序号，因此，可以保证数据按照正确的顺序被处理。

URG 表示报文包含紧急信息。

下面介绍入侵者如何利用上述这些信息，进行端口扫描。

1. TCP connect( )扫描

TCP connect( )是最基本的一种扫描方式。使用系统提供的 connect( )系统调用，建立与目标主机端口的连接。如果端口正在监听，connect( )就成功返回；否则，则说明端口不可访问。

一个有利条件是，使用 TCP connect( )不需要任何特权，任何 UNIX 用户都可以使用这个系统调用。另一个有利之处是速度，除了串行地使用单个 connect( )调用来连接目标主机的端口，还可以同时使用多个 socket，来加快扫描的速度。使用一个非阻塞的 I/O 调用，可以同时监视多个socket。不利之处是这种扫描方式容易被检测到，并且被过滤掉。目标主机的日志文件将记录下这些连接信息和错误信息，然后立即关闭连接。

2. TCP SYN 扫描

TCP SYN 扫描常被称为半开扫描，因为它并不是一个全 TCP 连接。发送一个 SYN 数据包，就好像准备打开一个真正的连接，然后等待响应。一个 SYN/ACK 表明该端口正在被监听，一个 RST 响应表明该端口没有被监听。如果收到一个 SYN/ACK，则通过立即发送一个 RST 来关闭连接。这样做的好处是极少有主机来记录这种连接请求。不利之处在于，必须有超级用户权限才能建立这种可配置的 SYN 数据包。

3. TCP FIN 扫描

在很多情况下，即使是SYN扫描也不能做到很隐秘。一些防火墙和包过滤程序监视SYN数据包访问一个未被允许访问的端口，一些程序可以检测到这些扫描。FIN 数据包却有可能通过这些扫描。其基本思想是关闭的端口将会用正确的 RST 来应答发送的 FIN 数据包；相反，打开的端口往往忽略这些请求。这是一个 TCP 实现上的错误，也不是所有的系统都存在这类错误，因此，并不是百分之百有效。

4. Fragmentation 扫描

Fragmentation 扫描并不是仅仅发送探测的数据包，而是将要发送的数据包分成一组更小的 IP 包。通过将 TCP 包头分成几段，放入不同的 IP 包中，使得包过滤程序难以过滤。因此，可以进行想进行的扫描活动。必须注意的是，一些程序很难处理这些过小的包。

5. UDP recfrom( )和 write( )扫描

一些人认为 UDP 的扫描是无意义的。没有 root 权限的用户不能直接得到端口不可访问的错误，但是 Linux 可以间接地通知用户。例如，一个关闭的端口的第二次 write( )调用通常会失败。如果在一个非阻塞的 UDP socket 上调用 recfrom()通常会返回 EAGAIN( )(“Try again”, errno=13)，而 ICMP 则收到一个 ECONNERFUSED(“Connection refused”, errno=111)错误信息。

6. ICMP 扫描

ICMP 扫描并不是一个真正的端口扫描，因为 ICMP 并没得到端口的信息。用 ping 这个命令，通常可以得到网上目标主机是否正在运行的信息。

9.2.2 端口扫描的防范对策

端口扫描的防范方法有两种。

1. 关闭闲置和有潜在危险的端口

这个方法有些“死板”，它的本质是，将所有用户需要用到的正常计算机端口外的其他端口都关闭掉。因为就黑客而言，所有的端口都可能成为攻击的目标。换句话说“计算机的所有对外通信的端口都存在潜在的危险”，而一些系统必要的通信端口，如访问网页需要的 HTTP(80 端口)、QQ(4000 端口)等不能被关闭。在 Windows 2000/XP/2003 中要关闭掉一些闲置端口是比较方便的，也可以采用 IP 安全策略进行数据包筛选(本书第 8 章实验中有详细配置方法)。计算机的一些网络服务会有系统分配默认的端口，将一些闲置的服务关闭掉，其对应的端口也会被关闭。打开【控制面板】窗口中的【管理工具】窗口，双击【服务】图标，打开窗口，关闭计算机没有使用的一些服务(如 FTP 服务、DNS 服务、IIS Admin 服务等)，它们对应的端口也就被停用了。至于“只开放允许端口的方式”，可以利用系统的“TCP/IP 筛选”功能实现，设置的时候，“只允许”系统的一些基本网络通信需要的端口即可。

2. 有端口扫描的症状时，立即屏蔽该端口

这种预防端口扫描的方式显然靠用户自己手工是不可能完成的，或者说完成起来相当困难，需要借助软件。这些软件就是常用的网络防火墙。

防火墙的工作原理是：首先检查每个到达计算机的数据包，在这个包被计算机上运行的任何软件看到之前，防火墙有完全的否决权，可以禁止计算机接收 Internet 上的任何东西。端口扫描时，对方计算机不断和本地计算机建立连接，并逐渐打开各个服务所对应的 TCP/IP 端口及闲置端口，防火墙经过自带的拦截规则判断，就能够知道对方是否正进行端口扫描，并拦截掉对方发送过来的所有扫描需要的数据包。现在市面上几乎所有网络防火墙都能够抵御端口扫描，在默认安装后，应该检查一些防火墙所拦截的端口扫描规则是否被选中，否则它会放行端口扫描，而只是在日志中留下信息。

**应用案例 1**

端口扫描工具应用案例

1．NSS

NSS(网络安全扫描器)是一个非常隐蔽的扫描器。NSS 用 Perl 语言编写，工作在 SunOS 4.1.3，可以对 Sendmail、TFTP、匿名 FTP、Hosts 和 Xhost 扫描。需要注意的是，除非拥有最高特权，否则 NSS 不允许执行 Hosts。这是一些扫描工具存在的共同问题。其中包括 SATAN 和某些 Internet 安全扫描工具，它们限制用户具有的特权，不让普通用户使用。但是，大多数的扫描完全可以手工实现，而不需要超级用户权限。

2．SuperScan

它是著名安全公司 Foundstone 出品的一款功能强大的基于连接的 TCP 端口扫描工具，支持 Ping 和主机名解析。多线程和异步技术使得扫描速度大大加快。并且有强大的端口管理器，内置了大部分常见的端口及端口说明，同时支持自定义端口。

SuperScan 4.0 在 3.0 版的基础上增加了下列功能：较快的扫描速度、支持无限 IP 范围、使用多种 ICMP 模式进行主机探测、TCP SYN 扫描、UDP 扫描(两种模式)、支持 IP 地址范围导入和 CIDR 格式、HTML 报告、源端口扫描、快速主机名解析、扩展的 Banner 获取功能、更为详细的内置端口描述数据库、随机的 IP 和端口扫描顺序、内置一些有用的网络工具(Ping、Tracerout 及 Whois 等)、扩展的 Windows 主机列举功能(NetBIOS 信息、空连接、MAC 地址、用户信息、组信息、RPC 信息、账号策略、共享、域、远程时间、登录会话、驱动器信息、服务信息、注册表等)。通过修改 registry.txt 可以获取更多的注册表信息。

新的扫描器正在以很快的速度不断出现，并且功能比以前的产品更强大。Internet 安全是一个不断变化的领域，每当发现新的漏洞，它们就会被公布。这些漏洞从公布到转播经常只需几分钟或几小时。每当发现一个新的漏洞，检查这个漏洞的功能就会被加入到已有的扫描器中，这个过程并不复杂。在许多情况下入侵者只需写一小段额外的代码，然后把它加到已有的扫描器代码中，重新编译即可。

系统管理员必须学会使用扫描器。扫描器会让管理员警惕新的潜在的安全危险。正是由于这个原因，扫描器是 Internet 安全的重要因素，因此系统管理员要使用尽可能多的扫描器。

SuperScan 4.0 使用方法在本章的实验部分有详细说明。

9.3 密码攻防

密码攻击是指设法获取有效用户账户信息的攻击。攻击者攻击目标时常常把破译用户的密码作为攻击的开始。只要攻击者能猜测或者确定用户的密码，就能获得机器或者网络的访问权，并能访问到用户能访问到的任何资源。如果这个用户有域管理员或root用户权限，将是极其危险的。

9.3.1 密码攻击常用手段

密码攻击一般有几种方法。常用的手段包括社会工程学、网络嗅探、密码破解和木马窥视。

1. 社会工程学

社会工程学简单说就是用欺骗、诱导的手段使那些麻痹大意或好奇心强的用户不经意地泄露自己的账户密码。例如用“钓鱼”网站吸引用户注册，粗心者往往就会泄露自己的机密信息或重复使用在其他系统中已用过的用户名和密码。

2. 通过网络嗅探非法得到用户密码

监听者可以采用中途截取的方法获取用户账户和密码，这类方法有一定的局限性，但危害性极大。当前，很多协议根本就没有采用任何加密或身份认证技术，如在Telnet、FTP、HTTP、SMTP等传输协议中，用户账户和密码信息都是以明文格式传输的，此时若攻击者利用数据包截取工具便可很容易地收集到用户的账户和密码。还有一种中途截取攻击方法，它在用户同服务器端完成“3次握手”建立连接之后，在通信过程中扮演“第三者”的角色，假冒服务器身份欺骗用户，再假冒用户向服务器发出恶意请求，其造成的后果不堪设想。另外，攻击者有时还会利用软件和硬件工具时刻监视系统主机的工作，等待记录用户登录信息，从而取得用户密码；或者编制有缓冲区溢出错误的SUID程序来获得超级用户权限。

3. 密码破解

密码破解可以分为在线破解和离线破解两种方式。

在线破解，就是用程序自动生成密码组合，自动重复尝试登录被攻击主机或系统。这种方法可以用设置重复登录次数限制或在Internet上普遍采用的登录时要求输入验证的方法加以防范。

离线破解需要先访问到保存密码信息的文件或数据库，在获取用户的账户名后(如电子邮件@前面的部分)利用一些专门软件强行破解用户密码，这种方法不受网段限制，但攻击者要有足够的耐心和时间。如采用字典穷举法(或称暴力法)来破解用户的密码。攻击者可以通过一些工具程序，自动从计算机字典中取出一个单词，作为用户的密码，再输入给远端的主机，申请进入系统。若密码错误，就按序取出下一个单词，进行下一个尝试，并一直循环下去，直到找到正确的密码或字典的单词试完为止。由于这个破译过程由计算机程序自动完成，因而几个小时就可以把几十万条记录的字典里所有单词都尝试一遍。

密码破解通常有蛮力攻击和字典攻击两种方式。UNIX 中一共有 [0x00～0xFF]128 个字符，其中 95 个字符(10 个数字、33 个标点符号、52 个大小写字母)可作为密码的字符。假设 *m* 为可能使用的字符集的大小，*n* 为密码的长度，则可生成的密码数为 *m* 的 *n* 次幂。随着字符集的扩大与密码长度的增加，密码攻击尝试次数将迅速增加。如密码长度为 6，取字母和数字组合，可能性是 62 的 6 次幂，即 56800235584。但如果 5 个字母是一个常用汉字的拼音或英文单词，估算一下常用词约为 10000 条，从 10000 个常用词中取一个词与任意一个数字字符组合成密码，则仅 10 万种可能。在密码的设置过程中，还有许多个人因素在起作用，为使自己的密码容易记忆，许多人往往将个人的姓名、生日、电话号码、街道号码等作为密码，这样便为密码的破解留下了方便之门。贝尔实验室的计算机安全专家 R.Morris 和 K.Thompson 提出了这样一种攻击的可能性：可以根据用户的信息建立一个他可能使用的密码的字典。比如：他父亲的名字、女朋友的生日或名字、街道的名字等。然后对这个字典进行加密，每次拿出一个经过加密计算的条目与密码文件比较，若一致，密码就被猜到了。在现代的 UNIX 操作系统中，用户的基本信息存放在 passwd 文件中，而所有的密码则经过 DES 加密方法加密后专门存放在一个叫 shadow 的文件中。黑客们获取密码文件后，就会使用专门的破解 DES 加密法的程序来解密码。

有很多专门生成字典的程序，如 Dictmake、txt2dict、xkey 等。以 Dictmake 为例，启动程序后，计算机会要求输入最小密码长度、最大密码长度、密码包含的小写字符、大写字符、数字、有没有空格、含不含标点符号和特殊字符等一系列问题。当回答完了计算机提出的问题后，计算机就会按照给定的条件自动将所有的组合方式列出来并存到文件中，而这个文件就是字典。目前，在因特网上，有一些数据字典可以下载，包含的条目从一万到几十万条。数据字典一般囊括了常用的单词。攻击者一旦通过某种途径获得了 passwd 文件，破译过程便只需一个简单的 C 程序即可完成。

4. 放置特洛伊木马程序

一些木马程序能够记录用户通过键盘输入的密码或提取密码文件发给攻击者，很多用户的 QQ 账号丢失就是由于中了木马所导致的。

9.3.2　密码攻防对策

防范的办法很简单，只要使自己的密码不在英语字典中，且不可能被别人猜测出就可以了。一个好的密码应当至少有 7 个字符长，不要用个人信息(如生日、名字等)，密码中要有一些非字母(如数字、标点符号、控制字符等)，还要好记一些，不能写在纸上或计算机中的文件中，选择密码的一个好方法是将两个不相关的词用一个数字或控制字符相连，并截断为 8 个字符，例如 wa7+5ter。

保持密码安全的要点如下。

(1) 不要将密码写下来。

(2) 不要将密码保存在计算机文件中。

(3) 不要选取显而易见的信息作密码。

(4) 不要让别人知道。

(5) 不要在不同系统中使用同一密码。

(6) 为防止眼疾手快的人窃取密码，在输入密码时应确认无人在身边。

(7) 定期改变密码，至少6个月改变一次。

最后这点是十分重要的，永远不要对自己的密码过于自信，人们很容易在无意中泄露了密码。定期改变密码，会使自己遭受黑客攻击的风险降到一定的限度内。一旦发现自己的密码不能进入计算机系统，应立即向系统管理员报告，由管理员来检查原因。

系统管理员也应当定期运行这些破译密码的工具，来尝试破译shadow文件，若有用户的密码被破译出，说明这些用户的密码取得过于简单或有规律可循，应尽快通知他们，及时更正密码，以防止黑客的入侵。

应用案例2

密码攻防与探测破解的常用工具及方法

1．Windows NT和Windows 2000密码破解程序

1) L0phtcrack

L0phtcrack是一个Windows NT密码审计工具，能根据操作系统中存储的加密哈希计算Windows NT密码，功能非常强大、丰富，是目前市面上最好的Windows NT密码破解程序之一。它有3种方式可以破解密码：词典攻击、组合攻击、强行攻击。

2) NTSweep

NTSweep使用的方法和其他密码破解程序不同，它不是下载密码并离线破解，而是利用Microsoft允许用户改变密码的机制。它首先取定一个单词，然后使用这个单词作为账号的原始密码，并试图把用户的密码改为同一个单词。因为成功地把密码改成原来的值，用户永远不会知道密码曾经被人修改过。如果主域控制机器返回失败信息，就可知道这不是原来的密码。反之如果返回成功信息，就说明这一定是账号的密码。

3) PWDump

PWDump不是一个密码破解程序，但是它能用来从SAM数据库中提取密码(Hash)。目前很多情况下L0phtcrack的版本不能提取密码(Hash)。如SYSkey是一个能在Windows 2000下运行的程序，为SAM数据库提供了很强的加密功能。如果SYSkey在使用，L0phtcrack就无法提取哈希密码，但是PWDump还能使用，而且要在Windows 2000下提取密码(Hash)，必须使用PWDump，因为系统使用了更强的加密模式来保护信息。

2．UNIX密码破解程序

1) Crack

Crack是一个旨在快速定位UNIX密码弱点的密码破解程序。Crack使用标准的猜测技术确定密码。它检查密码是否为如下情况之一：和user id相同、单词password、数字串、字母串。Crack通过加密一长串可能的密码，并把结果和用户的加密密码相比较，看其是否匹配。用户的加密密码必须是在运行破解程序之前就已经提供的。

2) John the Ripper

该程序是UNIX密码破解程序，但也能在Windows平台运行，功能强大、运行速度快，可进行字典攻击和强行攻击。

3) XIT

XIT 是一个执行词典攻击的 UNIX 密码破解程序。XIT 的功能有限，因为它只能运行词典攻击，但程序很小、运行很快。

4) Slurpie

Slurpie 能执行词典攻击和定制的强行攻击，要规定所需要使用的字符数目和字符类型。和 John、Crack 相比，Slurpie 的最大优点是它能分布运行，Slurpie 能把几台计算机组成一台分布式虚拟机器在很短的时间里完成破解任务。

9.4　特洛伊木马攻防

木马是指通过特定的程序(木马程序)来远程控制目标计算机的一种攻击手段。木马通常有两个可执行程序：一个是客户端，即控制端，另一个是服务端，即被控制端。木马的设计者为了防止木马被发现，而采用多种手段隐藏木马。木马的服务一旦运行并被控制端连接，其控制端将享有服务端的大部分操作权限，例如给计算机增加口令，浏览、移动、复制、删除文件，修改注册表，更改计算机配置等。

9.4.1　特洛伊木马攻击原理

使用木马这种黑客工具进行网络入侵，从过程上看大致可分为 6 步。接下来就按这 6 步来详细阐述木马的攻击原理。

1. 配置木马

一般来说一个设计成熟的木马都有木马配置程序，从具体的配置内容看，主要是为了实现以下两方面功能。

1) 木马伪装

木马配置程序为了在服务端尽可能地隐藏好木马，会采用多种伪装手段，如修改图标、捆绑文件、定制端口、自我销毁等。

2) 信息反馈

木马配置程序将就信息反馈的方式或地址进行设置，如设置信息反馈的邮件地址、IRC 号、ICQ 号等。

2. 传播木马

1) 传播方式

木马的传播方式主要有两种：一种是通过 E-mail，控制端将木马程序以附件的形式夹在邮件中发送出去，收信人只要打开附件系统就会感染木马病毒；另一种是软件下载，一些非正规的网站以提供软件下载为名义，将木马捆绑在软件安装程序上，下载后，只要一运行这些程序，木马病毒就会被自动安装。

2) 伪装方式

鉴于木马的危害性，很多人对木马知识还是有一定了解的，这对木马的传播起了一定的抑制作用，这是木马设计者所不愿见到的，因此他们开发了多种功能来伪装木马，以达到降低用户警觉，欺骗用户的目的。

(1) 修改图标。服务器的图标必须能够迷惑目标计算机的主人，如果木马的图标看上去像是系统文件，计算机的主人就不会轻易地删除它。另外，在E-mail的附件中，木马设计者们将木马服务端的图标改成HTML、TXT、ZIP等各种文件形式的图标，这样就有相当大的迷惑性，现在这种木马很常见。例如BO，它的图标是透明的，并且没有文件名，其后缀名是EXE，由于Windows默认方式下不显示后缀名，所以在资源管理器中就看不到这个文件。

(2) 捆绑文件。这种伪装手段是将木马捆绑到一个安装程序上，当运行安装程序时，木马在用户毫无察觉的情况下，偷偷地进入了系统。至于被捆绑的文件一般是可执行文件(即EXE、COM一类的文件)。

(3) 出错显示。有一定木马知识的人都知道，如果打开一个文件，没有任何反应，这很可能就是个木马程序，木马的设计者也意识到了这个缺陷，所以已经有木马提供了一个叫做出错显示的功能。当服务端用户打开木马程序时，会弹出一个错误提示框(这当然是假的)，错误内容可自由定义，大多会定制成一些诸如“文件已破坏，无法打开！”之类的信息，当服务端用户信以为真时，木马却悄悄侵入了系统。

(4) 定制端口。很多老式的木马端口都是固定的，这给判断是否感染了木马带来了方便，只要查一下特定的端口就知道感染了什么木马病毒，所以现在很多新式的木马病毒都加入了定制端口的功能，控制端用户可以在1024～65535之间任选一个端口作为木马端口(一般不选1024以下的端口)，这样就给判断所感染的木马类型带来了麻烦。

(5) 自我销毁。这项功能是为了弥补木马的一个缺陷。当服务端用户打开含有木马的文件后，木马会将自己复制到Windows的系统文件夹中(C:\WINDOWS或C:\WINDOWS\SYSTEM目录下)，一般来说，原木马文件和系统文件夹中的木马文件的大小是一样的(捆绑文件的木马除外)，那么中了木马之后只要在近来收到的信件和下载的软件中找到原木马文件，然后根据原木马的大小去系统文件夹找相同大小的文件，判断一下哪个是木马就行了。而木马的自我销毁功能是指安装完木马后，原木马文件将被自动销毁，这样服务端用户就很难找到木马的来源，在没有查杀木马的工具帮助下，就很难删除木马了。

(6) 木马更名。安装到系统文件夹中的木马的文件名一般是固定的，只要根据一些查杀木马的文章，按图索骥在系统文件夹查找特定的文件，就可以断定中了什么木马。所以现在很多木马都允许控制端用户自由定制安装后的木马文件名，这样很难判断所感染的木马类型了。

3. 运行木马

服务端用户运行木马或捆绑木马的程序后，木马就会被自动安装。首先将自身复制到Windows的系统文件夹中(C:\WINDOWS或C:\WINDOWS\SYSTEM目录下)，然后在注册表、启动组、非启动组中设置好木马的触发条件，这样木马的安装就完成了。安装后就可以启动木马了。

1) 由触发条件激活木马

触发条件是指启动木马的条件，大致出现在下面几个地方。

(1) 注册表。打开 HKEY_LOCAL_MACHINE\Software\Microsoft\Windows\CurrentVersion\下的 5 个 Run 和 RunServices 主键，在其中寻找可能是启动木马的键值。

打开 HKEY_CLASSES_ROOT\文件类型\shell\open\command 主键，查看其键值。例如，国产木马“冰河”就是修改 HKEY_CLASSES_ROOT\txtfile\shell\open\command 下的键值，将“C :\WINDOWS \NOTEPAD.EXE %1”改为“C:\WINDOWS\SYSTEM\SYSEXPLR.EXE %1”。这时双击一个 TXT 文件，原本应用 Notepad 打开文件的，现在却变成启动木马程序了。还要说明的是不光是 TXT 文件，通过修改 HTML、EXE、ZIP 等文件的启动命令的键值都可以启动木马，不同之处只在于“文件类型”这个主键的差别，TXT 是 txtfile，ZIP 是 WINZIP。

(2) WIN.INI。C:\WINDOWS 目录下有一个配置文件 win.ini，用文本方式打开，在[windows]字段中有启动命令 load=和 run=，在一般情况下是空白的，如果有启动程序，可能是木马。

(3) SYSTEM.INI。C:\WINDOWS 目录下有个配置文件 system.ini，用文本方式打开，[386Enh]、[mic]、[drivers32]中有命令行，在其中寻找木马的启动命令。

(4) Autoexec.bat 和 Config.sys。在 C 盘根目录下的这两个文件也可以启动木马。但这种加载方式一般都需要控制端用户与服务端建立连接后，将已添加木马启动命令的同名文件上传到服务端覆盖这两个文件才行。

(5) *.INI。应用程序的启动配置文件，控制端利用这些文件能启动程序的特点，将制作好的带有木马启动命令的同名文件上传到服务端覆盖这个同名文件，这样就可以达到启动木马的目的了。

(6) 捆绑文件。实现这种触发条件首先要求控制端和服务端已通过木马建立连接，然后控制端用户用工具软件将木马文件和某一应用程序捆绑在一起，然后上传到服务端覆盖原文件，这样即使木马被删除了，只要运行捆绑了木马的应用程序，木马也会被安装上去。

(7) 启动菜单。在启动选项下也可能存在木马的触发条件。

2) 木马运行过程

木马被激活后，进入内存，并开启事先定义的木马端口，准备与控制端建立连接。这时服务端用户可以在 MS-DOS 方式下，输入 netstat-an 查看端口状态就能发现是否感染木马了。

在上网过程中要下载软件、发送信件、网上聊天等所以必然打开一些端口，下面是一些常用的端口。

(1) 1～1024 之间的端口，这些端口叫保留端口，是专给一些对外通信的程序用的，如 FTP 使用 21，SMTP 使用 25，POP3 使用 110 等。只有很少一些木马会用保留端口作为木马端口。

(2) 1025 以上的连续端口，在上网浏览网站时，浏览器会打开多个连续的端口下载文字、图片到本地硬盘上，这些端口都是 1025 以上的连续端口。

(3) 4000端口，这是OICQ的通信端口。

(4) 6667端口，这是IRC的通信端口。

除上述的端口基本可以排除在外，如发现还有其他端口打开，尤其是数值比较大的端口，就要怀疑是否感染了木马。当然如果木马有定制端口的功能，那任何端口都有可能是木马端口。

4. 泄露信息

一般来说，设计成熟的木马都有一个信息反馈机制。所谓信息反馈机制是指木马成功安装后会收集一些服务端的软硬件信息，并通过E-mail、IRC或ICQ的方式告知控制端用户。

5. 建立连接

一个木马连接的建立首先必须满足两个条件：一是服务端已安装了木马程序；二是控制端及服务端都要在线。在此基础上控制端可以通过木马端口与服务端建立连接。

6. 远程控制

木马连接建立后，控制端端口和木马端口之间将会出现一条通道，控制端上的控制端程序可通过这条通道与服务端上的木马程序取得联系，并通过木马程序对服务端进行远程控制。下面就介绍一下控制端具体能享有哪些控制权限，这远比想象的要大。

(1) 窃取密码：一切以明文的形式、*形式存在或缓存在Cache中的密码都能被木马侦测到，此外很多木马还提供有击键记录功能，它将会记录服务端每次敲击键盘的动作，所以一旦有木马入侵，密码将很容易被窃取。

(2) 文件操作：控制端可由远程控制对服务端上的文件进行删除、新建、修改、上传、下载、运行、更改属性等一系列操作，基本涵盖了Windows平台上所有的文件操作功能。

(3) 修改注册表：控制端可任意修改服务端注册表，包括删除、新建或修改主键、子键及键值。有了这项功能，控制端就可以禁止服务端软驱及光驱的使用，锁住服务端的注册表，将服务端上木马的触发条件设置得更隐蔽一些。

(4) 系统操作：这项内容包括重启或关闭服务端操作系统，断开服务端网络连接，控制服务端的鼠标、键盘、监视服务端桌面操作，查看服务端进程等，控制端甚至可以随时给服务端发送信息。

9.4.2 特洛伊木马程序的防范对策

在对付特洛伊木马程序方面，有以下几种办法。

1) 提高防范意识

在打开或下载文件之前，一定要确认文件的来源是否可靠。

2) 多读readme.txt

许多人出于研究目的下载了一些特洛伊木马程序的软件包，在没有弄清软件包中几个程序的具体功能前，就匆匆地执行其中的程序，这样往往就错误地执行了服务器端程序而使用户的计算机成为特洛伊木马的牺牲品。软件包中经常附带的 readme.txt 文件会有对程序的详细功能介绍和使用说明，尽管它一般是英文的，还是应先阅读一下，如果实在读不懂，则最好不要执行任何程序，丢弃软件包当然是最保险的。值得一提的是，有许多程序说明做成可执行的 readme.exe 形式，readme.exe 往往捆绑有病毒或特洛伊木马程序，或者干脆就是由病毒程序、特洛伊木马的服务器端程序改名而得到的，目的就是让用户误以为是程序说明文件去执行它，所以从互联网上得来的 readme.exe 文件最好不要执行。

3) 使用杀毒软件

现在国内的杀毒软件都推出了清除某些特洛伊木马的功能，可以不定期地在脱机的情况下进行检查和清除。另外，有的杀毒软件还提供网络实时监控功能，这一功能可以在黑客从远端执行用户机器上的文件时，提供报警或让执行失败，使黑客向用户机器上载可执行文件后无法正确执行，从而避免了进一步的损失，但是要记住，它不是万能的。

4) 立即挂断

尽管造成上网速度突然变慢的原因很多，但有理由怀疑这是由特洛伊木马造成的。当入侵者使用特洛伊的客户端程序访问机器时，会与正常访问抢占宽带，特别是当入侵者从远端下载用户硬盘上的文件时，正常访问会变得奇慢无比。这时，可以双击任务栏右下角的连接图标，仔细观察一下“已发送字节”项，如果数字变化成 1～3Kbps，几乎可以确认有人在下载硬盘文件，除非正在使用 FTP 功能。对 TCP/IP 端口熟悉的用户，可以在 DOS 方式下输入“netstat-a”来观察与机器相连的当前所有通信进程，当有具体的 IP 正使用不常见的端口(一般大于 1024)通信时，这一端口很可能就是特洛伊木马的通信端口。当发现上述可疑迹象后，所能做的就是立即挂断，然后对硬盘有无特洛伊木马进行认真的检查。

5) 监测系统文件和注册表的变化

普通用户应当经常观察位于 C:、C:WINDOWS、C:WINDOWS\SYSTEM 这 3 个目录下的文件。用“记事本”逐一打开 C:下的非执行类文件(除 exe、bat、com 以外的文件)，查看是否发现特洛伊木马、击键程序的记录文件，在 C:WINDOWS 或 C:WINDOWS\SYSTEM 下如果有光有文件名没有图标的可执行程序，应该把它们删除，然后再用杀毒软件进行认真的清理。

6) 备份文件和注册表

备份注册表的目的是防止系统崩溃，如果此文件不是特洛伊木马就可以恢复，如果是特洛伊木马就可以对木马进行分析。不同的特洛伊木马有不同的清除方法。

最后，还要提醒注意以下几点。

(1) 不要轻易运行来历不明和网上下载的软件。即使通过了一般反病毒软件的检查也不要轻易运行。

(2) 保持警惕性，不要轻易相信熟人发来的 E-mail 就一定没有黑客程序。

(3) 不要在聊天室内公开自己的 E-mail 地址，对来历不明的 E-mail 应立即清除。

(4) 不要随便下载软件(特别是不可靠的 FTP 站点)。

(5) 不要将重要密码和资料存放在上网的计算机里。

应用案例 3

特洛伊木马攻击的常用工具及方法

1．Netbull

网络公牛是国产木马，默认连接端口 23444。运行服务端程序 newserver.exe 后，会自动脱壳成 CheckDll.exe，位于 C:\WINDOWS\SYSTEM 下，下次开机，CheckDll.exe 将自动运行，因此很隐蔽、危害很大。同时，服务端运行后会自动捆绑以下文件。

Windows 2000 下：notepad.exe，regedit.exe，reged32.exe，drwtsn32.exe，winmine.exe。

服务端运行后还会捆绑在开机时自动运行的第三方软件(如 realplay.exe、QQ、ICQ 等)上，在注册表中网络公牛也悄悄地扎下了根。

网络公牛采用的是文件捆绑功能，和上面所列出的文件捆绑在一块，要清除非常困难。这样做也有个缺点：容易暴露自己。只要是稍微有经验的用户，就会发现文件长度发生了变化，从而怀疑自己中了木马。

常见的清除方法如下。

(1) 删除网络公牛的自启动程序 C:\WINDOWS\SYSTEM\CheckDll.exe。

(2) 把网络公牛在注册表中所建立的键值全部删除。

(3) 检查上面列出的文件，如果发现文件长度发生变化(大约增加了 40KB 左右，可以通过与其他机器上的正常文件比较而知)，就删除它们。然后选择【开始】|【所有程序】|【附件】|【系统工具】|【系统信息】命令，在窗口中选择【工具】|【系统文件检查器】命令，在对话框中选中【从安装软盘提取一个文件(E)】单选按钮，在框中填入要提取的文件(前面删除的文件)，单击【确定】按钮，按屏幕提示将这些文件恢复即可。如果是开机时自动运行的第三方软件(如 realplay.exe、QQ 等)被捆绑，就要把这些文件删除，再重新安装。

2．SubSeven

SubSeven 的功能比 BO2K 可以说有过之而无不及。最新版为 2.2(默认连接端口 27374)，服务端只有 54.5KB，很容易被捆绑到其他软件而不被发现。最新版的金山毒霸等杀毒软件查不到它。SubSeven 服务端程序被执行后，变化多端，每次启动的进程名都会发生变化，因此很难查出。

常用的清除方法如下。

(1) 打开注册表 Regedit，进入 HKEY_LOCAL_MACHINE\SOFTWARE\Microsoft\Windows\CurrentVersion\Run 和 RunService 下，如果有加载文件，就删除右边的项目：加载器="c:\windows\system***"。注意：加载器和文件名是随意改变的。

(2) 打开 win.ini 文件，检查"run="后有没有加上某个可执行文件名，如有则删除。

(3) 打开 system.ini 文件，检查"shell=explorer.exe"后有没有跟某个文件，如有则将它删除。

(4) 重新启动 Windows，删除相对应的木马程序，一般在 C:\WINDOWS\SYSTEM 下。

3．Nethief

Nethief 是个反弹端口型木马。与一般的木马相反，反弹端口型木马的服务端(被控制端)使用主动端口，客户端(控制端)使用被动端口，为了隐蔽起见，客户端的监听端口一般设在 80，这样即使用户使用端口扫描软件检查自己的端口，发现的也是类似"TCP 服务端的 IP 地址:1026　客户端的 IP 地址:80 ESTABLISHED"的情况，稍微疏忽就会以为是自己在浏览网页。

常用的清除方法如下。

(1) Nethief 会在注册表 HKEY_LOCAL_MACHINE\SOFTWARE\Microsoft\Windows\ CurrentVersion\Run 项目下建立键值"internet"，其值为"internet.exe /s"，将键值删除。

(2) 删除其自启动程序 C:\WINDOWS\SYSTEM\internet.exe。

Nethief 的使用方法在本章的实验部分有详细说明。

9.5　缓冲区溢出攻防

缓冲区溢出是一种非常普遍、非常危险的漏洞，在各种操作系统、应用软件中广泛存在。利用缓冲区溢出攻击，可以导致程序运行失败、系统宕机、重新启动等后果。更为严重的是，可以利用它执行非授权指令，甚至可以取得系统特权，进而进行各种非法操作。

9.5.1　缓冲区溢出的原理

缓冲区溢出攻击是指通过向程序的缓冲区写超出其长度的内容，造成缓冲区的溢出，从而破坏程序的堆栈，使程序转而执行其他指令，以达到攻击的目的。造成缓冲区溢出的原因是没有仔细检查程序中用户输入的参数。例如下面的程序：

```
void function(char *str) {
char buffer[16];
strcpy(buffer,str);
}
```

上面的 strcpy( )将直接把 str 中的内容复制到 buffer 中。这样只要 str 的长度大于 16，就会造成 buffer 的溢出，使程序运行出错。存在像 strcpy 这样的问题的标准函数还有 strcat( )、sprintf( )、vsprintf( )、gets( )及 scanf( )等。

当然，随便往缓冲区中填东西造成它溢出一般只会出现“分段错误”，而不能达到攻击的目的。最常见的缓冲区溢出攻击手段是通过制造缓冲区溢出使程序运行一个用户 shell，再通过 shell 执行其他命令。如果该程序属于 root 且有 suid 权限，攻击者就获得了一个有 root 权限的 shell，可以对系统进行任意操作。一般而言，攻击者是通过攻击 root 程序，然后执行类似“exec(sh)”的执行代码来获得 root 权限的 shell。为了达到这个目的，攻击者必须达到如下的两个目标。

(1) 在程序的地址空间里安排适当的代码。

(2) 通过适当的初始化寄存器和内存，让程序跳转到入侵者安排的地址空间执行。

缓冲区溢出攻击之所以成为一种常见安全攻击手段，其原因在于缓冲区溢出漏洞太普遍了，并且易于实现。而且缓冲区溢出成为远程攻击的主要手段，原因在于缓冲区溢出漏洞给予了攻击者想要的一切：植入并且执行攻击代码。被植入的攻击代码以一定的权限运行有缓冲区溢出漏洞的程序，从而得到被攻击主机的控制权。

9.5.2　缓冲区溢出攻击的防范对策

缓冲区溢出攻击的防范主要从操作系统安全和程序设计两方面实施。操作系统安全是最基本的防范措施，方法也很简单，就是及时下载和安装系统补丁。程序设计方面的措施主要是以下几点。

1. 编写正确的代码

编写正确的代码是一件有意义但耗时的工作，特别是编写像C语言那种具有容易出错倾向的程序(如字符串的零结尾)。尽管人们知道了如何编写安全的程序，具有安全漏洞的程序依旧出现。因此人们开发了一些工具和技术来帮助程序员编写安全正确的程序。

最简单的方法就是用grep搜索源代码中容易产生漏洞的库的调用，例如strcpy的sprinf的调用，都没有检查输入参数的长度。

2. 非执行的缓冲区

通过使被攻击程序的数据段地址空间不可执行，从而使得攻击者不可能执行被攻击程序输入缓冲区的代码，这种技术被称为非执行的缓冲区技术。

非执行堆栈的保护可以有效地对付把代码植入自动变量的缓冲区溢出攻击，而对于其他形式的攻击则没有效果。通过引用一个驻留程序的指针，就可以跳过这种保护措施。其他攻击可以把代码植入堆栈或者静态数据中来跳过保护。

3. 数组边界检查

植入代码引起缓冲区溢出是一个方面，扰乱程序的执行流程是另一个方面。不像非执行的缓冲区保护，数组边界检查完全防止了缓冲区溢出的产生和攻击。

4. 程序指针完整性检查

与边界检查略有不同，也与防止指针被改变不同，程序指针完整性检查是在程序指针被引用之前检测到宏观世界的改变。因此，即便一个攻击者成功地改变了程序的指针，由于系统事先检测到了指针的改变，因此这个指针将不会被使用。

与数组边界检查相比，这种方法不能解决所有的缓冲区溢出问题。但采用其他的缓冲区溢出方法就可以避免这种检查。但是这种方法在性能上有很大的优势，而且兼容性也很好。

应用案例 4

缓冲区溢出攻击示例

Microsoft Windows 2000 WebDAV远程缓冲区溢出漏洞是微软的又一重大漏洞，是通过IIS才产生这个漏洞的，但是漏洞本身并不是IIS造成的，而是ntdll.dll里面的一个API函数造成的，也就是说很多调用这个API的应用程序都存在这个漏洞。Microsoft IIS 5.0(Internet Infomation Server)是Microsoft Windows 2000自带的一个网络信息服务器，其中包含HTTP服务功能。IIS 5.0默认提供了对WebDAV的支持，WebDAV可以通过HTTP向用户提供远程文件存储的服务。但是作为普通的HTTP服务器，这个功能不是必需的。

IIS 5.0包含的WebDAV组件不充分检查传递给部分系统组件的数据，远程攻击者利用这个漏洞对WebDAV进行缓冲区溢出攻击，可能以Web进程权限在系统上执行任意指令。

IIS 5.0的WebDAV使用了ntdll.dll中的一些函数，而这些函数存在一个缓冲区溢出漏洞。通过对WebDAV的畸形请求可以触发这个溢出。成功利用这个漏洞可以获得LocalSystem权限。这意味着，入侵者可以获得主机的完全控制能力。

1．受影响系统

受此漏洞影响的系统主要如下。

(1) Microsoft IIS 5.0。

(2) Microsoft Windows 2000 Server SP3 。

(3) Microsoft Windows 2000 Professional SP3 。

(4) Microsoft Windows 2000 Datacenter Server SP3 。

(5) Microsoft Windows 2000 Advanced Server SP3 。

2．相关工具及其使用方法

(1) Webdavscan.exe 是 webdav 漏洞专用扫描器，红客联盟出品。它可以对不同的 IP 段进行扫描，来检测网段的 Microsoft IIS 5.0 服务器是否提供了对 WebDAV 的支持，如果结果显示 enable，则说明此服务器支持 WebDAV 并可能存在漏洞。

(2) webdavx3.exe 是 isno 针对 Windows 2000 中文版的溢出工具，不用 NC 监听端口，溢出成功后直接 telnet ip 7788 即可。

3．解决方法

要避免此漏洞可安装以下安全补丁：

Solution\Q815021_W2K_sp4_x86_CN.EXE -> 适用于中文 Windows 2000

Solution\Q815021_W2K_sp4_x86_EN.EXE -> 适用于英文 Windows 2000

WebDAV 远程缓冲区溢出攻击方法在本章的实验部分有详细说明。

9.6　拒绝服务攻击与防范

拒绝服务攻击(Denial of Service，DoS)使网站服务器充斥大量要求回复的信息，消耗网络带宽或系统资源，导致网络或系统不胜负荷直至瘫痪而停止提供正常的网络服务。

9.6.1　拒绝服务攻防概述

拒绝服务的一种攻击方式为：传送众多要求确认的信息到服务器，使服务器里充斥着各种无用的信息。所有的信息都有需回复的虚假地址，以至于当服务器试图回传时，却无法找到用户。于是服务器暂时等候，有时超过一分钟，然后再切断连接。服务器切断连接时，黑客再度传送新一批需要确认的信息，这个过程周而复始，最终导致服务器瘫痪。

最常遭受攻击的目标包括路由器、数据库、Web 服务器、FTP 服务器和与协议相关的服务(如 DNS、WINS 和 SMB)。

9.6.2　拒绝服务模式分类

拒绝服务有很多种分类方法，按照入侵方式，拒绝服务可以分为资源消耗型、配置修改型、物理破坏型及服务利用型。

1．资源消耗型

资源消耗型拒绝服务是指入侵者试图消耗目标的合法资源，例如网络带宽、内存和磁盘空间及 CPU 使用率，从而达到拒绝服务的目的。

2. 配置修改型

计算机配置不当可能造成系统运行不正常甚至根本不能运行。入侵者通过修改或者破坏系统的配置信息来阻止其他合法用户使用计算机和网络提供的服务，主要有以下几种。

(1) 改变路由信息。

(2) 修改 Windows NT 注册表。

(3) 修改 UNIX 的各种配置文件。

3. 服务利用型

利用入侵目标的自身资源实现入侵意图，由于被入侵系统具有漏洞和通信协议的弱点，这给入侵者提供了入侵的机会。入侵者常利用 TCP/IP 及目标责任制系统自身应用软件中的一些漏洞和弱点达到拒绝服务的目的。例如投入使用的 Web 服务器有这样一个错误：当出现某个特定的错误时，会显示一个消息框，黑客可以利用这一缺陷向用户的计算机发送数目较少的请求，使该消息框显示出来。这会锁定所有的线程请求，因此有效地阻止了其他人的访问请求。在 TCP/IP 堆栈中存在很多漏洞，如允许碎片包、大数据包、IP 路由选择、半公开 TCP 连接和数据包 Flood 等都能降低系统性能，甚至使系统崩溃。

9.6.3 分布式拒绝服务攻击

分布式拒绝服务攻击(DDoS)是目前黑客经常采用而难以防范的攻击手段。本节从概念开始详细介绍这种攻击方式，着重描述黑客是如何组织并发起的 DDoS 攻击，并结合其中的 SYN Flood 实例，使读者可以对 DDoS 攻击有一个更形象的了解。最后结合自己的经验与国内网络安全的现况介绍一些防御 DDoS 的实际手段。

1. DDoS 攻击概念

DoS 的攻击方式有很多种，最基本的 DoS 攻击就是利用合理的服务请求来占用过多的服务资源，从而使合法用户无法得到服务的响应。

DDoS 攻击手段是在传统的 DoS 攻击基础之上产生的一类攻击方式。单一的 DoS 攻击一般是采用一对一方式的，当攻击目标 CPU 速度低、内存小或者网络带宽小等各项性能指标不高时，它的效果更为明显。随着计算机与网络技术的发展，计算机的处理能力迅速提高，内存大大增加，同时也出现了千兆级别的网络，这使得 DoS 攻击的困难程度加大了——目标对恶意攻击包的“消化能力”加强了不少，例如攻击软件每秒可以发送 3000 个攻击包，但接收主机与网络带宽每秒可以处理 10000 个攻击包，这样一来攻击就不会产生什么效果。

这时候分布式的拒绝服务攻击手段(DDoS)就应运而生了。理解了 DoS 攻击，DDoS 的原理就很容易说明。如果说计算机与网络的处理能力加大了 10 倍，用一台攻击机来攻击不再能起作用的话，那么攻击者使用 10 台攻击机同时攻击呢？用 100 台呢？DDoS 就是利用更多的傀儡机来发起进攻，以比从前更大的规模来进攻受害者。

高速广泛连接的网络带来了方便，也为 DDoS 攻击创造了极为有利的条件。在低速网络时代时，黑客占领攻击用的傀儡机时，总是会优先考虑离目标网络距离近的机器，因为经过路由器的跳数少，效果好。而现在电信骨干结点之间的连接都是以 GB 为级别的，大城市之间更可以达到 2.5GB 的连接，这使得攻击可以从更远的地方或者其他城市发起，攻击者的傀儡机位置可以分布在更大的范围，选择起来更灵活。

2. 被 DDoS 攻击时的现象

被攻击主机上有大量等待的 TCP 连接，网络中充斥着大量的无用数据包，源地址是假的，制造高流量无用数据，造成网络拥塞，使受害主机无法正常和外界通信。利用受害主机提供的服务或传输协议上的缺陷，反复高速地发出特定的服务请求，使受害主机无法及时处理所有正常请求，严重时会造成系统死机。

3. 攻击运行原理

如图 9.1 所示，一个比较完善的 DDoS 攻击体系分成四大部分，先来看一下最重要的第 2 和第 3 部分，它们分别用作控制和实际发起攻击。注意控制傀儡机与攻击傀儡机的区别，对第 4 部分的受害者来说，DDoS 的实际攻击包是从第 3 部分的攻击傀儡机上发出的，第 2 部分的控制傀儡机只发布命令而不参与实际的攻击。对第 2 和第 3 部分计算机，黑客有控制权或者是部分的控制权，并把相应的 DDoS 程序上传到这些平台上，这些程序与正常的程序一样运行并等待来自黑客的指令，通常它还会利用各种手段隐藏自己不被别人发现。在平时，这些傀儡机器并没有什么异常，只是一旦黑客连接到它们并进行控制，发出指令的时候，攻击傀儡机就成为害人者，发起攻击了。

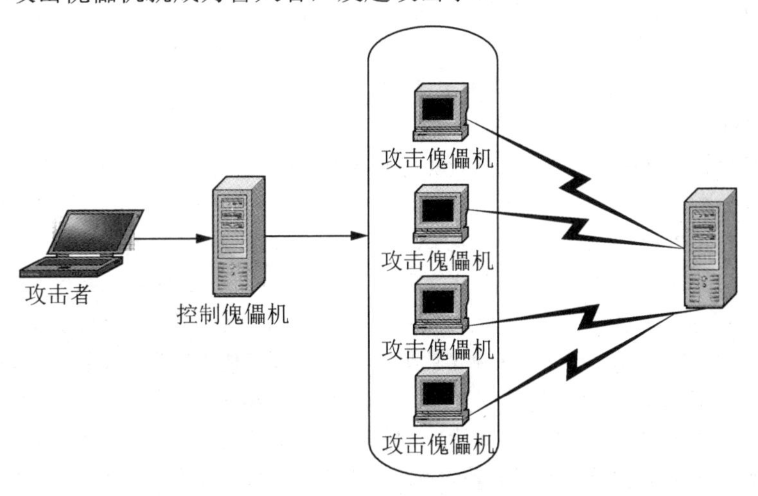

图 9.1　DDoS 攻击

4. DDoS 攻击的防范

到目前为止，进行 DDoS 攻击的防御还是比较困难的。首先，这种攻击的特点是它利用了 TCP/IP 协议的漏洞(除非不用 TCP/IP，才有可能完全抵御住 DDoS 攻击)。一位资深的安全专家给了个形象的比喻：DDoS 攻击就好像有 1000 个人同时给你家里打电话，这时候你的朋友还打得进来吗？

网络管理员作为一个企业内部网的管理者，往往也是安全员、守护神。在所维护的网络中有一些服务器需要向外提供 WWW 服务，因而不可避免地成为 DDoS 的攻击目标，这时可以从主机与网络设备两个角度去考虑。

(1) 几乎所有的主机平台都有抵御DDoS的设置，常见的有以下几种。

① 关闭不必要的服务。

② 限制同时打开的Syn半连接数目。

③ 缩短Syn半连接的time out 时间。

④ 及时更新系统补丁。

(2) 网络设置主要是网络防火墙上的设置。

应用案例5

DDoS攻击实例——SYN Flood攻击

SYN Flood是目前最流行的DDoS攻击手段，早先的DoS的手段在向分布式这一阶段发展的时候也经历了浪里淘沙的过程。SYN Flood的攻击效果最好，应该是众黑客不约而同选择它的原因。

1．TCP连接的三次握手协议

SYN Flood利用了TCP/IP协议的固有漏洞。面向连接的TCP三次握手是SYN Flood存在的基础。TCP连接的三次握手过程如图9.2所示。在第一步中，客户端向服务端提出连接请求。这时TCP SYN标志置位。客户端告诉服务端序列号区域合法，需要检查。客户端在TCP报头的序列号区中插入自己的ISN。服务端收到该TCP分段后，在第二步以自己的ISN回应(SYN标志置位)，同时确认收到客户端的第一个TCP分段(ACK标志置位)。在第三步中，客户端确认收到服务端的ISN(ACK标志置位)。到此为止建立完整的TCP连接，开始全双工模式的数据传输过程。

2．SYN Flood攻击者对三次握手的利用

如图9.3所示，假设一个用户向服务器发送了SYN报文后突然死机或掉线，那么服务器在发出SYN+ACK应答报文后是无法收到客户端的ACK报文的(第三次握手无法完成)，这种情况下服务器端一般会重试(再次发送SYN+ACK给客户端)，并等待一段时间后丢弃这个未完成的连接，这段时间的长度称为SYN Timeout，一般来说，这个时间是分钟的数量级(大约为30秒～2分钟)。一个用户出现异常导致服务器的一个线程等待1分钟并不是什么很大的问题，但如果有一个恶意的攻击者大量模拟这种情况，服务器端将为了维护一个非常大的半连接列表而消耗非常多的资源，即使是简单的保存及遍历也会消耗非常多的CPU时间和内存，何况还要不断对这个列表中的IP进行SYN+ACK的重试。实际上如果服务器的TCP/IP栈不够强大，最后的结果往往是堆栈溢出崩溃。即使服务器端的系统足够强大，服务器端也将忙于处理攻击者伪造的TCP连接请求而无暇理睬客户的正常请求(毕竟客户端的正常请求比率非常之小)。此时从正常客户的角度看来，服务器失去响应，这种情况就是服务器端受到了SYN Flood攻击。

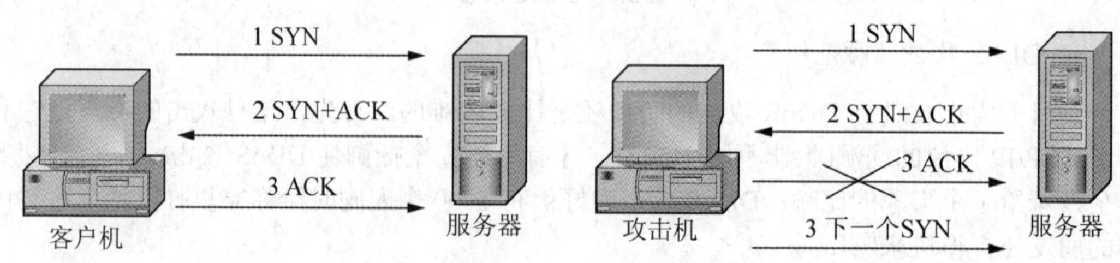

图9.2 TCP三次握手　　图9.3 SYN Flood恶意地不完成三次握手

9.7　Web 攻击与防范

Internet 很多站点都存在着易受攻击的漏洞。仅仅通过 IPSec 阻止对端口的访问、给系统打上最新的补丁并不能完全阻挡黑客的攻击。除了强化网络系统本身的安全，还要依赖 Web 应用程序开发者来加强 Web 安全。以下列举几种最常见 Web 攻击的手段和防范方法。

1. 跨站脚本攻击

跨站脚本(Cross-Site Scripting)一般是指攻击者在交互式的远程 Web 页面，如论坛中提交一个窃取用户 Cookies 或植入木马的恶意链接给其他访问者，如果单击浏览该链接，嵌入其中的脚本将被解释执行，访问者就会泄露自己的 Cookies 或被感染木马病毒。

有时候跨站脚本被称为“XSS”，这是因为“CSS”一般被称为分层样式表，这很容易被访问者误解。

跨站脚本攻击的防范首先是 Web 应用程序要检查用户输入数据，转换其中的特殊字符，防止脚本代码的执行；其次用户在单击可疑链接时要谨慎，也可以设置浏览器禁止运行 JavaScript 和 ActiveX 代码。

2. SQL 注入攻击

SQL 注入攻击也是由于 Web 应用程序没有过滤从客户端输入数据而引起的，这些数据是与 SQL 语句有关的特殊代码或者说就是一些特殊构造的 SQL 语句。

黑客可以利用这些特殊构造的 SQL 语句，创建或修改 SQL 语句，跳过会员资格验证、窃取会员密码、修改或删除数据库记录，甚至可以用来执行主机操作系统的命令。

防范 SQL 注入攻击的有效方法如下。

(1) 不要将用户的输入直接被嵌入到 SQL 语句中。用户的输入必须进行过滤或转义处理，就是对客户端输入的数据进行转义处理，例如确定输入的数据应该为整型，就用 intval 函数将数据转换为整型数。

(2) 使用参数化的语句。参数化的语句使用参数而不是将用户输入嵌入到语句中。在多数情况中，SQL 语句就得以修正。

3. 会话劫持攻击

Web 应用程序可以通过 Cookies 或者 Session 来认证用户。通过将加密的用户认证信息存储到 Cookies 中，或者通过赋予客户端的一个 Token，通常也就是所说的 Session ID 来在服务器端直接认证和取得用户的身份信息，不同的是 Cookies 可以比较长期地存储在客户端上，而 Session 往往在会话结束之后服务器监视会话不处于活动状态而予以销毁，这个 Session 也将从浏览器内存里销毁。

对于 Web 应用程序来讲，为了安全，服务器应该将 Cookies 和客户端绑定，譬如将客户端的加密 IP 也存储到 Cookies 里，如果发现 IP 发生变化就可以认为是 Cookies 发生了泄漏，应该取消这个 Cookies，但是这样会给用户带来不便，所以一般的应用程序都没有对 Cookies 做太多的策略，这就为攻击者窃取客户端身份提供了可乘之机。

对于 Session 认证，在退出或者关闭浏览器而与服务器的沟通结束之后，Session 在一定时间内也被销毁。但是如果程序设计存在问题，可能导致利用 Session 的机制在服务器上产生一个后门，称为会话(Session)劫持攻击。

利用应用程序设计缺陷进行 Session 劫持的攻击原理是：有效的 Session ID 值可能失窃，合法用户再次登录之后，如果攻击者用窃取到的 Session ID 连接服务器，服务器上就会存在两个有效的 Session ID。通过研究应用程序的 Session 超时机制和心跳包机制，就可以长久地使这个 Session 有效。即使用户退出应用程序，销毁了他的 Session ID，仍然有一个 Session ID 被攻击者掌握。

为防御 Session 劫持，可以在设计认证的时候就强行要求客户端必须唯一，并且认证信息要有过期作废的机制，但是这样也会和将 Cookies 和 IP 绑定一样，可能带给用户不便，如何在设计的时候意识到这个问题并且权衡应用和安全的平衡点才是 Web 应用程序设计者要考虑的问题。

9.8 本 章 小 结

本章简要介绍了网络攻击的基本常识，包括网络攻击的一般目标、步骤和防范策略。重点讲解了几种常见的网络攻击类型，包括端口扫描、网络嗅探、密码攻击、缓冲区溢出、拒绝服务攻击和 Web 应用的几种常用攻击手段，以及应对这些攻击的防范策略。

9.9 本 章 实 训

本章是整个课程实训内容最多的一章，但 5 个实训题目也仅仅是最基本和最典型的示例，如果能够通过实训获得一些启示，举一反三，就可以设计出更多的实验问题，从而对网络攻击防范有更深入的了解。

实训 1：扫描器的使用

实训目的

SuperScan 是由 Foundstone 开发的一款免费的、功能十分强大的工具，与许多同类工具比较，它既是一款黑客工具，又是一款网络安全工具。一名黑客可以利用它来收集远程网络主机信息。而作为安全工具，SuperScan 能够帮助管理员发现网络中的弱点。本实验的目的是利用 SuperScan 对一个网络地址段进行扫描，以掌握 SuperScan 的功能和使用方法。

实训环境

(1) 局域网，最好能连接到 Internet。

(2) SuperScan 4.0。

实训内容

用 SuperScan 对 IP 网络地址段进行扫描，收集远程网络主机信息。

(1) 双击 SuperScan4.exe 程序，打开其主界面，默认为【扫描】选项卡，允许输入一个或多个主机名或 IP 范围，也可以选择文件下的输入地址列表。输入主机名或 IP 范围后开始扫描，单击【运行】按钮，SuperScan 开始扫描地址，如图 9.4 所示。

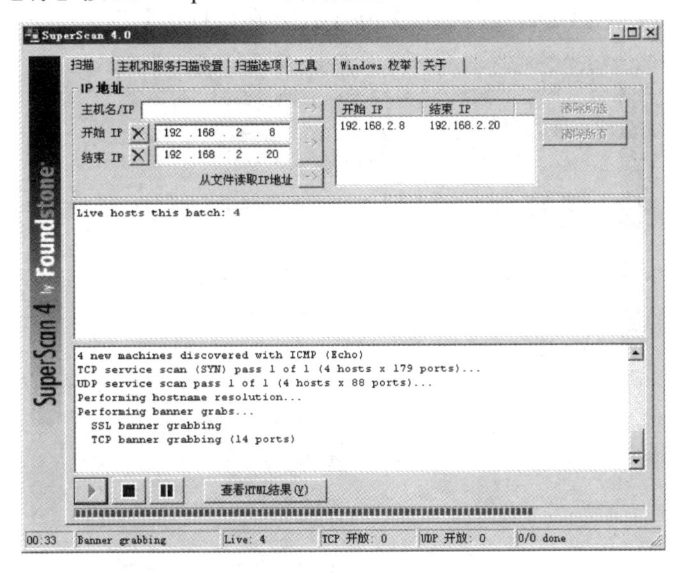

图 9.4　输入要扫描的 IP 范围

(2) 扫描进程结束后，SuperScan 将提供一个主机列表，其中包括关于每台扫描过的主机被发现的开放端口信息。SuperScan 还有选择以 HTML 格式显示信息的功能，如图 9.5 所示，SuperScan 显示扫描了哪些主机和在每台主机上哪些端口是开放的。

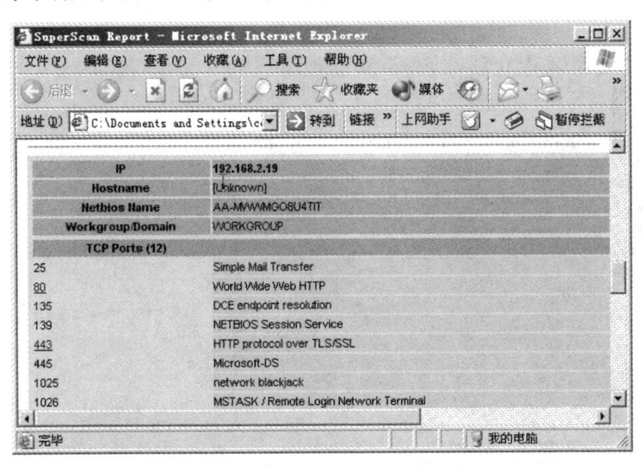

图 9.5　SuperScan 扫描结果

(3) 到目前为止，已经能够从一群主机中执行简单的扫描，然而，很多时候需要定制扫描。图 9.6 所示为主机和服务扫描选项。这个选项能够决定具体哪些扫描端口，使得在扫描的时候能看到更多信息。

(4) 选项卡顶部是【查找主机】选项。默认发现主机的方法是通过回显请求(echo requests)。通过选择和取消各种可选的扫描方式选项，也能够通过利用时间戳请求(timestamp vequests)、地址屏蔽请求(address mask requests)和消息请求(information requests)来发现主机。选择的选项越多，扫描用的时间就越长。如果试图尽量多地收集一个明确的主机信息，建议首先执行一次常规的扫描以发现主机，然后再利用可选的请求选项来扫描。

选项卡的底部包括【UDP 端口扫描】和【TCP 端口扫描】选项。

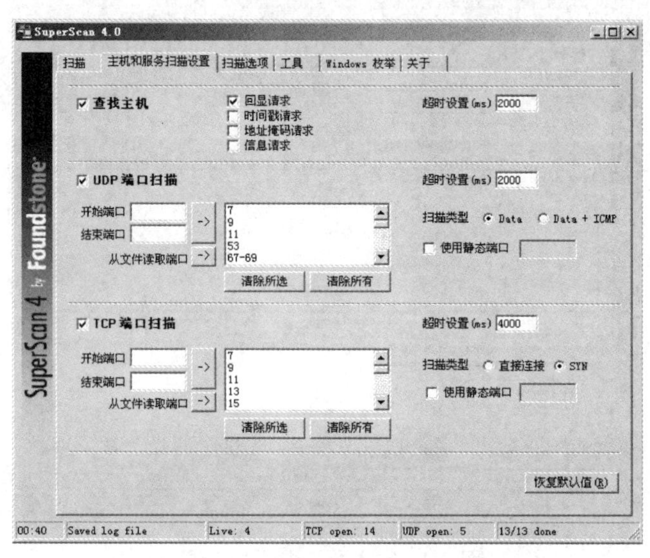

图 9.6 【主机和服务扫描设置】选项卡

(5) 【扫描选项】选项卡，如图 9.7 所示，允许进一步地控制扫描进程。默认情况中的首选项是定制扫描过程中主机和通过审查的服务数。1 是默认值，一般来说足够了，除非连接不太可靠。

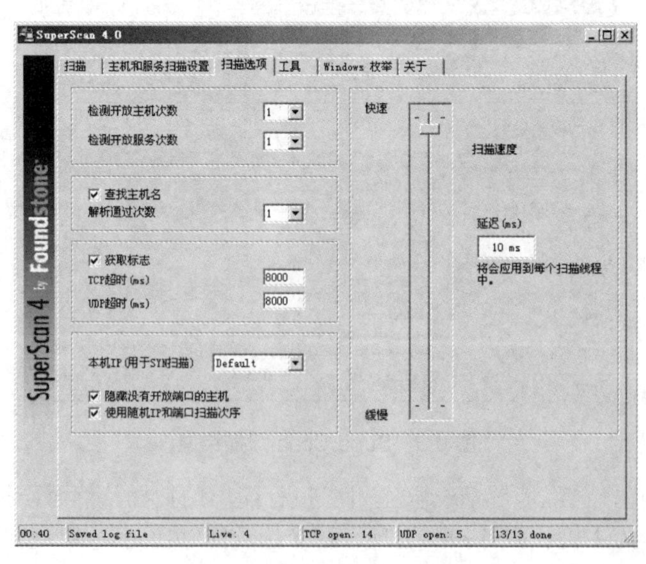

图 9.7 【扫描选项】选项卡

接下来的选项，能够设置主机名解析的数量。同样，数量 1 足够了，除非连接不可靠。

另一个选项是对获取标志的设置，是根据显示一些信息尝试得到远程主机的回应。默认的延迟是 8000ms，如果所连接的主机较慢，则需要设置更长的时间。

旁边的滑块是扫描速度调节选项，能够利用它来调节 SuperScan 在发送每个包所要等待的时间。最快的可能扫描，当然是设为 0。可是，扫描速度设置为 0，有包溢出的潜在可能。如果担心由于 SuperScan 引起的过量包溢出，最好调慢 SuperScan 的速度。

(6) SuperScan 的【工具】选项卡允许很快地得到许多关于一个明确的主机信息。先正确输入主机名或者 IP 地址和默认的连接服务器，然后单击要得到相关信息的按钮。如 ping 一台服务器，traceroute 和发送一个 HTTP 请求。图 9.8 显示了得到的各种信息。

(7) 最后的功能选项卡是【Windows 枚举】选项卡，如果设法收集的信息是关于 Linux/UNIX 主机的，那么这个选项是无用的。但若需要 Windows 主机的信息，它确实是很方便的。如图 9.9 所示，该选项卡能够提供从单个主机到用户群组，再到协议策略的所有信息。这个选项卡给人最深刻的印象是它可产生大量的透明信息。

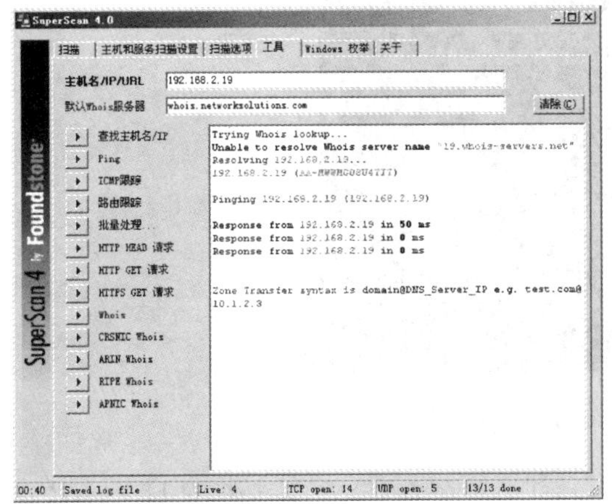

图 9.8　通过单击不同的按钮收集各种主机信息

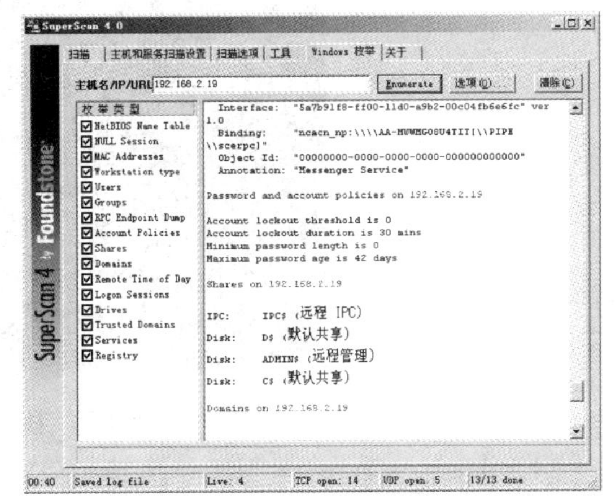

图 9.9　【Windows 枚举】选项卡

实训 2：破解密码

实训目的

LC5 可以称得上是一款超级密码解破利器。这个工具可以实现从 Sam 文件中进行密码刺探破解，对于可以取得 Sam 文件的情况来说，选用它是个极不错的想法。Pwdump 是一个用来抓取 Windows NT/2000 的用户密码文档的工具，最新的 Pwdump4 可以用来抓取 Windows 2000 的密码档(因为 Windows 2000 使用了 SYSKEY，所以老的 Pwdump2 无法抓取 Windows 2000 的密码档)。本实验的目的是了解和掌握这种密码破解的工作原理和实现方法，增强设置复杂密码的安全意识。

实训环境

(1) 局域网内的两台主机 A 和 B。

(2) 实验前杀毒软件要停止运行。

(3) 预装 Windows 2000 Professional。

(4) 工具软件 LC5 和 Pwdump4。

实训内容

用 Pwdump4 获取其他主机加密文件，并用 LC5 破解。

(1) 选择【开始】|【所有程序】|【附件】|【命令提示符】命令，在弹出窗口中输入相关命令。

按照图 9.10 所示执行 Pwdump4 以获取其他主机加密文件 pw-1。

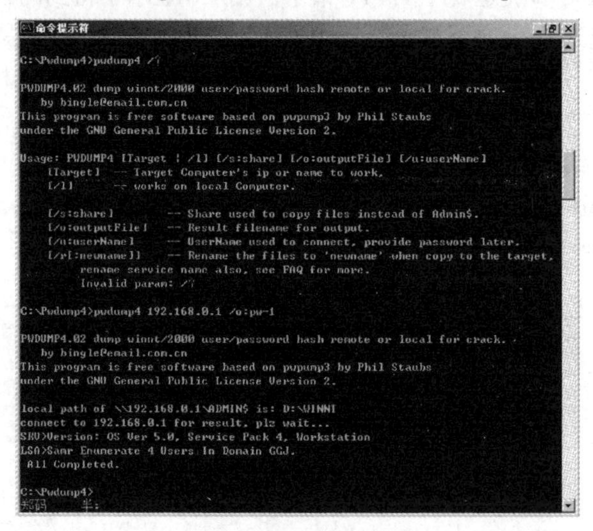

图 9.10　执行 Pwdump4

(2) 执行命令完成后，启动 LC5 作相关设置，进入主界面并运行，按图 9.11 所示新建一个破解任务。

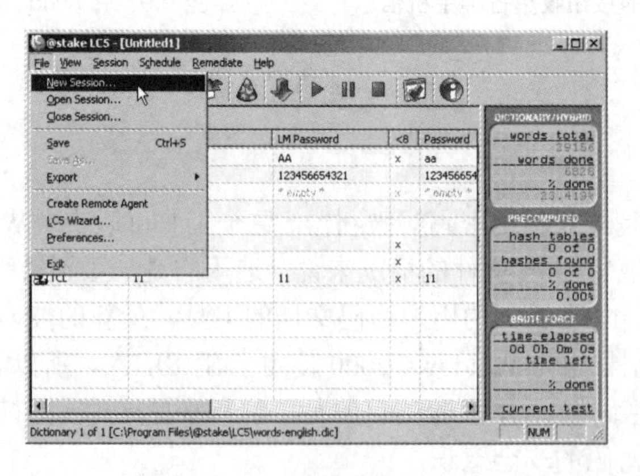

图 9.11　新建破解任务

(3) 选择 Session | Import 命令，在弹出的对话框中选中 From PWDUMP file 单选按钮，单击 Browse 按钮，选择欲破解的加密密码文件，如图 9.12～图 9.14 所示。

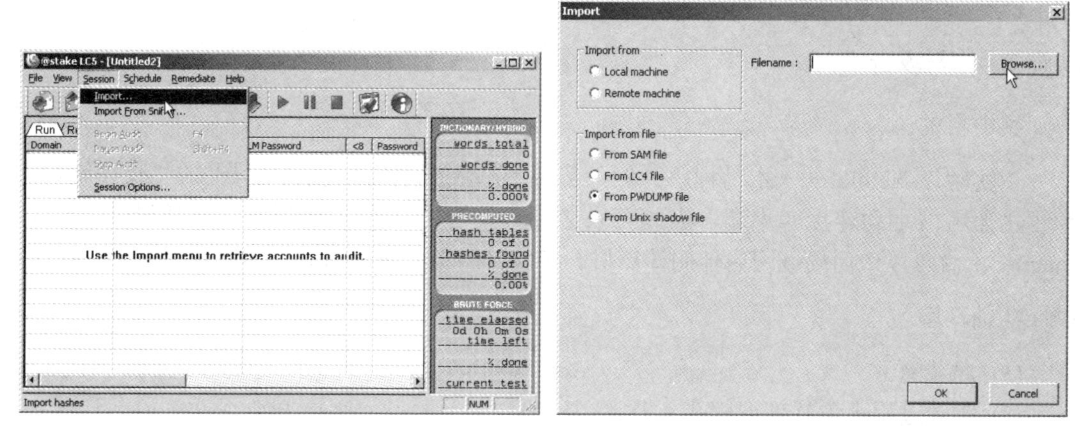

图 9.12　导入欲破解的加密密码文件 1　　　图 9.13　导入欲破解的加密密码文件 2

图 9.14　导入欲破解的加密密码文件 3

(4) 完成破解并显示，如图 9.15 所示。

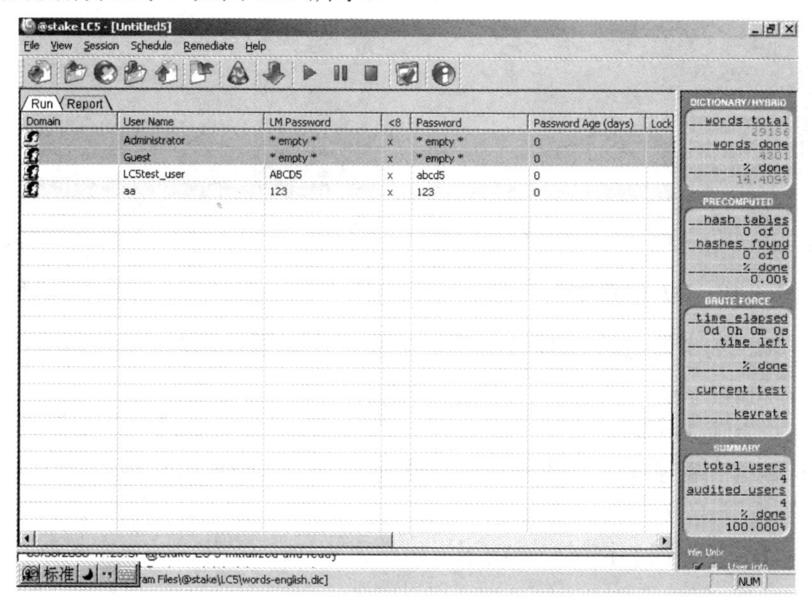

图 9.15　等待破解的结果

实训 3：木马攻击

实训目的

本实验以 Nethief——木马程序为例，实现木马攻击过程。它运用另类的“反弹端口”原理由服务端主动连接客户端，因此可以穿过防火墙(包括包过滤型及代理型防火墙)，在 Internet 上就可以访问局域网内部的计算机。实验目的是了解木马的具体运行过程及危害性。

实训环境

(1) 局域网。

(2) 实验过程杀毒软件要停止运行。

(3) 两台计算机，其中一台安装 Windows 2000 Server，并安装 IIS 服务器，包括 HTTP 服务和 FTP 服务。另一台安装 Windows 2000 Professional 或 Windows 2000 Server。

(4) 黑客软件 Nethief V5.3。

实训内容

通过黑客软件 Nethief V5.3 实施对远程计算机的攻击。

(1) 在 IIS 服务器上设置 FTP 服务器和虚拟个人主页空间，设置 Nethief，如图 9.16 所示，然后单击【下一步】按钮。

(2) 填写 FTP 服务器的相关内容，如图 9.17 所示，确认无误后，单击【下一步】按钮。

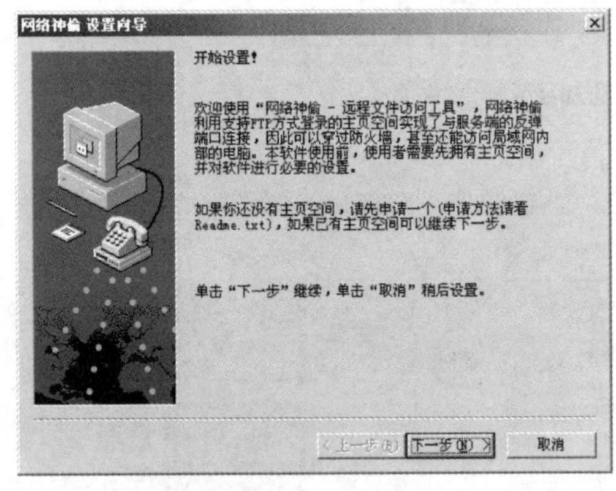

图 9.16 运行设置向导

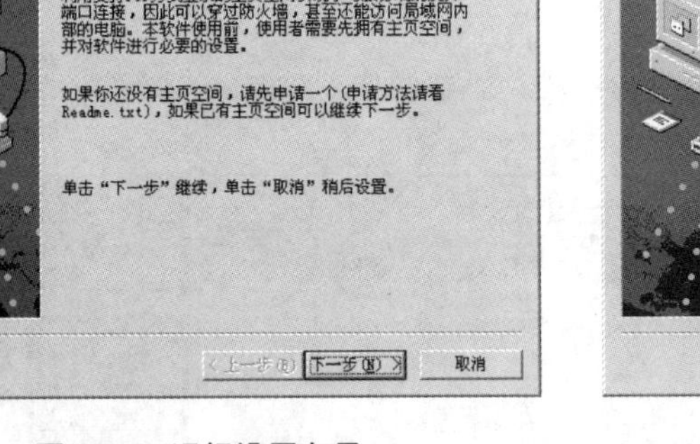

图 9.17 FTP 服务器设置

(3) 填写以下的个性化设置(默认即可)，它将决定如何组织主页空间的文件，如图 9.18 所示，确认无误后，单击【下一步】按钮。

(4) 继续设置主页空间，如图 9.19 所示，确认无误后，单击【下一步】按钮。

(5) 进行数据加密密钥生成密码，密码设为“123”，如图 9.20 所示，确认无误后，单击【下一步】按钮。

(6) 单击【开始测试】按钮，继续下一步，如图 9.21 所示。

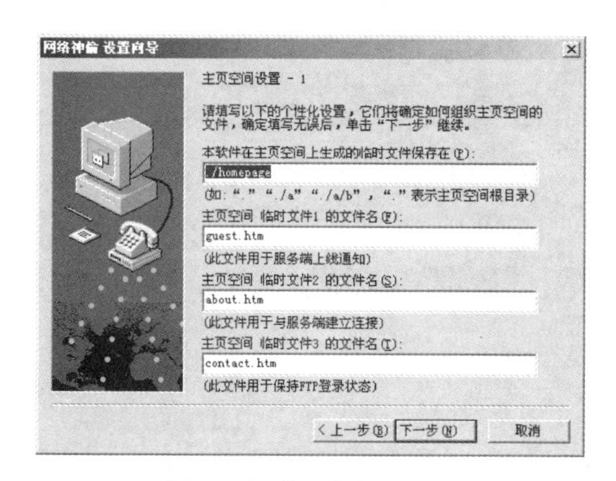

图 9.18　主页空间设置 1

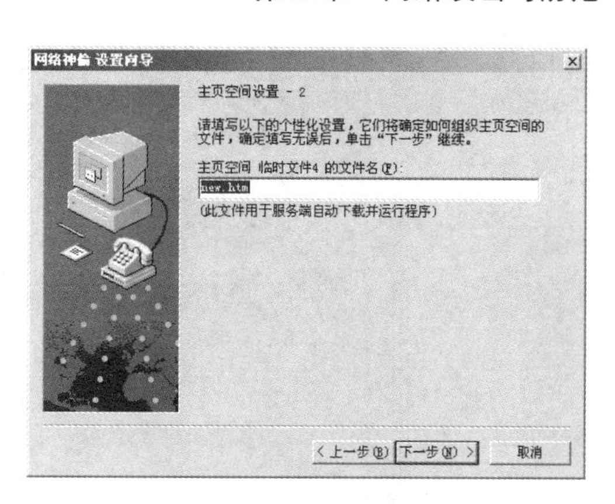

图 9.19　主页空间设置 2

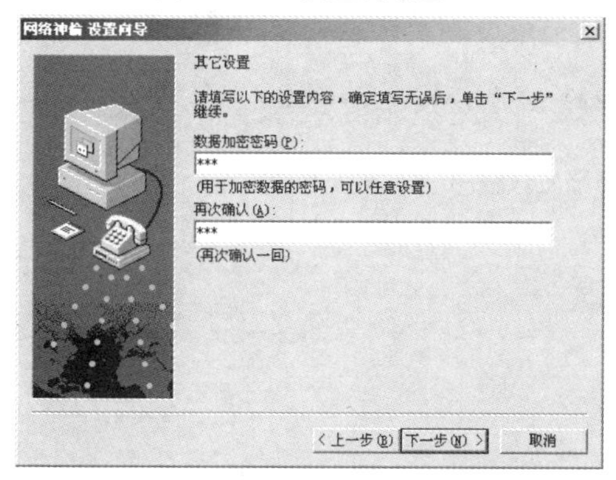

图 9.20　设置数据加密密钥生成密码

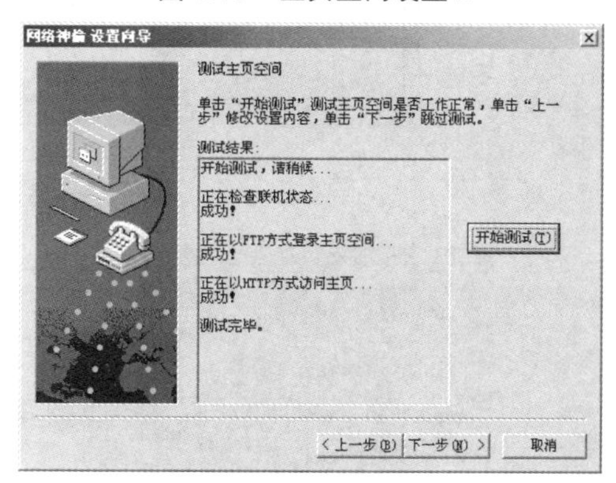

图 9.21　测试主页空间

(7) 单击【下一步】按钮，如图 9.22 所示，单击【确定】按钮。

(8) 如图 9.23 所示，单击【完成】按钮。

图 9.22　确定设置正确

图 9.23　完成 Nethief 设置

(9) 如图 9.24 所示，从菜单中选择【网络】|【生成服务端】命令，继续下一步。

(10) 单击【生成】按钮，如图 9.25 所示。

(11) 单击【确定】按钮，如图 9.26 所示。这个服务器端程序就成为所谓“木马”，可以将它捆绑在其他程序中传给被攻击计算机，捆绑文件可以用一个工具 exebuber 轻松完成。

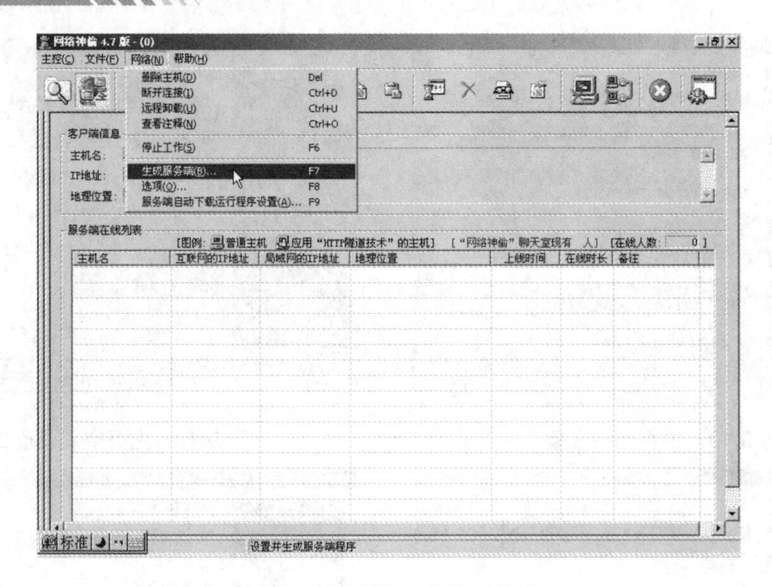

图 9.24　运行服务器生成程序

图 9.25　服务器端程序配置

图 9.26　服务器端程序生成

(12) “木马”一旦启动就会主动连接控制端，如图 9.27 所示。

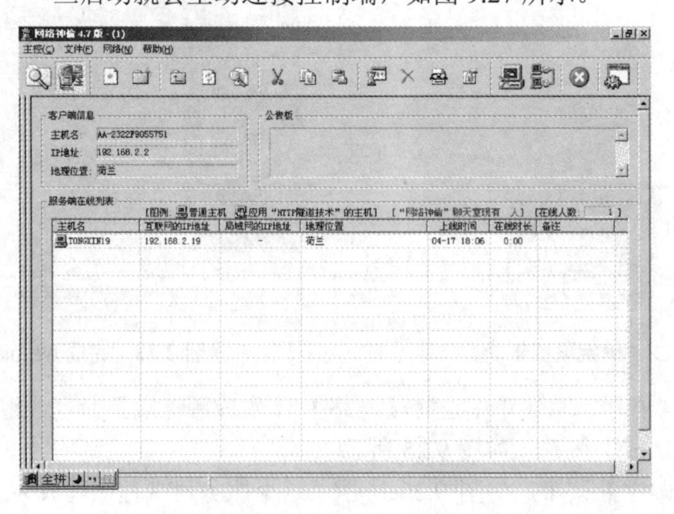

图 9.27　服务器端主动上线

(13) 从菜单中选择【文件】|【文件管理器】命令，可看见 IP 地址为 192.168.2.19 的主机(本实验过程中 192.168.2.2 是攻击者计算机，192.168.2.19 既是 FTP 服务器也是受攻击计算机，在做实验时可以把受攻击计算机设为其他计算机)，如图 9.28 所示。

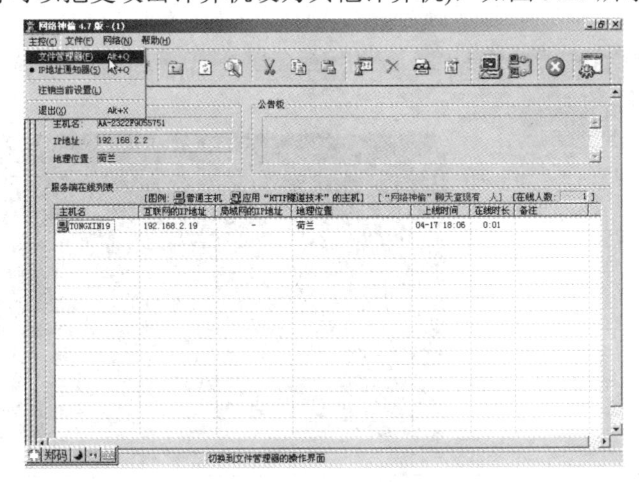

图 9.28　运行木马控制端

(14) 用户可以对受攻击计算机进行远程控制(包括文件的删除与修改)，如图 9.29 所示。

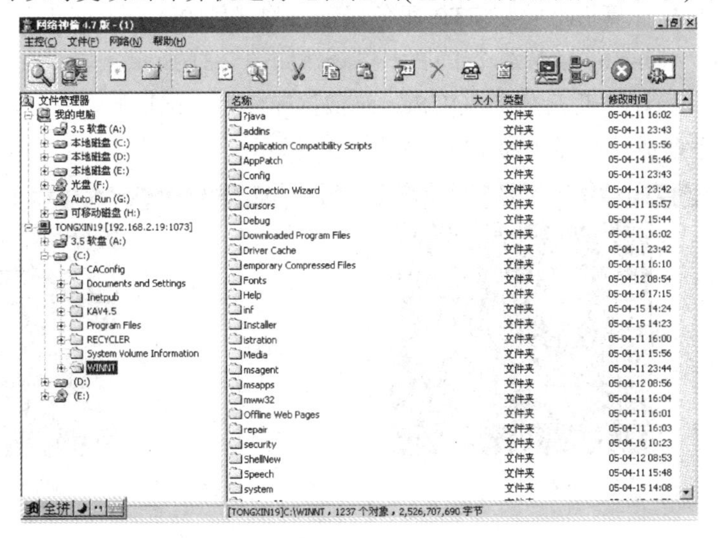

图 9.29　对受攻击计算机进行文件操作

实训 4：高级扫描器 x-way 的测试实验

实训目的

了解功能较为强大的扫描软件的操作方法，用来测试系统存在的安全漏洞。

实训环境

(1) 局域网。

(2) 实验前要停止运行杀毒软件。

(3) 黑客软件 x-way。

实训内容

(1) 在一台能通过 IP 地址连接到目标服务器的客户端计算机上安装并启动 x-way 软件，如图 9.30 所示。

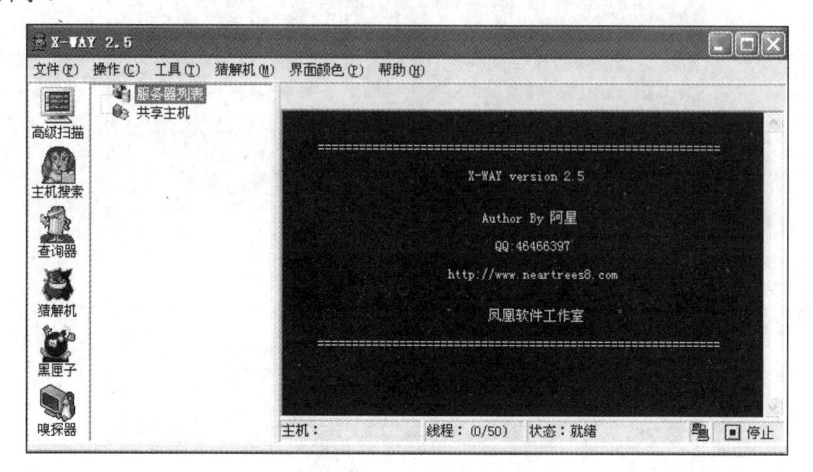

图 9.30　启动 x-way

(2) 预先在目标计算机上安装 FTP 服务器，为测试目的，有意创建一个设置了弱口令的用户账户 yin，用 x-way 猜解这个 FTP 弱口令，如图 9.31 所示，显示口令是 123。

(3) 预先在目标计算机上安装 SQL Server 数据库，为测试目的，有意设置 sa 的口令为 123，用 x-way 猜解成功，显示为 123，如图 9.32 所示。

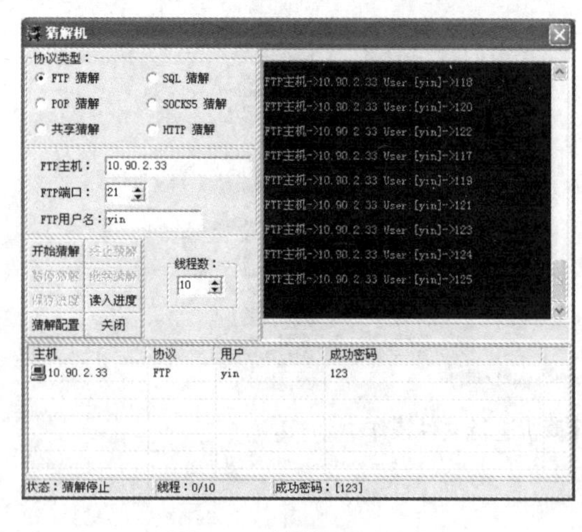

图 9.31　猜解 FTP 口令

图 9.32　猜解 SQL 账户口令

实训 5：拒绝服务攻击

实训目的

SYN Flood 利用了 TCP/IP 协议的固有漏洞。面向连接的 TCP 三次握手是 SYN Flood

存在的基础，SYN Flood 攻击者不会完成三次握手。本实验的目的是用 SYN Flood 工具对目标计算机发起 DDoS 攻击，观察攻击的结果，了解 DDoS 对系统的威胁。

实训环境

(1) 多台计算机，安装 Windows 2000 Professional 或 Windows 2000 Server。

(2) 黑客软件 xdos.exe。

(3) 网络监听软件 Sniffer Pro 4.7。

实训内容

用黑客软件 xdos.exe 对目标计算机进行拒绝服务攻击并运行测试。

(1) 计算机 A 登录到 Windows 2000，打开 Sniffer Pro，在 Sniffer Pro 中配置好捕捉从任意主机发送给本机的 IP 数据包，并启动捕捉进程，如图 9.33 所示。

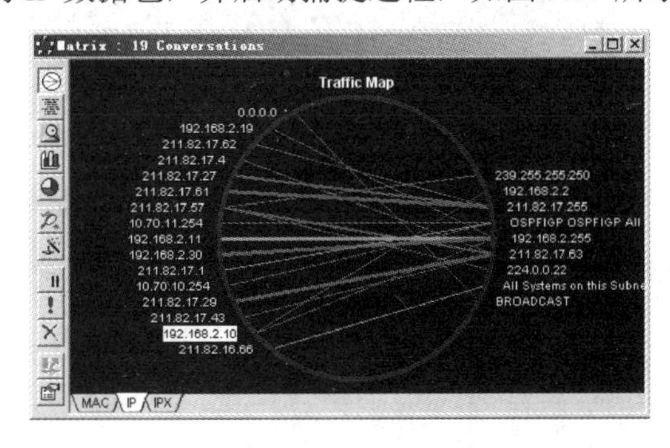

图 9.33　未攻击前与 A 连接的主机数

(2) 在计算机 B 上登录 Windows 2000，打开命令行提示窗口，运行 xdos.exe，命令的格式："xdos <目标主机 IP> 端口号-t 线程数[-s *<插入随机 IP>']"(也可以用"xdos ?"命令查看使用方法)。如图 9.34 所示，输入 xdos 192.168.2.10 80 -t 200 -s*命令，确定后即可进行攻击，192.168.2.10 是计算机 A 的地址。

```
C:\WINNT\System32\cmd.exe - xdos 192.168.2.10 80 -t 200 -s *
Microsoft Windows 2000 [Version 5.00.2195]
(C) 版权所有 1985-2000 Microsoft Corp.

C:\>xdos 192.168.2.10 80 -t 200 -s *
X-DOS v1.0 - command line d.o.s tool
xxxxxxxxxxxxxxxxxxxxxxxxxxxxxxxxxxxxxxxx
xxxxxxxxxxxxxxxxxxxxx

Scanning 192.168.2.10 80 ...

Remote host:     192.168.2.10 (192.168.2.10)
Local address:   *
DOS mode:        SYN FLOOD
Port count:      1
Thread count:    200

.........................................................................
.........................................................................
.....................................
```

图 9.34　xdos 攻击端

(3) 在 A 端可以看到计算机的处理速度明显下降，甚至瘫痪死机，在 Sniffer Pro 的 Traffic Map 中看到大量伪造 IP 的主机请求与 A 计算机建立连接，如图 9.35 所示。

(4) B 停止攻击后，A 计算机快速恢复响应。打开捕捉的数据包，可以看到有大量伪造 IP 地址的主机请求与 A 计算机连接的数据包，且都是只请求不应答，以至于 A 计算机保持有大量的半开连接，运行速度下降直至瘫痪死机，拒绝为合法的请求服务，如图 9.36 所示。

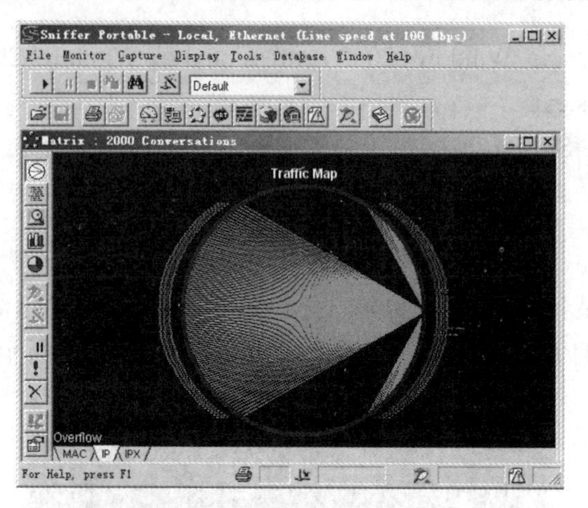

图 9.35 攻击时在 Traffic Map 中看到与主机 A 的连接情况

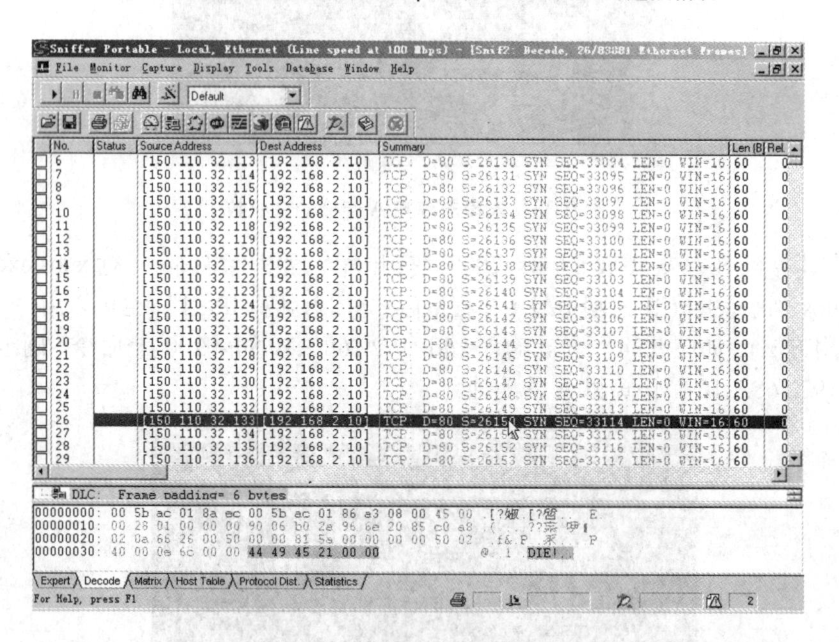

图 9.36 捕捉到攻击的数据包

9.10 本 章 习 题

1. 填空题

(1) ________是一种自动检测远程或本地主机安全性弱点的程序，通过使用它并记录反馈信息，可以不留痕迹地发现远程服务器中各种 TCP 端口的分配。

(2) ________是一个程序，它驻留在目标计算机里，可以随目标计算机自动启动并在某一端口进行侦听，在接收到攻击者发出的指令后，对目标计算机执行特定的操作。

(3) ________就是利用更多的傀儡机对目标发起进攻，以更大的规模进攻受害者。

2. 选择题

(1) (　　)一般由控制端和被控制端两个程序组成。

A. 嗅探程序　　B. 木马程序

C. 拒绝服务攻击　　D. 缓冲区溢出攻击

(2) 字典攻击被用于(　　)。

A. 用户欺骗　　B. 远程登录　　C. 网络嗅探　　D. 破解密码

(3) (　　)包含的 WebDAV 组件不充分检查传递给部分系统组件的数据，远程攻击者利用这个漏洞对 WebDAV 进行缓冲区溢出攻击。

A. Office 2000　　B. IIS 5.0　　C. Linux　　D. Apache

3. 简答题

(1) 简述扫描器的基本原理及防范措施。

(2) 密码破解有哪几种方式？

(3) 缓冲区溢出对网络安全有什么危害？

(4) 一个完整的木马系统由哪三部分构成？各部分的作用如何？

(5) 举例说明特洛伊木马攻击的危害及清除办法。

(6) 简述拒绝服务的模式分类。

(7) 简述拒绝服务的常用攻击方法和原理。

教学目标

通过对本章的学习，读者应了解VPN的概念、作用和系统特性，理解VPN的隧道技术和实现方法及所采用的协议，掌握Windows系统的VPN协议实现方法。

教学要求

知识要点	能力要求	相关知识
VPN的基本概念	了解VPN在构建企业安全网络中的作用	
VPN系统特性	了解VPN的系统主要特性	
VPN的原理与协议	了解Windows安全策略配置方法	PP2P、IKE、AH、ESP、SSL协议

引例

这里分析一个典型的网络建设案例。某大型企业在全国各地建立了生产和销售网络，它的计算机信息系统也分布在各个分支机构，还有经常出差在外的员工。如何集成这些相距遥远的网络和移动办公主机，构建统一的应用平台，同时还要保证信息安全？可以选择的方案有 3 种：一是用光纤或微波架设专线实现物理意义上的专用网络，其特点是完全地独享带宽和相对封闭和独立，但高昂的成本使一般的企业无法承担，另外移动用户的接入也比较困难；二是租用电信运营商的专线，其费用是逐年支付，价格不菲；第三种方案就是本章讲述的基于 Internet 网络的 VPN 技术，是密码技术和隧道技术的成功应用，在节省企业网络建设成本的同时也提供了灵活性和安全性。

VPN 技术实现了信息安全的完整性、保密性和私有性，涉及比较复杂的安全协议，实现方法也多种多样。本章的教学围绕 VPN 的功能展开，让学生通过理论与实验的结合，明白搭建 VPN 的目的、实现的效果、了解相关的协议及其作用。本章涉及前面章节的内容，如网络监听、密码学基础和网络体系结构等。

10.1　VPN 的基本概念

VPN(Virtual Private Network，虚拟专用网)是近年来随着 Internet 的广泛应用而迅速发展起来的一种新技术，是在公用网络上构建私人专用网络。“虚拟”主要是指这种网络是一种逻辑上的网络。

VPN 对用户透明，用户感觉不到它的存在，就好像使用了一条专用线路在自己的计算机和远程的企业内部网络之间，或者在两个异地的内部网络之间建立连接，以进行数据的安全传输。虽然 VPN 建立在公共网络的基础上，但是用户在使用 VPN 时感觉如同在使用专用网络进行通信，所以称之为“虚拟”专用网络，如图 10.1 所示。

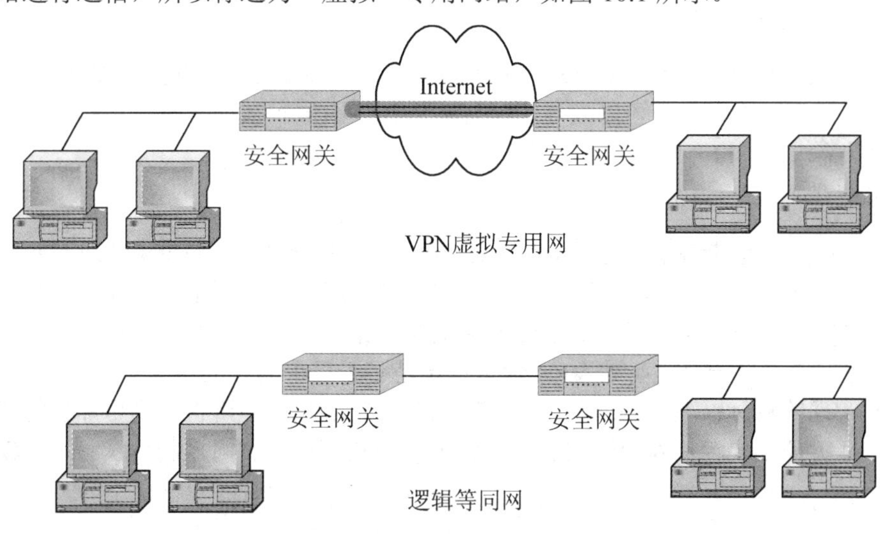

图 10.1　VPN 的连接示意图

10.2 VPN 的系统特性

VPN 系统的功能特性可以概括为以下几个主要方面。

1. 安全保障

虽然实现 VPN 的技术和模式很多，但所有的 VPN 均应保证通过公用网络平台传输数据的专用性和安全性。在非面向连接的公用 IP 网络上建立一个逻辑的、点对点的连接，称为建立一个隧道，可以利用加密技术对经过隧道传输的数据进行加密，以保证数据仅被指定的发送者和接收者了解，从而保证数据的私有性和安全性。在安全性方面，由于 VPN 直接构建在公用网上，尽管实现简单、方便、灵活，但安全保障措施也更为重要。VPN 必须确保企业在其上传送的数据不被攻击者窥视和篡改，并且要防止非法用户对网络资源或私有信息的访问。Extranet VPN 将企业网扩展到合作伙伴和客户，对安全性提出了更高的要求。

2. 服务质量保证

VPN 应当为企业数据提供不同等级的服务质量保证(QoS)。不同的用户和业务对服务质量保证的要求差别较大。对于移动办公用户，提供广泛的连接和覆盖性是保证 VPN 服务质量的一个主要因素；而对于拥有众多分支机构的专线 VPN，交互式的内部企业网应用则要求网络能提供良好的稳定性；对于其他应用(如视频等)则对网络提出了更明确的要求，如网络延时及误码率等。所有以上网络应用均要求网络根据需要提供不同等级的服务质量。在网络优化方面，构建 VPN 的另一重要需求是充分有效地利用有限的广域网资源，为重要数据提供可靠的带宽。广域网流量的不确定性使其带宽的利用率很低，在流量高峰时容易引起网络阻塞，产生网络瓶颈，使实时性要求高的数据得不到及时发送；而在流量低谷时又容易造成大量的网络带宽空闲。QoS 通过流量预测与流量控制策略，可以按照优先级分配带宽资源，实现带宽管理，使得各类数据能够被合理地先后发送，并预防阻塞的发生。

3. 可扩充性和灵活性

VPN 必须能够支持通过 Intranet 和 Extranet 的任何类型的数据流，方便增加新的结点，支持多种类型的传输媒介，可以满足同时传输语音、图像和数据等新应用对高质量传输及带宽增加的需求。

4. 可管理性

从用户角度和运营商角度方面应可方便地进行管理、维护。在VPN 管理方面，VPN 要求企业将其网络管理功能从局域网无缝隙地延伸到公用网，甚至是客户和合作伙伴。虽然可以将一些次要的网络管理任务交给服务提供商去完成，但是企业自己仍需要完成许多网络管理任务。所以，一个完善的 VPN 管理系统是必不可少的。

VPN 管理的目标：减小网络风险，使其具有高扩展性、经济性、高可靠性等优点。事实上，VPN 管理主要包括安全管理、设备管理、配置管理、访问控制列表管理、QoS 管理等内容。

5. 降低成本

VPN 利用现有的 Internet 或其他公共网络的基础设施为用户创建安全隧道，不需要专门的租用线路，如 DDN 和 PSTN，这样就节省了租用专门线路的租金。如果是采用远程拨号进入内部网络，访问内部资源，需要长途话费；而采用 VPN 技术，只需拨入当地的 ISP 就可以安全地接入内部网络，这样也节省了线路话费。

10.3　VPN 的原理与协议

虽然 VPN 技术非常复杂，但目前实现 VPN 的几种主要技术及相关协议都已经非常成熟，并且都有广泛应用，尤其以 L2TP、IPSec 和 SSL 协议应用最为广泛，因此作为本节的主要内容。MPLS VPN 是网络运营商提供的服务，不做详细介绍。

10.3.1　实现 VPN 的隧道技术

为了能够有在公网中形成企业专用的链路网络，VPN 采用了所谓的隧道(Tunneling)技术，模拟点到点连接技术，依靠 ISP 和其他的网络服务提供商在公网中建立自己专用的“隧道”，让数据包通过隧道传输。

网络隧道技术指的是利用一种网络协议传输另一种网络协议，也就是将原始网络信息进行再次封装，并在两个端点之间通过公共互联网络进行路由，从而保证网络信息传输的安全性。它主要利用网络隧道协议来实现这种功能，具体包括第二层隧道协议(用于传输二层网络协议)和第三层隧道协议(用于传输三层网络协议)。

第二层隧道协议是在数据链路层进行的，先把各种网络协议封装到 PPP 包中，再把整个数据包装入隧道协议中，这种经过两层封装的数据包由第二层协议进行传输。第二层隧道协议有以下几种。

(1) PPTP(RFC2637，Point-to-Point Tunneling Protocol)。

(2) L2F(RFC2341，Layer 2 Forwarding)。

(3) L2TP(RFC2661，Layer 2 Tunneling Protocol)。

第三层隧道协议是在网络层进行的，把各种网络协议直接装入隧道协议中，形成的数据包依靠第三层协议进行传输。第三层隧道协议有以下两种。

(1) IPSec(IP Security)是目前最常用的 VPN 解决方案。

(2) GRE(RFC 2784，General Routing Encapsulation)。

隧道技术包括了数据封装、传输和解包在内的全过程。

封装是构建隧道的基本手段，它使得 IP 隧道实现了信息隐蔽和抽象。封装器建立封装报头，并将其追加到纯数据包的前面。当封装的数据包到达解包器时，封装报头被转换回纯报头，数据包被传送到目的地。

隧道的封装具有以下特点。

(1) 源实体和目的实体不知道任何隧道的存在。

(2) 在隧道的两个端点使用该过程，需要封装器和解包器两个新的实体。

(3) 封装器和解包器必须相互知晓，但不必知道在它们之间的网络上的任何细节。

10.3.2 PPTP 协议

点对点隧道协议(Point-to-Point Tunneling Protocol，PPTP) 是常用的协议。这主要是因为微软的服务器操作系统占有很大的市场份额。PPTP 是点对点协议(Point-to-Point Protocol，PPP)的扩展，而 PPP 是为在串行线路上进行拨入访问而开发的。PPTP 是在 1996 年被引入因特网工程任务组织(Internet Engineering Task Force，IETF)的，它在 Windows NT 4.0 中就已完全实现了。PPTP 将 PPP 帧封装成 IP 数据报，以便在基于 IP 的互联网上(如因特网，或一个专用的内联网)传输。

PPTP 协议是一个为中小企业提供的 VPN 解决方案，但 PPTP 协议在实现上存在着重大安全隐患。有研究表明，其安全性甚至比 PPP 还弱，因此不用于需要一定安全保证的通信。如果条件允许，用户最好选择完全替代 PPTP 的下一代二层协议 L2TP。

10.3.3 L2F 协议

L2F 是 Cisco 公司提出的隧道技术。作为一种传输协议，L2F 支持拨号接入服务器，将拨号数据流封装在 PPP 帧内通过广域网链路传送到 L2F 服务器(路由器)。L2F 服务器把数据包解包之后重新注入网络。与 PPTP 和 L2TP 不同，L2F 没有确定的客户方。应当注意，L2F 只在强制隧道中有效。

10.3.4 L2TP 协议

根据 IETF 提供的设计标准协议的建议，微软和 Cisco 设计了第二层隧道协议(Layer 2 Tunneling Protocol，L2TP)。正是由于这一事实，从 1996 年开始，在 IETF 采纳这一协议之前，微软和 Cisco 就一直领导着 L2TP 的工作。现代的 L2TP 结合了 PPTP 和 Cisco 的 L2F 协议。

二层隧道协议 L2TP 是基于点对点协议(PPP)的。在由 L2TP 构建的 VPN 中，有两种类型的服务器，一种是 L2TP 访问集中器 LAC(L2TP Access Concentrator)，它是附属在网络上的具有 PPP 端系统和 L2TP 协议处理能力的设备，LAC 一般就是一个网络接入服务器，用于为用户提供网络接入服务；另一种是 L2TP 网络服务器 LNS(L2TP Network Server)，是 PPP 端系统上用于处理 L2TP 协议服务器端部分的软件。

L2TP 层的数据传输具有非常强的扩展性和可靠性。控制消息中的参数用 AVP 值对(Attribute Value Pair)来表示，使得协议具有很好的扩展性；控制消息的传输过程中应用了消息丢失重传和定时检测通道连通性等机制来保证 L2TP 层传输的可靠性。数据消息用于承载用户的 PPP 会话数据包。

L2TP 构建 VPN 除了上述的优点外还有如下优势。

1. 灵活的身份验证机制及高度的安全性

L2TP 是基于 PPP 协议的，因此它除继承了 PPP 的所有安全特性外，还可以对隧道端点进行验证，这使得通过 L2TP 所传输的数据更加难以被攻击。而且根据特定的网络安全要求，还可以方便地在 L2TP 上采用隧道加密、端对端数据加密或应用层数据加密等方案来提高数据的安全性。

2. 内部地址分配支持

LNS 可以放置在企业网的防火墙之后，它可以对远端用户的地址进行动态的分配和管理，可以支持 DHCP 和私有地址应用。远端用户所分配的地址不是 Internet 地址而是企业内部的私有地址，这样方便了地址的管理并可以增加安全性。

3. 网络计费的灵活性

L2TP 能够提供数据传输的出入包数、字节数及连接的起始、结束时间等计费数据，根据这些数据可以方便地进行网络计费。

4. 可靠性

L2TP 协议可以支持备份 LNS，当一个主 LNS 不可达之后，LAC 可以重新与备份 LNS 建立连接，这样就增加了 VPN 服务的可靠性和容错性。

5. 统一的网络管理

L2TP 协议将很快成为标准的 RFC 协议，有关 L2TP 的标准 MIB 也将很快得到制定，这样可以统一地采用 SNMP 网络管理方案进行方便的网络维护与管理。

10.3.5　IPSec 协议

IPSec 是一个第三层 VPN 协议标准，它支持信息通过 IP 公网的安全传输。IPSec 可有效保护 IP 数据报的安全，所采取的具体保护形式包括访问控制、数据源验证、无连接数据的完整性验证、数据内容的机密性保护、抗重放保护等。

IPSec 在任何通信开始之前，要在两个 VPN 结点或网关之间协商一个安全联盟(SA)，安全联盟在两个需要保证通信安全的设备之间建立将要进行的安全通信时所需要的参数，包括是否加密、是否进行认证或两者都进行，同时还要指明端点使用的加密和认证协议，例如，用 DES 进行加密、MD5 进行认证、在算法中使用的密钥和其他安全参数。SA 是单向的，如果需要一个对等的关系用于双向的安全交换，就要有两个 SA。

IPSec 主要由 AH(认证头)协议、ESP(封装安全载荷)协议及负责密钥管理的 IKE(因特网密钥交换)协议组成，各协议之间的关系如图 10.2 所示。

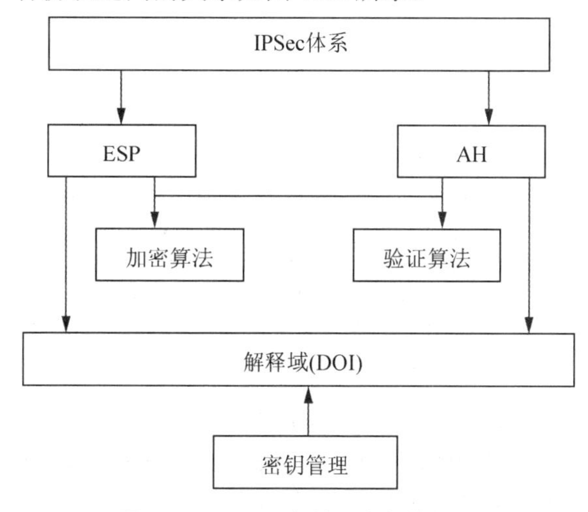

图 10.2　IPSec 各协议之间的关系

(1) AH 为 IP 数据包提供无连接的数据完整性和数据源身份认证，同时具有防重放攻击的能力。数据完整性校验通过消息认证码(如 MD5)产生的校验值来保证；数据源身份认证通过在待认证的数据中加入一个共享密钥来实现；AH 报头中的序列号可以防止重放攻击。

(2) ESP 为 IP 数据包提供数据的保密性(通过加密机制)、无连接的数据完整性、数据源身份认证及防重放攻击保护。与 AH 相比，数据保密性是 ESP 的新增功能，数据源身份认证、数据完整性检验及重放保护都是 AH 可以实现的。

(3) AH 和 ESP 可以单独使用，也可以配合使用。通过这些组合模式，可以在两台主机、两台安全网管(防火墙和路由器)或者主机与安全网关之间配置多种灵活的安全机制。

(4) 解释域(DOI)将所有的 IPSec 协议捆绑在一起，是 IPSec 安全参数的主要数据库。

(5) 密钥管理包括 IKE 协议和安全联盟(SA)等部分。IKE 在通信系统之间建立安全联盟，提供密钥管理和密钥确定的机制，是一个产生和交换密钥材料并协调 IPSec 参数的框架。IKE 将密钥协商的结果保留在 SA 中，供 AH 和 ESP 以后通信时使用。

AH 和 ESP 都支持两种模式：传输模式和隧道模式。

(1) 传输模式的 IPSec 主要对上层协议提供保护，通常用于两个主机之间端到端的通信。

(2) 隧道模式的 IPSec 提供对所有 IP 包的保护，主要用于安全网关之间，可以在公共 Internet 上构成 VPN。使用隧道模式，在防火墙之后的网络上的一组主机可以不实现 IPSec 而参加安全通信。局域网边界的防火墙或安全路由器上的 IPSec 软件会建立隧道模式 SA，主机产生的未保护的包通过隧道连到外部网络。

1. 认证头(AH)协议

IPSec 认证头是一个用于提供 IP 数据报完整性、身份认证和可选的抗重放保护的机制，但不提供数据机密性保护。其完整性是保证数据包不被无意的或恶意的方式改变，而认证则是验证数据的来源(识别主机、用户、网络等)。AH 为 IP 包提供尽可能多的身份认证保护，认证失败的包将被丢弃，不交给上层协议，这种操作方式可以减少拒绝服务攻击成功的机会。AH 提供 IP 头认证，也可以为上层协议提供认证。AH 可单独使用，也可以和 ESP 结合使用。

1) AH 协议头格式

AH 协议头如图 10.3 所示。

<table>
<tr><td>下一个头</td><td>载荷长度</td><td>保留</td></tr>
<tr><td colspan="3">安全参数索引(SPI，Security Paramters Index)</td></tr>
<tr><td colspan="3">序列号(Sequence Nunmber)</td></tr>
<tr><td colspan="3">认证数据(变长)(Authentication Data)</td></tr>
</table>

图 10.3　AH 协议头格式

(1) 下一个头是一个 8 位字段，识别在 AH 头后的下一个载荷的类型。在传输模式下，将是载荷中受保护的上层协议的值，比如 UDP 或 TCP 协议的值。在隧道模式下，表示 IPv4 封装时，这个值为 4；表示 IPv6 封装时，这个值为 41。

(2) 载荷长度是一个 8 位字段，表示 AH 的长度。

(3) 保留字段是一个 16 位字段。

(4) SPI 是一个任意的 32 位值，和外部 IP 的目的地址一起用于识别数据报的安全联盟。

(5) 序列号为 32 位字段，是一个单向递增的计数器。

(6) 认证数据是一个可变长度的字段，其中包括完整性校验值(ICV)，是 32 位的整数倍。

2) AH 的工作模式

AH 的工作模式有传输模式和隧道模式两种。

原始 IP 包如图 10.4 所示。

原始IP报头	TCP	数据

图 10.4　原始 IP 包

(1) 传输模式的 AH 使用原来的 IP 报头，把 AH 插在 IP 报头的后面，如图 10.5 所示。

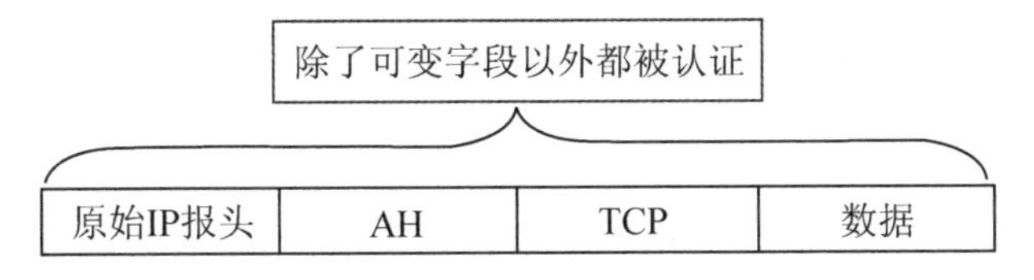

图 10.5　传输模式的 AH

(2) 隧道模式的 AH 把需要保护的 IP 包封装在新的 IP 包中，作为新报文的载荷，然后把 AH 插在新的 IP 报头的后面，如图 10.6 所示。

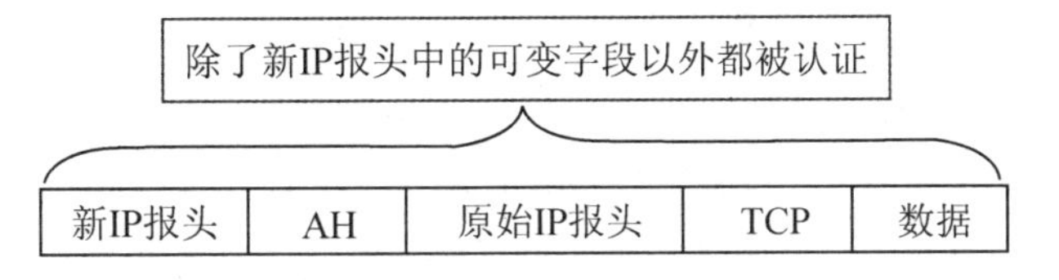

图 10.6　隧道模式的 AH

图 10.7 显示了两种使用 IPSec 鉴别服务的模式。一种情况是在服务器和客户机之间直接提供鉴别服务；工作站可以与服务器同在一个网络中，也可以在外部网络中。只要工作站和服务器共享受保护的密钥，鉴别处理就是安全的。这种情况使用了传输模式的 SA。另一种情况是远程工作站向公司的防火墙鉴别自己的身份，或者是为了访问整个内部网络，或者是因为请求的服务器不支持鉴别特征。这种情况使用了隧道模式的 SA。

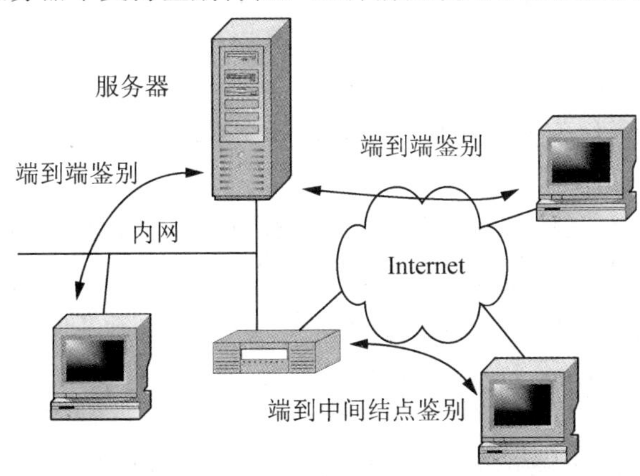

图 10.7　两种使用 IPSec 鉴别服务的模式

2. 封装载荷(ESP)协议

ESP 为 IP 数据包提供数据的保密性(加密)、无连接的数据完整性、数据源身份认证及防重放攻击保护。其中数据保密性是 ESP 的基本功能，而数据源身份认证、数据完整性检验及重放保护都是可选的。

1) ESP 协议头格式

ESP 协议的头格式如图 10.8 所示。

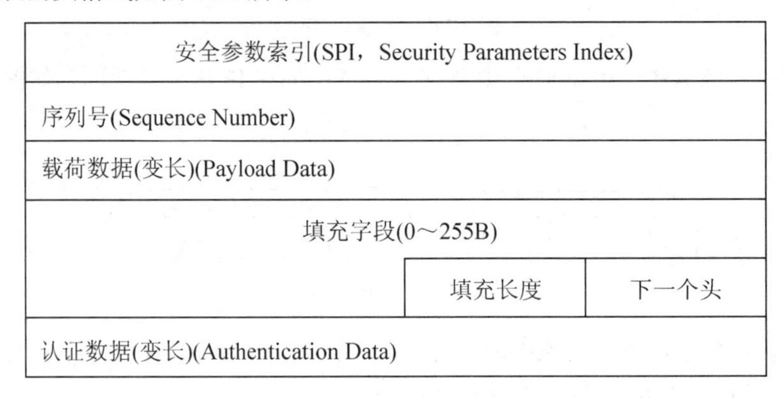

图 10.8　ESP 协议的头格式

(1) SPI 是 32 位的必选字段，与目标地址和协议(ESP)结合起来唯一标识处理数据包的特定 SA。数值可任选，一般是在 IKE 交换过程中由目标主机设定。SPI 经过验证，但是不加密。

(2) 序列号是 32 位的必选字段，是一个单向递增的计数器。对序列号的处理由接收端确定。当建立一个 SA 时，发送者和接收者的序列号都设置为 0。如果使用抗重放服务，传送的序列号不允许循环。序列号经过验证，但是不加密。

(3) 载荷数据是变长的、必选字段，整字节数长，包含有下一个报头字段描述的数据。加密同步数据，可能包含加密算法需要的初始化向量(IV)，IV 是没有加密的。

(4) 由于加密算法可能要求整数倍字节数，而且为了保证认证数据字段对齐及隐藏载荷的真实长度，实现部分通信流保密，那么就需要填充项。填充内容与指定提供机密性的加密算法有关。发送者可添加 0～255B。

(5) 填充长度字段是一个必选字段，它表示填充字段的长度，合法的填充长度是 0～255B，0 表示没有填充。

(6) 下一个头是 8 位长的必选字段，表示在载荷中的数据类型。隧道模式下，这个值是 4，表示 IP-in-IP；传输模式下是载荷数据的类型，由 RFCl700 定义，如 TCP 为 6。

(7) 认证数据是变长的可选字段，只有 SA 中包含了认证业务时，才包含这个字段。认证算法必须指定认证数据的长度、比较规则和验证步骤。

2) ESP 的工作模式

ESP 的工作模式也包括传输模式和隧道模式两种，分别如图 10.9 和图 10.10 所示。

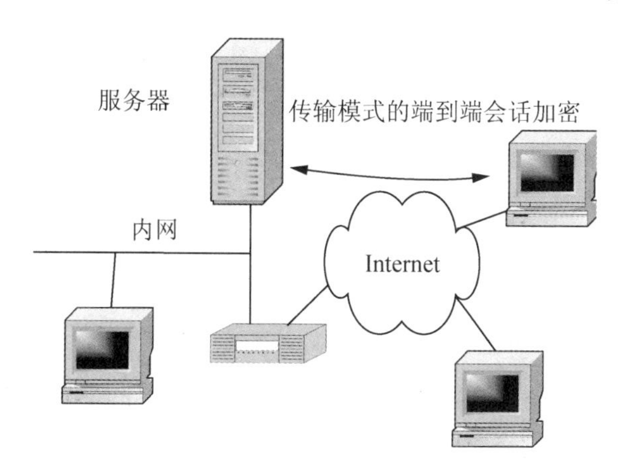

图 10.9　ESP 的传输模式

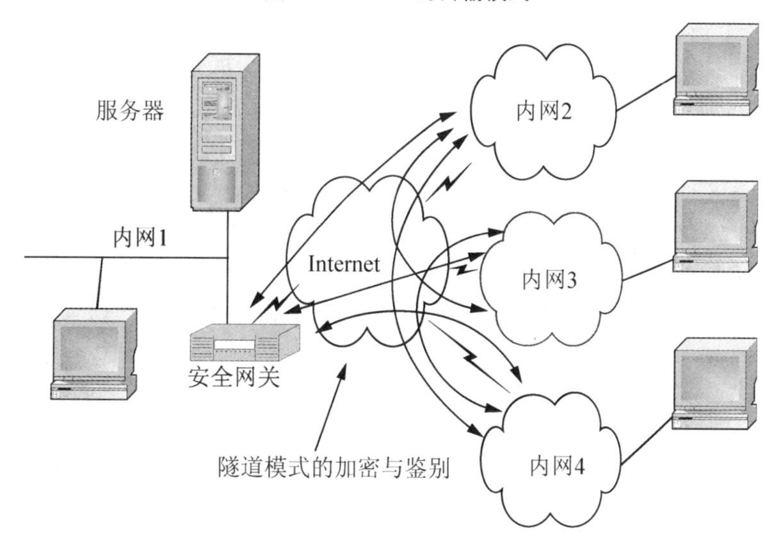

图 10.10　ESP 的隧道模式

图 10.9 和图 10.10 显示了使用 IPSec ESP 服务的两种模式。图 10.9 直接在两个主机之间提供加密(和可选的鉴别)服务。图 10.10 显示了怎样使用隧道模式操作来建立虚拟专用网。在这个例子中，一个组织有 4 个专用网络通过 Internet 互相连接起来。内部网络上的主机使用 Internet 是为了传输数据，而不是同其他基于 Internet 的主机进行交互。通过在每个内部网络的安全网关上终止隧道，允许主机避免实现安全能力。前一种技术通过传输模式 SA 来支持，而后一种技术使用了隧道模式 SA。

(1) 传输模式的 ESP 用于对 IP 携带的数据(如 TCP 报文段)进行加密和可选的鉴别，如图 10.11 所示。对于使用 IPv4 的情况，ESP 报头被插在 IP 包中紧靠传输层报头(如 TCP、UDP 和 ICMP)之前的位置，而 ESP 尾部(填充、填充长度和下个报头字段)被放置在 IP 包之后；如果选择了鉴别服务，则 ESP 鉴别数据字段被附加在 ESP 尾部之后。整个传输级报文段加上 ESP 尾部被加密，鉴别覆盖了所有的密文与 ESP 报头。

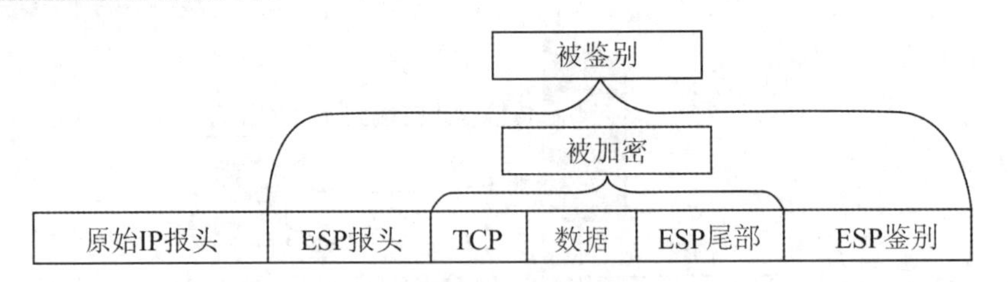

图 10.11　ESP 传输模式

传输模式的操作可以总结如下。

① 在源站，由 ESP 尾部加上整个传输级的报文段组成的数据块被加密，这个数据块的明文被其密文所代替，以形成用于传输的 IP 包。如果“鉴别”选项被选中，还要加上鉴别。

② 然后包被路由到目的站。每个中间路由器都需要检查和处理 IP 报头加上任何明文的 IP 扩展报头，但是不需要检查密文。

③ 目的结点检查和处理 IP 报头加上任何明文的 IP 扩展报头。然后，在 ESP 报头的 SPI 基础上，目的结点对包的其他部分进行解密以恢复明文的传输层报文段。

④ 传输模式操作为使用它的任何应用程序提供了机密性，因此避免了在每一个单独的应用程序中实现机密性，这种模式的操作也是相当有效的，几乎没有增加 IP 包的总长度。这种模式的一个缺陷在于对传输的包进行通信量分析是可能的。

(2) 隧道模式的 ESP 用于对整个 IP 包进行加密，如图 10.12 所示。在这种模式下，先将 IP 数据包整个进行加密，然后再在包的前面加上 ESP 报头和 ESP 尾部。这种模式可以用来对抗通信量分析。

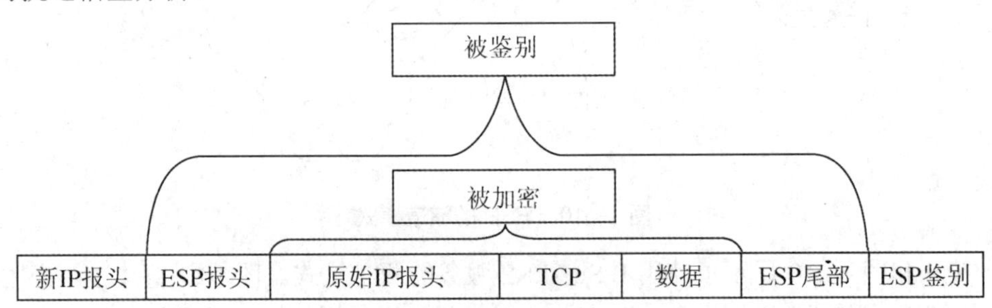

图 10.12　ESP 的隧道模式

因为 IP 报头中包含了目的地址、可能的源站路由选择指示和逐跳选项信息，所以简单的传输前面附加了 ESP 报头加密的 IP 包是不可能的。中间的路由器不能处理这样的包，因此用一个新的 IP 报头来包装整个块(ESP 报头加上密文，再加上可能存在的鉴别数据)，这个新的 IP 报头将包含用于路由选择的足够信息，但不能进行通信量分析。

传输模式对于保护两个支持 ESP 特征的主机之间的连接是合适的，而隧道模式对于那些包含了防火墙或其他种类的安全网关(用于从外部网络保护一个被信赖的网络)的配置是有用的。在后一种情况下，加密只发生在外部的主机和安全网关之间或者在两个安全网关之间，这样使得内部网络的主机解脱了处理加密的责任，并且通过减少需要密钥的数量而简化了密钥分配任务。而且它阻碍了基于最终目的地址的通信量分析。

考虑这样一种情况：外部主机想要与被防火墙保护的内部网络上的主机进行通信，并且在外部主机和防火墙上都实现了 ESP。当从外部主机向内部主机传输传输层的报文段时，其步骤如下。

(1) 源主机准备目的地址是目标内部主机的内部 IP 包。在这个包的前面加上 ESP 报头，然后对包和 ESP 尾部进行加密并且可能增加鉴别数据。再用目的地址是防火墙的新的IP 报头对结果数据块进行包装，这样就形成了外部的 IP 包。

(2) 外部包被路由到目的防火墙。每个中间路由器都要检查和处理外部 IP 报头加上任何外部 IP 扩展报头，但不需要检查密文。

(3) 目的防火墙检查和处理外部 IP 报头加上任何外部 IP 扩展报头。然后，在 ESP 报头 SPI 字段的基础上，目的防火墙对包的剩余部分进行解密，以恢复明文的内部 IP 包。然后，这个包在内部网络中传输。

(4) 内部包在内部网络中经过零个或多个路由器到达了目的主机。

3. IKE

在 IPSec 保护一个包之前，需要先建立一个 SA。SA 可以手工建立，也可以自动建立。当用户数量不多，而且密钥的更新频率不高时，可以手工建立 SA。但当用户较多，网络规模较大时，就应该选择使用自动模式。IKE 就是 IPSec 规定的一种用来自动管理 SA 的协议，包括建立、协商、修改和删除 SA 等。

ISAKMP、Oakelay 和 SKEME 这 3 个协议构成了 IKE 的基础。IKE 沿用了 ISAKMP 的基础、Oakelay 的模式及 SKEME 的密钥更新技术，定义出了自己独一无二的验证加密材料生成技术及协商共享策略。

IKE 利用 ISAKMP 语言来定义密钥交换，是对安全服务进行协商的手段。IKE 交换的最终结果是一个通过验证的密钥及建立在双方同意基础上的安全联盟(IPSec SA)。IKE 使用了两个阶段的 ISAKMP：第一阶段建立 IKE 的 SA；第二阶段利用这个已建立的 SA 为 IPSec 协商具体的 SA。

10.3.6 SSL VPN

就在当前大多数远程访问解决方案是利用基于 IPSec 安全协议的 VPN 网络的情况下，一项最新的研究表明，近 90%的企业利用 VPN 进行的内部网和外部网的连接都只是用来进行 Web 访问和电子邮件通信，10%的用户利用诸如聊天协议和其他私有客户端应用。而这些 90%的应用都可以利用一种更加简单的 VPN 技术——SSL VPN 来提供更加有效的解决方案。基于 SSL 协议的 VPN 远程访问方案更加容易配置和管理，网络配置成本比起目前主流的 IPSec VPN 还要低许多，所以许多企业已经开始转而利用基于 SSL 加密协议的远程访问技术来实现 VPN 通信了。

1. SSL VPN 的功能

SSL 安全协议主要提供 3 个方面的服务。

1) 用户和服务器的合法性认证

认证用户和服务器的合法性，使得它们能够确信数据将被发送到正确的客户机和服务器上。客户机和服务器都有各自的识别号，这些识别号由公开密钥进行编号，为了验证用户是否合法，安全套接层协议要求在握手交换数据时进行数字认证，以此来确保用户的合法性。

2) 加密数据以隐藏被传送的数据

安全套接层协议所采用的加密技术既有对称密钥技术，也有公开密钥技术。在客户机与服务器进行数据交换之前，交换 SSL 初始握手信息，在 SSL 握手信息中采用了各种加密技术对其加密，以保证其机密性和数据的完整性，并且用数字证书进行鉴别，这样就可以防止非法用户破译。

3) 保护数据的完整性

安全套接层协议采用 Hash 函数和机密共享的方法提供信息的完整性服务，建立客户机与服务器之间的安全通道，使所有经过安全套接层协议处理的业务在传输过程中能全部完整、准确无误地到达目的地。

2. SSL VPN 的工作机制

SSL 包括两个阶段：握手和数据传输。在握手阶段，客户端和服务器用公钥加密算法计算出私钥。在数据传输阶段，客户端和服务器都用私钥来加密和解密传输过来的数据。

SSL 客户端在 TCP 连接建立之后，发出一个 Hello 消息来发起握手，这个消息里面包括了自己可实现的算法列表和其他需要的消息。SSL 的服务器回应一个类似 Hello 的消息，这里面确定了此次通信所需要的算法，然后发送自己的证书。客户端在收到这个消息后会生成一个消息，用 SSL 服务器的公钥加密后传送过去，SSL 服务器用自己的私钥解密后，会话密钥协商成功，双方可以用私钥算法来进行通信。

证书实质上是标明服务器身份的一组数据，一般第三方作为 CA，生成证书，并验证它的真实性。为获得证书，服务器必须用安全信道向 CA 发送它的公钥。CA 生成证书，包括它自己的 ID、服务器的 ID、服务器的公钥和其他信息，然后 CA 利用消息摘要算法生成证书指纹，最后，CA 用私钥加密指纹生成证书签名。

为证明服务器的证书合法，客户端首先利用 CA 的公钥解密签名读取指纹，然后计算服务器发送的证书指纹，如果两个指纹不相符，说明证书被篡改过。当然，为解密签名，客户端必须事先可靠地获得 CA 的公钥。客户端保存一个可信赖的 CA 和它们的公钥的清单。当客户端收到服务器的证书时，要验证证书的 CA 是否在它所保存的清单之列。CA 的数量很少，一般通过网站公布它们的公钥。很多浏览器把主要的 CA 的公钥直接编入到它们的源码中。一旦服务器通过了客户端的鉴别，两者就已经通过公钥算法确定了私钥信息。当两边均表示做好了私钥通信的准备后，用完成(Finished)消息来结束握手过程，它们的连接进入数据传输阶段。在数据传输过程中，两端都将发送的消息拆分成片断，并附上 MAC(散列值)。传送时，客户端和服务器将数据片断、MAC 和记录头结合起来并用密钥加密形成完整的 SSL，接收时客户端和服务器解密数据包，计算 MAC，并比较计算得到的 MAC 和接收到的 MAC。

3. SSL VPN 的主要优势和不足

SSL VPN 就像任何新技术的产生一样，相对传统的技术肯定会存在一些突出的优点，当然不足之处也是存在的，下面就分别予以介绍。

1) SSL VPN 的主要优点

目前 SSL VPN 技术的应用正逐渐呈上升趋势，下面从几个主要的方面介绍这种 VPN 技术的优势。

(1) 无须安装客户端软件。执行基于 SSL 协议的远程访问时不需要在远程客户端设备上安装软件，只需通过标准的 Web 浏览器连接因特网，即可以通过网页访问到企业总部的网络资源。这样无论是从软件协议购买成本上，还是从维护、管理成本上都可以节省一大笔资金，特别是对于大、中型企业和网络服务提供商而言。

(2) 适用于大多数设备。基于 Web 访问的开放体系在运行标准的浏览器下可以访问任何设备，包括非传统设备，如可以上网的电话和 PDA 通信产品。这些产品目前正在逐渐普及，因为它们在不进行远程访问时也是一种非常理想的现代通信工具。

(3) 适用于大多数操作系统。可以运行标准的因特网浏览器的大多数操作系统都可以用来进行基于 Web 的远程访问，不管操作系统是 Windows、Macintosh、UNIX 还是 Linux。用户可以对企业内部网站和 Web 站点进行全面的访问，因此可以非常容易地得到企业内部网站的资源，并进行应用。

(4) 支持网络驱动器访问。用户通过 SSL VPN 通信可以访问网络驱动器上的资源。

(5) 良好的安全性。用户通过基于 SSL 的 Web 访问时访问的并不是网络的真实结点，就像 IPSec 安全协议一样，而且 SSL VPN 还可代理访问公司的内部资源。因此，这种方法可以非常安全，特别是对于外部用户的访问。

(6) 较强的资源控制能力。基于 Web 的代理访问允许公司为远程访问用户进行详尽的资源访问控制。

(7) 减少费用。基于 SSL 的 VPN 网络可以为简单远程访问用户(仅需进入公司内部网站或者进行 E-mail 通信)提供的非常经济的远程访问服务。

(8) 可以绕过防火墙和代理服务器进行访问。基于 SSL 的远程访问方案中，使用 NAT(网络地址转换)服务的远程用户或者使用因特网代理服务的用户可以从中受益。因为这种方案可以绕过防火墙和代理服务器访问公司资源，这是采用基于 IPSec 安全协议的远程访问很难或者根本做不到的。

2) SSL VPN 的主要不足之处

虽然 SSL VPN 技术具有很多优势，但并不是所有用户都使用 SSL VPN，且据权威调查机构调查显示，目前绝大部分企业仍采用 IPSec VPN，这是由于 SSL VPN 仍存在不足之处。下面介绍 SSL VPN 的主要不足之处。

(1) 必须依靠因特网进行访问。为了通过 SSL VPN 进行远程工作，必须与因特网保持连通性。因为此时 Web 浏览器实质上是扮演客户服务器的角色，远程用户的 Web 浏览器依靠公司的服务器进行所有进程工作。正因如此，如果因特网没有连通，远程用户就不能与总部网络进行连接，只能单独工作。

(2) 对新的或者复杂的 Web 技术提供有限的支持。基于 SSL 的 VPN 方案是依赖于反代理技术来访问公司网络的。因为远程用户是从公用因特网来访问公司网络的，而公司内部网络信息通常不仅处于防火墙后面，而且通常处于没有内部网 IP 地址路由表的空间中。反代理的工作就是翻译出远程用户 Web 浏览器的需求，通常使用常见的 URL 地址重写方法。例如，内部网站也许使用内部 DNS 服务器地址链接到其他的内部网链接，而URL地址重写必须完全正确地读出以上链接信息，并且重写这些 URL 地址，以便这些链接可以通过反代理技术获得路由，当有需要时，远程用户可以轻松地通过路由进入公司内部网络。因此对于 URL 地址重写器，完全正确理解所传输的网页结构是极其重要的，只有这样才可正确显示重写后的网页，并在远程用户计算机浏览器上进行正确的操作。

① 只能有限地支持 Windows 应用或者其他非 Web 系统。因为大多数基于 SSL 的 VPN 都是基于 Web 浏览器工作的，远程用户不能在 Windows、UNIX、Linux、AS400 或者大型系统上进行非基于 Web 界面的应用。虽然有些提供商已经开始合并终端服务来提供上述非 Web 应用，但不管如何，目前 SSL VPN 还未正式提出全面支持，这一技术还有待讨论，也可算是一个挑战。

② 只能为访问资源提供有限安全保障。当使用基于 SSL 协议的 VPN，通过 Web 浏览器进行通信时，对用户来说外部环境并不是完全安全的、可达到无缝连接的。因为 SSL VPN 只对通信双方的某个应用通道进行加密，而不对在通信双方的主机之间的整个通道进行加密。通信时，在 Web 页面中呈现的文件也基本无法保证只出现类似于上传的文件和邮件附件等简单的文件，这样就很难保证其他文件不被暴露在外部，因此存在一定的安全隐患。

4. SSL VPN 与 IPSec VPN 的比较列表

表 10-1 是 SSL VPN 与 IPSec VPN 主要性能比较，从表中可以看出各自的主要优势与不足。

表 10-1　SSL VPN 与 IPSec VPN 主要性能比较

选项	SSL VPN	IPSec VPN
身份验证	单项身份验证 双项身份验证 数字证书	双向身份验证 数字证书
加密	强加密 基于 Web 浏览器	强加密 依靠执行
全程安全性	端到端安全 从客户到资源端全程加密	网络边缘到客户端 仅对从客户到 VPN 网关之间的通信加密
可访问性	适合于任何时间、任何地点访问	适用于受控用户的访问
费用	低(无须附加任何客户软件)	高(需要管理客户端软件)
安装	即插即用安装 无须安装任何附加的客户端软、硬件	通常需要长时间的配置，还需要客户端软件或者硬件
用户的易使用性	对用户非常友好，使用非常熟悉的 Web 浏览器 无须终端用户的培训	对没有相应技术的用户比较困难 需要培训
支持的应用	基于 Web 的应用 文件共享 E-mail	所有基于 IP 协议的服务
用户	客户、合作伙伴用户、远程用户、供应商等	更适用于企业内部
可伸缩性	容易配置和扩展	在服务器端容易实现自由伸缩，在客户端比较困难

由于企业的争相部署，SSL VPN 已经取得了很大的发展。同时，由于 NetScreen 等公司都已将该技术集成到其当前产品线中，最初的服务可能仅限于比较单一的内容，但最终将与企业各自的管理应用相结合。另外，“加密远程访问”市场的两大巨头——思科和 Check Point 也将加入该市场，并将提供基于 SSL 功能的 IP 解决方案，如网络、电子邮件及文件共享等。

10.3.7　Windows 2000 的 VPN 技术

1. Windows 2000 支持的数据链路层隧道协议

在 Windows 2000 中，提供了两种隧道协议，可以方便地创建虚拟专用网：PPTP 和附带 IPSec 的 L2TP。

1) PPTP

PPTP 是在 Windows NT 4.0 中就有的 VPN 协议，是建立在 PPP(点对点协议)的基础上的，它提高了 PPP 的安全级别，让 PPP 可以对 PPTP 服务器与 PPTP 客户机之间的数据进行加密传输(使用 Microsoft 点对点加密来加密 PPP 帧)，并使 PPTP 服务器可以对远程用户的身份进行验证(使用可扩展身份验证协议 EAP)。Internet 本身只允许使用 TCP/IP 通信，而 PPTP 解决了在 Internet 上用多种协议进行通信的问题，PPTP 通过将 IP、IPX 或 NetBEUI 封装在 PPP 数据包里来支持使用这些协议，这意味着可以远程运行依赖特殊网络协议的应用程序。PPTP 能够用于 LAN、WAN、Internet 以及其他基于 TCP/IP 的网络。具体的过程是：一个 PPTP 客户机通过两次拨号连接来建立一条 PPTP 隧道，第一次通过 PPP 协议与 ISP 建立连接，第二次在上一次的 PPP 连接的基础上再次“拨号”建立一个与企业局域网的 PPTP 服务器的 VPN 连接。拨号仅仅拨的是当地 ISP 的电话，而不是企业内部电话，节省了长话费用。在局域网中也可以使用 PPTP，如果客户机直接连接到 IP 局域网，并且和服务器建立了一个 IP 连接，就可以通过局域网建立 PPTP 隧道。

2) 带 IPSec 的 L2TP

带 IPSec 的 L2TP 是 Windows 2000 新增加的隧道协议。

L2TP 隧道化数据包格式如图 10.13 所示。

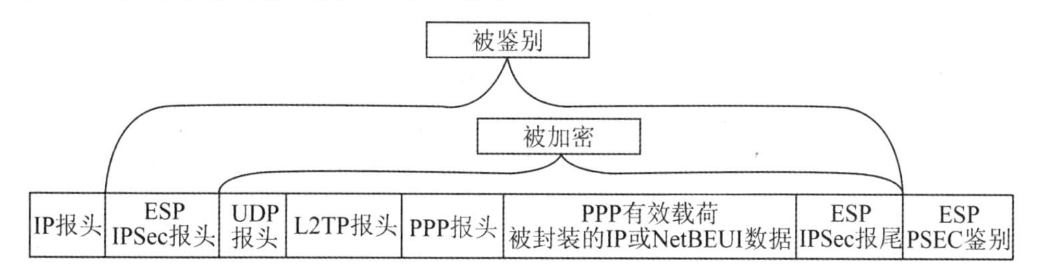

图 10.13　带 IPSec 的 L2TP

这里 L2TP 所使用的 IPSec 策略是由 RAS 管理服务专门创建的，而不是使用默认的 IPSec 策略或某个用户所创建的 IPSec 策略，这一点与后面介绍的 Windows 2000 IPSec 策略在使用模式上不同。其中 L2TP 负责为任何类型的网络通信提供封装和隧道管理，传输模式的 IPSec 提供 L2TP 隧道数据包的安全。L2TP 和 PPTP 的功能差不多，是 PPTP 的增强版，L2TP 加强了 PPP 身份验证和压缩机制。与 PPTP 不同的是，Windows 2000 中的 L2TP

不是利用 Microsoft 点对点加密(MPPE)来加密 PPP 帧。L2TP 依赖于网际协议安全(IPSec)的加密服务，所以基于 L2TP 的虚拟专用网络连接是 L2TP 和 IPSec 的组合。所连接的两个网络中的 VPN 服务器都必须支持 L2TP 和 IPSec。IPSec 和 L2TP 结合，可在任何 IP 网络上为 IP、IPX 和其他协议包提供基于隧道和安全性。IPSec 也可以脱离 L2TP 单独执行，但一般只在某个路由器不支持 L2TP 和 PPTP 时用来提供互通性。L2TP 将原始数据包封装在 PPP 帧内并进行压缩，在 UDP 类型的数据包内部指派端口 1701。因为UDP 数据包格式是 IP 包，所以根据 L2TP 隧道的用户配置中的安全设置，L2TP 自动使用 IPSec 保护隧道。在默认情况下，IPSec Internet 密钥交换(IKE)协议使用基于证书的身份验证来协商 L2TP 隧道的安全性。此验证使用计算机证书而不是使用用户证书来验证源计算机和目标计算机之间的信任关系。当成功建立 IPSec 传输安全性时，L2TP 将协商隧道，包括压缩和用户身份验证选项(通过企业内部的安全服务器，如 RADIUS(远程身份验证拨入用户服务)鉴定用户)及执行基于用户标识的访问控制。因而，无论是客户远程拨号访问 VPN 还是路由器到路由器的 VPN 隧道，L2TP/IPSec 都是最方便、最灵活、互通性最好而且较为安全的隧道选项。L2TP/IPSec VPN 远程拨号客户可使用“网络和拨号连接”控制台配置。VPN 远程访问服务器和路由器到路由器隧道可使用“路由和远程访问”控制台配置。

2. Windows 2000 IPSec 策略

Windows 2000 通过实现基于策略的网际协议安全 (IPSec) 管理避免了大幅度增加管理开销，简化了网络安全性的配置和管理。

Windows 2000 IPSec 通过与 Windows 2000 域和活动目录服务集成，建立于 IETF IPSec 结构之上。活动目录使用组策略为 Windows 2000 域成员提供 IPSec 策略指定和分配。

IKE 的实现提供了 3 种基于 IETF 标准的身份认证方法，用以在计算机之间建立信任关系。

(1) 基于 Windows 2000 的域基础结构提供的 Kerberos v5.0 身份认证方法用来在同一域中或信任的域之间的计算机中配置安全通信。

(2) 公开/私有密钥使用与包括 Microsoft、Entrust、VeriSign 和 Netscape 在内的认证系统兼容的认证进行签名。

(3) 密码和预共享身份认证密钥严格地用在为应用程序数据包保护建立的信任上。

一旦端计算机之间通过了相互身份认证，它们会为加密应用程序数据包的目的产生整体加密密钥。这些密钥仅被这两台计算机知道，所以它们的数据被很好地保护起来，防止了网络上可能的攻击者对数据进行修改或翻译。每端使用 IKE 协商保护应用程序通信所使用的密钥的类型和强度及安全性类型。这些密钥根据 IPSec 策略设置自动刷新。

以下是 Windows 2000 中预定义的 3 种 IP 安全策略，用户可以根据实际通信需要自行创建新的 IP 安全策略。

1) 客户端(只响应)

这是一个计算机策略示例，其根据请求而保护通信。例如，Intranet 客户机可能不需要 IPSec，除非另一台计算机发出请求。该策略允许其活动的计算机正确响应安全通信请求。该策略包含默认响应规则，该规则根据正在保护的通信的请求协议与端口通信为入站与出站通信创建动态 IPSec 筛选器。

2) 服务器(请求安全设置)

这是一个应该在多数情况下保护通信的计算机策略示例，同时也允许与不支持 IPSec

的计算机进行不安全通信。在该策略中，计算机接受不安全通信，但总是通过从原始发送方那里请求安全性来试图保护其他通信。如果另一台计算机没有启用 IPSec，则该策略允许整个通信都是不安全的。例如，允许服务器以不安全方式通信来适应组合客户机(有些客户机支持 IPSec，而有些不支持 IPSec)时，与特定服务器的通信可以是安全的。

要测试该策略的使用情况，必须把该策略指派给服务器计算机，并把“客户端(只响应)”策略指派给客户端计算机。当客户端计算机试图与服务器通信时，服务器将请求安全的通信。此外，使用不支持 IPSec 功能的计算机或者指派了任何 IPSec 策略的计算机尝试与服务器通信。当不支持 IPSec 功能的客户端试图与服务器通信时，服务器将请求安全的通信。但是，协商会失败，而不支持 IPSec 性能的计算机会通过不安全通信与服务器建立连接。

3) 安全服务器(要求安全设置)

这是一个在 Intranet 上要求进行安全通信的计算机策略示例，如传输高度敏感的数据的服务器。管理员可将该 IPSec 策略作为示例创建自己用于生产的自定义 IPSec 策略。在该策略中使用的筛选器要求对所有出站通信进行保护，同时允许不保护的初始入站通信请求。

要测试该策略的使用情况，与服务器的相同。

3. Windows 2000 SSL

Microsoft Windows 2000 IIS 的身份认证除了匿名访问、基本验证和 Windows NT 请求/响应模式外，还有一种安全性更高的认证，就是通过 SSL(Security Socket Layer)安全机制使用数字证书。SSL(加密套接字协议层)位于 HTTP 层和 TCP 层之间，建立用户与服务器之间的加密通信，确保所传递信息的安全性。SSL 是工作在公共密钥和私人密钥基础上的，任何用户都可以获得公共密钥来加密数据，但解密数据必须要通过相应的私人密钥。使用 SSL 安全机制时，首先客户端与服务器建立连接，服务器把它的数字证书与公共密钥一并发送给客户端，客户端随机生成会话密钥，用从服务器得到的公共密钥对会话密钥进行加密，并把会话密钥在网络上传递给服务器，而会话密钥只有在服务器端用私人密钥才能解密，这样，客户端和服务器端就建立了一个唯一的安全通道。建立了 SSL 安全机制后，只有 SSL 允许的客户才能与 SSL 允许的 Web 站点进行通信，并且在使用 URL 资源定位器时，输入 https://，而不是 http://。

应用案例

VPN 典型应用需求

企业用户对于 VPN 的应用需求最典型的有以下 3 种。

1. 通过 Internet 实现远程用户访问

虚拟专用网络支持以安全的方式通过公共互联网络远程访问企业资源。与使用专线拨打长途或市话连接企业的网络接入服务器(NAS)不同，虚拟专用网络用户首先拨通本地 ISP 的 NAS，然后 VPN 软件利用与本地 ISP 建立的连接在拨号用户和企业 VPN 服务器之间创建一个跨越 Internet 或其他公共互联网络的虚拟专用网络，如图 10.14 所示。

2. 通过 Internet 实现网络互联

使用专线连接分支机构和企业局域网时不需要使用价格昂贵的长距离专用电路，分支机构和企业端路由器可以各自使用本地的专用线路，通过本地的 ISP 连通 Internet。VPN 软件使用与本地 ISP 建立的连接和 Internet 网络在分支机构和企业端路由器之间创建一个虚拟专用网络，如图 10.15 所示。

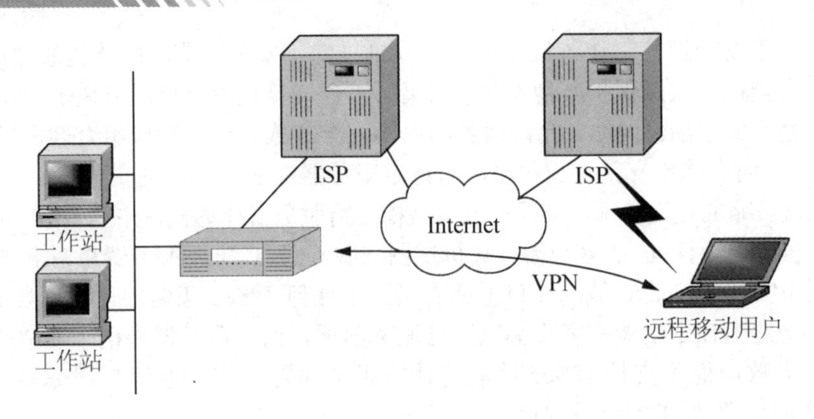

图 10.14　Internet 实现远程用户访问

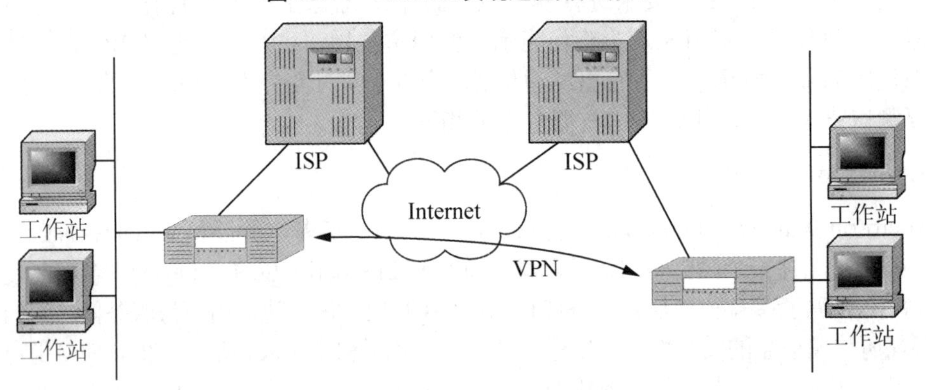

图 10.15　通过 Internet 实现网络互联

3．连接企业内部网络计算机

在企业的内部网络中，考虑到一些部门可能存储有重要数据，为确保数据的安全性，传统的方式只能是把这些部门同整个企业网络断开形成孤立的小网络。这样做虽然保护了部门的重要信息，但是由于物理上的中断，使其他部门的用户无法与之连接，造成通信上的困难。

采用 VPN 方案，通过使用一台 VPN 服务器既能够实现与整个企业网络的连接，又可以保证保密数据的安全性。使用 VPN 服务器后，企业网络管理人员通过 VPN 服务器，可指定只有符合特定身份要求的用户才能连接 VPN 服务器，获得访问敏感信息的权利。此外，还可以对所有 VPN 数据进行加密，从而确保数据的安全性。没有访问权的用户无法看到部门的局域网，如图 10.16 所示。

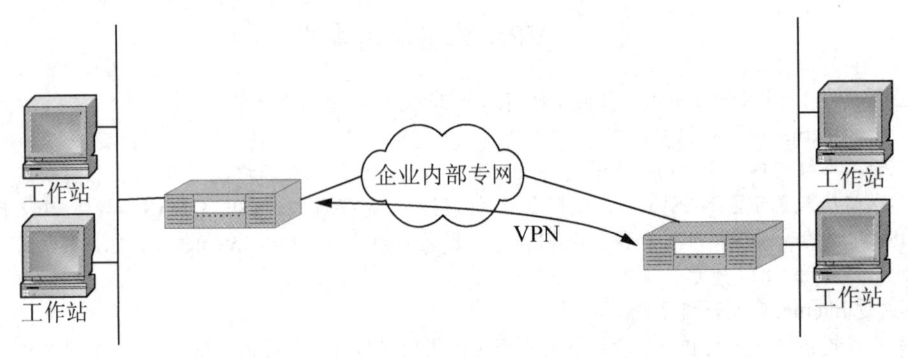

图 10.16　VPN 连接企业内部网络计算机

10.4　构建 VPN 的解决方案与相关设备

企业构建 VPN 系统要涉及很多因素，需要结合自身应用需求与发展，以及客观环境提供的条件，以安全、经济、实用、可靠和高效为原则，制定解决方案。

企业构建VPN 时，既可以选择硬件 VPN 方案，也可以选择软件 VPN 方案。由于 VPN 的加密传输机制需要消耗系统性能，硬件 VPN 将加密和解密置于高速的硬件中，提供了较好的性能；硬件 VPN 可以提供强大的物理和逻辑安全，更好地防止了非法入侵，同时配置和操作也更为简单。一般情况下，硬件方案的价格比较高。对于中小型网络应用来说，如果网络规模不大，最好选择面向中小企业或小型办公室的 VPN 产品。

1. 硬件 VPN 方案

可选的硬件 VPN 产品主要有带有 VPN 功能的防火墙、路由器或专用硬件 VPN 设备。在防火墙中集成VPN 是比较流行的解决方案。许多企业网络都通过防火墙来连接 Internet，让防火墙直接支持 VPN 是一种不错的选择，这样可以将防火墙的安全策略和 VPN 隧道控制结合起来，便于集中管理。

但这种组合应用可能会影响性能，加密处理的系统开销比较大。路由器是一种最常用的网络边界设备，在路由器上集成 VPN 也比较实用。只是与基于防火墙的 VPN 相比，总体安全性要差一些。也有许多防火墙和路由器不集成 VPN 功能，这就需要选择专用的 VPN 产品。

随着中小企业信息化程度的提高和宽带网的兴起，VPN 不再是大型企业的专利，越来越多的中小企业需要采用 VPN 技术实现局域网远程互联和远程用户的接入访问。许多厂商都针对中小企业或大型企业分支机构提供了高性价比的 VPN 产品。

此类 VPN 产品多为集成 VPN 的防火墙和集成 VPN 的路由器，有时称为“安全路由器”或“访问路由器”，性价比非常高，且支持多种宽带接入方式，还提供方便的管理工具，支持主流的 VPN 协议。例如，Cisco 1700 系列访问路由器、Netgear FVL328、NetScreen-50、Vigor 系列路由器。许多 VPN 产品还支持动态 IP 地址接入方式，对于采用 ADSL 连接的许多中小型企业非常有用。由于此类产品非常丰富，这里就不做进一步介绍了。

2. 软件 VPN 方案

软件 VPN 方案的价格低廉，且更具灵活性，如提供了更加方便的用户管理，便于升级等。但是，在性能、安全性、可靠性及安装和管理的便捷性等方面，软件方案都不如硬件方案。软件 VPN 方案适用于安全要求相对较低、规模较小的网络，能满足许多中小企业的联网业务需求。基于软件的产品很多，从单一的 IPSec 软件到现有路由器、网关和防火墙中的各种数据封装产品。

软件 VPN 一般都采用 Windows 操作系统来实现，硬件 VPN 一般采用专用操作系统来实现。Windows 设计上就是桌面办公系统，如果采用 Windows Sever 系统，则需要消耗大量的硬件资源。

软件 VPN 采用 Windows 系统作为系统的根基，其可靠性取决于安装这个软件的 PC。

这在一定程度上说明了软件VPN的可靠性是不可控制的。而且由于依赖于Windows系统，系统其他软件导致的冲突或者资源占用的情况也会对VPN的可靠性带来影响。Windows 除内核外还包括用户界面(UI)及大量的应用软件，这些大量的软件、GUI等都可能导致更多的Windows 技术漏洞。

实际上目前许多中小型VPN解决方案都是软硬件相结合的，以现有网络设备为基础，再配以适当的VPN软件来实现VPN。

3. 微软的VPN解决方案

在纯软件VPN解决方案中，最为常见的就是微软的解决方案。微软最早在其网络操作系统Windows NT Server 4.0中开始引入PPTP。首次推出的PPTP虽然出现了严重的安全问题，但问题并非源于PPTP协议本身，而是微软对这个协议的实现带有许多缺陷。

微软对此进行重新修改后，接着推出了路由与远程访问服务(RRAS)，作为Windows NT Server 4.0的免费组件，进一步完善了PPTP协议的实现方案，支持请求拨号路由，并提供基于图形界面的管理工具。

微软的Windows 2000/2003则集成了路由和远程访问服务，不再局限于微软自己的标准，而是全面支持IETF标准，包括主流的VPN解决方案L2TP和IPSec，可实现跨平台的VPN组网方案。

在Windows 2000/2003服务器版本中，已将PPTP和L2TP服务器都纳入路由和远程访问服务组件进行统一配置和管理，使得实现VPN方案变得更加容易。Windows 2000/XP的IPSec 基于策略进行配置和管理，支持传输模式和隧道模式。当然，最新的网络操作系统Windows .NET Server也支持这些新特性。

至于VPN客户端解决方案，Windows 95/98/Me、Windows NT/2000和Windows XP都支持PPTP客户端。以前只有Windows 2000和Windows XP支持L2TP和IPSec，现在微软的L2TP/IPSec客户端不再局限于Windows 2000/XP，最新发布的Microsoft L2TP/IPSec VPN Client软件包，使得运行Windows 98/Me/NT的计算机，都可以创建L2TP/IPSec远程访问连接。

微软的Windows 2000/XP、Windows .NET Server充分利用了Active Directory特性来简化VPN的布置和管理。需要注意的是，Windows操作系统并不是一个专业的VPN支持系统，因此在很多方面都可能存在漏洞和不足。很多公司都在致力于VPN的数据加密和系统的开发，并有自己的产品。要构建一个真正的、高安全性的VPN，还是应该使用VPN专业产品。

10.5 本章小结

本章介绍了VPN技术的基本概念、系统特性，比较详细地讲述了企业计算机网络实现VPN的3种协议，分别是数据链路层隧道协议PP2P、L2F和L2TP，网络层隧道协议IPSEC，安全套接字协议SSL，对这些协议数据报格式和协议涉及的关键技术进行了分析和阐述。

10.6　本章实训

实训 1：Windows 2000 的数据链路层 VPN 配置

实训目的

Windows 2000 支持 PPTP 和 L2TP 的 VPN 数据链路层隧道协议，在 Windows 2000 服务器端通过“路由和远程访问”就能创建 VPN 服务器，接收远程“虚拟专用连接”。本实验的基本目的如下。

(1) 使 Windows 2000 计算机成为 VPN 服务器。

(2) 在客户端和 VPN 服务器建立安全连接。

实训环境

(1) 一台安装有 Windows 2000 Server 操作系统的计算机作为 VPN 服务器。

(2) 一台安装有 Windows 2000 Professional(或 Server)的计算机作为客户端。

实训内容

1. 配置 PPTP 服务端

(1) 首先在【管理工具】窗口中打开【路由和远程访问】窗口，然后右击服务器名称，选择【配置并启用路由和远程访问】命令，如图 10.17 所示，在打开的安装向导中单击【下一步】按钮。

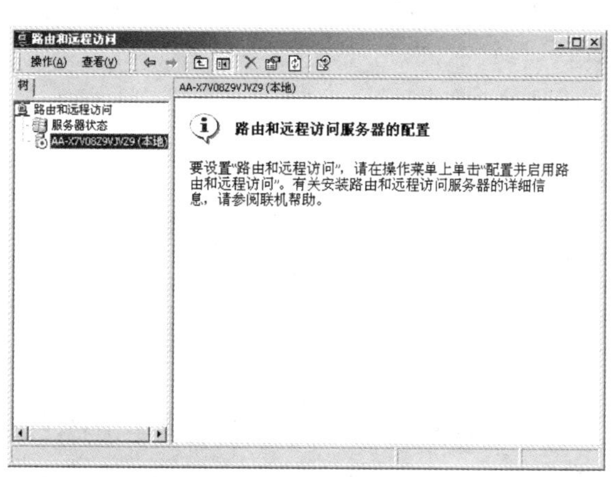

图 10.17　路由和远程访问

(2) 在弹出的对话框中选中【虚拟专用网络(VPN)服务器】单选按钮，然后单击【下一步】按钮，如图 10.18 所示。

(3) 在【远程客户协议】对话框中选择默认设置，然后单击【下一步】按钮。

(4) 在【IP 地址指定】对话框中选中【来自一个指定的地址范围】单选按钮，然后单击【下一步】按钮。

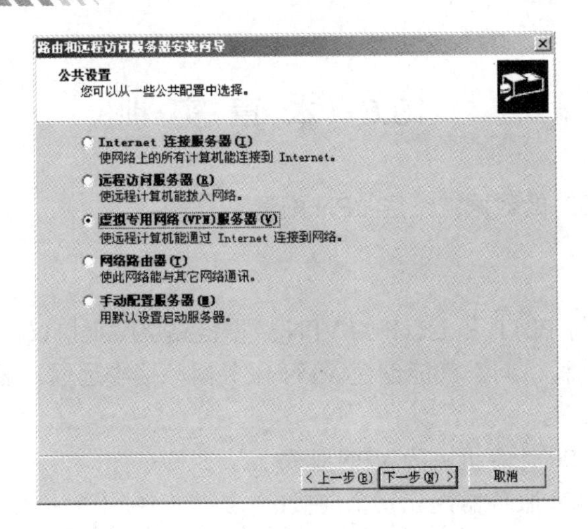

图 10.18　安装虚拟专用网络(VPN)服务器

(5) 在【地址范围指定】区域中单击【新建】按钮，将会出现【新建地址范围】对话框，设置【起始 IP 地址】为“10.10.2.2”,【结束 IP 地址】为“10.10.2.18”，如图 10.19 所示，再单击【确定】按钮返回上一级对话框。

此时可看到地址范围已添加成功，再单击【下一步】按钮。

(6) 在【管理多个远程访问服务器】对话框中保持默认设置，然后单击【下一步】按钮，在出现的对话框中单击【完成】按钮，结束服务器配置。然后计算机开始启动路由服务，如图 10.20 所示。

(7) 打开【计算机管理】窗口，分别创建一个用户“r_user”，一个组“r_userg”，且使“r_user”隶属于“r_userg”。

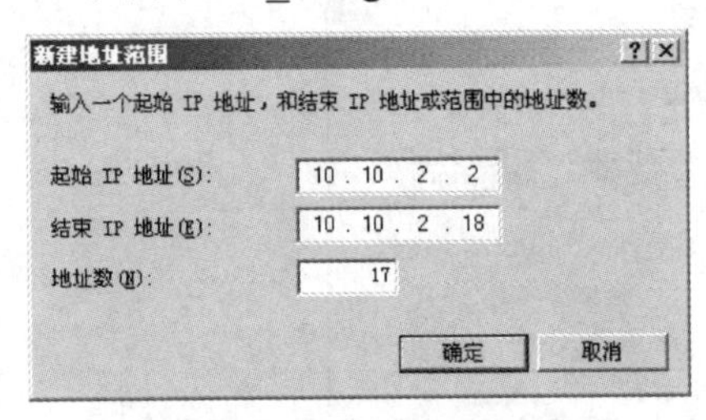

图 10.19　设置地址范围

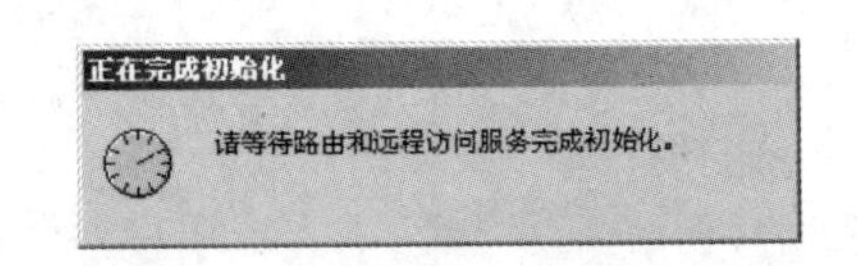

图 10.20　启动 VPN 服务器

(8) 再回到【路由和远程访问】窗口，在左侧的窗格中选择【远程访问策略】选项，右侧的窗口会默认显示【如果启用拨入许可，就允许访问】，如图 10.21 所示。右击选择【属性】命令，打开如图 10.22 所示对话框，单击【删除】按钮，删除默认条件，再单击【添加】按钮，打开【选择属性】对话框，选择 Windows-Groups 选项，单击【添加】按钮，如图 10.23 所示。

(9) 在【选择组】对话框中，选择 r_userg 选项，如图 10.24 所示，单击【确定】按钮，回到【选择组】对话框，再单击【确定】按钮。

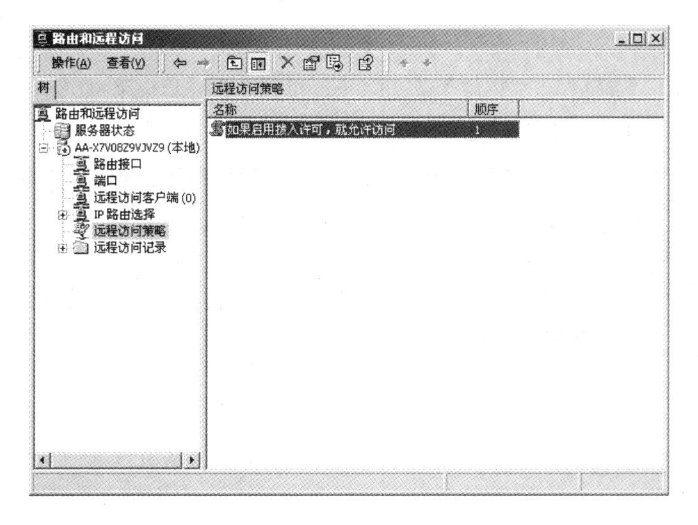

图 10.21　显示 VPN 服务器已启动后的状态

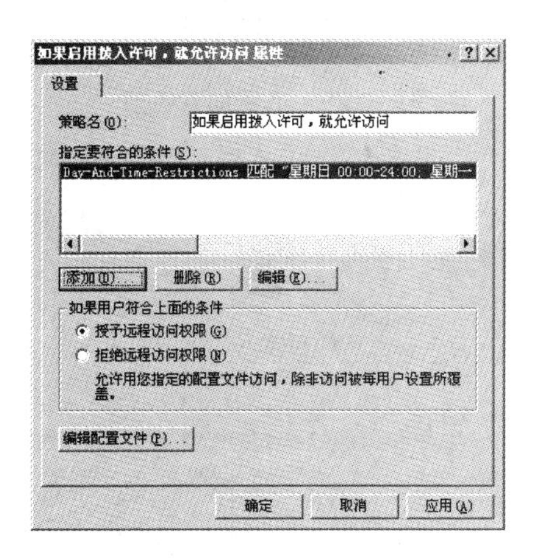

图 10.22　授予远程访问权限

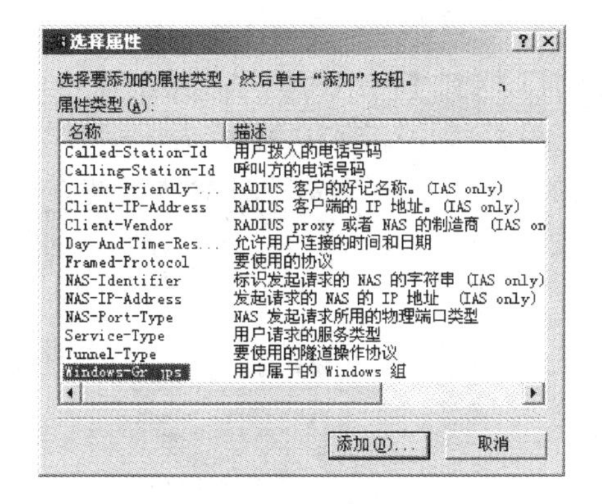

图 10.23　添加用户

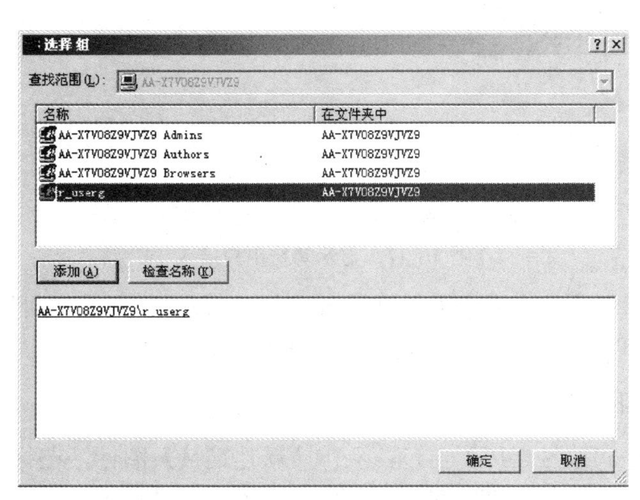

图 10.24　选择要添加的用户

(10) 回到【策略】设置对话框，确定【如果用户符合上面的条件】的结果为【授权远程访问权限】，单击【编辑配置文件】按钮，即可进行身份验证和加密配置，如图 10.25 和图 10.26 所示，然后单击【确定】按钮结束配置。

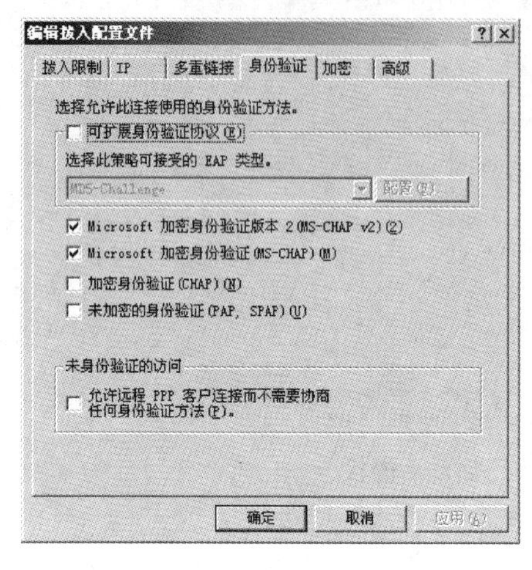

图 10.25　编辑配置文件

图 10.26　选择加密级别

(11) 回到【网络和拨号连接】窗口可看到【传入的连接】图标，表示服务器端等待客户端建立连接，如图 10.27 所示。

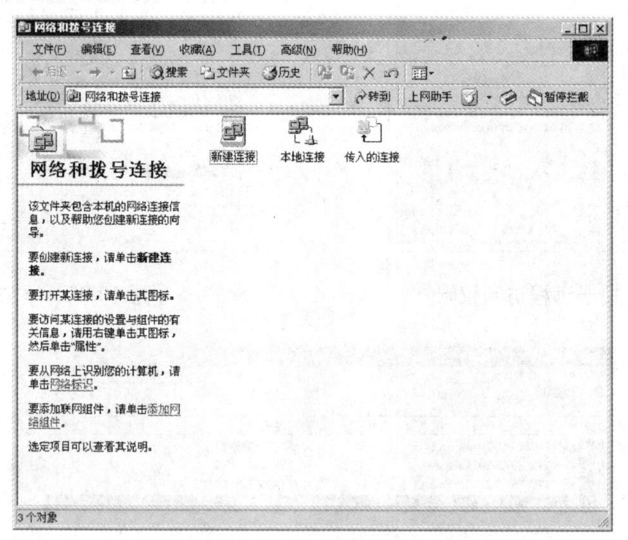

图 10.27　显示等待用户接入

(12) 如图 10.28 所示，在命令提示符界面，输入 ipconfig/all 命令可以看到其网卡 IP 地址和新建的 WAN <PPP/SLIP>地址，即虚拟专用网地址。

2. 配置 PPTP 客户端

(1) 打开【网络和拨号连接】窗口，双击【新建连接】图标，在打开的【网络连接向导】对话框中单击【下一步】按钮，在弹出的对话框中选中【通过 Internet 连接到专用网络】单选按钮，然后单击【下一步】按钮，如图 10.29 所示。

(2) 如图 10.30 所示，输入 VPN 服务器的 IP 地址，然后单击【下一步】按钮。

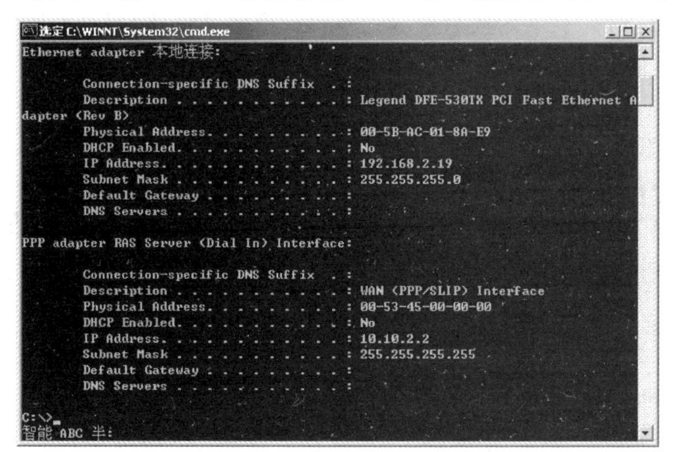

图 10.28　查看虚拟专用网地址

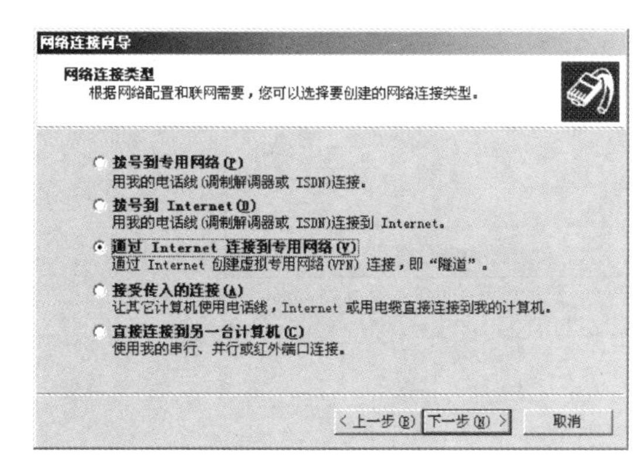

图 10.29　客户端创建 VPN 连接

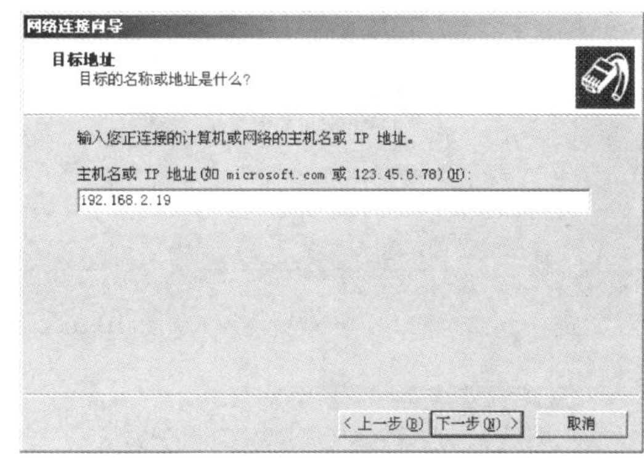

图 10.30　输入 VPN 服务器的 IP 地址

(3) 在如图 10.31 所示的对话框中保持默认设置，然后单击【下一步】按钮。在【Internet 连接共享】对话框中也保持默认设置，单击【下一步】按钮。

(4) 如图 10.32 所示，在此处可修改连接名称，然后单击【完成】按钮结束客户端配置。

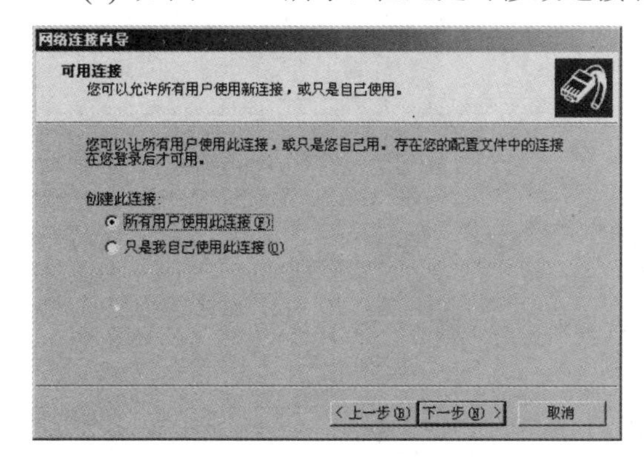

图 10.31　设置允许所有用户使用此连接

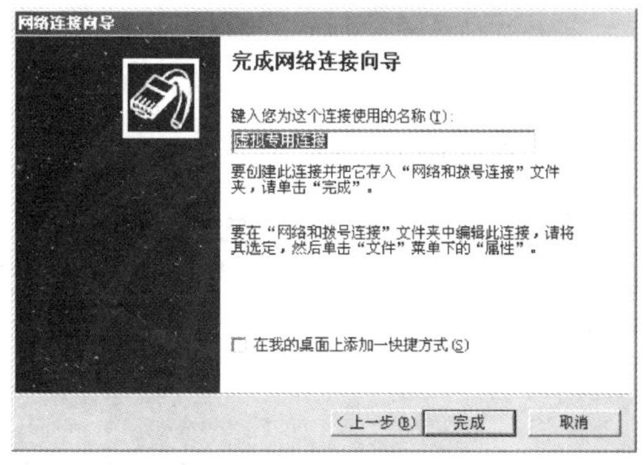

图 10.32　创建完成 VPN 客户端

(5) 在【网络和拨号连接】窗口中，双击所建的连接图标，如图 10.33 所示。

(6) 在弹出的对话框中，输入用户名和密码，单击【连接】按钮(如图 10.34 所示)，开始与服务器建立连接，如图 10.35 所示。

(7) 连接完成，单击【确定】按钮，如图 10.36 所示。

(8) 如图 10.37 所示，在客户端上 ping 服务端的 IP 地址成功。

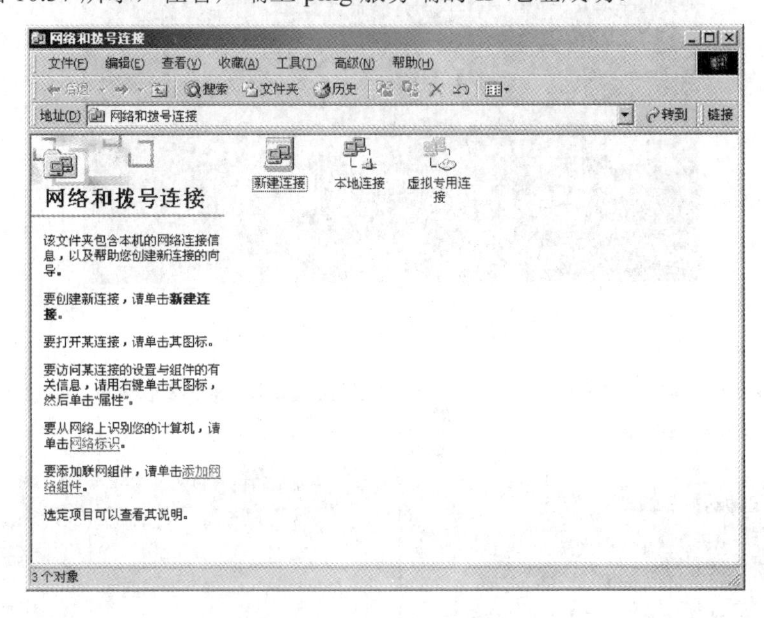

图 10.33　显示 VPN 连接

图 10.34　开始 VPN 连接

图 10.35　等待 VPN 连接

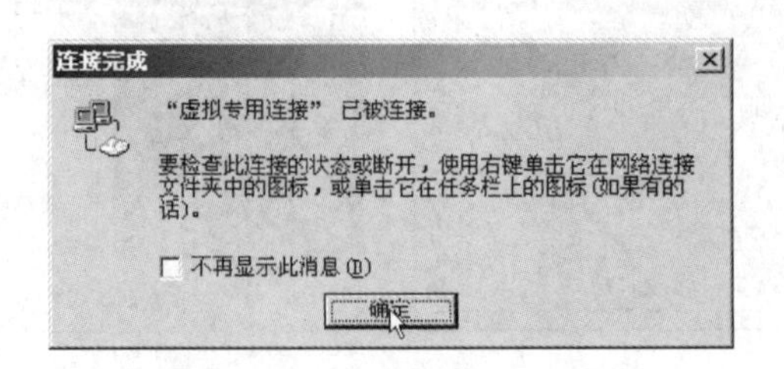

图 10.36　显示 VPN 连接成功

```
C:\WINNT\System32\cmd.exe
        IP Address. . . . . . . . . . . . : 192.168.2.2
        Subnet Mask . . . . . . . . . . . : 255.255.255.0
        Default Gateway . . . . . . . . . :
        DNS Servers . . . . . . . . . . . :

PPP adapter 虚拟专用连接:

        Connection-specific DNS Suffix  . :
        Description . . . . . . . . . . . : WAN (PPP/SLIP) Interface
        Physical Address. . . . . . . . . : 00-53-45-00-00-00
        DHCP Enabled. . . . . . . . . . . : No
        IP Address. . . . . . . . . . . . : 10.10.2.3
        Subnet Mask . . . . . . . . . . . : 255.255.255.255
        Default Gateway . . . . . . . . . : 10.10.2.3
        DNS Servers . . . . . . . . . . . :

C:\>ping 10.10.2.2

Pinging 10.10.2.2 with 32 bytes of data:

Reply from 10.10.2.2: bytes=32 time<10ms TTL=128
Reply from 10.10.2.2: bytes=32 time<10ms TTL=128
Reply from 10.10.2.2: bytes=32 time<10ms TTL=128
Reply from 10.10.2.2: bytes=32 time<10ms TTL=128
```

图 10.37　测试 VPN

实训 2：Windows 2000 IPSec VPN 协议配置

实训目的

Windows 网际协议安全(IPSec)是抵御来自内部、专用网络及外部(Internet、外部网)攻击的关键协议。当数据在两台计算机之间传播时，IPSec 可以对数据进行加密，即使网络上有人会看到，也会保护数据不被修改和破译。本实验的目的是通过 IP 安全策略管理单元所创建的策略配置来控制 IPSec。

实训环境

两台安装 Windows 2000 系统的计算机。

实训内容

配置并启用 Windows 2000 安全器的 IPSec 协议，并进行安全通信测试。

(1) 在【本地安全设置】窗口中选择【IP 安全策略】选项，双击【安全服务器】选项，打开图 10.38 所示对话框。

(2) 单击【编辑】按钮，选择【身份验证方法】选项卡进行编辑，如图 10.39 所示。

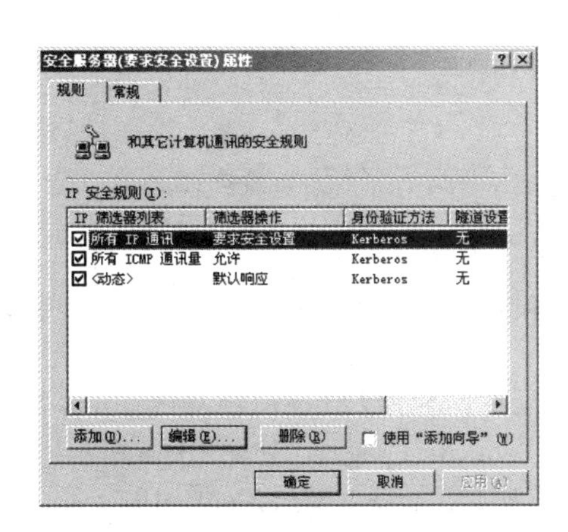

图 10.38　【安全服务器(需求安全设置)属性】对话框

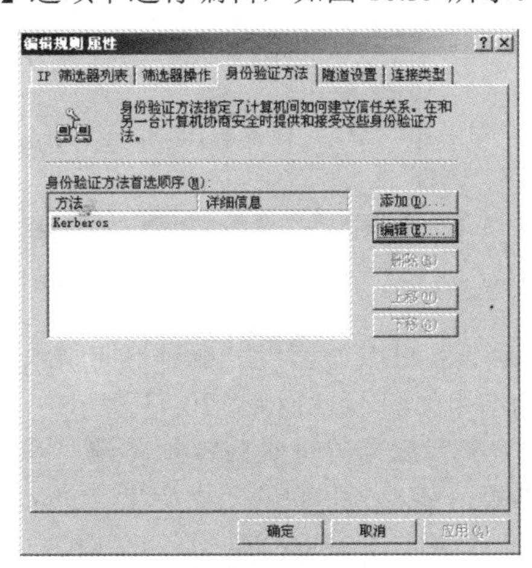

图 10.39　【编辑规则属性】对话框

(3) 单击【确定】按钮，将出现【身份验证方法属性】对话框，如图10.40所示。然后选中【此字串用来保护密钥交换(预共享密钥)】单选按钮，然后单击【确定】按钮。

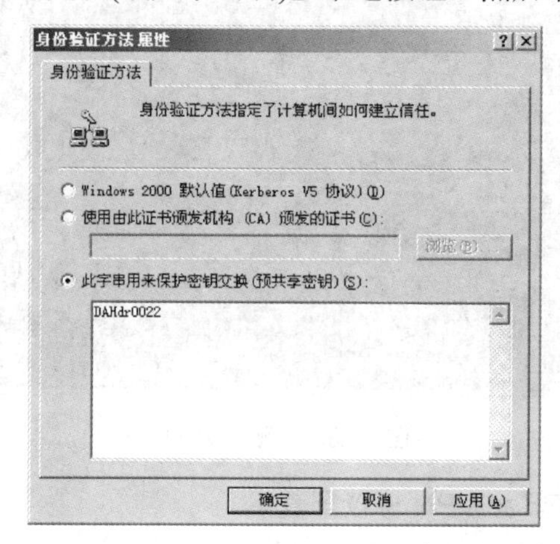

图10.40 【身份验证方法属性】对话框

(4) 返回【本地安全设置】窗口，右击【安全服务器(要求安全设置)】选项，选择【指派】命令，如图10.41所示。

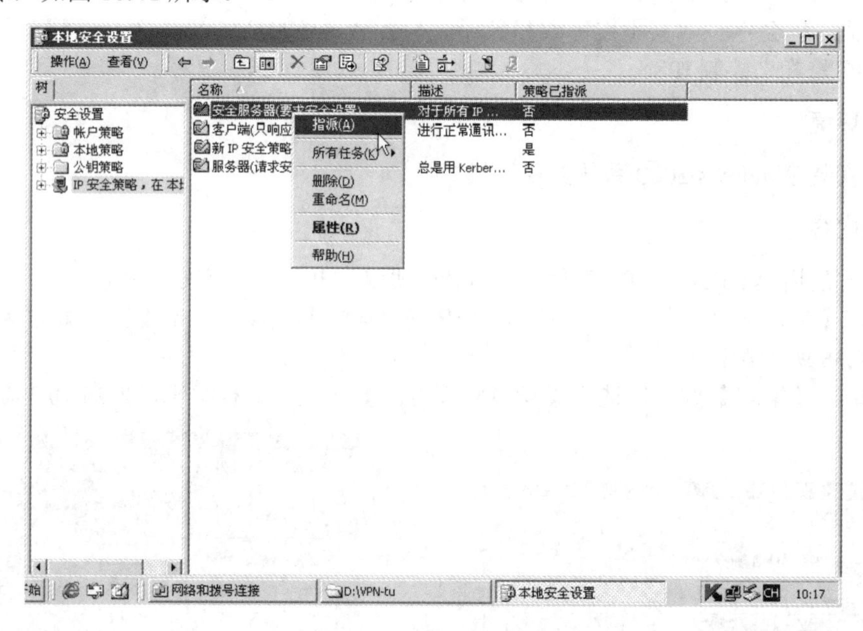

图10.41 对安全服务器进行指派

(5) 客户端登录FTP服务器时输入的用户名和密码，通过【Microsoft网络监视器】捕获的结果如图10.42和图10.43所示。

(6) 客户端访问WWW服务器时获得的页面信息，通过【Microsoft网络监视器】捕获的结果，能看到其中的明文信息“This is a IPSec Policy test page”，如图10.44所示。

(7) 在启用IPSec后，通过【Microsoft网络监视器】捕获的结果，如图10.45所示，只能显示应用ESP协议的密文信息，看不到明文。

图 10.42　Microsoft 网络监视器捕获的 FTP 数据包 1

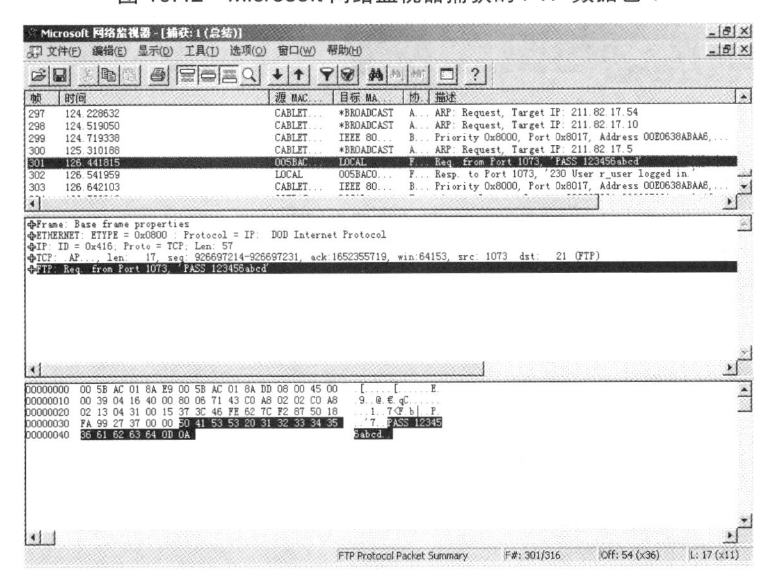

图 10.43　Microsoft 网络监视器捕获的 FTP 数据包 2

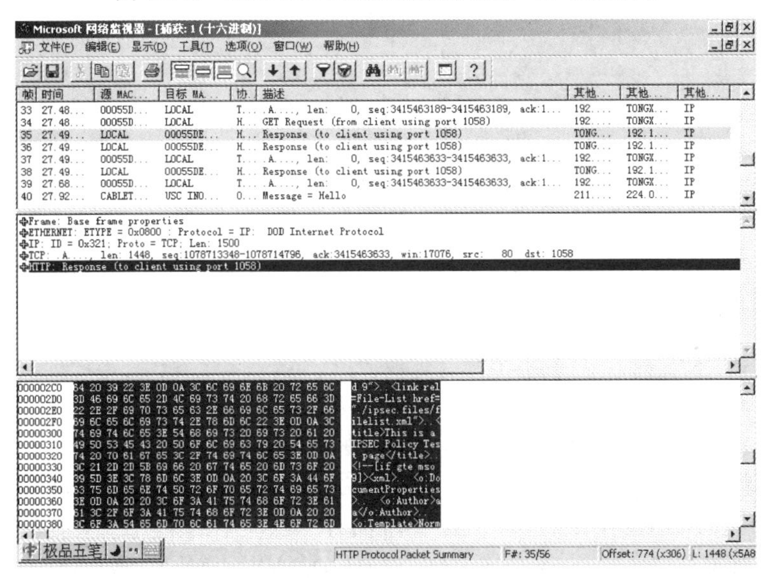

图 10.44　Microsoft 网络监视器捕获的 HTTP 数据包

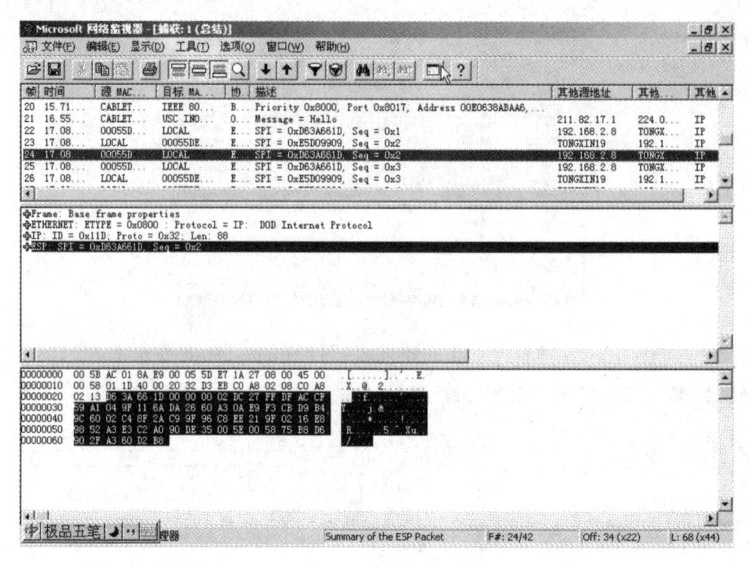

图 10.45　Microsoft 网络监视器捕获的密文数据包

10.7　本 章 习 题

1. 填空题

(1) VPN 实现在________网络上构建私人专用网络。

(2) ________指的是利用一种网络协议传输另一种网络协议，也就是对原始网络信息进行再次封装，并在两个端点之间通过公共互联网络进行路由，从而保证网络信息传输的安全性。

(3) SSL 为 TCP/IP 连接提供________、________和________。

2. 选择题

(1) IPSec 是(　　)VPN 协议标准。

A．第一层　　B．第二层　　C．第三层　　D．第四层

(2) IPSec 在任何通信开始之前，要在两个 VPN 结点或网关之间协商建立(　　)。

A．IP 地址　　B．协议类型　　C．端口　　D．安全联盟(SA)

(3) (　　)是 IPSec 规定的一种用来自动管理 SA 的协议，包括建立、协商、修改和删除 SA 等。

A．IKE　　B．AH　　C．ESP　　D．SSL

3. 简答题

(1) 什么是 VPN？VPN 的系统特性有哪些？

(2) IPSec 协议包含的各个协议之间有什么关系？

(3) 说明 AH 的传输模式和隧道模式，它们的数据包格式是什么样的？

(4) 说明 ESP 的传输模式和隧道模式，它们的数据包格式是什么样的？

(5) IKE 的作用是什么？SA 的作用是什么？

(6) SSL 工作在哪一层？工作原理是什么？对 SSL VPN 与 IPSec VPN 进行简单的比较。

(7) L2TP 协议的优点是什么？

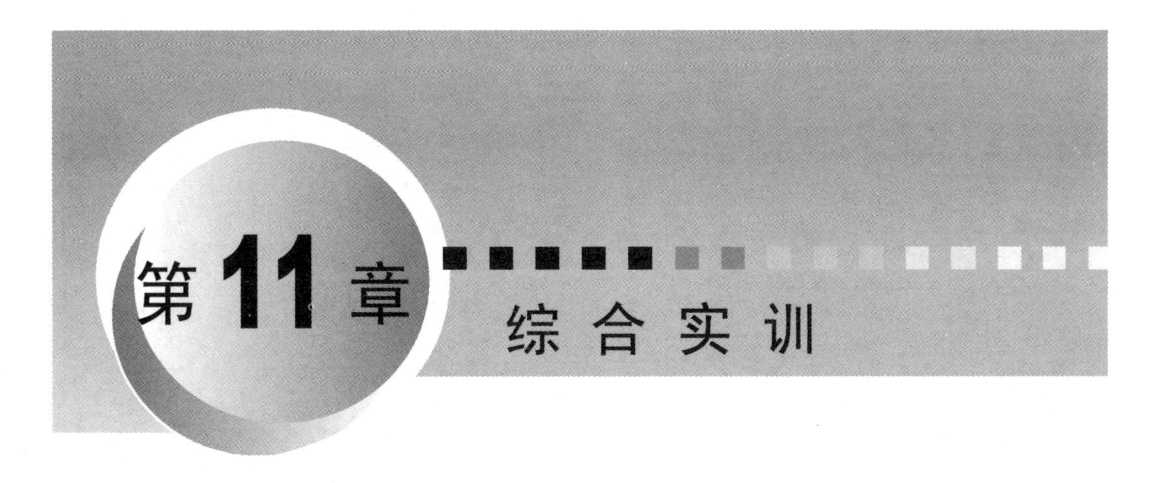

实训题目

Windows SSL 协议配置。

实训目的

SSL 是使用公钥和私钥技术组合的安全网络通信协议，可以实现客户机和服务器的双向身份认证和数据的机密性。本实验涉及密码学的应用、Internet 服务的安全性、操作系统安全配置、VPN 技术和网络监听技术等内容，是一项综合实训。本实训的目的是通过正确配置并实现 SSL 协议在 IIS WWW 服务器的安全应用，从而理解密码技术在网络安全系统构建中的作用，分析安全协议的执行过程和结果，掌握 SSL VPN 的配置方法。

实训环境

两台安装 Windows 操作系统的计算机，其中一台必须安装 Windows Server 2000 或 Windows Server 2003 服务器，并且安装证书服务。

实训内容

在 Windows 环境下配置并实现 SSL 协议，包括用服务器端和客户端设置及 SSL 测试。

1) SSL 服务器端的设置

(1) 进入【Internet 服务管理器】窗口，创建一个名为“123”的 Web 站点。

站点创建好以后，右击 123 选择【属性】命令，打开【属性】对话框，如图 11.1 所示。单击【服务器证书】按钮，弹出图 11.2 所示的对话框。

(2) 选中【创建一个新证书】单选按钮，单击【下一步】按钮，出现图 11.3 所示的界面，单击【下一步】按钮，出现图 11.4 所示的对话框。

(3) 单击【下一步】按钮生成一个证书申请文件。在浏览器上打开 http://192.168.2.19/certsrv (假设 Web 站点的 IP 地址为 192.168.21.9)，将出现申请证书界面，如图 11.5 所示。选中【申请证书】单选按钮，单击【下一步】按钮，如图 11.6 所示，选中【高级申请】单选按钮，单击【下一步】按钮。

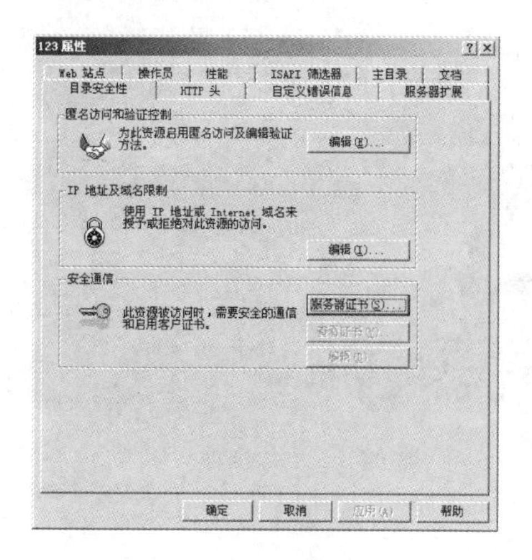

图 11.1　配置服务器证书

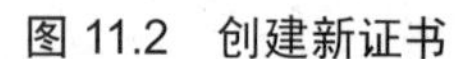

图 11.2　创建新证书

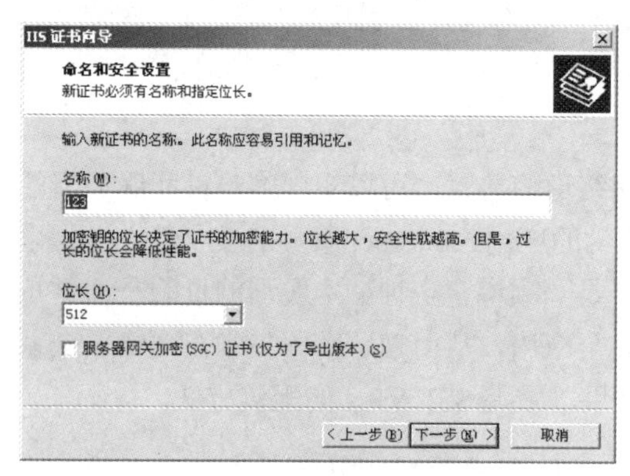

图 11.3　选择证书名称和密钥长度

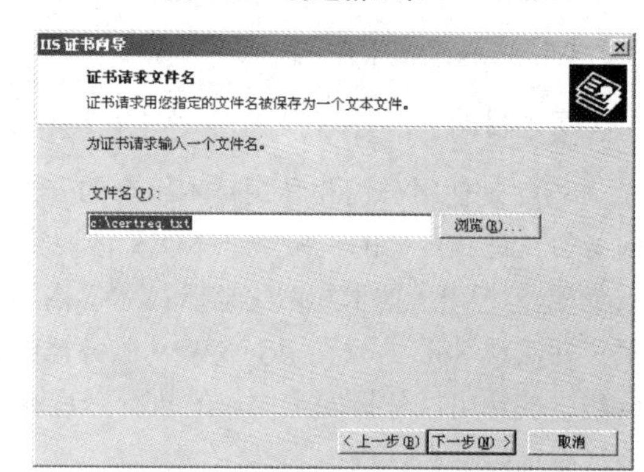

图 11.4　输入证书请求文件名

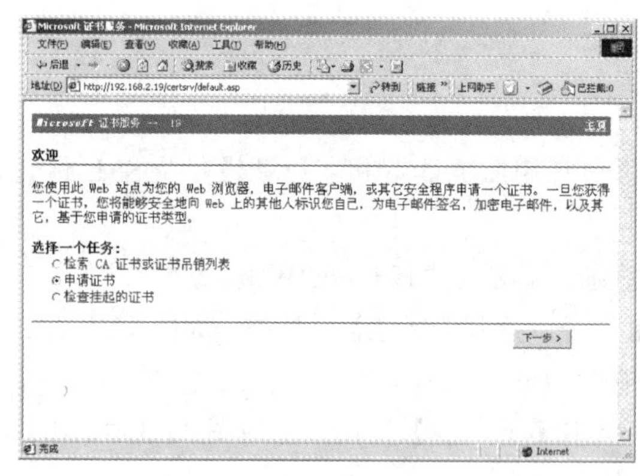

图 11.5　访问证书服务器

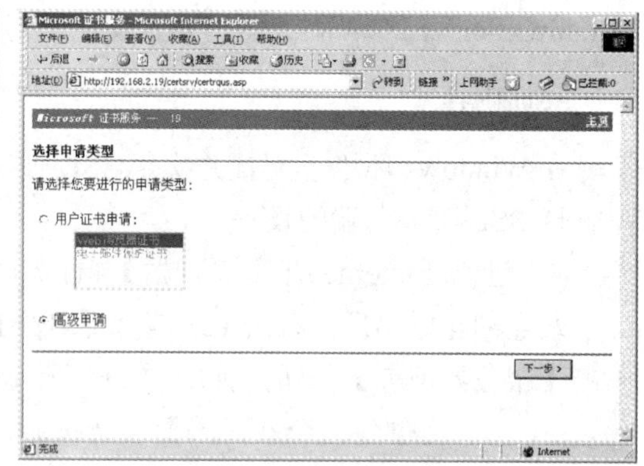

图 11.6　选择申请类型

(4) 选中【使用 base64 编码的 PKCS #10 文件提交一个证书申请，或使用 base64 编码的 PKCS #7 文件更新证书申请。】单选按钮，单击【下一步】按钮，如图 11.7 所示。打开在 C 盘的生成文件(图 11.4)，全选后并复制，如图 11.8 所示。

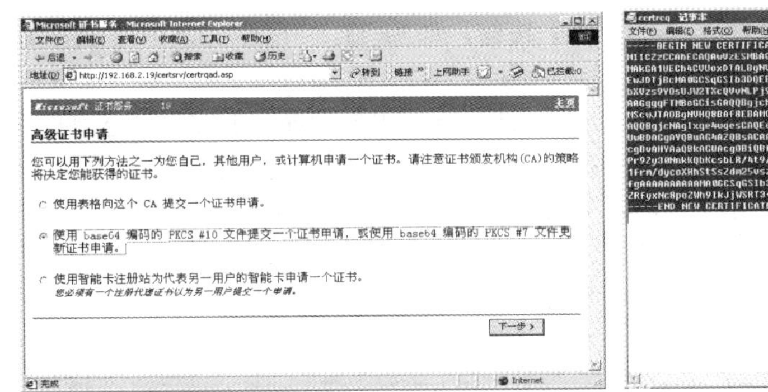

图 11.7　申请高级证书

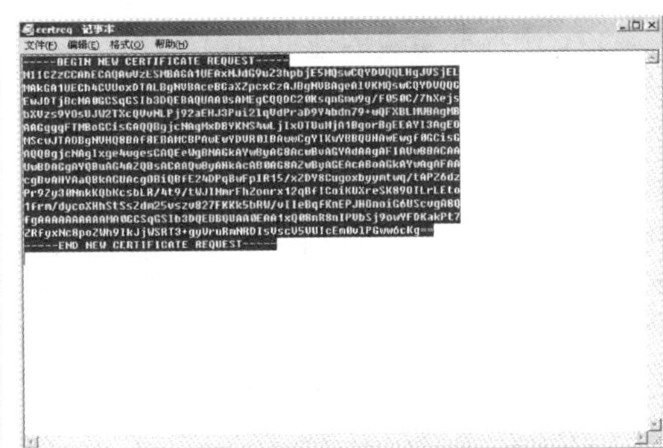

图 11.8　打开证书请求文件

(5) 把证书请求文件粘贴在申请栏内，如图 11.9 所示。单击【提交】按钮，如图 11.10 所示。

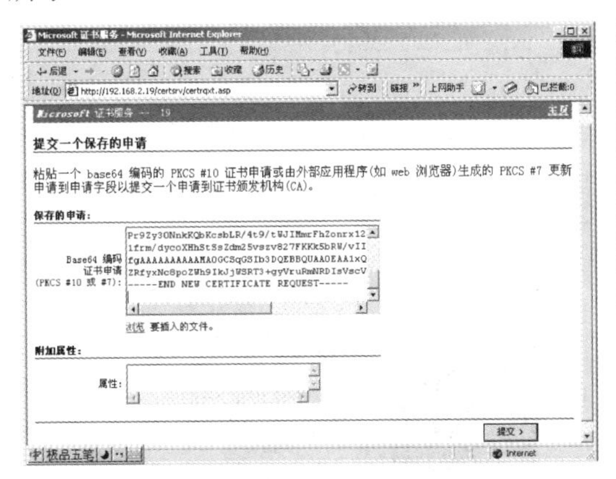

图 11.9　把证书请求文件粘贴在申请栏

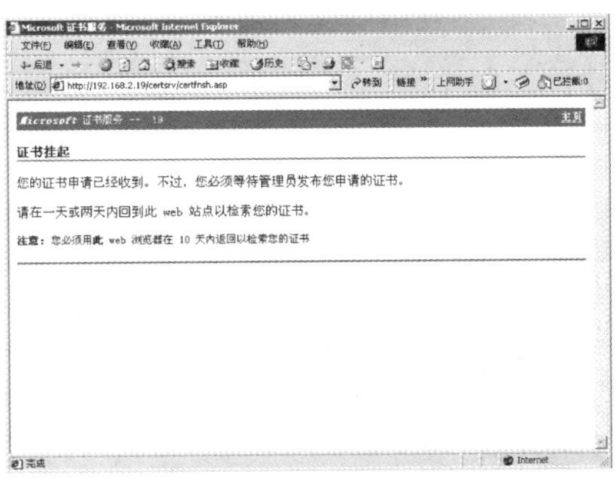

图 11.10　提交证书请求

(6) 在【开始】菜单中选择【证书颁发机构】命令，在弹出窗口的左侧窗格中选择【待定申请】选项，把刚才主机申请的证书颁发给它，如图 11.11 所示。返回申请证书主页，选中【检查挂起的证书】单选按钮，单击【下一步】按钮，如图 11.12 所示。

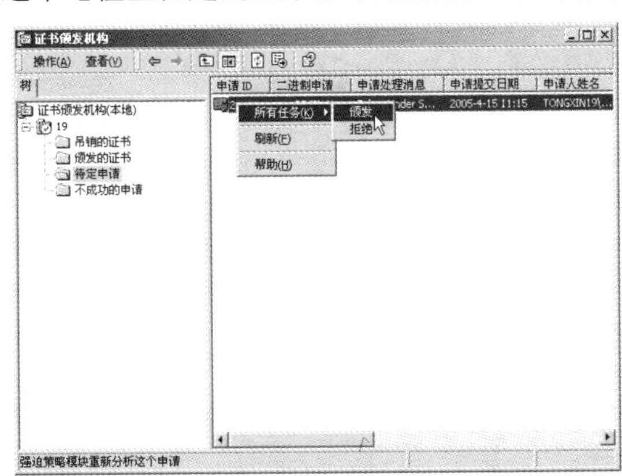

图 11.11　在证书服务器上颁发 SSL 服务器证书

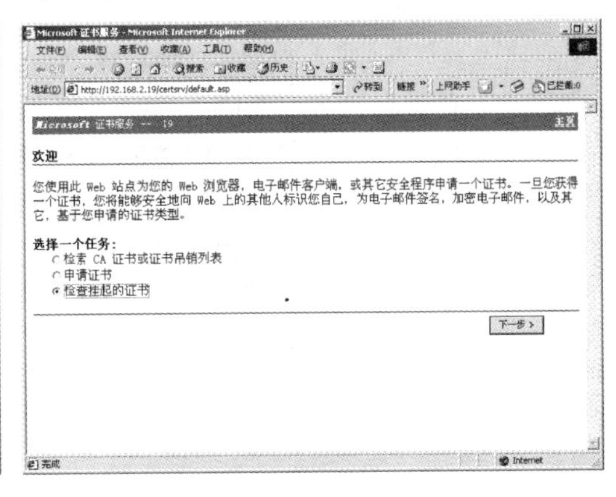

图 11.12　检查挂起的证书

(7) 选择要检查的证书申请，单击【下一步】按钮，如图 11.13 所示。选中【Base 64 编码】单选按钮，单击【下载 CA 证书】链接，如图 11.14 所示。

(8) 命名证书并保存，如图 11.15 所示。回到【Internet 服务管理器】窗口，选择打开【123 属性】对话框，打开【目录安全性】选项卡，单击【服务器证书】按钮，选中【处理挂起的请求并安装证书】单选按钮，选择证书文件要保存的位置和名称，完成安装，如图 11.16 所示。

(9) 切记不能忽略在服务器端还要安装 CA 的证书路径，在图 11.17 所示页面中单击【检索 CA 证书或证书吊销列表】链接，并选择安装此 CA 证书路径。

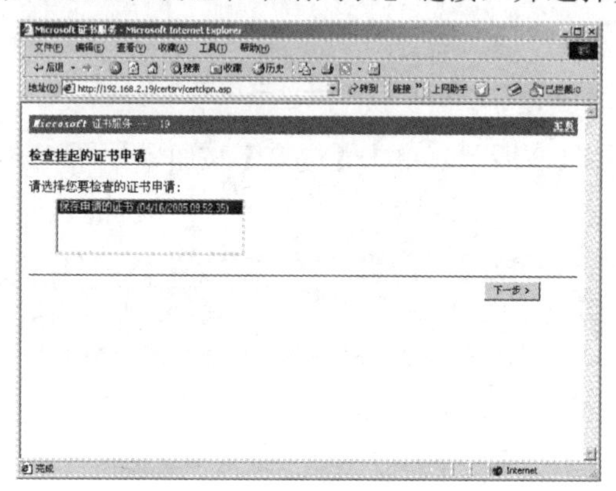

图 11.13　保存申请的证书

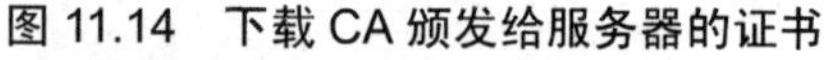

图 11.14　下载 CA 颁发给服务器的证书

图 11.15　保存 CA 颁发给服务器的证书

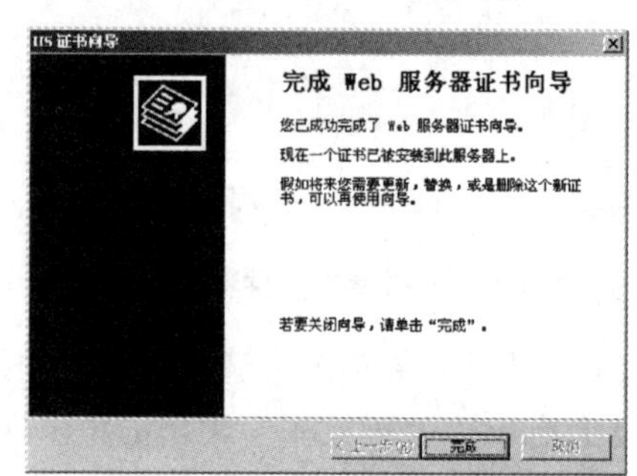

图 11.16　完成证书安装

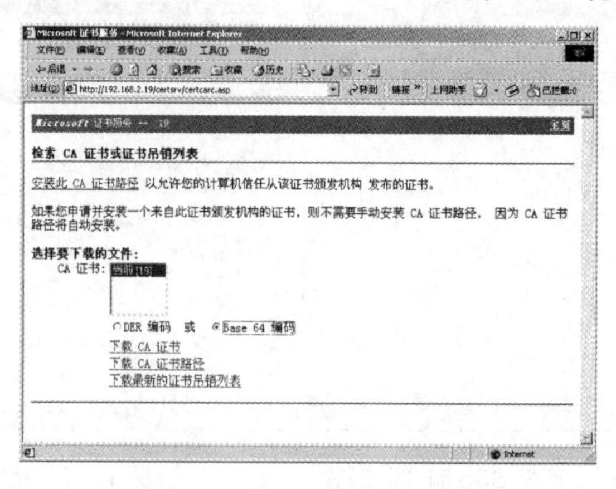

图 11.17　安装 CA 的证书路径

(10) 回到【Internet 服务管理器】窗口，设置 123 站点属性，其中 SSL 端口为 443，如图 11.18 所示。在图 11.18 所示对话框中的【目录安全性】选项卡中打开【安全通信】对话框，按图 11.19 所示进行配置。

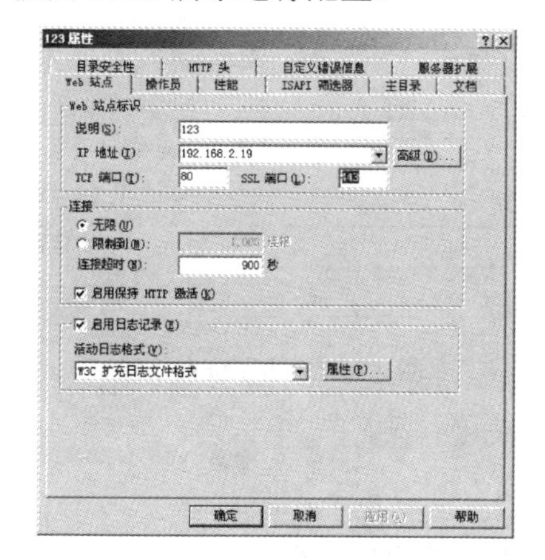

图 11.18　设置 SSL 端口

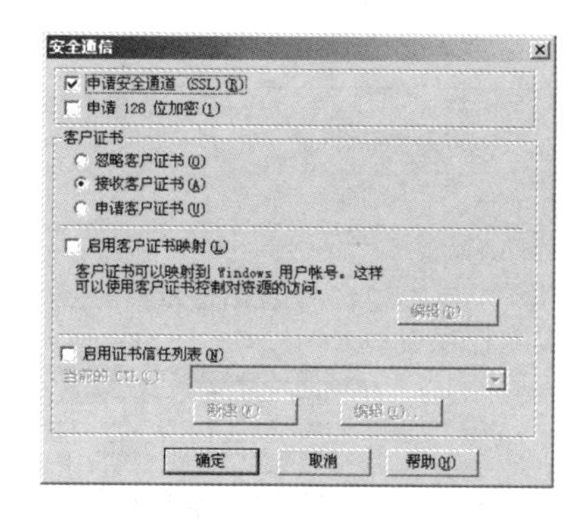

图 11.19　配置安全通信

2) 设置浏览器客户端

(1) 浏览器客户端同样要到同一个证书服务器中申请证书，如图 11.20 所示，进入申请证书主页，选中【申请证书】单选按钮。

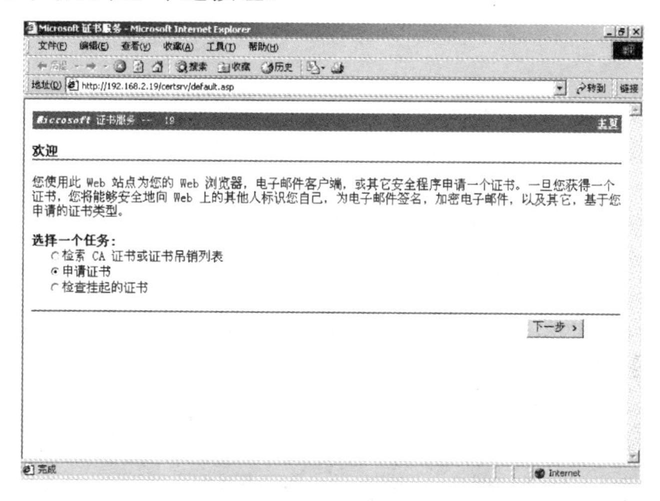

图 11.20　浏览器客户端申请证书

(2) 单击【下一步】按钮，选中【用户证书申请】单选按钮，选择【Web 浏览器证书】选项，如图 11.21 所示。填写好需要的名称，等待证书的颁发，如图 11.22 所示。

(3) 等待证书服务器颁发证书，如图 11.23 所示。

(4) 回到证书服务器，颁发浏览器申请的证书，操作方法同前。返回浏览器客户端，再次连接证书服务器主页，选中【检查挂起的证书】单选按钮，单击【下一步】按钮，如图 11.24 所示。用默认设置不变，单击【下一步】按钮完成浏览器证书的安装，如图 11.25 所示。

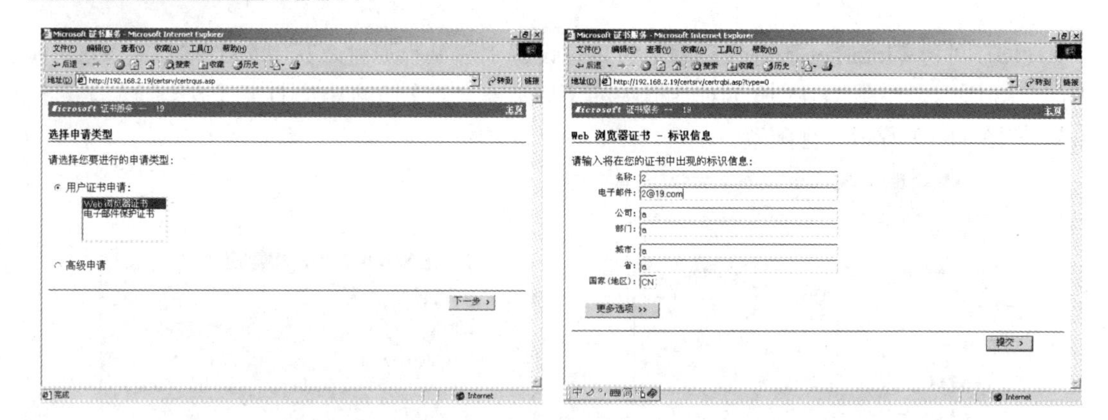

图 11.21　选择申请类型　　　　图 11.22　填写证书信息

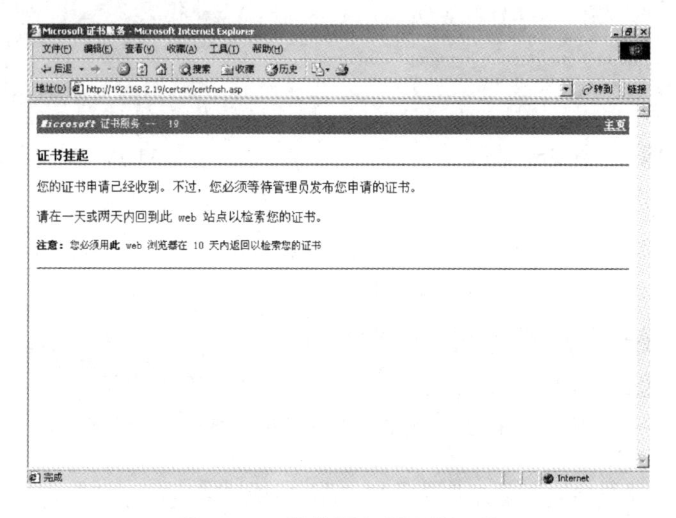

图 11.23　等待服务器颁发证书

(5) 安装 Web 浏览器证书部分完毕，返回，在图 11.24 所示界面中选中【检索 CA 证书或证书吊销列表】单选按钮，单击【下一步】按钮，进入图 11.26 所示的界面，单击【安装此 CA 证书路径】超链接，图 11.27 显示 CA 证书已经安装完毕。

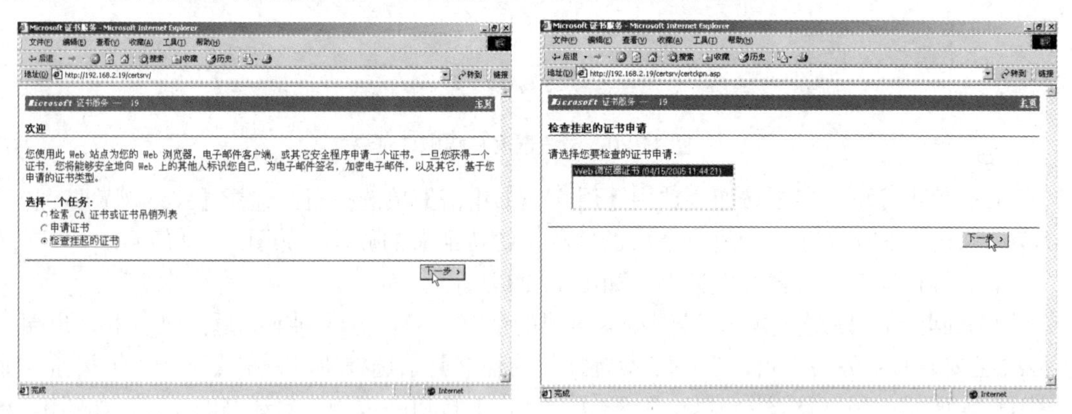

图 11.24　浏览器端检查证书服务器颁发给自己的证书　　　　图 11.25　显示证书服务器颁发的证书

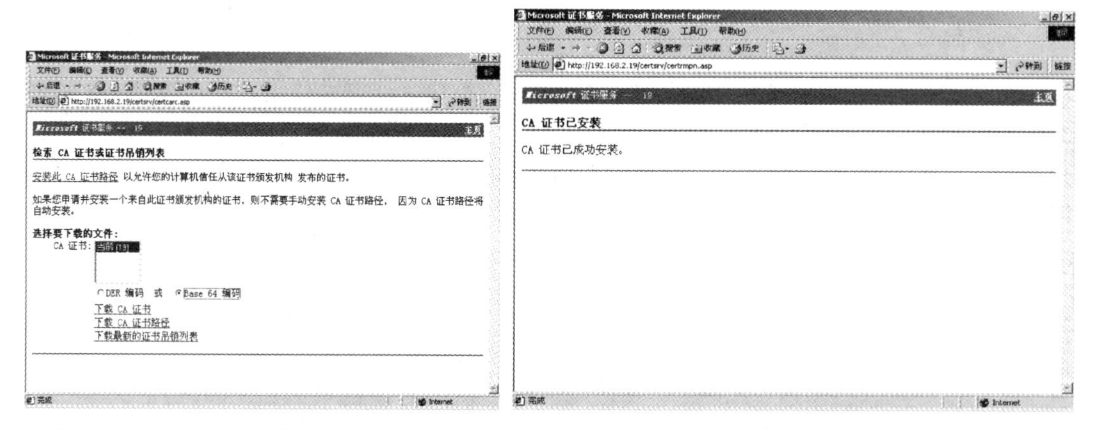

图 11.26　检索 CA 证书并安装此 CA 证书　　　　图 11.27　显示 CA 证书已经安装完毕

(6) 以 http://的方式访问站点 123，出现图 11.28 所示的提示。以 https://的方式访问站点 123，连接成功，进入服务器的 Web 界面，如图 11.29 所示。

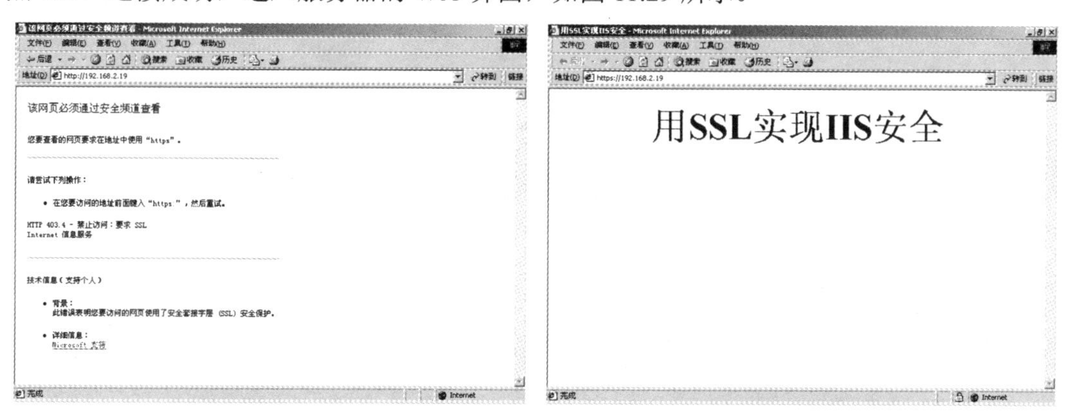

图 11.28　以 http://的方式访问站点 123　　　　图 11.29　以 https://的方式访问站点 123

(7) 用 SSL 加密后通过网络监视器捕获的加密帧，如图 11.30 所示。

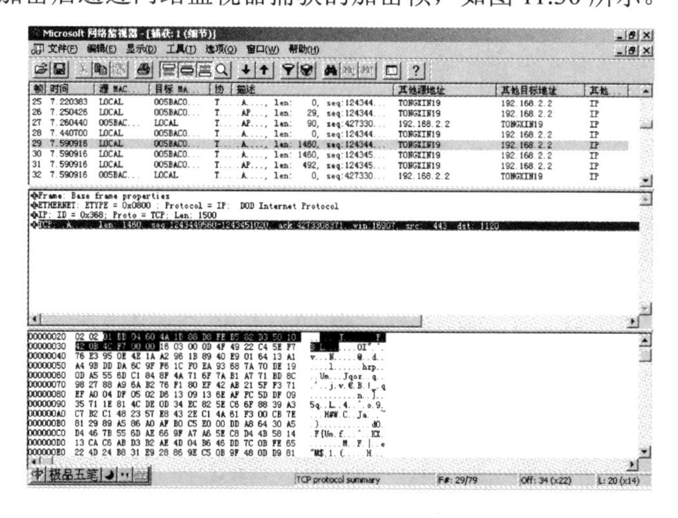

图 11.30　用 SSL 加密后通过网络监视器捕获的加密帧

实训总结

本实验要求学生首先要了解密码学的概念，熟悉数字证书的作用，并在Windows服务器上安装和应用数字证书服务，为Web服务器和浏览器颁发数字证书，从而实现具有认证和保密作用的安全Web服务。结合网络监听工具可以捕获并分析Web应用在使用SSL协议前后的不同的报文，从而认识SSL的安全性。

参 考 文 献

[1] [美]史蒂文斯．TCP/IP 协议详解卷 1：协议[M]．范建华，译．北京：机械工业出版社，2000．

[2] [美]Robert J．Shimonski．Sniffer Pro 网络优化与故障检修手册[M]．陈逸，谢婷，译．北京：电子工业出版社，2004．

[3] 蒋业军．网络安全技术与实践[M]．北京：人民邮电出版社，2012．

[4] 杨文虎．网络安全技术与实训[M]．2 版．北京：人民邮电出版社，2011．

[5] 李艇．计算机网络管理与安全技术[M]．2 版．北京：高等教育出版社，2009．

[6] [美]William Stallings．密码编码学与网络安全——原理与实践[M]．5 版．王张宜，杨敏，杜瑞颖，等译．北京：电子工业出版社，2011．

[7] 周明全，等．网络信息安全技术[M]．2 版．西安：西安电子科技大学出版社，2010．

[8] 蔡红柳．信息安全技术与应用实验[M]．北京：科学出版社，2004．

[9] 陈三堰．网络攻防技术与实践[M]．北京：科学出版社，2006．

[10] 刘晓辉．网络安全设计、配置与管理大全[M]．北京：电子工业出版社，2009．

[11] 刘嘉勇．应用密码学[M]．北京：清华大学出版社，2008．

[12] 周峰．计算机操作系统原理教程与实训[M]．北京：北京大学出版社，2006．

[13] 德瑞工作室．黑客入侵网页攻防修练[M]．北京：电子工业出版社，2008．

[14] 刘远生．网络安全实用教程[M]．北京：人民邮电出版社，2011．

[15] 迟恩宇，等．网络安全与防护[M]．北京：电子工业出版社，2009．

全国高职高专计算机、电子商务系列教材推荐书目

【语言编程与算法类】

序号	书号	书名	作者	定价	出版日期	配套情况
1	978-7-301-13632-4	单片机 C 语言程序设计教程与实训	张秀国	25	2012	课件
2	978-7-301-15476-2	C 语言程序设计(第 2 版)(2010 年度高职高专计算机类专业优秀教材)	刘迎春	32	2013 年第 3 次印刷	课件、代码
3	978-7-301-14463-3	C 语言程序设计案例教程	徐翠霞	28	2008	课件、代码、答案
4	978-7-301-17337-4	C 语言程序设计经典案例教程	韦良芬	28	2010	课件、代码、答案
5	978-7-301-20879-3	Java 程序设计教程与实训(第 2 版)	许文宪	28	2013	课件、代码、答案
6	978-7-301-13570-9	Java 程序设计案例教程	徐翠霞	33	2008	课件、代码、习题答案
7	978-7-301-13997-4	Java 程序设计与应用开发案例教程	汪志达	28	2008	课件、代码、答案
8	978-7-301-15618-6	Visual Basic 2005 程序设计案例教程	靳广斌	33	2009	课件、代码、答案
9	978-7-301-17437-1	Visual Basic 程序设计案例教程	严学道	27	2010	课件、代码、答案
10	978-7-301-09698-7	Visual C++ 6.0 程序设计教程与实训(第 2 版)	王　丰	23	2009	课件、代码、答案
11	978-7-301-22587-5	C#程序设计基础教程与实训(第 2 版)	陈　广	40	2013 年第 1 次印刷	课件、代码、视频、答案
12	978-7-301-14672-9	C#面向对象程序设计案例教程	陈向东	28	2012 年第 3 次印刷	课件、代码、答案
13	978-7-301-16935-3	C#程序设计项目教程	宋桂岭	26	2010	课件
14	978-7-301-15519-6	软件工程与项目管理案例教程	刘新航	28	2011	课件、答案
15	978-7-301-12409-3	数据结构(C 语言版)	夏　燕	28	2011	课件、代码、答案
16	978-7-301-14475-6	数据结构(C#语言描述)	陈　广	28	2012 年第 3 次印刷	课件、代码、答案
17	978-7-301-14463-3	数据结构案例教程(C 语言版)	徐翠霞	28	2013 年第 2 次印刷	课件、代码、答案
18	978-7-301-23014-5	数据结构(C/C#/Java 版)	唐懿芳等	32	2013	课件、代码、答案
19	978-7-301-18800-2	Java 面向对象项目化教程	张雪松	33	2011	课件、代码、答案
20	978-7-301-18947-4	JSP 应用开发项目化教程	王志勃	26	2011	课件、代码、答案
21	978-7-301-19821-6	运用 JSP 开发 Web 系统	涂　刚	34	2012	课件、代码、答案
22	978-7-301-19890-2	嵌入式 C 程序设计	冯　刚	29	2012	课件、代码、答案
23	978-7-301-19801-8	数据结构及应用	朱　珍	28	2012	课件、代码、答案
24	978-7-301-19940-4	C#项目开发教程	徐　超	34	2012	课件
25	978-7-301-15232-4	Java 基础案例教程	陈文兰	26	2009	课件、代码、答案
26	978-7-301-20542-6	基于项目开发的 C#程序设计	李　娟	32	2012	课件、代码、答案
27	978-7-301-19935-0	J2SE 项目开发教程	何广军	25	2012	素材、答案
28	978-7-301-18413-4	JavaScript 程序设计案例教程	许　旻	24	2011	课件、代码、答案
29	978-7-301-17736-5	.NET 桌面应用程序开发教程	黄　河	30	2010	课件、代码、答案
30	978-7-301-19348-8	Java 程序设计项目化教程	徐义晗	36	2011	课件、代码、答案
31	978-7-301-19367-9	基于.NET 平台的 Web 开发	严月浩	37	2011	课件、代码、答案

【网络技术与硬件及操作系统类】

序号	书号	书名	作者	定价	出版日期	配套情况
1	978-7-301-14084-0	计算机网络安全案例教程	陈　昶	30	2008	课件
2	978-7-301-23521-8	网络安全基础教程与实训(第 3 版)	尹少平	38	2014	课件、素材、答案
3	978-7-301-13641-6	计算机网络技术案例教程	赵艳玲	28	2008	课件
4	978-7-301-18564-3	计算机网络技术案例教程	宁芳露	35	2011	课件、习题答案
5	978-7-301-10290-9	计算机网络技术基础教程与实训	桂海进	28	2010	课件、答案
6	978-7-301-10887-1	计算机网络安全技术	王其良	28	2011	课件、答案
7	978-7-301-21754-2	计算机系统安全与维护	吕新荣	30	2013	课件、素材、答案
8	978-7-301-12325-6	网络维护与安全技术教程与实训	韩最蛟	32	2010	课件、习题答案
9	978-7-301-09635-2	网络互联及路由器技术教程与实训(第 2 版)	宁芳露	27	2012	课件、答案
10	978-7-301-15466-3	综合布线技术教程与实训(第 2 版)	刘省贤	36	2012	课件、习题答案
11	978-7-301-14673-6	计算机组装与维护案例教程	谭　宁	33	2012 年第 3 次印刷	课件、习题答案
12	978-7-301-13320-0	计算机硬件组装和评测及数码产品评测教程	周　奇	36	2008	课件
13	978-7-301-12345-4	微型计算机组成原理教程与实训	刘辉珞	22	2010	课件、习题答案
14	978-7-301-16736-6	Linux 系统管理与维护(江苏省省级精品课程)	王秀平	29	2013 年第 3 次印刷	课件、习题答案
15	978-7-301-22967-5	计算机操作系统原理与实训（第 2 版）	周　峰	36	2013	课件、答案
16	978-7-301-16047-3	Windows 服务器维护与管理教程与实训(第 2 版)	鞠光明	33	2010	课件、答案
17	978-7-301-14476-3	Windows2003 维护与管理技能教程	王　伟	29	2009	课件、习题答案
18	978-7-301-18472-1	Windows Server 2003 服务器配置与管理情境教程	顾红燕	24	2012 年第 2 次印刷	课件、习题答案
19	978-7-301-23414-3	企业网络技术基础实训	董宇峰	38	2014	课件

【网页设计与网站建设类】

序号	书号	书名	作者	定价	出版日期	配套情况
1	978-7-301-15725-1	网页设计与制作案例教程	杨森香	34	2011	课件、素材、答案
2	978-7-301-15086-3	网页设计与制作教程与实训(第2版)	于巧娥	30	2011	课件、素材、答案
3	978-7-301-13472-0	网页设计案例教程	张兴科	30	2009	课件
4	978-7-301-17091-5	网页设计与制作综合实例教程	姜春莲	38	2010	课件、素材、答案
5	978-7-301-16854-7	Dreamweaver网页设计与制作案例教程(2010年度高职高专计算机类专业优秀教材)	吴　鹏	41	2012	课件、素材、答案
6	978-7-301-21777-1	ASP .NET 动态网页设计案例教程(C#版)(第2版)	冯　涛	35	2013	课件、素材、答案
7	978-7-301-10226-8	ASP程序设计教程与实训	吴　鹏	27	2011	课件、素材、答案
8	978-7-301-16706-9	网站规划建设与管理维护教程与实训(第2版)	王春红	32	2011	课件、答案
9	978-7-301-21776-4	网站建设与管理案例教程(第2版)	徐洪祥	31	2013	课件、素材、答案
10	978-7-301-17736-5	.NET桌面应用程序开发教程	黄　河	30	2010	课件、素材、答案
11	978-7-301-19846-9	ASP .NET Web应用案例教程	于　洋	26	2012	课件、素材
12	978-7-301-20565-5	ASP.NET动态网站开发	崔　宁	30	2012	课件、素材、答案
13	978-7-301-20634-8	网页设计与制作基础	徐文平	28	2012	课件、素材、答案
14	978-7-301-20659-1	人机界面设计	张　丽	25	2012	课件、素材、答案
15	978-7-301-22532-5	网页设计案例教程(DIV+CSS版)	马　涛	32	2013	课件、素材、答案
16	978-7-301-23045-9	基于项目的Web网页设计技术	苗彩霞	36	2013	课件、素材、答案
17	978-7-301-23429-7	网页设计与制作教程与实训(第3版)	于巧娥	34	2014	课件、素材、答案

【图形图像与多媒体类】

序号	书号	书名	作者	定价	出版日期	配套情况
1	978-7-301-21778-8	图像处理技术教程与实训(Photoshop版)（第2版）	钱　民	40	2013	课件、素材、答案
2	978-7-301-14670-5	Photoshop CS3图形图像处理案例教程	洪　光	32	2010	课件、素材、答案
3	978-7-301-13568-6	Flash CS3动画制作案例教程	俞　欣	25	2012年第4次印刷	课件、素材、答案
4	978-7-301-18946-7	多媒体技术与应用教程与实训(第2版)	钱　民	33	2012	课件、素材、答案
5	978-7-301-17136-3	Photoshop 案例教程	沈道云	25	2011	课件、素材、视频
6	978-7-301-19304-4	多媒体技术与应用案例教程	刘辉珞	34	2011	课件、素材、答案
7	978-7-301-20685-0	Photoshop CS5项目教程	高晓黎	36	2012	课件、素材

【数据库类】

序号	书号	书名	作者	定价	出版日期	配套情况
1	978-7-301-13663-8	数据库原理及应用案例教程(SQL Server版)	胡锦丽	40	2010	课件、素材、答案
2	978-7-301-16900-1	数据库原理及应用(SQL Server 2008版)	马桂婷	31	2011	课件、素材、答案
3	978-7-301-15533-2	SQL Server 数据库管理与开发教程与实训(第2版)	杜兆将	32	2012	课件、素材、答案
4	978-7-301-13315-6	SQL Server 2005数据库基础及应用技术教程与实训	周　奇	34	2013年第7次印刷	课件
5	978-7-301-15588-2	SQL Server 2005数据库原理与应用案例教程	李　军	27	2009	课件
6	978-7-301-16901-8	SQL Server 2005数据库系统应用开发技能教程	王　伟	28	2010	课件
7	978-7-301-17174-5	SQL Server数据库实例教程	汤承林	38	2010	课件、习题答案
8	978-7-301-17196-7	SQL Server 数据库基础与应用	贾艳宇	39	2010	课件、习题答案
9	978-7-301-17605-4	SQL Server 2005应用教程	梁庆枫	25	2012年第2次印刷	课件、习题答案
10	978-7-301-18750-0	大型数据库及其应用	孔勇奇	32	2011	课件、素材、答案

【电子商务类】

序号	书号	书名	作者	定价	出版日期	配套情况
1	978-7-301-12344-7	电子商务物流基础与实务	邓之宏	38	2010	课件、习题答案
2	978-7-301-12474-1	电子商务原理	王　震	34	2008	课件
3	978-7-301-12346-1	电子商务案例教程	龚　民	24	2010	课件、习题答案
4	978-7-301-18604-6	电子商务概论（第2版）	于巧娥	33	2012	课件、习题答案

【专业基础课与应用技术类】

序号	书号	书名	作者	定价	出版日期	配套情况
1	978-7-301-13569-3	新编计算机应用基础案例教程	郭丽春	30	2009	课件、习题答案
2	978-7-301-18511-7	计算机应用基础案例教程(第2版)	孙文力	32	2012年第2次印刷	课件、习题答案
3	978-7-301-16046-6	计算机专业英语教程(第2版)	李　莉	26	2010	课件、答案
4	978-7-301-19803-2	计算机专业英语	徐　娜	30	2012	课件、素材、答案
5	978-7-301-21004-8	常用工具软件实例教程	石朝晖	37	2012	课件

电子书(PDF版)、电子课件和相关教学资源下载地址：http://www.pup6.com，欢迎下载。

联系方式：010-62750667，liyanhong1999@126.com.，linzhangbo@126.com，欢迎来电来信。